教育部高等学校航空航天类专业教学指导委员会推荐教材

航空宇航科学与技术教材出版工程

航空发动机原理与构造

张海灯　主编

科学出版社

北京

内 容 简 介

本教材以涡轮喷气式和涡轮风扇式发动机为主，介绍航空发动机各主要部件的工作原理、性能参数、基本特性和一般构造，发动机的整机特性与总体结构，发动机主要工作系统的功用、组成和基本工作原理，发动机维护保障工作基本流程，以及部分新概念航空发动机及技术等内容。

本教材可作为高等学校航空航天类（非飞行器动力工程）、动力工程类和安全工程类相关专业本科教学用书，也可供从事航空装备论证、监造、使用维修、管理等工作的工程技术人员和管理干部学习参考。

图书在版编目(CIP)数据

航空发动机原理与构造 / 张海灯主编. -- 北京 : 科学出版社，2025. 8. -- ISBN 978-7-03-082984-9

Ⅰ. V23

中国国家版本馆 CIP 数据核字第 2025978RX6 号

责任编辑：许　健 / 责任校对：谭宏宇
责任印制：黄晓鸣 / 封面设计：殷　靓

科学出版社 出版
北京东黄城根北街 16 号
邮政编码：100717
http://www.sciencep.com
南京展望文化发展有限公司排版
广东虎彩云印刷有限公司印刷
科学出版社发行　各地新华书店经销

*

2025 年 8 月第　一　版　开本：787×1092　1/16
2025 年 8 月第一次印刷　印张：19 3/4
字数：455 000

定价：80.00 元

（如有印装质量问题，我社负责调换）

航空宇航科学与技术教材出版工程
专家委员会

航空宇航科学与技术教材出版工程
编写委员会

从 书 序

我在清华园中出生，旧航空馆对面北坡静置的一架旧飞机是我童年时流连忘返之处。1973年，我作为一名陕北延安老区的北京知青，怀揣着一张印有西北工业大学航空类专业的入学通知书来到古城西安，开始了延绵46年矢志航宇的研修生涯。1984年底，我在美国布朗大学工学部固体与结构力学学门通过Ph. D的论文答辩，旋即带着在24门力学、材料科学和应用数学方面的修课笔记回到清华大学，开始了一名力学学者的登攀之路。1994年我担任该校工程力学系的系主任。随之不久，清华大学委托我组织一个航天研究中心，并在2004年成为该校航天航空学院的首任执行院长。2006年，我受命到杭州担任浙江大学校长，第二年便在该校组建了航空航天学院。力学学科与航宇学科就像一个交互传递信息的双螺旋，记录下我的学业成长。

以我对这两个学科所用教科书的观察：力学教科书有一个推陈出新的问题，航宇教科书有一个宽窄适度的问题。20世纪80~90年代是我国力学类教科书发展的鼎盛时期，之后便只有局部的推进，未出现整体的推陈出新。力学教科书的现状也确实令人扼腕叹息：近现代的力学新应用还未能有效地融入力学学科的基本教材；在物理、生物、化学中所形成的新认识还没能以学科交叉的形式折射到力学学科；以数据科学、人工智能、深度学习为代表的数据驱动研究方法还没有在力学的知识体系中引起足够的共鸣。

如果说力学学科面临着知识固结的危险，航宇学科却孕育着重新洗牌的机遇。在军民融合发展的教育背景下，随着知识体系的涌动向前，航宇学科出现了重塑架构的可能性。一是知识配置方式的融合。在传统的航宇强校（如哈尔滨工业大学、北京航空航天大学、西北工业大学、国防科技大学等），实行的是航宇学科的密集配置。每门课程专业性强，但知识覆盖面窄，于是必然缺少融会贯通的教科书之作。而2000年后在综合型大学（如清华大学、浙江大学、同济大学等）新成立的航空航天学院，其课程体系与教科书知识面较宽，但不够健全，即宽失于泛、窄不概全，缺乏军民融合、深入浅出的上乘之作。若能够将这两类大学的教育名家聚集于一堂，互相切磋，是有可能纲举目张，塑造出一套横跨航空和宇航领域，体系完备、粒度适中的经典教科书。于是在郑耀教授的热心倡导和推动下，我们聚得22所高校和5个工业部门（航天科技、航天科工、中航、商飞、中航发）的数十位航宇专家为一堂，开启“航空宇航科学与技术教材出版工程”。在科学出版社的大力促进下，为航空与宇航一级学科编纂这套教科书。

考虑到多所高校的航宇学科，或以力学作为理论基础，或由其原有的工程力学系改造而成，所以有必要在教学体系上实行航宇与力学这两个一级学科的共融。美国航宇学科之父冯·卡门先生曾经有一句名言：“科学家发现现存的世界，工程师创造未来的世界……而力学则处在最激动人心的地位，即我们可以两者并举！”因此，我们既希望能够表达航宇学科的无垠、神奇与壮美，也得以表达力学学科的严谨和博大。感谢包为民先生、杜善义先生两位学贯中西的航宇大家的加盟，我们这个由 18 位专家（多为两院院士）组成的教材建设专家委员会开始使出十八般武艺，推动这一出版工程。

因此，为满足航宇课程建设和不同类型高校之需，在科学出版社盛情邀请下，我们决心编好这套丛书。本套丛书力争实现三个目标：一是全景式地反映航宇学科在当代的知识全貌；二是为不同类型教研机构的航宇学科提供可剪裁组配的教科书体系；三是为若干传统的基础性课程提供其新貌。我们旨在为移动互联网时代，有志于航空和宇航的初学者提供一个全视野和启发性的学科知识平台。

这里要感谢科学出版社上海分社的潘志坚编审和徐杨峰编辑，他们的大胆提议、不断鼓励、精心编辑和精品意识使得本套丛书的出版成为可能。

是为总序。

2019 年于杭州西湖区求是村、北京海淀区紫竹公寓

前　　言

本教材共11章，以涡轮喷气式和涡轮风扇式发动机为主要对象，简明扼要地介绍航空发动机各主要部件的工作原理、性能参数、基本特性和一般构造，发动机的整机特性与总体结构，发动机主要工作系统的功用、组成和基本工作原理，发动机维护保障工作等内容。主要内容包括绪论、涡喷/涡扇发动机性能参数与指标、进气系统工作原理与构造、压气机工作原理与构造、燃烧室工作原理与构造、涡轮工作原理与构造、喷管工作原理与构造、涡喷/涡扇发动机整机特性、发动机总体结构和主要工作系统、发动机的使用与维护、新概念航空发动机及技术简介等。

针对使用者的专业背景和知识基础，本教材突出航空发动机的基本概念、基本原理、基本组成和基本结构，帮助读者建立航空发动机工作过程、性能和结构的总体框架，并初步掌握航空发动机各主要部件的工作原理和结构特点。力求做到由浅入深，循序渐进，简明扼要，重点突出，联系实际，注重应用。为了加深对教材基本内容的理解，巩固所学内容，锻炼学生分析问题和解决问题的能力，并便于读者自学，教材中各章都编入一定数量的习题，供读者参考并选用。

本教材由张海灯担任主编。其中第1~7章由张海灯、王娇娇编写，第8~11章由张海灯、陈鑫、苏志编写，最后由张海灯进行统稿。

经过多年的教学实践，编者吸收了众多读者的意见建议，对讲义进行了适应性修订，并订正了所发现的错漏之处。但限于编者的学术水平和教研实践经验，书中一定还有不少缺点和错误，恳请广大读者批评、指正。在此也向本教材参考文献的作者，以及对本教材编写提供大力支持的空军工程大学李军教授表示深深的敬意和衷心的感谢。

编者

2025年5月

前言

目　录

丛书序

前言

第 1 章
绪　论

飞行器是能够在大气层内外空间进行有目的飞行活动的器械，通常包括航空器、航天器和跨大气层飞行器等。其中，在大气中飞行的装置叫作航空器，包括轻于空气的航空器和重于空气的航空器两大类。常见的气球和飞艇等属于前一类，主要依靠空气的浮力升空，随风飘行或靠动力飞行，有的又叫作浮空器。但对人类生活和生产更有意义、更复杂的是重于空气的航空器。自 20 世纪初世界上首架有动力、可操纵、重于空气的载人飞行器成功飞行，以飞机为代表的新型航空器的应用开创了人类飞行的新纪元，快速发展成为对世界政治、军事、经济和技术，甚至人们的生活方式都有重要影响的航空业。与浮空器不同，这些航空器，如飞机、直升机以及装有翼面的空空、地空、空面、巡航导弹等，它们要靠与空气的相对运动所产生的空气动力升空飞行。因此，强劲的动力是其生存及发展的重要基础。事实证明，在世界航空史上，飞行器能力的每一次突破都难以离开动力装置的技术进步。因此，航空动力装置不仅在狭义上为航空器提供飞行的动力，还在广义上为整个航空事业的发展提供了推动力。

通常，人们把为航空器提供动力并推动航空器前进的装置称为航空动力装置，有的也叫作航空动力系统或航空推进系统。就其构成来说，航空动力装置是以航空发动机为核心，配以适当形式的推进器以及相应的功能系统而组成的一整套装置或系统。其中，航空发动机是核心，它不仅是实现热能向机械能转换的热力机械，在绝大多数航空动力装置中还直接作为推进器，如广泛用作喷气式飞机动力装置的涡轮喷气和涡轮风扇发动机。所以，人们经常又把这类应用最广泛的航空动力装置直接称为航空发动机。因此在实际应用中，航空发动机这一名称常常在专指发动机的同时，还用来泛指航空动力装置。

1.1　航空发动机分类和使用范围

图 1-1 是航空动力装置和航空发动机的分类及层级关系简图。可见，按照其组成特点和工作原理，可将航空动力装置划分为直接反作用推进式发动机和间接反作用推进式发动机两大类。其中，直接反作用推进式发动机直接将工质加速，产生反作用推力，发动机本身既是热力机也是推进器，由于这一类发动机在喷管出口具有较高的喷气速度，所以又称为喷气式发动机。间接反作用推进式发动机将热能转化为轴功率输出，再通过专门的推进器（如螺旋桨、旋翼）产生推力或拉力，从而推进飞行器前进。

下面简单介绍一些主要类型发动机的特点。

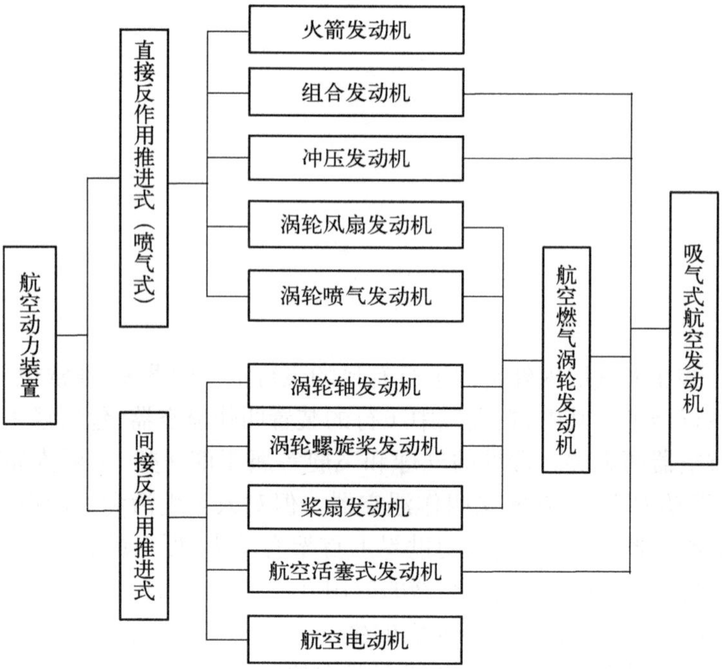

图 1-1　航空动力装置与航空发动机分类简图

1.1.1　航空燃气涡轮发动机

航空燃气涡轮发动机是应用最为广泛的航空发动机，主要包括涡轮喷气发动机（简称为涡喷发动机）、涡轮风扇发动机（简称为涡扇发动机）、涡轮螺旋桨发动机（简称为涡桨发动机）和涡轮轴发动机（简称为涡轴发动机）。

虽然各种航空燃气涡轮发动机的具体结构有很大的差异，但共同特点是都有由压气机、燃烧室和涡轮组合而成的燃气发生器（或核心机），并由此来产生可以加以利用的高温、高压燃气。这大概也是这一类发动机的名称中都有“涡轮”二字的原因。

1.1.1.1　涡轮喷气发动机

涡轮喷气发动机简称为涡喷发动机，图 1-2 为其结构示意简图。发动机的主要部件是压气机、燃烧室、涡轮、喷管以及前面的进气道（图中未画出），其中，压气机与涡轮通过一根轴相连接。一般地，把压气机、燃烧室和涡轮叫作燃气发生器，也叫作核心机。发动机工作时，外界的空气首先流经专门的进气系统（进气道）进入发动机，经压气机增压后进入燃烧室，在燃烧室中与供给的燃料混合并燃烧，形成高温高压的燃气。燃气在涡轮中膨胀，推动涡轮旋转，从而驱动压气机旋转工作。燃气发生器后燃气的可用能量全部用于在排气系统中转化为燃气的动能增加，使燃气以很高的速度排出。由牛顿动量定理可知，气流流过发动机时，速度大幅度增加，相当于发动机给这股气流一个向后的作用力。再根据牛顿第三定律，即作用力与反作用力定律，这股气流反过来也会给发动机施加一个向前的反作用力，这也就是发动机所产生的推力，可用于推动飞行器前进。可见，涡喷发动机既是热力机，又是推进器，可直接产生用于推动飞机运动的推进力。它是现代航空燃气涡

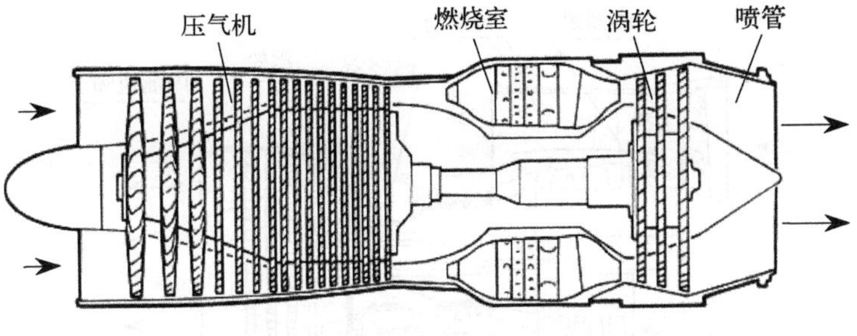

图1－2 涡轮喷气发动机组成简图

轮发动机最基本的形式，也是发展其他形式燃气涡轮发动机的基础。

有的发动机为了进一步增大推力，在涡轮后设置了复燃加力燃烧室。在加力燃烧室中，对流过涡轮后的气流再次喷入一定量的燃油，形成稳定的燃烧，再次加入可用能量，大幅提高气流的温度，从而增大排气速度，进一步增加推力。这种带有复燃加力燃烧室的涡轮喷气发动机称为复燃加力式涡轮喷气发动机，简称为加力涡喷发动机。

根据连接压气机和涡轮的同心轴的数目，涡喷发动机又可分为单转子、双转子或多转子涡喷发动机，图1－2中的涡喷发动机就是单转子涡喷发动机。我国的涡喷－8系列发动机是不加力单转子涡喷发动机，而涡喷－7、涡喷－13系列发动机都是双转子涡喷发动机，也都是加力涡喷发动机。

1.1.1.2 涡轮风扇发动机

涡轮风扇发动机简称为涡扇发动机，其组成简图见图1－3。与涡喷发动机相比，涡扇发动机的特点如下：一是有一个叫作风扇的增压部件；二是发动机内部分成了内外两个气流通道，分别叫作内涵道和外涵道。当涡扇发动机工作时，外界空气经过进气系统后，首先经过风扇（有的又称为低压压气机）增压，而后分成内外两股气流，分别进入内涵道和外涵道。在内涵道中，气流经历与涡喷发动机类似的工作过程。例如，在图1－3(a)中，气流同样经过压气机、燃烧室和涡轮，只是内涵道中的压气机有两个（依次为中压压气机和高压压气机），涡轮则有三个（依次为高压涡轮、中压涡轮和低压涡轮，其中高压涡轮驱动高压压气机，中压涡轮驱动中压压气机，低压涡轮驱动整个风扇）；而在图1－3(b)中，内涵道中的压气机只有一个，即高压压气机，涡轮则分为高压涡轮和低压涡轮，分别驱动高压压气机和风扇（低压压气机）。外涵道气流则不同，基本上从内涵道外的旁路流过，或直接排出，或者与内涵道的气流混合后再排出。

涡扇发动机根据排气方式的不同而分为两种类型。一种是内外涵道气流分别从各自的涵道中排出，称为分开排气式涡轮风扇发动机，简称分排涡扇发动机，如图1－3(a)所示。另一种是外涵道气流与内涵道气流在内涵道的涡轮后面进行混合再排出，称为混合排气式涡轮风扇发动机，简称为混排涡扇发动机，如图1－3(b)所示。在混合排气式涡轮风扇发动机中，也可在内外涵道气流混合后再设置复燃加力燃烧室，通过加力来进一步增大推力。军用战斗机所配装的一般都是带复燃加力燃烧室的混合排气式涡轮风扇发动机，简称为混排式加力涡扇发动机。

涡扇发动机的涵道比是一个非常重要的循环参数，通常用符号 B 来表示。它是流经

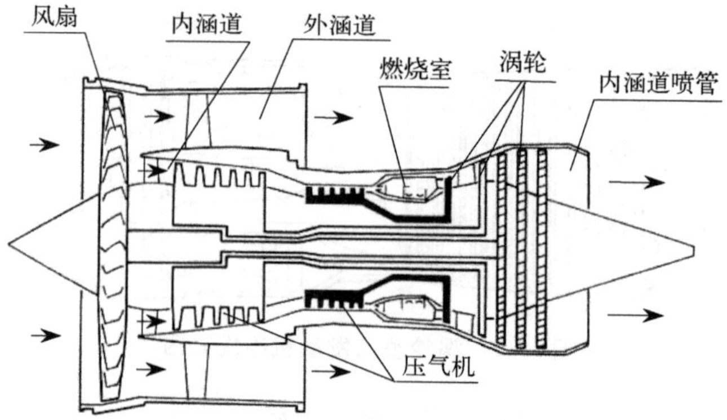

(a) 分开排气式

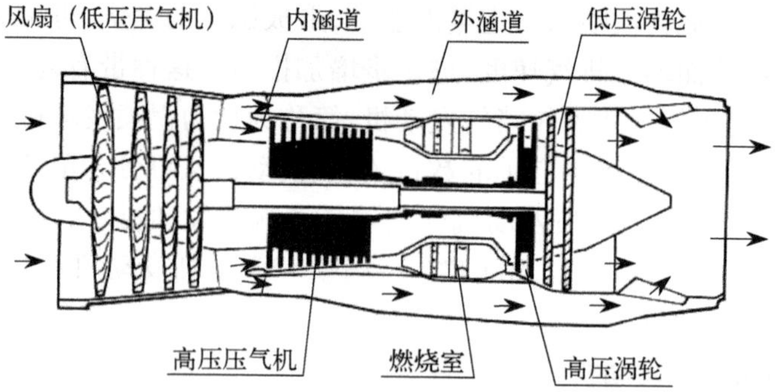

(b) 混合排气式

图 1-3 涡轮风扇发动机组成简图

外涵道的空气质量流量与流经内涵道的空气质量流量之比。根据所设计涵道比的大小，涡扇发动机可分为小涵道比（$B < 2.0$）、中涵道比（$2.0 \leqslant B \leqslant 4.0$）和大涵道比（$B > 4.0$）涡扇发动机。其中，小涵道比涡扇发动机一般是混合排气式的，而大涵道比涡扇发动机一般是分开排气式的。

从 20 世纪 60 年代涡轮风扇发动机投入使用以来，随着先进技术的发展与应用，涡轮风扇发动机在民用航空运输和军用战斗机的发展中已占据了主导地位。目前，大涵道比的分开排气式涡扇发动机以其推力大、经济性能好而独占大型客机和运输机的动力装置市场；而在军用战斗机的发展中，高性能和高可靠性的小涵道比混合排气式加力涡轮风扇发动机已成为现役先进战斗机和未来第四代战斗机的主要动力装置。例如，涡扇-10 系列发动机，就是我国自主研发并具有完全自主知识产权的先进小涵道比混排加力涡扇发动机。

1.1.1.3 涡轮螺旋桨发动机

涡轮螺旋桨发动机简称为涡桨发动机，如图 1-4 所示。在涡桨发动机中，燃气发生器的工作过程，同涡喷发动机中的基本相同。其明显的区别是在燃气发生器的涡轮后面又设置了一个动力涡轮，燃气发生器后方燃气的可用能量的大部分用来驱动该动力涡轮，在驱动低压压气机的同时，通过减速器的前向输出轴来驱动螺旋桨工作，由螺旋桨产生拉力来推进飞机前进;还有一部分能量在喷管中转化为气流动能的增加,从而产生推力(与涡喷发动机的原理一样)。在有的涡桨发动机上,燃气发生器的涡轮和动力涡轮装在同一根轴上,叫作固定涡轮式或定轴式涡桨发动机。可见,涡桨发动机的拉力(或推力)主要靠螺旋桨产生,而气流所产生的直接反作用推力较小,一般不超过总拉力(或推力)的5%~10%。

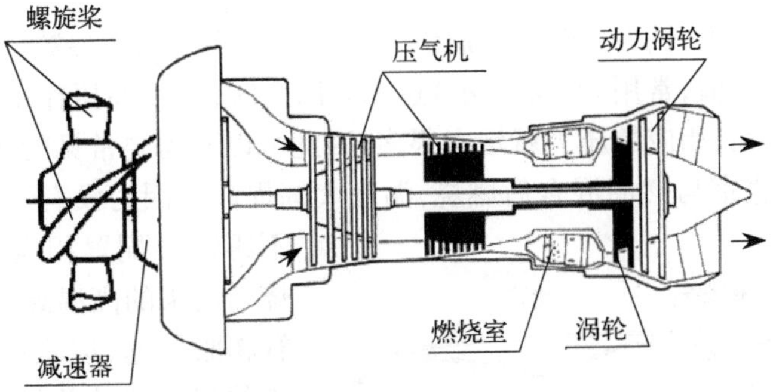

图1-4 涡轮螺旋桨发动机组成简图

涡桨发动机的优点是在低速飞行时具有较高的推进效率,是中小型军民用亚声速固定翼运输机、轰炸机和通用航空飞机的主要动力装置,例如,我国现役飞机配装的涡桨-5、涡桨-6、涡桨-9系列发动机。

1.1.1.4 涡轮轴发动机

涡轮轴发动机简称为涡轴发动机,如图1-5所示。该涡轴发动机的压气机有两个,依次为轴流式和离心式压气机;驱动压气机的涡轮也有两个,是双转子的燃气发生器。涡轴发动机的工作原理与涡桨发动机的基本相同,但其动力涡轮一般叫作自由涡轮,燃气发生器后方的燃气可用能量几乎全部用于驱动该自由涡轮,并通过自由涡轮连接的功率输出轴向外输出机械功率,而喷管的排气速度很慢,整台发动机并不直接产生推力。当用在直升机上时,该输出机械功率一般再经过减速器系统(主减速器和尾桨减速器)来驱动直升机的旋翼和尾桨,产生升力和拉力以及平衡力矩。当用于其他动力源时,则作为动力源带动其他装置,如常见的燃气涡轮起动机,就是一种结构较简单的涡轴发动机,作为大推力涡喷和涡扇发动机起动时的动力源。与涡桨发动机不同的是,涡轴发动机的功率输出轴有前输出形式(图1-5)和后输出形式。

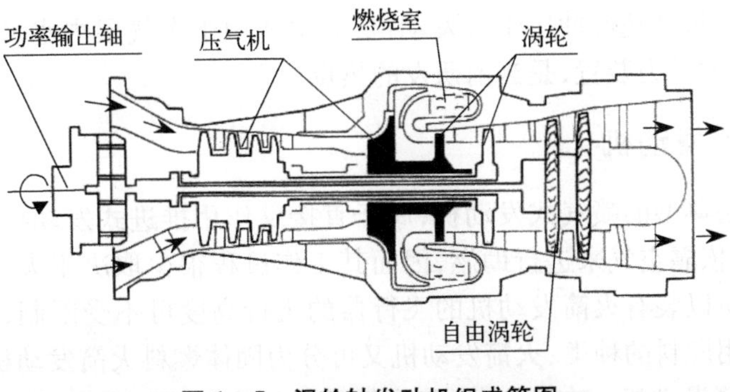

图1-5 涡轮轴发动机组成简图

涡轴发动机自从20世纪50年代进入直升机动力领域以来,很快就成为主要的动力装置,特别是在大中型直升机上,已全部取代了传统的活塞式发动机。我国现役直升机配装的主要有涡轴-6、涡轴-8、涡轴-9及涡轴-10发动机。

1.1.2 冲压发动机和组合发动机

在高速飞行状态下,例如,飞行马赫数(马赫数是一个无因次参数,是飞行速度或气流速度与当地声速的比值,常用 *Ma* 来表示)达2.0以上时,速度冲压作用显著,气流经过进气道时减速程度很大,相应的压力就增大很多,因此可以不需要常见的压气机对其进行压缩,而直接进入燃烧室与燃油混合后燃烧,温度大幅提高。因为没有了压气机,所以也就不再需要配置相应的涡轮,于是从燃烧室出来的高温高压燃气直接进入喷管膨胀加速,以很高的速度排出。这样的发动机称为冲压式喷气发动机,简称为冲压发动机,如图1-6所示。冲压发动机主要由进气道、燃烧室和喷管三部分组成,没有压气机和涡轮等部件,所以结构简单。但是,由于冲压发动机完全是依靠气流的冲压作用进行增压的,因此只适合在较高的飞行速度范围工作,是在大气层内高速飞行(马赫数2.0~6.0)的理想动力装置。目前,冲压发动机又根据其燃烧室进口气流速度是亚声速气流还是超声速气流,分为亚燃冲压发动机和超燃冲压发动机。顾名思义,亚燃冲压发动机燃烧室中是亚声速气流,而超燃冲压发动机中是超声速气流。

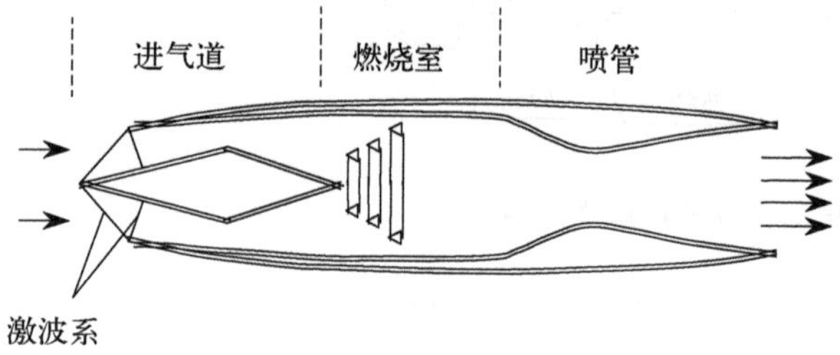

图1-6 冲压发动机简图

为了满足更为宽广飞行速度范围的动力需求,产生了组合循环式发动机,简称为组合发动机或组合动力。其原理是把两种以上不同类型的喷气发动机在形式、结构和工作过程上进行有机地结合,从而形成一种发挥各自优势、适应更广飞行范围的新型喷气式发动机。例如,涡轮基组合循环(turbine based combined cycle, TBCC)发动机,即由涡喷/涡扇发动机与冲压发动机组合而成;火箭基组合循环(rocket based combined cycle, RBCC)发动机,即火箭发动机与冲压发动机组合而成;涡轮火箭冲压组合发动机(turbine rocket based combined cycle, TRBCC),即将三者组合在一起。其中,涡轮冲压组合发动机又包括亚燃冲压组合发动机和超燃冲压组合发动机,非常适用于大气层内水平起降高超声速飞机、高超声速武器的动力装置,是当前研发的热点。

1.1.3 火箭发动机

火箭发动机是典型的喷气式发动机,属于直接反作用推进式发动机。火箭发动机本身携带氧化剂,不依靠空气来进行助燃,因而其工作过程很少取决于大气条件,能够在真空条件下工作。所以装有火箭发动机的飞行器的飞行高度可不受限制,可进入大气层外飞行。根据所采用燃料的种类,火箭发动机又可分为固体燃料火箭发动机、液体燃料火箭发动机和核能火箭发动机。在航空领域,火箭发动机主要用于空空导弹、地空导弹、空面导弹等高速、高机动导弹的推进,以固体燃料为主。

1.1.4 航空活塞式发动机

航空活塞式发动机主要依靠活塞在汽缸中的往复运动将燃料的化学能转化为机械功率输出,通过减速机构驱动螺旋桨为飞机的运动提供推力或拉力。目前,航空活塞式发动机主要应用在低速轻型飞机、无人机和直升机上,特别是以航空煤油为燃料的重油活塞式发动机,在小/微型无人飞行器上具有很好的应用前景。

1.1.5 航空发动机的使用范围

航空发动机是飞机的心脏,它分为多种类型,广泛用于歼击机、截击机、强击机(攻击机)、轰炸机、战斗轰炸机(歼击轰炸机)、反潜机、侦察机、预警机、干扰机、军用运输机、空中加油机、舰载机、教练机、无人机和靶机等军用飞机,旅客机、货运机、邮政机、公务机、农林用飞机、救护机、试验研究机、飞行教练机等民用飞机,以及直升机、远程巡航导弹和高超声速飞行器等。图1-7为各种类型航空发动机的典型使用范围(又称为飞行包线),表示航空发动机的飞行高度和飞行速度(马赫数)的范围,又叫作飞行器可以飞行的空中走廊。

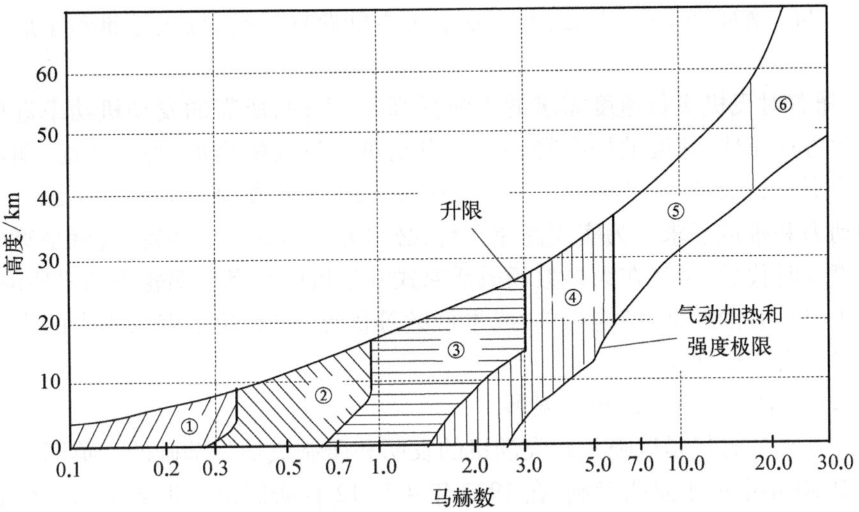

图1-7 航空发动机的典型使用范围

① 涡轴发动机;② 涡扇和涡桨发动机;③ 涡喷发动机和加力涡扇发动机;④ 冲压发动机和组合发动机;⑤ 超燃冲压发动机;⑥ 液体火箭发动机

图中可以看到,吸气式喷气发动机适合在飞行马赫数为0~10.0或更宽广的范围内使用。如果组合发动机结合不同类型的吸气式发动机和火箭发动机于一体,未来有可能制造出更经济的航空-航天系统,实现从机场水平起飞至进入近地轨道的多次往返飞行。

1.2 航空发动机发展

1.2.1 航空发动机发展历史

在以飞机为代表的飞行器发展需求牵引下,航空发动机也得到了迅猛的发展,经历了不同的发展历史时期。概括地说,主要经历了两大阶段：一是自 1903 年莱特兄弟首次实现有动力可控制飞行到 1945 年第二次世界大战结束,这 40 余年为活塞式发动机统治时期;二是 1939 年第一架喷气式飞机升空之后,航空燃气涡轮发动机逐步取代活塞式发动机,二战后开始居航空动力的主导地位。在技术进步的推动下,涡喷、涡扇、涡桨和涡轴发动机在不同时期、不同的飞行领域内发挥着各自的作用,使航空器性能跨上一个又一个新的台阶。

1.2.1.1 活塞式发动机的发展

1903～1945 年,活塞式发动机作为飞机的动力装置,占据了主导地位。在两次世界大战的推动下,活塞式发动机不断改进完善,得到迅速发展,在第二次世界大战结束前后达到了其技术的顶峰。发动机功率从近 10 kW 提高到 2500 kW 左右,飞行高度达 15 000 m,飞行速度从 16 km/h 提高到近 800 km/h,接近了螺旋桨推进式飞机的速度极限。飞机起飞质量从 0. 34 t 增加到 160 t 左右,并实现了不着陆跨洋飞行,极大地推动了航空运输业的发展。

但是,随着对飞机飞行速度需求的不断提高,一方面,所需的发动机功率近似与飞行速度的三次方成正比,速度的提高势必带来发动机质量大幅增加;另一方面,随着飞行速度的进一步提高,螺旋桨的效率急剧下降。所以,带螺旋桨的活塞式发动机已不能满足高速飞行的动力和推进要求。为实现高速飞行,必须寻求新的动力装置,这就是喷气式发动机。进入喷气时代后,虽然在大多数领域活塞式发动机已被燃气涡轮发动机所取代,但活塞式发动机仍具有油耗低、结构简单、成本低廉等优点,在对功率需求不大的小型低速航空器领域仍占有重要地位。

1.2.1.2 涡轮喷气发动机的发展

人类进入喷气时代是以喷气式发动机的发明和研制成功为基础的。英国人弗兰克·惠特尔于 1930 年申请了发明专利,在 1937 年 4 月 12 日研制出了世界上第一台涡轮喷气发动机(以煤油为燃料,采用离心式压气机,推力约 200 daN①),但是直到 1941 年 5 月才将改进型惠特尔发动机装在英国的 E28/39 飞机上并试飞成功。在同一时期,德国人汉斯·冯·奥海因于 1938 年 3 月成功地研制出了 HeS 3B 型涡轮喷气发动机(以汽油为燃料,采用轴流离心组合式压气机,推力约为 400 daN),并在 1939 年 8 月 27 日装在德国的 He－178 飞机上成功首飞,成为世界上第一架试飞成功的涡轮喷气式飞机。由于这次首飞比 E28/39 早了一年多,人们公认以这次首飞为标志,开创了喷气推进新时代和航空事业的新纪元。但是,早期的涡轮喷气发动机和飞机尚处于试验阶段,在第二次世界大战中

① daN 是发动机的推力单位,1 daN = 10 N。

并没有发挥很大作用，到战后（特别是20世纪50年代）才获得迅速的发展。

随着涡喷发动机性能的提高，飞机的飞行速度也得以大幅提升。1947年，出现了第一批后掠翼战斗机，飞行速度提高到约1050 km/h，接近声速。进一步，为了突破“声障”，研发了带复燃加力燃烧室的涡喷发动机，它可以在短时间内大幅度提高推力。例如，1953年，美国利用J57型加力式双转子涡喷发动机推出了第一款实用的超声速战斗机F－100，最大飞行速度为声速的1.31倍，即马赫数为1.31。20世纪60年代以后，涡喷发动机技术逐渐成熟，发动机的性能也不断提升。涡喷发动机在军用战斗机上广泛应用的同时，也被其他机种所选用。首先是轰炸机，随后是运输机、旅客机和侦察机。例如，美国1955年装备且至今还在使用的B－52重型战略轰炸机，开始时配装了8台J57系列双转子涡喷发动机。英国于1952年用世界上第一种装有4台涡喷发动机的“彗星”客机开办了由伦敦到南非的长航程航空营运业务。1974年，英国、法国利用4台奥林帕斯593加力式涡喷发动机合作研制的“协和”超声速客机取得适航证。美国1966年投入使用的SR－71战略侦察机的最大飞行马赫数达3.2，使用升限为26.6 km，其动力是J58加力式涡轮喷气发动机。

涡喷发动机克服了活塞式发动机和螺旋桨的主要缺点，使飞机从亚声速进入了超声速飞行的新时代，并且为高空飞行提供了条件。它的广泛应用改变了航空事业的面貌，在航空发展史上占有重要地位。但涡轮喷气发动机也存在比较明显的不足，就是耗油率高，经济性较差，特别是对于高亚声速飞行范围的民用航空运输业的发展十分不利。为了克服这一缺点，涡轮风扇发动机应运而生，并发展成为重要角色。

1.2.1.3 涡轮风扇发动机的发展

涡扇发动机诞生于20世纪50年代，首先用于民用飞机，随后扩展到军用飞机。20世纪60年代出现了涡扇化热潮，70～80年代发展提高并广泛应用，取代涡喷发动机，成为军民用飞机的主要动力和航空推进技术研究发展的主要方向。

世界上第一台实用的涡轮风扇发动机是英国罗尔斯·罗伊斯公司（简称罗·罗公司）在20世纪50年代研制的康维（Conway）发动机（涵道比为0.3），用于英国的VC－10等客机上。理论和实践表明，涡扇发动机推力大，耗油率低，经济性好，而且排气速度降低使得发动机的噪声也大大减小，非常适合用于旅客机上。例如，著名的波音707飞机换装了涡扇发动机后，发动机的起飞推力增加了50%，巡航推力增加了27%，耗油率降低了13%，航程增加了27.6%，大大改善了飞行性能。因此，在20世纪60年代形成了一个风扇化的热潮，涡扇发动机得以快速发展。

为满足远程大中型客机的需要，20世纪70～80年代研制了一批先进的大涵道比涡轮风扇发动机。例如，英国罗·罗公司的RB211（1973～1977年），美国、法国联合研制的CFM56（1972～1979年），美国、英国等联合研制的V2500（1983～1988年）等。20世纪90年代以来，根据远程宽体大型客机甚至巨型客机的需求，又进一步研发出了更为先进的大涵道比大推力涡扇发动机。例如，英国罗·罗公司的遄达（Trent）800和遄达（Trent）900，美国通用电气（General Electric，GE）公司的GE90和GP7000，美国普拉特·惠特尼集团公司（简称普惠公司）的PW4084等。这一代涡扇发动机的涵道比都达到了6.0以上，有的达8.0以上，经济性进一步改善。有统计表明，自20世纪70年代初第一代大涵道比涡扇发动机投入使用以来，目前已经发展了五代，其耗油率比第一代民用涡扇发动机降低约20%。世界上宽、窄体干线客机的动力100%都选择了涡扇发动机，用涡扇发动机为动力的支线客机订货量也已超过70%。

鉴于涡扇发动机具有起飞推力大、巡航耗油率低的优点，涡扇发动机还有可以提高加力推力的优势，它很适合于既要作长距离亚声速巡航又要作短时超声速冲刺的战斗机使用。因此，从20世纪60年代开始，涡扇发动机也被军用飞机大量采用。英国、美国在民用涡扇发动机的基础上研制出斯贝MK202和TF30，降低了耗油率，使飞机航程大大增加。20世纪70~80年代，受高性能空中优势战斗机的需求牵引，各国先后推出了一批先进军用涡扇发动机。例如，英国等联合研制的RB199（配装"狂风"战斗机），GE公司研制的F404和F110（配装F/A－18和F－15战斗机），普·惠公司的F100（配装F－16战斗机），苏联研制的RD－33（配装米格－29战斗机）和AL－31F（配装苏－27战斗机）等，在使用中不断改进可靠性、耐久性和性能。20世纪90年代开始，各国为第四代战斗机发展了推重比为10一级的小涵道比加力式涡扇发动机，例如，美国的F119和F135、欧洲的EJ200、俄罗斯的AL－41F等，具有超声速巡航、隐身、短距起降和非常规机动能力，采用矢量喷管和双余度全权限数字式电子控制，可靠性、耐久性成倍增长，寿命期费用降低25%左右。从2005~2007年起，配装这些先进涡扇发动机的四代战机已开始陆续装备，成为主战机种。

涡喷和涡扇发动机除了广泛应用于军民用飞机，还在巡航导弹的发展中得到重要应用。亚声速巡航导弹的动力早期为涡喷发动机，但随着射程的加大和追求经济性，涡扇发动机得到更多的应用。虽然采用火箭发动机的巡航导弹具有使用便捷、体积小、可靠性高和维护方便等优点，但航程短，一般只有50 km左右，而涡喷/涡扇发动机可使航程达到1000~2000 km。所以，20世纪70年代末出现一批充分体现巡航导弹发动机设计要求的涡喷和涡扇发动机。

1.2.1.4 涡桨和涡轴发动机的发展

在涡轮喷气发动机蓬勃发展的过程中，驱动飞机螺旋桨和直升机旋翼的动力也实现了涡轮化，派生出涡轮螺旋桨发动机和涡轮轴发动机。

世界上最早研制涡桨发动机的国家是英国，其第一台涡桨发动机是1942年开始研制的曼巴发动机。到20世纪60年代，英国、美国、苏联、法国和加拿大等先后研制成功各个功率级别的涡桨发动机。由于这类发动机与活塞式发动机相比，具有尺寸小、重量轻、功重比大的优点，而在中低速范围内，耗油率又比涡喷发动机低得多，因此广泛用于运输机、轰炸机和教练机。但是从20世纪60年代后期起，随着涡扇发动机（尤其是大涵道比涡扇发动机）的兴起，涡桨发动机逐渐从大型运输机、民航机领域退出，但在支线客机和通用飞机等民用飞机上仍然保留着一席之地。

在20世纪80年代后期，掀起了一阵螺旋桨涡轮风扇发动机（简称为桨扇发动机）的研发热潮。桨扇发动机的关键部件是两排转动方向相反、带一定后掠的桨扇叶片，该叶片比螺旋桨桨叶直径小、数目多而薄，但又比风扇叶片的直径大、数目少且更宽更厚，而且没有外涵道壳体。它既可以看作带高速先进螺旋桨的涡桨发动机，又可以看作去掉外涵道的超大涵道比的涡扇发动机，因此，兼有前者耗油率低和后者飞行速度高的优点。一些著名的发动机公司都在不同程度上进行了研究和试验，其中通用电气公司的GE36无涵道风扇(unducted fan, UDF)曾进行了飞行试验。但由于多种技术和市场原因，大多停止了研制。

与涡桨发动机相比，涡轴发动机问世相对较晚。法国透博梅卡公司于20世纪50年代中期研制成功世界上首台涡轴发动机(功率为405 kW)，直升机的发动机开始进入涡轮化时代。涡轴发动机不断改进创新、更新换代，20世纪70~80年代研发了目前仍在大量使用中的第三代涡轴发动机，20世纪90年代开始研发第四代涡轴发动机，也已开始逐步装机服役。目前，用在直升机上的涡轴发动机有40多种型号，功率范围为250~7500 kW，是军民用直升机的主要动力装置，特别是在大中型直升机上，全部取代了传统活塞式发动机。

1.2.1.5 其他类型发动机的发展

冲压发动机的概念最早由法国人雷内·劳伦在1913年提出，但直到1949年法国以冲压发动机为动力的"莱杜克-010"型试验飞机首次空投试飞成功，才得以在20世纪50年代进入实用研发阶段。20世纪60年代初，英国、美国和苏联都进行了以冲压发动机为主体的整体式布局式第二代冲压发动机导弹的研制，推出了系列型号。

随着飞行器飞行包线的不断扩大，最大飞行速度和高度不断提高，对动力装置的要求也越来越苛刻，常规的各种动力装置都不能完全满足要求，于是人们自然开始研发能够发挥各自优势的组合式发动机，例如，涡轮冲压发动机、火箭冲压发动机和涡轮火箭冲压发动机等组合式发动机。

其中，涡轮冲压发动机最有希望的用途是作为高超声速航空器的动力。在航空领域，继马赫数3.0的战斗机/侦察机之后，又进一步研究发展马赫数3.0~4.0的超声速飞行器。但在大马赫数与航天飞行之间，即在高超声速稳定地巡航飞行领域，还存在一个空白。为填补这个空白，各航空发达国家都在跃跃欲试，从20世纪70年代提出装备激光武器的高马赫数战斗机，到20世纪80年代提出能水平起飞入轨并再次返回基地的跨大气层飞行器，再到20世纪90年代后期开始的马赫数4.0~8.0的高超声速飞行器动力技术，研究工作一直连绵不断。在这些研究工作中所要采用的动力装置方案，大多是由涡轮、亚声速燃烧冲压、超声速燃烧冲压、火箭等组成的组合式发动机。

1.2.1.6 航空发动机的其他应用

目前，航空燃气涡轮发动机作为军民用飞行器的动力，已得到飞速发展，并达到相当高的水平。与此同时，航空发达国家也纷纷将航空燃气涡轮发动机进行改型，应用于舰船推进、地面车辆的动力、驱动发电机发电和机械驱动，发展出一系列轻型燃机(简称为航改燃机)。在舰船应用上，与汽油机、柴油机、蒸汽轮机和常规重型燃机相比，航改燃机具有功率质量比、循环效率和可靠性高，起动迅速，功率范围广，安装便捷，运行成本低，操作简单，维护方便等优点。在地面发电领域，发电用燃机分为重型燃机和轻型燃机两类。重型燃机虽然一般是按地面条件专门研制的，但是有许多技术、工艺和材料不可避免地会借鉴航机，而轻型燃机绝大多数是航改燃机。特别是用于热电联供的燃机，都是以中小型燃机为主，其中绝大多数是航改燃机，例如，斯贝、RB211、LM系列等机型。在坦克动力的燃机化方面，主要是以航空用涡轴发动机为原型或采用相关技术来研制，最为典型的是美国的

AGT1500(1120 kW)和俄罗斯的 GDT1000(1100 kW)坦克用燃机。此外,机械驱动用燃机广泛用于油田注水、注气、输油、输气管道增压,在这些领域应用的燃机大多是航改燃机。这也是由于它具有体积小、重量轻、起动快、少用或不用冷却水等的优点,其使用已日益广泛。

综上所述,航空发动机是航空器的心脏,有了适用的航空发动机,才实现了真正的有动力、可操纵的载人航空飞行。随着航空发动机的更新换代,推动了军民用航空器一代一代地向前发展。同时,由于航空发动机是知识密集型、多学科、高科技产品,而且其改型研制的燃气轮机在舰船、坦克、机车、发电、泵站等方面被广泛应用,因此,航空发动机的发展有力地带动了科学技术、基础工业和国民经济的发展,成为一个国家科技、工业水平和综合国力的重要标志。

我国航空发动机的发展经历了修理、仿制、改进改型到自主研制的过程。随着航空工业 70 多年的发展,尤其是改革开放的逐步深入,在我国综合国力显著提升的支撑下,航空发动机的发展也进入了快车道,已经基本具备了自主研制军民用各种类型发动机的能力,推出了多种型号的发动机,研制水平得到长足提升,发动机的性能、可靠性、耐久性等指标也不断攀升,有力支撑了我国空中力量战斗力的大幅跃升以及航空运输事业的蓬勃发展。

1.2.2 航空发动机发展趋势

未来的航空发动机将朝着不断改善性能,降低成本,提高可靠性、安全性和维修性的方向发展,而且,今后对航空发动机的噪声和排气污染的要求也将更为严格。为满足航空发动机发展的更高要求,人们在继续提高传统燃气涡轮发动机技术水平的同时,也必须探索发展新型的航空发动机。

1.2.2.1 军用飞机发动机

基于未来作战的需要,军用飞机将具有更大的作战半径、更强的生存能力、更灵活的战场适应性、更高的可靠性以及更低的全寿命周期成本,这就要求其动力装置继续向着提高推重比,降低耗油率,改善可靠性、适用性、维修性和经济性的方向发展。与前四代发动机重点追求高推重比不同,21 世纪初开始提出将提升发动机推进效率与任务适应性作为第五代发动机的首要目标,通过变循环发动机等关键技术的突破,增加飞行器航程和作战半径,增强远程打击能力。同时,为保证机队完好率和高的战斗生存力,发动机的可靠性、维修性设计也成为关键。因此,适用性、成本、可靠性等综合性能将成为衡量发动机先进性的重要指标。

未来航空发动机的使用将从传统的空中飞行向临近空间拓展,甚至实现跨大气层飞行,而飞行速度也将由现在的亚声速、超声速向高超声速跃进。为适应更为宽广的工作包线,必将引发包括发动机变循环技术、组合发动机技术、发动机预冷技术、先进热管理技术等航空发动机新技术的一场革命,以提高任务适应性。

未来还要求新一代发动机进一步增强环境适应性,具有很强的抗进气畸变、防冰、防雨、防雷电和高低温工作能力,能在复杂自然环境和恶劣气象条件下安全可靠工作。因此,需要采用先进的光/机/电综合控制系统、智能主动控制系统和健康管理系统等,全面准确监控整机和部件的工作环境与状态，实现发动机性能和状态的主动和自我管理，并根据环境因素平衡任务要求，提高发动机的性能、可操纵性和可靠性，延长寿命，降低使用与维修成本，有效提高环境适应能力和生存力。

发动机雷达/红外综合隐身性能的提升将是未来发展的重要需求，这无疑将加快促进飞/发一体化设计、新型耐高温低发射材料与变循环技术等的综合应用。

1.2.2.2 民用飞机发动机

为进一步降低发动机耗油率，提升民用航空发动机的经济性和环境友好性，一些新技术、新结构形式在民用航空发动机中得到快速发展。例如，齿轮驱动涡扇（geared turbofan，GTF）发动机、新型桨扇发动机（开式转子发动机）、超大涵道比发动机、分布式推进、多电或全电发动机、边界层吸入式发动机和新型燃料发动机等，与传统的民用航空涡扇发动机相比，均可大幅降低油耗，实现更低排放、更低噪声、更少有害物的绿色需求。此外，与军用飞机发动机一样，民机的飞/发一体化设计、智能化控制、自动化诊断等也是发动机发展的重要支撑。

1.2.2.3 大幅提升经济可承受性

无论是军用飞机发动机，还是民用飞机发动机，都需要在大幅提升发动机综合性能的同时，要求其全寿命周期成本要可担负得起。例如，美国通过综合高性能涡轮发动机技术（Integrated High-performance Turbine Engine Technology，IHPTET）计划，期望实现经济可承受性达到基准发动机的 3 倍以上；通过经济可承受多用途先进涡轮发动机（Versatile Affordable Advanced Turbine Engine，VAATE）计划，实现经济可承受性达到基准发动机的 10 倍。这就需要围绕成本控制目标，采用多种措施提高发动机的经济可承受性。例如，"一机多型"满足用户的多种任务需要，降低了采购成本；开发通用技术，研制"通用核心机"，实现用途多元化，发展出将来使用的更高性能、更高耐久性和更低费用的军民用发动机等。

1.2.2.4 推进发动机先进技术基础研究

航空发动机是集气动、热力、结构与强度、控制、测试、计算机、制造技术和材料科学等多学科于一体的当代最精密的复杂机电产品之一。航空发动机研发的历史表明，设计是主导，材料是基础，制造是保障，试验是关键。因此，航空发动机综合能力的提升，必须依赖于基础研究的创新与先进技术的突破。

（1）先进设计技术。未来，在不改变航空燃气涡轮发动机基本循环方式的情况下，提升发动机循环效率和降低发动机自身质量是提高发动机性能的主要方法。发动机性能的提升离不开先进的气动设计与结构设计。在气动设计中，通过发展叶片有粘全三维设计技术、燃烧室旋流燃烧技术、先进的热端传热分析和冷却设计技术，可在提升部件气动热力性能的同时降低结构质量。在结构设计中，通过发展空心风扇/压气机叶片结构设计，整体叶盘/叶环结构设计，刷式和气膜封严结构设计，以及双层壁火焰筒、对转涡轮、双辐板涡轮盘、磁性轴承、内装式整体起动等结构设计，充分发挥新材料的性能，减轻发动机质量，提高结构可靠性。

（2）先进材料技术。新材料是航空燃气涡轮发动机技术进步的重要基础，是提高发动机推重比的主要突破口。据预测，在未来航空发动机性能的提高中，新材料的贡献率将达到50%以上。未来应用于航空发动机上的先进材料主要包括两大类。一是轻型高比强度材料,包括钛金属基复合材料、树脂基复合材料、钛铝金属间化合物等,可以大幅减轻发动机的质量,提升风扇等转子叶片强度及抗打击能力,实现发动机推重比、工作可靠性的提升。二是新型耐高温材料,包括耐高温合金材料、陶瓷基复合材料、碳-碳基复合材料等,可使涡轮前温度提高至2000~2200℃,大幅提升发动机单位推力,甚至未来取消发动机加力燃烧室仍可满足发动机加速过程对单位推力的需求。

(3) 先进制造技术。未来高性能发动机研制将采用大量新材料、新结构,这对制造工艺的要求将进一步提高,表现为先进制造技术的发展。一是轻量化、整体化结构件制造技术,为实现减质增效,航空发动机零部件大多采用复杂曲面和高结构效率的整体和轻量化结构,如整体叶盘制造技术、整体叶环制造技术、大小叶片转子制造技术、发动机机匣制造技术、宽弦风扇叶片制造技术、复合冷却层板结构制造技术等。二是新材料构件制造技术,金属基复合材料、陶瓷基复合材料、碳-碳复合材料等是当前高温复合材料开发和应用研究的热点,都需要相应的构件制造技术给予支撑。三是发动机制造新工艺,航空燃气涡轮发动机结构复杂、加工精度高,高硬度高强度新材料加工难度大,需要发展新型结构件精密制坯技术、特种加工技术、特种焊接技术、热障涂层技术、3D 打印技术等。

(4) 先进控制技术。未来发动机的控制系统将向综合化和智能化方向发展,具体表现为三方面:一是主动控制技术,如主动稳定性控制、主动间隙控制、主动燃烧控制等;二是智能控制技术,包括智能自修复控制技术、损伤自适应修复控制技术、延寿控制技术、自主推进系统技术等;三是分布式控制技术,包括分布式总线、智能传感器、智能作动器、微电子机械、高温电子技术等。

(5) 先进试验技术。新型发动机的诞生,现役发动机的改进改型和作战使用,都离不开试验。航空发动机的发展史就是一个设计、制造、试验、修改和再试验的不断摸索和反复完善过程,试验活动贯穿发动机研制和使用发展的全过程,是耗时最长、投入经费最多的环节。未来,试验技术的发展主要包括以下方面:一是优化试验组织管理,加快结构调整,缩减低水平和重复的资源;二是以信息技术提升试验能力,缩短试验周期,降低试验成本;三是发展高精度测试、非接触测量、高温高振动高响应测试等先进技术,提升试验设备能力;四是加快新型试验鉴定技术研究,满足新型发动机试验需求。

(6) 新概念推进技术。概念创新是航空发动机技术发展的重要引领,新概念推进是指热力过程、工作方式或使用能源等方面与传统航空发动机有很大区别的新型发动机,例如,电推进、太阳能推进、旋转爆震发动机、脉冲爆震发动机、激波聚焦爆震推进器、分布式推进、对转涡扇发动机、对转冲压发动机、变循环涡扇发动机、转子式内燃发动机、间冷回热式发动机、超声速燃烧冲压发动机、多电或全电发动机、微波能动力等。

1.3 航空发动机气动热力学基础知识

由前面所述的各种典型航空发动机的基本工作情形,特别是涡轮喷气和涡轮风扇发动机的工作过程可知,从原理上来说,发动机的工作过程实际上也就是空气、燃气等气体在各部件中的流动以及与各部件之间的相互作用过程。这一流动和作用过程实际上是很复杂的,除了有多种作用力,还有机械功、动能和热能等形式的能量转换,而且气体的压力、温度、速度等参数还可能随空间和时间的变化而变化。所以,对发动机工作原理、性能变化及构造形式的准确理解和定量分析,依赖于对气体流动规律的正确分析。气动热力学是研究气体高速运动以及热能与机械能转化规律的学科,也是研究航空发动机工作原理和构造原理的重要基础。

下面介绍本教材所涉及航空发动机气动热力学的一些必备基础知识。

1.3.1 有关气体性质的基本概念

1.3.1.1 连续介质假设

气体是航空发动机工作并实现热能与机械能转化利用的介质,航空发动机工作所涉及的气体主要有空气和燃气两大类。不论是空气还是燃气,这些实际的气体都是由大量微小的分子组成的,分子与分子之间存在着间隙,并且所有的分子都在不停地运动。因此从微观的角度上看,气体的状态在空间上和时间上都是不连续的。不过由于分子的尺度非常小,在很小的体积里也含有大量分子。所以,在研究气体状态变化和运动问题时,并不是以分子为研究对象,而是把它看作连续介质,即认为气体连续地充满它所在的空间。这就是连续介质假设。

在研究航空发动机工作原理等问题中,就应用了该假设。在这种假设下,所谓的一个空间点实际上是指尺寸足够小的体积,也叫作流体微团,而不是指几何尺寸为零的点。每个流体微团都含有大量的分子,一个微团体积内所包含的分子的统计平均性质代表了该微团体积范围内流体的宏观性质。

1.3.1.2 完全气体

即使在流体微团内,气体分子也具有一定的体积,而且气体分子之间还存在作用力。如果气体分子自身体积以及它们之间的作用力可以忽略不计,则把这样的气体称为完全气体,否则称为实际气体。在本教材中,所涉及的气体均认为是完全气体。

1.3.1.3 气体的状态和状态参数

完全气体在指定瞬间所呈现的全部宏观性质的总称,叫作气体的状态。这些宏观性质的差异也就是状态之间的差异或区别。当微团内部的气体满足力平衡、热平衡和相平衡或化学平衡时,称为平衡状态。在航空发动机中均认为是平衡状态,简称为状态。

状态参数是用来描述气体状态的物理量。在航空发动机中,常用的状态参数有六个,即压力、比容、温度、内能、焓和熵。应当注意,状态参数是气体平衡状态的单值函数,即气体的状态一定,各状态参数的数值也就一定,而与状态变化所经过的过程无关。这是状态参数的重要性质。

1.3.1.4 气体状态的变化过程

在内部及外界的作用力、能量等因素的作用下,气体的状态会发生变化,从一个状态过渡到另一个状态。在气动热力学中,把这种变化过程叫作热力过程。例如,在航空发动机中,气体经过压气机时做机械功而压力增加,在燃烧室中被加热而温度升高,在喷管中膨胀而压力减小、速度增大等，气体都是从进入部件前的某一状态变化为离开部件时的另一个状态。为了能够合理地确定热力过程中的参数变化和能量交换等，需要对热力过程进行物理和数学建模。因此，从理论上对过程的条件和特征进行定义，形成了一些与热力过程相关的概念，主要有以下概念。

1. 准静态过程

准静态过程是指在热力过程的每一瞬间，气体内部的状态都无限接近于平衡状态的热力过程，也称为平衡过程或准平衡过程，有时叫作内部平衡过程。

2. 可逆过程和不可逆过程

当热力过程进行之后，如果气体的状态又能够沿原路线反向进行，并且同时使气体和外界都能够恢复到原状态，这样的过程就称为可逆过程，否则就称为不可逆过程。

需要注意的是，气体状态变化的实际过程总是不可逆的，例如，存在着摩擦、温差传热等不可逆因素（又叫作耗散因素），给理论分析带来困难。所以，在实际应用中总是根据具体情况进行适当的简化，忽略掉不可逆因素，近似地认为是可逆过程。所以，可逆过程又可以看作没有任何耗散的热力过程。

3. 过程量和状态量

在气动热力学理论中，把那些与气体热力过程的性质、形式等密切相关的物理量称作过程量，如过程中所交换的机械功、热量以及气体的速度、动能等。而把只与气体的状态相关联的物理量叫作状态量，它们只取决于状态，而和状态变化的具体过程无关，如压力、温度等状态参数。

1.3.2 气体一维定常流动

1.3.2.1 控制体研究方法

控制体指的是研究者所设定的某一固定的空间区域。而把该区域以外的部分称为外界。例如，为了研究涡喷发动机与气体的作用力，就把发动机内部的整个区域设定为控制体，除此之外的区域都是外界。

控制体研究方法是着眼于控制体中的每一个固定点，研究在该点处的气体运动情形，这样就得到每一时刻控制体中的气流参数分布规律，从而确定气体的流动规律、气体与控制体内部的相互作用以及和外界的能量交换。这种研究问题的方法又叫作欧拉法，与之相对的则称为拉格朗日法。在航空发动机的研究中，常常采用的是欧拉法，即控制体方法。可见，对控制体的正确选取对研究结果是非常重要的。

把气流参数在这个固定空间区域的分布称为流场，流动特性就可以用场来描述。

1.3.2.2 一维流动与多维流动

气体的一维流动指的是气体的参数只与一个空间坐标参数有关的流动。例如，在涡喷发动机中就常常认为，气体的状态参数和流动参数只与发动机的轴线位置相关，而在与轴线相垂直的截面上参数是均匀的，或者是以参数的平均值来代表该截面位置处的参数。

与一维流动相对应，多维流动就是气体的参数与多个空间坐标参数有关的流动。其中，如果流动参数是三个空间坐标的函数，就称为三维流动；同理，如果是两个空间坐标的函数，就叫作二维流动，也叫平面流动。

1.3.2.3 一维定常流动

在控制体的任意空间点上，气流的参数都不随时间而改变，这种流动叫作定常流动。否则，就称作非定常流动。发动机在某一稳定状态（如最大、额定、巡航、慢车等状态）工作时，气体在发动机内的流动可认为是定常流动。所以，气体的一维定常流动是研究发动机原理与构造问题的最主要形式。

综上所述，在燃气涡轮发动机中，主要研究气体沿流道的长度（或流道的轴线）的流动规律。由于是在各种“管道”之中，所以把这种流动统称为一维定常管道流动，简称管道流动或管流。

通常，把管道流动简化为如图1-8所示的情形。其中的壁面可以是实际管道壁面，也可以是气体流线的虚拟壁面（这种情况又称为流管）。进口截面1和出口截面2一般与管道轴线垂直，气流参数在截面上是均匀的（或平均值），管道轴线的曲率半径一般也比较大。截面1和截面2之间就是控制体，其中的气体可通过壁面与外界交换能量（如热量和机械功），通过进出口截面及壁面交换质量。c_1 与 c_2 为进口与出口气流速度。

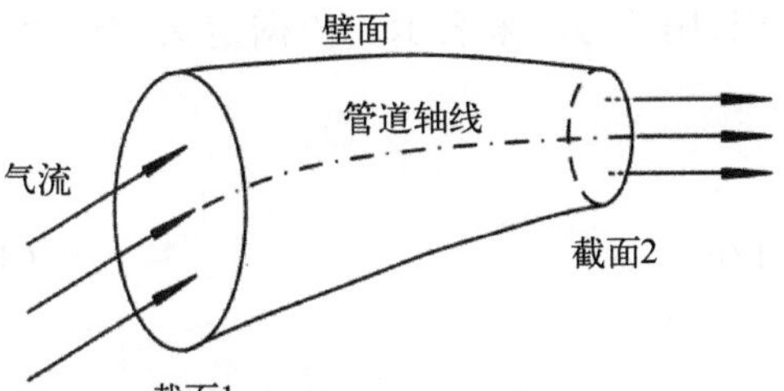

(a) 一维管道流动简图

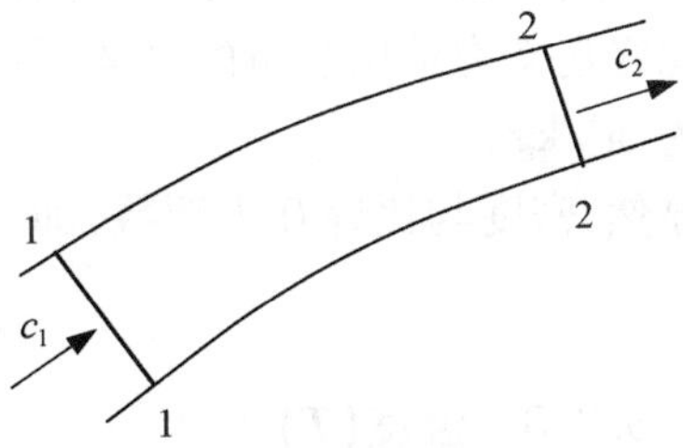

(b) 一维管道流动平面简图

图1-8 一维管道流动示意图

1.3.3 一维定常流动状态参数

在航空发动机的管道流动中，描述气体状态的参数有六个，即压力、密度（或比容）、温度、内能、焓和熵。其中，压力、密度（或比容）和温度这三个参数在工程上容易测量，也比较直观，又叫作气体的基本状态参数。其他的状态参数均可用这三个基本状态参数来表示。当确定了各个截面上气体的三个基本状态参数后，即可以根据气体流动的基本方程确定气体运动的规律以及与外界的相互作用。

1.3.3.1 压力（p）

压力是指气体单位面积上所承受的垂直作用力，用符号 p 表示，其国际单位制为帕斯卡，简称为帕（Pa），1 Pa = 1 N/m^2。在实际应用中，由于Pa的单位比较小，工程上常用兆帕（MPa）、巴（bar）和千帕（kPa）等作为压力单位。其量值换算关系为 1 MPa = 10^6 Pa，1 bar = 10^5 Pa，1 kPa = 1000 Pa。此外，在有些应用场合可能还会遇到一些其他的压力单位，如毫米水柱（mmH_2O）、毫米汞柱（mmHg）等。

在工程应用中进行压力测量时，常用的测量仪表（如弹簧管式压力表和液柱式压力计）往往测量的是气体的真实压力与当地环境压力（通常是大气压）的差值，所以还会带来三种常见的压力表示方法。

（1）绝对压力。气体的真实压力称为绝对压力，可用 p_{abs} 表示，通常直接用 p 表示。

（2）表压力。气体的绝对压力高出当地环境压力的量值，称为表压力，简称表压，通常用 p_g 来表示。

（3）真空度。真空度是气体的绝对压力比当地环境压力低的量值，通常用 p_v 来表示。

可见，表压力和真空度都是相对压力，即相对于当地环境压力的差值。因此，若当地的环境压力记为 p_0，则有

$$p_g = p_{abs} - p_0, \quad \text{或} \quad p_g = p - p_0 \tag{1-1}$$

$$p_v = p_0 - p_{abs} \tag{1-2}$$

值得注意的是，表压和真空度均不是状态参数，只有绝对压力才是状态参数。

1.3.3.2 密度（ρ）或比容（v）

把单位容积内所含气体的质量，称为气体的密度，用符号 ρ 表示。根据定义，有 $\rho = m/V$，其中，V 是气体所占有的容积，m 为气体的质量。所以密度的单位为 kg/m^3。

比容定义为单位质量的气体所占有的容积，用符号 v 来表示。依据定义，有 $v = V/m$，单位为 m^3/kg。

显然，密度与比容互为倒数，即

$$\rho = 1/v \tag{1-3}$$

1.3.3.3 温度（T）

温度表示气体的冷热程度。国际单位制中采用热力学温标，温度的单位是开尔文，用开（K）表示。

热力学温度 T 与摄氏温标温度 t 的关系为 $T(\text{K}) = t(℃) + 273.15$。应注意，热力学温度 T 总是大于零的。

1.3.3.4 完全气体的状态方程

以上的三个状态参数又叫作气体的基本状态参数。对于完全气体，这三个基本状态参数所满足的关系式称为完全气体的状态方程，即

$$p = \rho RT \tag{1-4}$$

也可写为 $pv = RT$。其中，R 是气体常数，单位为 J/(kg·K)。R 的数值与气体的种类有关，航空发动机中常用的空气和燃气的气体常数分别为：对于空气，$R = 287.06$ J/(kg·K)；对于燃气，$R = 287.4$ J/(kg·K)。

气体常数与定容比热 c_v 和定压比热 c_p 的关系为 $R = c_p - c_v$。其中，c_v 是气体的定容比热，表示当保持气体的容积不变时气体温度变化 1 K 所吸收或放出的热量；c_p 是气体的定压比热，表示当保持气体的压力不变时气体温度变化 1 K 所吸收或放出的热量。它们的单位都是 J/(kg·K)。

在应用中，还常常要用到气体的比热比这一参数，以符号 $\gamma = c_p/c_v$ 表示。所以，有 $c_v = \dfrac{1}{\gamma - 1}R$ 和 $c_p = \dfrac{\gamma}{\gamma - 1}R$。

同样地，γ 的数值也与气体的种类有关，航空发动机中常用的气体为：对于空气，$\gamma = 1.4$；对于燃气，$\gamma = 1.33$。

1.3.3.5 内能(U、u)

内能是指气体的大量微观粒子本身所具有的能量，包括内动能(分子动能)和内位能(分子位能)。内能用符号 U 表示，单位为焦耳(J)。

对于单位质量的气体，其内能又称为比内能，但也常常简称为内能，用符号 u 来表示，单位为 J/kg。

对于完全气体，内能只是温度 T 的函数。即

$$u = c_v T \tag{1-5}$$

式中，c_v 是气体的定容比热。一般，在航空发动机的工作范围内，常假设完全气体的定容比热 c_v 可近似为常数。

1.3.3.6 焓(I、i)

气体的焓定义为 $I = U + pV$，单位为焦耳(J)。其中 V 是气体的体积。

更为常用的是单位质量气体的焓，称为比焓，但也常常简称为焓，用 i 表示，单位为 J/kg。即

$$i = u + pv = u + p/\rho \tag{1-6}$$

同样，对于完全气体，焓也只是温度 T 的函数。即

$$i = c_p T \tag{1-7}$$

式中，c_p 是气体的定压比热。一般，在航空发动机的工作范围内，常假设完全气体的定压比热 c_p 可近似为常数。

1.3.3.7 熵(S、s)

1. 熵的定义式

熵是一个非常重要的状态参数，在航空发动机热力过程分析中有着广泛的应用。在实际应用中，经常应用的是熵的变化量。所以，把熵的微元变化定义为微元可逆过程的 dS：

$$dS = (\delta Q/T)_{re} \tag{1-8}$$

式中，δQ 是微元过程中气体吸收或放出的热量；T 是气体的温度；下标“$_{re}$”是可逆过程。dS 是微元熵增量，S 称为熵。可见，熵的单位为 J/K。

单位质量气体的熵称为比熵，也常常简称为熵，用 s 表示，其单位是 J/(kg·K)，即

$$ds = (\delta q/T)_{re} \tag{1-9}$$

式中，δq 是单位质量气体吸收或放出的热量。因为熵是状态参数，所以熵的变化量就是状态量。只要过程起点和终点的状态相同，任意过程(无论它是可逆的还是不可逆的)的熵变化量 $\Delta s = s_2 - s_1$ 就都是相同的。这也正是计算不可逆过程熵增量的一个重要方法。

2. 熵增量的计算公式

熵增量可由基本状态参数来确定，常用的计算公式为

$$\Delta s = s_2 - s_1 = c_p \ln \frac{T_2}{T_1} - R \ln \frac{p_2}{p_1} \tag{1-10}$$

$$\Delta s = s_2 - s_1 = c_p \ln \frac{\rho_1}{\rho_2} + c_v \ln \frac{p_2}{p_1} \tag{1-11}$$

式中，R 是气体常数；c_v 和 c_p 分别是定容比热和定压比热。

1.3.4 典型气动热力过程

在航空发动机的工作过程中，气体在各个部件中的运动过程叫作气动热力过程。它实际上也是气体状态的一系列变化，所以常用气体状态参数的变化规律来描述，并利用参数的变化关系来确定过程中的作用力和能量变化。发动机中实际发生的气动热力过程都是不可逆过程，但是为了应用经典热力学的相关理论解决实际问题，在一定假设条件下常常理想化为可逆过程。所以，下面介绍常用的定熵过程和定压过程。

1.3.4.1 定熵过程

1. 状态参数的变化关系

定熵过程又称为可逆绝热过程。在此过程中，气体的状态变化是在没有吸热或放热的绝热条件下可逆地进行的。因为没有热量传递（$\delta q = 0$），根据熵的定义可知，在这个过程中熵的变化量为 0，即保持熵不变。所以叫作定熵过程，或等熵过程。

在定熵过程中，气体状态参数的变化关系为 p/ρ^{γ} = 常数。那么，两个状态之间的参数关系即可表述为

$$\frac{p_2}{p_1} = \left(\frac{\rho_2}{\rho_1}\right)^{\gamma} \tag{1-12}$$

$$\frac{T_2}{T_1} = \left(\frac{p_2}{p_1}\right)^{\frac{\gamma-1}{\gamma}} \tag{1-13}$$

$$\frac{p_2}{p_1} = \left(\frac{T_2}{T_1}\right)^{\frac{\gamma}{\gamma-1}} \tag{1-14}$$

严格地说，绝热过程实际上并不存在。但当过程进行较快时，气体的吸放热量很少，则可近似地看作绝热过程。例如，在燃气涡轮发动机中，空气在压气机内的压缩过程、燃气在涡轮和喷管内进行的膨胀过程都可近似地看作绝热过程。若再不考虑摩擦等耗散因素，就可以理想化为定熵过程。

2. 在 $T-s$ 图和 $p-v$ 图上的表示

如图 1-9 所示，以温度和熵为坐标构成的平面图叫作 $T-s$ 图（温-熵图），以压力和比容为坐标构成的平面图叫作 $p-v$ 图（压-容图）。在该图上，一个点称为气体的状态点，而将一系列状态点的连线叫作过程线。显然，利用过程线可以描述出过程中的参数

变化和能量变化特征，是进行热力过程分析的重要方法。例如，根据熵的定义式(1-9)，$T-s$ 图中过程线与横坐标之间所围成的面积大小就等于所交换的热量；而 $p-v$ 图中过程线与横坐标之间所围面积是容积功，与纵坐标之间围成的面积则是压力功(有的叫作技术功)。

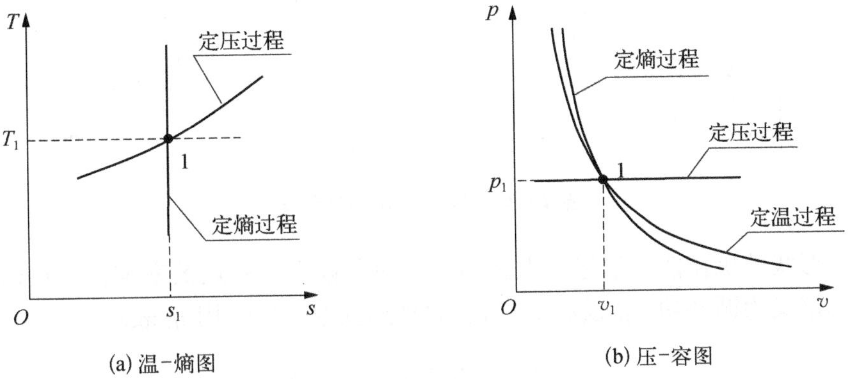

图1-9 定熵过程和定压过程示意图

若以状态1为初始状态，定熵过程在 $p-v$ 图上是一条关于横坐标的负斜率指数曲线，而在 $T-s$ 图上则是垂直于横坐标的竖线。为比较，在 $p-v$ 图中也画出了定温过程线，可见定熵过程要比定温过程更为陡峭，说明在相同的比容变化情况下，其压力的变化幅度要更大一些。

1.3.4.2 定压过程

气体在保持压力不变的条件下进行的热力过程称为定压过程，也叫作等压过程。燃气涡轮发动机中的燃烧加热过程由于压力变化很小，即可近似认为是定压过程。

图1-9中也表示了定压过程。可见，定压过程线在 $p-v$ 图上是垂直于纵坐标的水平横线，而在 $T-s$ 图上是一条关于纵坐标的对数曲线。当气体的压力增加时，过程曲线向上方移动。

1.3.5 热力循环和热力学第二定律

1.3.5.1 热力循环

如果气体经过了一系列的状态变化过程后又重新回到初始状态，就把这种封闭的热力过程叫作热力循环，简称为循环。只有通过循环，气体才能周而复始、连续不断地把热能转变为机械能，以供利用。在常用的 $T-s$ 图和 $p-v$ 图上，循环的全部过程一定构成一个闭合曲线。对于燃气涡轮发动机的工作，在假设所有的气动热力过程是可逆过程，且忽略空气与燃气的差异以及排出气体又被吸入等条件下，即可构成如图1-10所示的燃气涡轮发动机理想循环。该循环又叫作布莱顿循环，它由四个可逆的热力过程组成，即定熵压缩过程(1—2)、定压加(吸)热过程(2—3)、定熵膨胀过程(3—4)和定压放热过程(4—1)。

发动机中的气体就是经历这种热力循环，连续地将燃料燃烧释放的热能转化为轴功

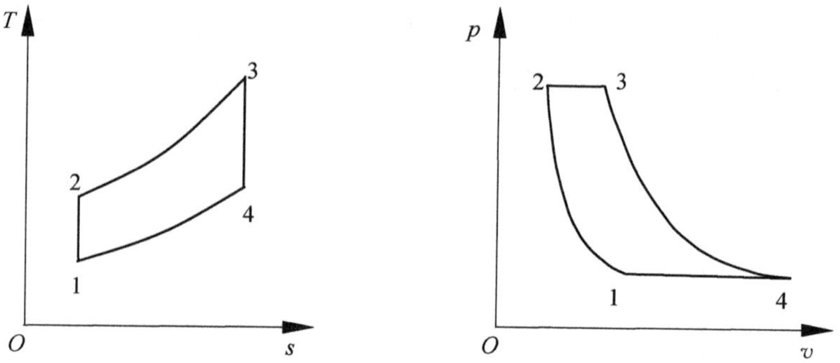

图 1-10 布莱顿循环过程图

率或动能等形式的机械能。描述热力循环效能的参数主要有热效率和循环功(或功率),其中热效率定义为循环功 L_0(或功率)与总的吸热量 Q_1 之比,用 η_t 表示:

$$\eta_t = \frac{L_0}{Q_1} = \frac{Q_1 - Q_2}{Q_1} = 1 - \frac{Q_2}{Q_1} \tag{1-15}$$

式中,Q_1 是总的吸热量;Q_2 是总的放热量。

1.3.5.2 热力学第二定律

从热力循环可知,为了连续地获得机械功,除了必须有高温热源,还必须有低温热源。发动机工作时,从高温热源吸收热量,把其中一部分转变为机械功,而其余的热量排向低温热源。所以,任何热力循环的热效率都不可能达到100%。

热力学第二定律有多种表述方式,其中最常见的是开尔文-普朗克的说法:不可能建造一种循环工作的机器,其作用只从单一热源取热并全部转变为功。

热力学第二定律是自然科学中的重要定律之一,它不是从任何原理推导出来的,而是人类经验的总结,它的一切推论经过实践证明都是正确的。人们把从单一热源(例如,将海洋、大气及大地等作为单一热源)不断地吸取热量而将它全部转变为机械功的发动机称为第二类永动机,因而还可以把热力学第二定律表述为“第二类永动机是不可能制成的”。

1.3.6 气流马赫数

在气流流动过程中,某一点上的气流速度 c 与该点当地声速的比值定义为气流在该点的马赫数,用 Ma 表示,即

$$Ma = c/a \tag{1-16}$$

式中,a 是当地声速,对于完全气体,声速的计算式为 $a = \sqrt{\gamma RT}$,γ 是比热比,R 是气体常数。声速实际上表示的是小扰动在气体中的传播速度。可见,声速与气体的温度有关,在管道流动中,各截面上的气流温度不一样,所以声速也不相同,因此马赫数具有“当地性”。

根据气流马赫数的大小,可把流动划分为亚声速流动($Ma < 1.0$)和超声速流动($Ma > 1.0$)。有的还根据需要进一步细分,例如,跨声速流动($0.8 < Ma < 1.2$)、高超

声速流动($Ma \geqslant 5.0$)、低速流动不可压流动($Ma < 0.3$,但不可压流动仅限于绝能条件)等。

1.3.7 气流总参数和临界参数

除了上述的气体压力、温度等六个状态参数,在航空发动机工作过程的分析中还常常要用到气流的总参数和临界参数。为了区别,把前面所述的状态参数均称为静参数,如静压、静温、静焓等。

1.3.7.1 气流的总参数

气流的总参数又叫作滞止参数,它是气流在其滞止状态下所对应的状态参数。为与静参数相区别,通常在状态参数加上标“*”来表示。

1. 气流的滞止状态

气流从某一状态被定熵绝能地滞止到速度为零(静止)时所处的状态,就叫作原状态所对应的滞止状态。图1-11表示的是滞止状态和滞止过程的示意图。

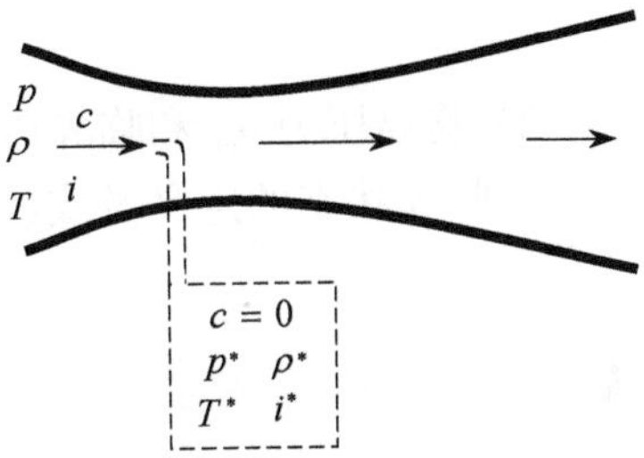

图1-11 气流的滞止状态示意图

对气流来说,在其每一个状态下都可以假想地进行一个定熵绝能的滞止过程,所以其每一个状态都有一个对应的滞止状态。一般地,滞止状态可以是一个假想的状态,当然有的情形下也可以是真实状态。

2. 常用的总参数

在航空发动机的气流流动分析中,常用的总参数主要有三个。

(1) 总焓 i^*:与焓 i(静焓)的关系为

$$i^* = i + \frac{c^2}{2} \tag{1-17}$$

(2) 总温 T^*:与静温 T 的关系为

$$T^* = T + \frac{c^2}{2c_p} = T\left(1 + \frac{\gamma - 1}{2}Ma^2\right) \tag{1-18}$$

(3) 总压 p^*:与静压 p 的关系为

$$p^* = p\left(1 + \frac{\gamma - 1}{2}Ma^2\right)^{\frac{\gamma}{\gamma-1}} \tag{1-19}$$

总参数不仅在工程应用中便于测量,还具有明显的物理意义。其中,总焓等于气流在某一状态下所具有的总能量;总温与总焓成正比,因此也经常用来表示某一状态下气流总能量的大小;总压的物理意义一般可理解为某一状态下气流做功能力的大小,总压越大,气流的做功能力也越大。

1.3.7.2 气流的临界状态及临界参数

1. 临界状态

把气流速度恰好等于当地声速(即 $Ma = 1.0$)时的状态称为气流的临界状态,其对应的参数叫作临界参数。

与气流的滞止状态类似，临界状态可以是真实的流动状态，例如，涡喷发动机工作在高转速时其收敛形喷管出口截面上的马赫数一般都等于 1.0。当然，临界状态也可以是一种假想的状态，即假想气流定熵绝能地过渡（加速或减速）到速度为当地声速时的状态。

2. 常用的临界参数

临界参数一般用下标“$_{cr}$”来表示，在航空发动机中常用的临界参数如下。

1）临界温度 T_{cr} 和临界温度比 T^*/T_{cr}

由临界状态的定义及式(1－18)可知：

$$\frac{T^*}{T_{cr}} = \frac{\gamma + 1}{2} \tag{1-20}$$

2）临界压力 p_{cr} 和临界压力比 p^*/p_{cr}

由临界状态的定义及式(1－19)可知：

$$\frac{p^*}{p_{cr}} = \left(\frac{\gamma + 1}{2}\right)^{\frac{\gamma}{\gamma-1}} \tag{1-21}$$

可见，临界压力比是仅与气体性质相关的常数。例如，对于发动机中常用：对于空气，$\gamma = 1.4$，其临界压力比为 $\frac{p^*}{p_{cr}} = 1.89$；对于燃气，$\gamma = 1.33$，其临界压力比为 $\frac{p^*}{p_{cr}} = 1.85$。

3）临界速度 c_{cr} 和临界声速 a_{cr}

在临界状态下，气流的速度等于当地声速，所以其临界速度和临界声速的计算式为

$$c_{cr} = a_{cr} = \sqrt{\gamma R T_{cr}} = \sqrt{\frac{2\gamma}{\gamma + 1} R T^*} \tag{1-22}$$

由上式可知，临界速度就等于临界声速，其大小只取决于气体的性质和总温。特别地，在绝能流动中，气体的总能量不变，总温也保持不变，所以临界速度和临界声速也就保持不变。应当注意，这一特点与声速的变化很不同。声速的大小取决于气体的静温 T（即当地的温度），在绝能流动中，总温虽然保持不变，但是气体的静温是随流动状态的变化而变化的，那么声速也就是变化的，这也是常常把声速称为“当地声速”的原因。

1.3.7.3 气流的速度系数

速度系数定义为气流某一状态的速度与该状态所对应的临界声速之比，记为 λ，即

$$\lambda = \frac{c}{a_{cr}} = \frac{c}{c_{cr}} \tag{1-23}$$

显然，在绝能流动过程中，因为临界声速始终保持为常数，所以速度系数 λ 的大小及变化规律能够直接反映气流速度 c 的大小和变化规律。

速度系数 λ 与马赫数 Ma 之间存在单值的对应关系，即 $\lambda^2 = \dfrac{\frac{\gamma+1}{2}Ma^2}{1+\frac{\gamma-1}{2}Ma^2}$，如图1-12所示。可见，$\lambda < 1.0$ 表示亚声速流动，$\lambda > 1.0$ 表示超声速流动，$\lambda = 1.0$ 对应于临界状态。

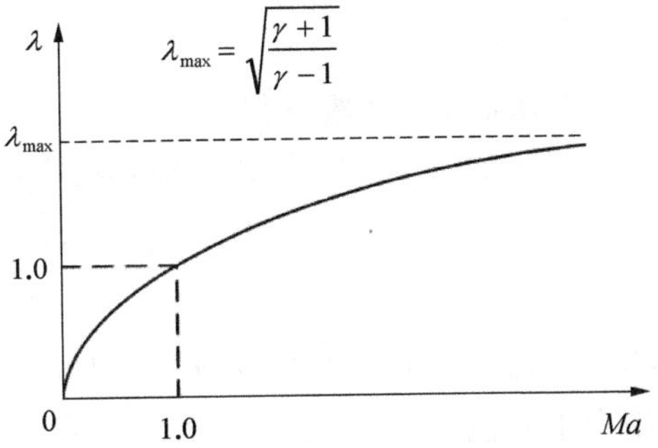

图1-12 马赫数与速度系数对应关系示意图

1.3.8 一维定常管道流动基本方程

一维定常管道流动的基本方程包括连续方程、动量方程、能量方程和伯努利方程，是分析计算流动参数变化以及与物体相互作用的重要基础。

1.3.8.1 连续方程

连续方程是把质量守恒定律应用于控制体中气体流动所确立的数学关系式。

1. 质量流量 W

质量流量是指单位时间内流经任意截面的气体质量，简称为流量，单位为kg/s。

$$W = \rho A c \tag{1-24}$$

式中，ρ 为密度；A 为截面的面积；c 是气流速度，且与截面垂直。需要注意，当气流速度与截面不垂直时，应该取速度垂直于截面的分量。

通过单位面积的流量称为密流，记为 $j = W/A = \rho c$。密流代表了气体流通能力的大小，密流越大，说明气体在该截面上的流通能力越强。

在发动机工作的分析与计算中，要更为经常地用到以总参数表示的流量计算式，即

$$W = K_m \frac{p^*}{\sqrt{T^*}} A q(\lambda) \tag{1-25}$$

式中，K_m 是流量系数，单位为 $\sqrt{kg \cdot K/J}$。对于空气，取 $K_m = 0.0404$；对于燃气，取 $K_m = 0.0397$。$q(\lambda)$ 定义为该截面上的相对密流，是关于 λ 的函数，称为流量气动函数。$q(\lambda)$ 可用来表示某一截面相对流通能力的大小，当 $\lambda = 1.0$ 时，$q(\lambda) = 1.0$，说明临界状态的流通能力为最大。

2. 连续方程

对于如图1-8所示的控制体，只在进、出口截面上与外界有质量交换。因为气体的质量是守恒的，所以在单位时间内流入控制体的质量应当等于流出控制体的质量。于是有

$$W_1 = W_2 = W \quad 或 \quad \rho_1 A_1 c_1 = \rho_2 A_2 c_2 = \rho A c \tag{1-26}$$

该连续方程是质量守恒定律的数学表达式，因此与气体的性质、是否有黏性作用以及是否有其他外力、加热或放热等作用无关。

对于低速的不可压流动，可以认为其流动过程中密度保持不变，则连续方程可写为

$$A_1c_1 = A_2c_2 = Ac \tag{1-27}$$

1.3.8.2 动量方程

对于如图 1-8 所示的控制体,应用动量定理,可得一维定常流动动量方程式为

$$\sum \boldsymbol{F} = W_2\boldsymbol{c}_2 - W_1\boldsymbol{c}_1 \tag{1-28}$$

式中,$\sum \boldsymbol{F}$ 为作用在控制体内气体上的全部作用力。一般不考虑重力等质量力,所以作用力主要包括压力、黏性摩擦力等表面力。

动量方程是矢量方程,在应用中要特别注意正确确定动量和作用力的大小和方向。

1.3.8.3 能量方程

将能量守恒定律或热力学第一定律应用于控制体,且不考虑势能(位能)变化和表面黏性切应力所做的功,即可得到适用于单位质量(1 kg)气体的能量方程常用形式为

$$q + l_{\mathrm{m}} = i_2 - i_1 + \frac{c_2^2 - c_1^2}{2} \tag{1-29}$$

式中,q 是与外界的热量交换,规定气体吸热为正,放热为负;l_{m} 是通过轴功的形式与外界交换的机械功,规定外界对气体输入功为正(如压气机对流经它的气体做功)、气体对外输出功为负(如涡轮中气体膨胀推动其旋转而对外做功)。因为该方程根据能量守恒定律导出,所以无论是对于完全气体还是实际气体,是可逆过程还是不可逆过程,该方程都是适用的。

应用气流的总参数,并假设定压比热 c_p 为常数,又可将能量方程表示为

$$q + l_{\mathrm{m}} = i_2^* - i_1^* = c_p(T_2^* - T_1^*) \tag{1-30}$$

通过该式又可进一步说明总焓和总温代表气流总能量这一物理意义。

1.3.8.4 伯努利方程

伯努利方程也称作机械能形式的能量方程。其表达式为

$$l_{\mathrm{m}} = \int_1^2 \frac{\mathrm{d}p}{\rho} + \frac{c_2^2 - c_1^2}{2} + l_{\mathrm{r}} \tag{1-31}$$

式中,l_{m} 是轴功,与式(1-29)中的意义一样;l_{r} 是由气流状态变化中的耗散因素而导致的耗散功,始终为正;$\int_1^2 \frac{\mathrm{d}p}{\rho}$ 是控制体内气体状态变化所关联的技术功(或压力功),表示气体压力变化所应消耗或输出的机械功。例如,在压气机中,要增加气体的压力,就需要对气体做这部分功。

1.3.9 一维定常变截面管道流动

一维定常变截面管道流动是指在绝能的条件下,只考虑管道截面积变化影响的一维定常流动。这种流动的特点是:因为是绝能流动,所以气流的总焓和总温始终保持不变,但是总压的变化要根据流动过程中是否有流动损失而定。当有由黏性摩擦、流动分离、激

波等因素导致的流动损失时，气流的总压将减小。当没有这些流动损失时，则是定熵的流动过程，总压就保持不变。

1.3.9.1 收敛形管道和扩散形管道中的流动

亚声速气流和超声速气流在收敛形管道和扩散形管道中的流动规律是不一样的，其参数的变化特点列于表 1-1 之中。

表 1-1 气流在收敛形和扩散形管道中的流动规律

管道类型	气流速度范围	参数变化特点	备注
收敛形管道 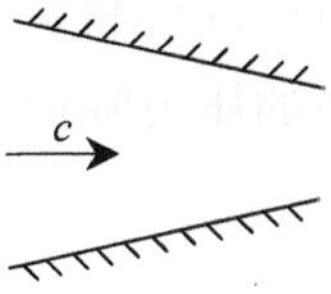	亚声速气流 $Ma<1$	膨胀加速 $c\uparrow$、$Ma\uparrow$、$\lambda\uparrow$ $p\downarrow$、$T\downarrow$、$\rho\downarrow$ i^* 不变、T^* 不变	最多只能加速到临界状态，即 $Ma=1.0$；有流动损失时，$p^*\downarrow$；无流动损失时，p^* 不变
	超声速气流 $Ma>1$	减速增压 $c\downarrow$、$Ma\downarrow$、$\lambda\downarrow$ $p\uparrow$、$T\uparrow$、$\rho\uparrow$ i^* 不变、T^* 不变	最多只能减速到临界状态，即 $Ma=1.0$；有流动损失时，$p^*\downarrow$；无流动损失时，p^* 不变
扩散形管道 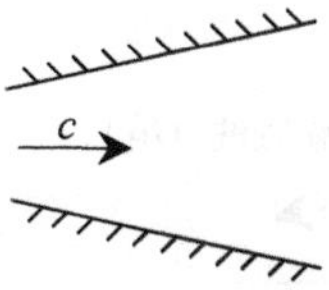	亚声速气流 $Ma<1$	减速增压 $c\downarrow$、$Ma\downarrow$、$\lambda\downarrow$ $p\uparrow$、$T\uparrow$、$\rho\uparrow$ i^* 不变、T^* 不变	有流动损失时，$p^*\downarrow$；无流动损失时，p^* 不变
	超声速气流 $Ma>1$	膨胀加速 $c\uparrow$、$Ma\uparrow$、$\lambda\uparrow$ $p\downarrow$、$T\downarrow$、$\rho\downarrow$ i^* 不变、T^* 不变	有流动损失时，$p^*\downarrow$；无流动损失时，p^* 不变

注：表中"↑"表示增大，"↓"表示减小。

1.3.9.2 拉瓦尔喷管中的流动

从表 1-1 可知，亚声速气流在收敛形管道的加速极限是 $Ma=1.0$，即临界状态。要加速为超声速，则必须继续在扩散形管道加速。这种先收敛、后扩散的管道即拉瓦尔管道或拉瓦尔喷管，其最小截面处称为喉道，如图 1-13 所示。

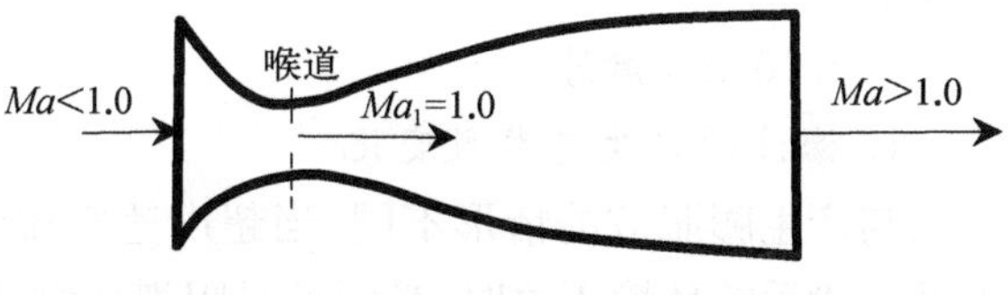

图 1-13 拉瓦尔喷管(收敛-扩散形管道)

在设计状态下，进口的亚声速气流先在收敛段中加速，在喉道处达到临界状态，$Ma=1.0$，在后续的扩散段中继续加速为超声速气流（$Ma>1.0$）。

当喷管的工作压力比(进口气流总压与管后的环境压力之比)变化时，喷管将处于非设计状态。特别是当工作压力比减小时，在喷管的出口处不一定能够得到超声速气流。

1.3.10 超声速气流中的膨胀波和激波现象

1.3.10.1 膨胀波

超声速气流在流动过程中，往往会遇到一些较大的膨胀扰动，比较典型的包括流过外折角度较大的壁面、拉瓦尔喷管出口的气流压力高于管后的环境压力等。从类型上来说，这些扰动都是膨胀型扰动，将使得超声速气流压力降低、速度增加。但是，因为扰动在气流中是以当地声速传播的，要小于气流的流动速度（超声速），所以这些膨胀扰动在超声速气流中只能影响到其下游的部分区域。通常，把未受扰动与受扰动区域的分界面叫作膨胀波组。

如图 1－14 所示，定常均匀的超声速气流沿平直壁面流动，而壁面在 O 点处外折（其转折角为 δ），使流道面积扩大，将使超声速气流膨胀加速，压力降低。因此，在 O 点处产生了一系列膨胀波，超声速气流经过这些膨胀波后，速度增大，马赫数增大，压力降低。

图 1－15 是超声速气流流出喷管时的情形。马赫数为 Ma_1、压力为 p_1 的超声速气流由喷管流出到压力为 p_a 的外界气体之中，因为 $p_1 > p_a$，所以气流流出喷管时受到膨胀扰动而继续膨胀加速。因此，在喷管出口外形成膨胀波组（顶点分别是 O_1、O_2 点），超声速气流经过该膨胀波组后速度增大，马赫数增大，流动方向向外转折 δ，气流的压力降低为与环境压力 p_a 相等。

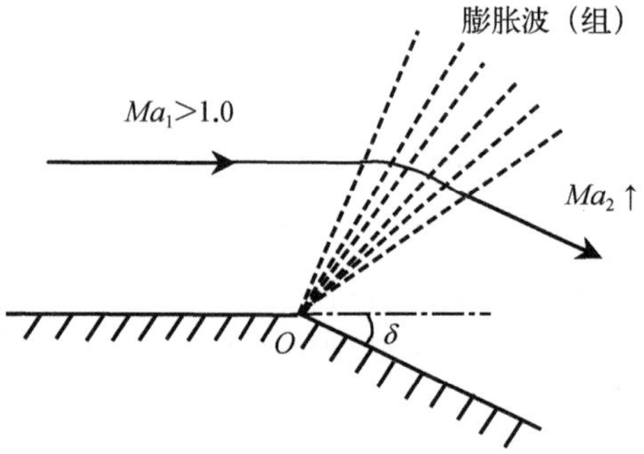

图 1－14　壁面外折产生的膨胀波组

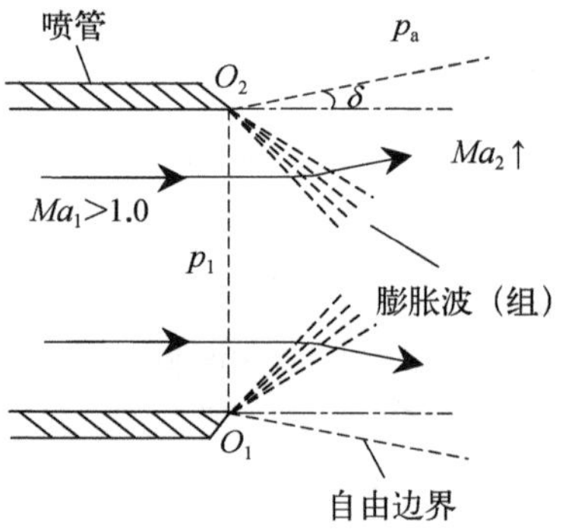

图 1－15　喷管外产生的膨胀波组

总的来说，超声速气流经过膨胀波时，膨胀加速流动，速度和马赫数增大，压力、温度和密度减小。由于经过每一道膨胀波都是绝能等熵的，所以气流的总温和总压都将保持不变。

1.3.10.2　激波

1. 激波的产生与参数变化

与产生膨胀波的情形不同，当超声速气流流过内折壁面或喷管出口的超声速气流压力低于管后的环境压力时，受到的是阻滞压缩扰动，将使超声速气流压力增高、速度降低。因此，在超声速气流中形成激波，成为未受扰动与受扰动区域的分界面。

图 1－16 和图 1－17 表示的是产生激波的典型情形。可见，激波的特点是只形成一道强度较大的激波，因为激波非常薄（近似为间断面），所以参数的变化是突变的。气流经过激波时受到突然的压缩，压力、温度、密度突增，而速度和马赫数突降，在某些条件下还可能减速为亚声速气流，流动方向发生向内转折 δ。

当超声速气流经过激波时，除了气流参数突变，因为激波内部存在着黏性、导热性和质量扩散等效应，且气流是在一个极短的距离内形成参数剧变，所以是一个不可逆过程，伴随着可用能的损失,熵增加,气流的总压减小。但由于这是一个绝能的过程,因此气流的总焓和总温仍保持不变。

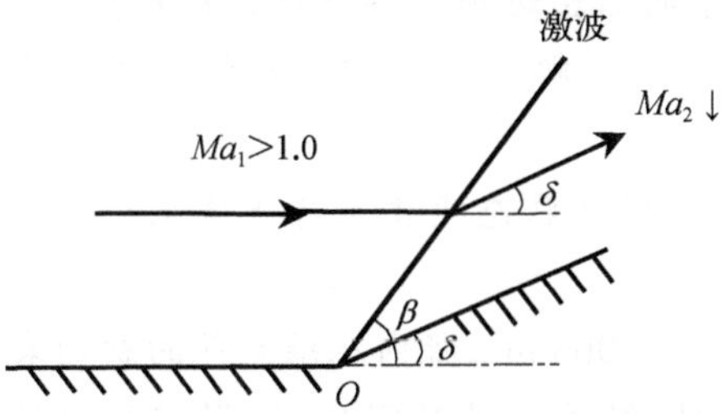

图1-16 绕内折壁面流动产生的激波

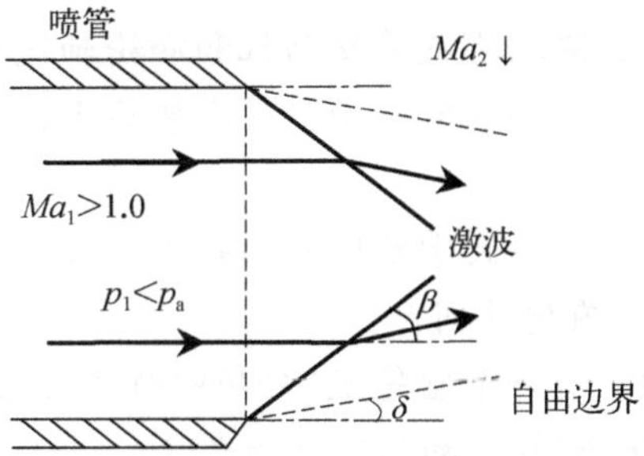

图1-17 喷管外产生激波示意图

2. 激波的形状与类型

在超声速流场中,常见的激波主要有以下几种。

(1) 斜激波。凡是波前气流方向不与激波波面相垂直的激波,都称为斜激波。例如,图1-16和图1-17中的激波都是斜激波。激波面与来流方向之间的夹角β称作激波角。

(2) 正激波。把激波波面与波前的气流方向相垂直的激波,称为正激波。显然,正激波的激波角$\beta = 90°$。正激波是强激波,在相同的波前气流马赫数下,气流受到的压缩扰动最强,所以波后气流减速为亚声速,且总压损失最大。

(3) 曲线激波。激波波面为曲面的,称为曲线激波(或弓形脱体波)。

(4) 脱体激波。脱体激波是一种曲线激波,如图1-18所示。可见,其中间的一部分近似与波前气流方向垂直,可以认为是正激波,而其他的部分是斜激波。一般地,当超声速气流遇到钝头物体(如厚前缘的机翼、圆形前缘物体等)或顶角较大的楔形体(图1-18中的情形,半顶角大于对应马赫数Ma_1的最大角度)时,由于物体的阻滞作用很强,激波的强度很大,激波的传播速度增大,因而激波就会向上游运动,离开阻滞物体,从而产生脱体激波。

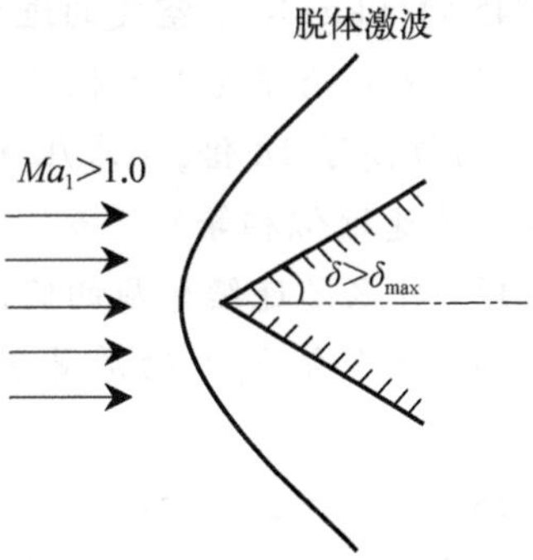

图1-18 楔形体产生的脱体激波

(5) 附体激波。当超声速气流遇到尖锐的阻滞物体(如尖锐前缘的机翼、顶角很小的楔形体等)时,产生的激波强度较弱,激波的传播速度较小,激波就不会离开阻滞物体,故称为附体激波。附体激波均是斜激波,如图1-16和图1-17中的激波都是附体的斜激波。因为激波强度较弱,所以附体激波后的气流一般仍是超声速气流,即$Ma_2 > 1.0$。

习 题

1. 简述航空动力装置的主要类别,并说明其主要特征。

2. 燃气涡轮发动机有哪些主要形式？有哪几个基本部件？

3. 涡轮喷气发动机和涡轮风扇发动机在构型上有什么区别？

4. 涡轮风扇发动机的涵道比是如何定义的？

5. 涡轮螺旋桨发动机和涡轮轴发动机在能量的输出运用上各有什么特点？

6. 结合航空发动机的发展历史，收集相关资料，了解我国航空发动机的发展历程与特点。

7. 结合大学物理课程知识，对比分析气体流动中的状态变化与静止体系中的气体状态变化有何异同？

8. 有一个空气瓶（外场叫作冷气瓶）的容积为 0.065 m^3，瓶内压缩空气的初始表压力为 116.62 bar，初始温度为 27℃。由于开关不密封，经过一段时间后，测得空气瓶的表压力降为 49 bar。若认为瓶内气体的温度始终保持不变，问有多少气体漏入大气（设当地大气压为 0.98 bar）？

9. 当用 U 形管测量容器中气体的压力时，为防止有毒的水银蒸气蒸发到大气中，在通大气的一侧汞柱上加一段水柱。已测得水柱高 120 mm，汞柱高 500 mm（该高度是通大气一侧的汞液液面高于另一侧液面的高度），大气压力为 755 mmHg。求容器内气体的绝对压力（分别用 bar 和 at① 表示）。

10. 将涡轮喷气发动机主要部件压气机、燃烧室和涡轮中的气体分别作为研究对象，试分析各部件中的气体与外界都有哪些能量交换，并分别写出它们的能量方程式。

11. 在某涡轮喷气发动机的燃烧室中，若已知给流量为 1 kg/s 的空气定压加热的加热量为 644.85 kJ，可使空气温度由 478 K 提高到 1115 K。已知空气的比热为 c_p = 1.0045 kJ/(kg·K)，空气的进口速度为 120 m/s，求加热后空气的出口速度是多大？

12. 某涡轮喷气发动机的压气机，进口空气温度为 260 K，压力为 0.8 bar，经定熵压缩后，压力提高了 18 倍，试求压气机出口的空气温度和所消耗的机械功（设压气机进、出口的空气流速近似相等）。

13. 什么是连续介质的假设？建立连续介质的概念有何用处？

14. 什么是气体的质量流量、容积流量和单位面积流量，它们之间有什么区别和联系？

15. 已知收敛形管的进口截面参数：面积为 0.1797 m^2，气流压力 1.8522 bar、温度 850 K、速度 300 m/s。出口截面参数：面积为 0.1543 m^2，气流压力为 1.127 bar、温度 760 K。求收敛形管出口截面上的气流速度。

16. 某发动机燃烧室的进口温度为 476 K，出口温度为 1150 K，进、出口气流速度分别为 120 m/s 与 130 m/s。求流过燃烧室的每 1 kg 气流所获得的热量[定压比热可取 1.1723 kJ/(kg·K)]。

17. 发动机涡轮前后的燃气温度分别为 1150 K 及 913 K，流速分别为 170 m/s 及 393 m/s，求 1 kg 燃气流过涡轮时对涡轮所做的功。

18. 气流在有流动损失的情况下流过进气道、压气机静子叶片通道、压气机工作叶

① at，工程大气压，1 at = 9.80665 × 10^4 Pa。

轮、燃烧室、涡轮工作叶轮和喷管时，总温、总压将如何变化？

19. 对比分析说明膨胀波和激波在形成条件和参数变化规律方面有何异同？

20. 对比说明正激波和斜激波的特点。

21. 已知某拉瓦尔喷管在设计状态下工作，进口空气总压为 2.0 bar，总温为 900 K，喉道面积为 0.5 m^2，喷管后的大气压力为 98 kPa。求该拉瓦尔喷管的空气流量和出口气流马赫数（设气流在喷管中的流动过程为定熵过程）。

22. 涡轮喷气发动机收敛形喷管的进口总温为 900 K，总压为 2.2 bar，喷管出口面积为 0.3 m^2，出口气流的 Ma 为 1.0。假设流动过程为定熵绝能过程，求流经喷管的燃气流量，以及喷管出口的气流速度、压力（静压）和温度（静温）。

第 2 章
涡喷/涡扇发动机性能参数与指标

涡轮喷气发动机和涡轮风扇发动机属于直接反作用推进式发动机,既是热机,又是推进器。作为热机,它把燃料燃烧释放的热能通过气体的循环过程转变为动能形式的机械能;作为推进器,又把所获得的机械能转变为有效推进功。涡喷/涡扇发动机是航空燃气涡轮发动机乃至航空发动机的最主要类型。其中,涡扇发动机占据当前军用和民用飞机发动机的主流地位,应用最为广泛;而涡喷发动机是燃气涡轮发动机的最基本类型,是分析研究涡扇发动机工作原理、性能和结构的重要基础。本章以涡喷发动机为基础,主要介绍涡喷和涡扇发动机的主要类型与气流参数变化规律,分析发动机的热力循环特性,给出发动机的总体性能参数与评定指标,总结发动机的总体结构特征。

2.1 涡喷/涡扇发动机气动热力原理

2.1.1 核心机工作原理

核心机也叫燃气发生器,如在 1.1.1 节中所述,其基本组成形式为“压气机+燃烧室+涡轮”,主要功能是产生具有可用能的高压、高温燃气。核心机是燃气涡轮发动机工作的核心,是实现热能转化为机械能的核心组件。

核心机的基本工作过程和原理是:空气在压气机中被高速旋转的叶轮机械做功压缩,压力增大、温度增高,在过程性质上可认为是一个近似的绝热压缩过程;进入燃烧室后,一部分气体与供油系统喷入的燃油混合形成油气混合气而燃烧,一部分气体在后部与高温燃烧产物混合,形成下游热端部件耐热强度容许的高温燃气,在过程性质上是一个近似的等压加热过程;在涡轮中,高压、高温的燃气膨胀加速,推动涡轮旋转,从而以轴功的方式带动共轴的压气机旋转,在过程性质上可认为是一个近似的绝热膨胀过程。值得注意的是,由于燃烧室形成的高温燃气具有很高的温度,因此气体在涡轮中的膨胀程度要小于在压气机中的增压程度。于是,涡轮后的燃气仍然还具有相当高的温度和压力,也就是说,具有相当高的可用能,这也是核心机的功能所在。

对于涡扇发动机,无论是分开排气式,还是混合排气式,其核心机一般是指内涵道中的“高压压气机+燃烧室+高压涡轮”。对于双转子涡喷发动机,其核心机也可以理解为高压转子,即“高压压气机+燃烧室+高压涡轮”。有的也把整个的压气机、燃烧室和涡轮称作核心机。

核心机不仅是一个基本且重要的概念,在发动机尤其是涡扇发动机的发展实践中,研发高性能、通用化的核心机也已成为现代高性能发动机发展的重要途径和必备基础。

2.1.2　涡喷发动机工作原理与热力循环

如 1.1.1 节所述，涡喷发动机按部件形式分，主要有涡喷发动机和加力涡喷发动机两种类型。按照发动机转子的数量来分，主要有单转子涡喷发动机和双转子涡喷发动机两种类型。目前，双转子加力式涡喷发动机是主要应用类型。所以，下文均以双转子加力式涡喷发动机为主进行介绍，且为简便统一，简称为涡喷发动机。

2.1.2.1　涡喷发动机工作过程及参数变化

1. 工作过程

图 2-1 为某型双转子加力式涡喷发动机剖面图，该发动机采用收敛形喷管。其中，低压压气机与低压涡轮共轴，组成低压转子，由低压涡轮驱动低压压气机旋转，对气体做功增压；高压压气机与高压涡轮共轴，组成高压转子，由高压涡轮驱动高压压气机旋转，进一步对气体做功增压。与图 1-2 的涡喷发动机相比，主要区别是在涡轮的后面设置了加力燃烧室。其工作情形是，燃气经过低压涡轮后进入加力燃烧室，与加力供油系统供入的燃油充分混合，在加力燃烧室的火焰稳定器（图中为沙丘驻涡式火焰稳定器）后形成稳定燃烧，给燃气再次加入热量，使得燃气温度进一步提高，从而进一步提高排气速度。为了与加力燃烧室相区别，一般把加力式涡喷发动机的燃烧室称为主燃烧室。为了对比与叙述问题方便，把加力燃烧室工作时的发动机状态称为发动机的加力状态。

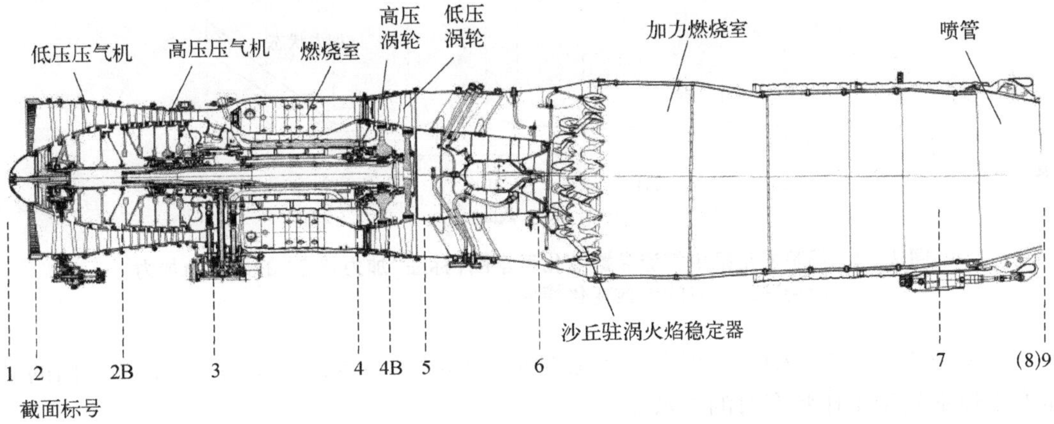

图 2-1　双转子加力式涡喷发动机剖面图

2. 特征截面划分及参数变化

为研究问题方便，将发动机的主要截面用规定的标号来进行划分与标识。涡喷发动机的特征截面如图 2-1 所示，其截面标号及对应特征截面为：

0——进气道前未受扰动截面（图中未画出）；

1——发动机进口截面/进气道出口截面；

2——低压压气机进口截面，2B——高压压气机进口截面/低压压气机出口截面；

3——燃烧室进口截面/高压压气机出口截面；

4——高压涡轮进口截面，4B——低压涡轮进口截面/高压涡轮出口截面；

5——低压涡轮出口截面；

6——加力燃烧室进口截面(若无加力燃烧室，则无此截面)；

7——喷管进口截面/加力燃烧室出口截面；

8——喷管喉道截面(对于收敛形喷管，则为喷管出口截面)；

9——喷管出口截面(对于收敛形喷管，与 8 截面重合)。

图 2-2 是涡喷发动机中气流的总压、总温和速度等参数的变化情形示意图。需要说明的是，此图中表示的是采用了拉瓦尔喷管的情形。

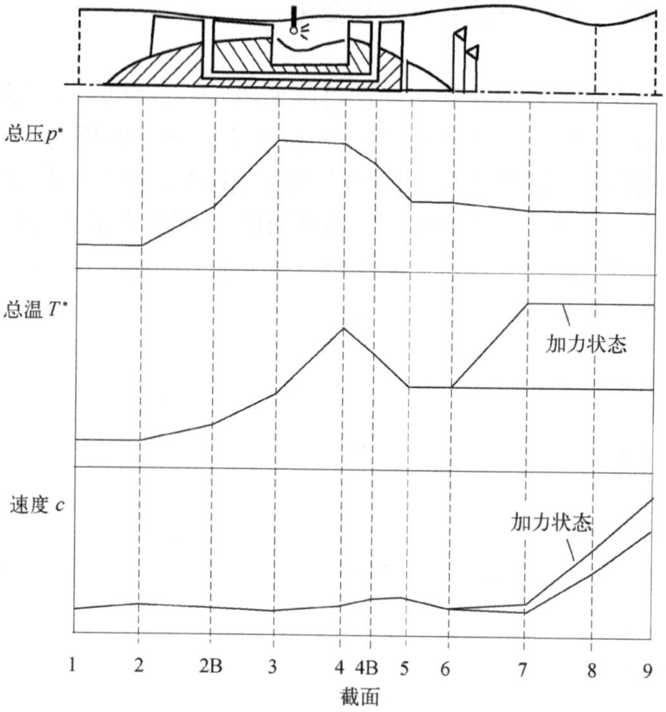

图 2-2　涡喷发动机中气流参数变化示意图(标注“加力状态”的情形为加力燃烧室工作时的参数变化情形)

某型涡喷发动机(采用收敛形喷管)在地面工作时的参数如表 2-1 所示，括号内的是加力燃烧室处于工作状态时的参数。

表 2-1　某型涡喷发动机在地面工作时的气动热力参数

参　数	特　征　截　面						
	2	3	4	5	6	7	9
总压/bar	1.013	9.015	8.113	2.492	2.492	2.392 (加力 2.342)	2.392 (加力 2.226)
总温/K	288	610	1288	1006	1006	1006 (加力 1950)	1006 (加力 1950)
速度/(m/s)	208	216	201	289	—	—	575 (加力 799)

2.1.2.2　涡喷发动机的能量转化关系

1. 热力循环过程

在涡喷发动机中，热能连续地转化为机械能是通过气体的热力循环来实现的。涡喷发动机的热力循环叫作布莱顿循环。参考图 2－1 中的截面划分，在已知发动机各截面的参数时，可以绘制出发动机的热力循环曲线图。图 2－3 为涡喷发动机的理想循环和实际循环，需要注意的是，除了 0－0 截面和 9－9 出口截面，均采用总压和总温来表示截面状态和参数。理想循环是指发动机各部件中的热力过程都假设是可逆过程，即不考虑摩擦损失等耗散因素；而实际循环考虑的是各部件中的实际过程。不过，为了进行循环分析，不论是理想循环还是实际循环，均假设燃气在喷管中是完全膨胀的，保证出口的气流压力与外界大气压相等，并且认为排气在外界大气中经历定压放热过程后再回到进口，从而形成封闭的热力循环。图中，虚线表示理想循环，实线表示实际循环，下标"$_i$"代表理想状态。为进行比较，设理想循环和实际循环中的压气机出口压力相等，涡轮前的燃气温度相等，即 $p_{3i}^* = p_3^*$，$T_{4i}^* = T_4^*$，也就是通常所说的具有相同的发动机增压比和相同的涡轮前燃气温度。

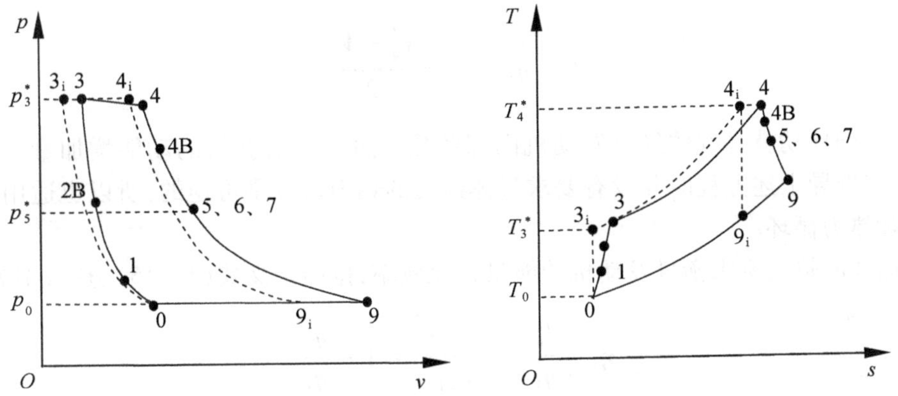

图 2－3　涡喷发动机的理想循环与实际循环示意图(虚线表示理想循环，实线表示实际循环)

由发动机的工作过程可知，0－0 截面是进气道前方未受扰动截面，该截面上是飞行时的空气来流，其速度为飞行速度 V，压力为该高度上的大气压力 p_0，温度为大气温度 T_0。0－3 截面是压缩过程，包括 0－1 截面的冲压压缩过程（$p_0 \rightarrow p_1^*$，主要在进气道内完成）和 1－3 截面的压气机压缩过程（$p_1^* \rightarrow p_3^*$）；3－4 截面是燃烧室中的加热过程；而 4－9 截面就是膨胀过程，包括 4－5 截面的涡轮做功膨胀过程（$p_4^* \rightarrow p_5^*$）和 5－9 截面的气流加速膨胀（$p_5^* \rightarrow p_9 = p_0$，主要在喷管中完成）。由图对比可见，实际的热力过程由于存在耗散因素，过程线偏离了理想过程，压缩过程和膨胀过程都是熵增的不可逆过程；实际过程在燃烧加热过程中，损失使得气流的总压减小。此外，实际过程中压气机出口的温度和喷管出口的温度均高于理想过程。

2. 能量方程分析

为分析涡喷发动机中的能量转化关系，建立如图 2－4 所示的简化模型。其中，

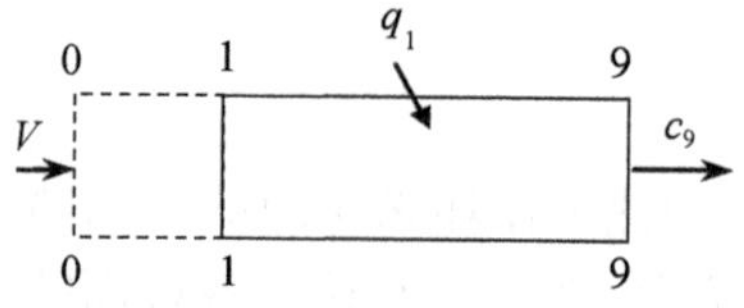

图 2-4　简化模型示意图

0-0 截面是进气道前方未受扰动截面,已知该截面上是飞行时的空气来流,其速度为飞行速度 V,压力为该高度上的大气压力 p_0,温度为大气温度 T_0;q_1 是由于燃烧而加给每 1 kg/s 流量气体的热量;涡喷发动机没有轴功形式的机械功输出。

为简化分析,假设忽略发动机中空气与燃气的性质差异,且气体的定压比热 c_p 为常数,不考虑加入的燃油流量及引气量,喷管出口截面上的气体处于完全膨胀状态(即 $p_9 = p_0$)。

针对每 1 kg/s 流量的气体,对控制体 0-9 应用能量方程式(1-29),可得

$$q_1 = i_9 - i_0 + \frac{c_9^2 - V^2}{2} = c_p(T_9 - T_0) + \frac{c_9^2 - V^2}{2} \tag{2-1}$$

针对热力循环分析,认为排气在外界大气中经历定压放热过程后再回到进口,从而形成封闭的热力循环,则式(2-1)中的 $c_p(T_9 - T_0)$ 就等于气体在大气中的放热量 q_2,即 $q_2 = c_p(T_9 - T_0)$。所以,单位质量流量的循环功 l_e 为

$$l_e = q_1 - q_2 = \frac{c_9^2 - V^2}{2} \tag{2-2}$$

可见,循环功就是气体经过发动机内部各热力过程后所获得的动能增加量。值得注意的是,在推导上述方程时并没有要求气体经历的热力过程是可逆的,所以也适用于发动机的实际热力循环。

用循环的热效率来衡量发动机的能量转化效率,按照定义式(1-15),热效率为

$$\eta_t = \frac{l_e}{q_1} = \frac{c_9^2 - V^2}{2q_1} = 1 - \frac{q_2}{q_1} \tag{2-3}$$

3. 影响能量转化的主要因素及其影响

1) 发动机增压比和加热比

为分析影响因素,引入发动机的增压比 π,定义为

$$\pi = \frac{p_3^*}{p_0} = \pi_V \pi_{CL} \pi_{CH} \tag{2-4}$$

式中,$\pi_V = p_1^*/p_0$,称为发动机的冲压比;$\pi_{CL} = p_{2B}^*/p_2^*$,是低压压气机增压比;$\pi_{CH} = p_3^*/p_{2B}^*$,是高压压气机增压比。

将发动机涡轮前燃气总温 T_4^* 与发动机前来流气流温度(静温)T_0 的比值,称为发动机的加热比,用 Δ 表示,即 $\Delta = T_4^*/T_0$。

2) 增压比和加热比对能量转化的影响

为进一步分析影响热效率和循环功的主要因素,可将加热量 $q_1 = i_4^* - i_3^* = c_p(T_4^* - T_3^*)$ 和放热量 $q_2 = c_p(T_9 - T_0)$ 代入式(2-2),并适当变换得

$$l_e = q_1 - q_2 = c_p[(T_4^* - T_9) - (T_3^* - T_0)] = c_p[T_4^*(1 - T_9/T_4^*) - T_0(T_3^*/T_0 - 1)] \tag{2-5}$$

为突出主要因素，考虑理想循环过程。因此，发动机的压缩过程和膨胀过程都是定熵过程。那么，根据定熵过程的参数关系式(1－13)及定压关系（$p_4^* = p_3^*$，$p_9 = p_0$)，且令 $e = \pi^{\frac{\gamma-1}{\gamma}}$，则有 $T_3^*/T_0 = (p_3^*/p_0)^{\frac{\gamma-1}{\gamma}} = e$，$T_9/T_4^* = (p_9/p_4^*)^{\frac{\gamma-1}{\gamma}} = 1/e$，代入式(2－5)和式(2－3)，可得理想循环的循环功和热效率为

$$l_{e,i} = c_p T_0 (e - 1)\left(\frac{\Delta}{e} - 1\right) \tag{2-6}$$

$$\eta_{t,i} = 1 - \frac{1}{\pi^{\frac{\gamma-1}{\gamma}}} = 1 - \frac{1}{e} \tag{2-7}$$

其中，下标“$_i$”表示理想状况下的参数。

由式(2－6)和式(2－7)，可得到如下结论：

(1) 加热比 Δ 越大，发动机的理想循环功越大，即气体的动能增加量也越大，如图 2－5 所示，注意图中的纵坐标是 $l_{e,i}/(c_p T_0)$，当 T_0 一定时，该值与理想循环功成正比。这是因为加热比增大，加入的热量增多，转变为机械能的部分也就增多。所以，提高发动机的涡轮前燃气温度是提高发动机性能的重要途径。

(2) 在加热比一定时，增压比对循环功的影响规律是随着增压比的增大，循环功先增加后减小，如图 2－5 所示。由式(2－6)可知，当 $e = 1$ 和 $e = \Delta$ 时，循环功都为零，这说明循环功随增压比的变化必然会有一个最大值。将该最大值所对应的增压比称为发动机的最佳增压比，记为 π_{opt}。

(3) 发动机理想循环的热效率随着增压比的增大而单调地增大，如图 2－6 所示。这就要求在确定发动机的增压比时，必须要综合考虑循环功与热效率之间的协调关系。

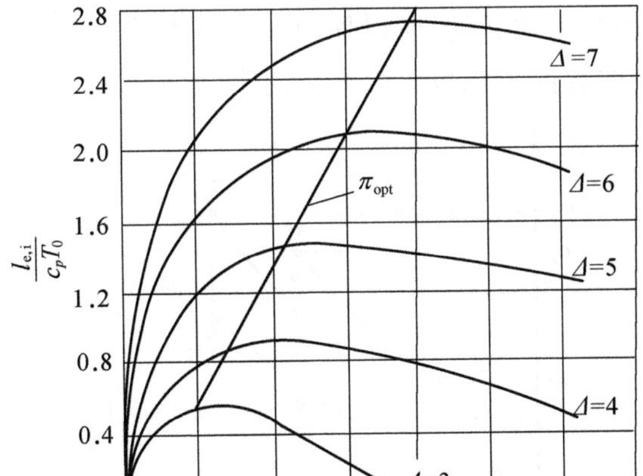

图 2－5　增压比和加热比对循环功的影响

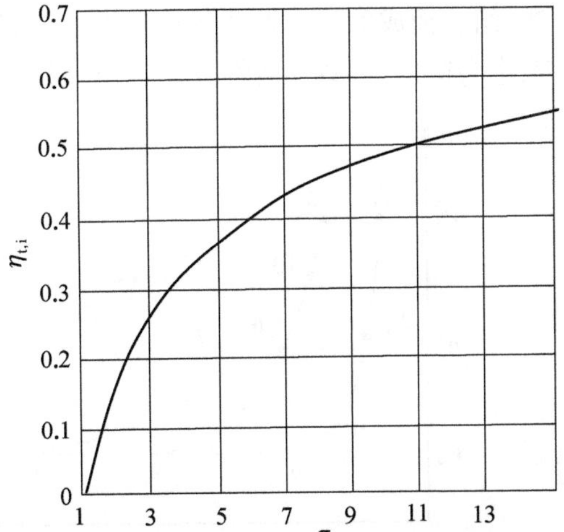

图 2－6　增压比对理想循环热效率的影响

以上结论不仅对理想循环过程成立,也对实际情况下的热力循环参数有指导意义。

3) 其他因素的影响

在实际的工作过程中,由于黏性耗散、多维流动、激波等的影响,气体的压缩、加热和膨胀过程都会存在流动损失,因此发动机的实际循环功减小,循环的热效率降低,发动机的综合性能有所降低。

4) 加力状态下涡喷发动机的能量转化特点

在加力状态下,加力燃烧室处于工作状态。与不加力时相比,最显著的不同是有两个加热过程。以下标"$_{af}$"表示加力状态参数,则发动机的总加热量 $q_{1\Sigma}$ 应为主燃烧室的加热量 q_1 与加力燃烧室的加热量 q_{af} 之和,即 $q_{1\Sigma}=q_1+q_{af}$。与式(2-2)类似,可得到加力状态下发动机的总循环功为 $l_{e,\ af}=\dfrac{c_{9af}^2-V^2}{2}$,其中 c_{9af} 是加力状态下喷管完全膨胀时的出口速度。

为简化分析,假设在加力状态下,加力燃烧室和喷管的流动损失与不加力时一样,且气体在喷管中也是完全膨胀的。那么,将能量方程式(1-30)应用于喷管的膨胀过程,可得 $c_{9af}=c_9\sqrt{T_{7af}^*/T_7^*}$,其中 T_{7af}^* 是加力状态的喷管进口总温。可见,在加力状态下,多加入了热量使得 $T_{7af}^*>T_7^*$,所以气体的动能会明显增大,$c_{9af}>c_9$,因此加力状态的循环功也增大。

但是,加力状态下的循环热效率 $\eta_{t,\ af}$ 却并不是随着循环功的增加而增大的,相反却是减小的。其原因主要是加力燃烧室的等压加热过程是在较低的压力比(增压比)水平下进行的,这一部分的能量转化效率较低,导致整个循环的热效率降低。为突出主要因素,下面通过理想循环来进行对比分析。图 2-7 表示加力状态下的涡喷发动机理想热力循环,由此可见,与不加力的理想循环相比,相当于增加了一个小的布莱顿循环 5_i—7_{afi}—9_{afi}—9_i—5_i。因为加力燃烧过程是在涡轮后进行的,与不加力的布莱顿循环 0—1_i—3_i—4_i—5_i—9_i—0 相比,加力状态下加热过程的压力比 p_5^*/p_0 低,小于 p_3^*/p_0。因此,由式(2-7)可知,新增加这部分循环的热效率也较低,要小于不加力布莱顿循环的热效率。显然,组合而成的加力循环的热效率一定是低于不加力状态的,所以加力状态下发动机的热效率会降低,导致经济性变差。下文例题 2-1 的数据对比也可以充分说明这一点。

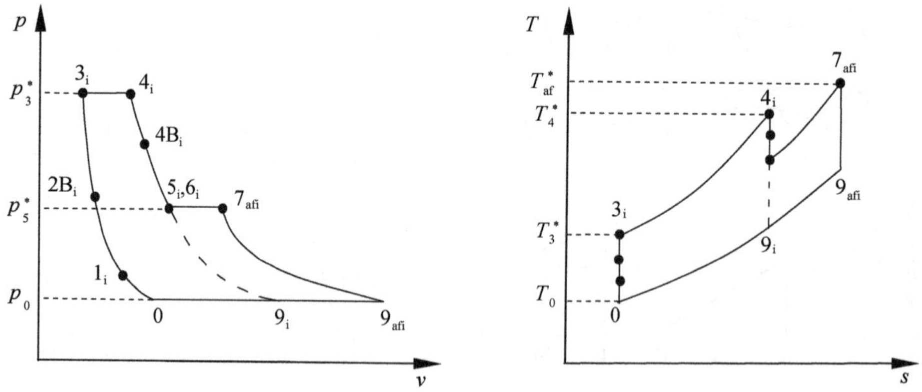

图 2-7　加力状态下涡喷发动机的理想循环

5）某型涡喷发动机能量转化效率举例

例题 2-1　某型双转子涡喷发动机在地面工作时，结合表 2-1 的数据，近似估算并对比该发动机在不加力和加力状态下的能量转化效率。

发动机不加力和加力状态的参数区别主要是截面 7 及之后的截面，根据表 2-1 中的数据，可知：

a. 不加力状态

燃油的化学能（该参数根据燃油流量计算）：单位时间内燃油燃烧所释放的热量为 46 465.4 kJ/s。

气体经过发动机循环后的动能增量：$\dfrac{W_g c_9^2 - W_a V^2}{2} = 10\,911.3\ \text{kW}$，其中 W_g、W_a 分别是发动机的燃气流量和空气流量。

计算可得热力循环的热效率：η_t 约为 23.5%。

b. 加力状态

燃油的化学能：单位时间内燃油燃烧所释放的总热量为主燃烧室与加力燃烧室的热量之和，为 115 626.65 kJ/s。

气体经过发动机循环后的动能增量：$\dfrac{W_{gaf} c_{9af}^2 - W_a V^2}{2} = 22\,407.2\ \text{kW}$。

计算可得热力循环的热效率：$\eta_{t,af}$ 约为 19.3%。

由此可见，涡喷发动机在加力状态下的循环热效率低于不加力状态。同时，根据该型发动机在地面工作时的增压比（约为 8.9），可以计算出理想循环的热效率为 $\eta_{t,i} \approx$ 46.5%。可见，涡喷发动机实际循环的热效率也远低于理想循环。

2.1.3　涡扇发动机工作原理与热力循环的特点

2.1.3.1　涡扇发动机的主要类型

对于涡扇发动机，若按照排气方式分，如 1.1.1.2 节所述，有分开排气式和混合排气式涡扇发动机。若按照风扇的位置来分，有前风扇式和后风扇式（图 2-8）。还有的风扇可能与核心机不是串联型结构，如用于垂直起降的升力风扇等。按照转子数量来分，有双转子［图 1-3(b)］和三转子［图 1-3(a)］涡扇发动机。若将桨扇发动机归于涡扇发动机系列，还有无涵道风扇（UDF）涡扇发动机。除此之外，现代涡扇发动机的技术发展很快，对应于一些新结构，例如，核心机驱动风扇级式（core driven fan stage, CDFS）涡扇发动机、齿轮驱动涡扇式（GTF）涡扇发动机、变循环涡扇发动机（variable cycle engine, VCE）等。

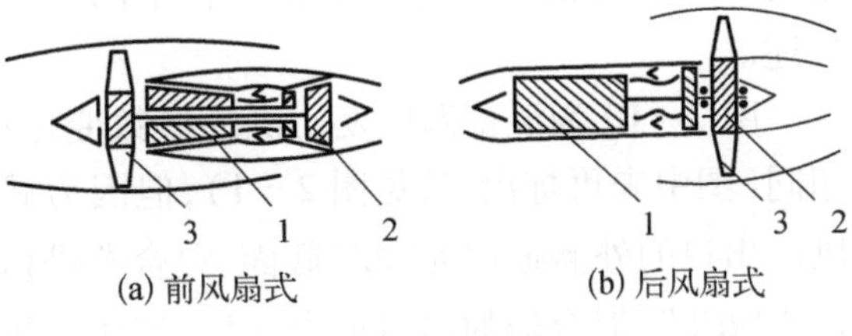

图 2-8　涡扇发动机的风扇位置形式

1-核心机；2-驱动涡轮的风扇；3-风扇

目前，双转子、前风扇式涡扇发动机的应用最为广泛，也是最为基本的形式。

2.1.3.2　涡扇发动机的工作特点

图2-9为一个典型的小涵道比混合排气式加力涡扇发动机(简称为混排加力涡扇发动机)的流道剖面简图。与涡喷发动机相比,涡扇发动机的最大特点是分为外涵道和内涵道两个涵道。其中,核心机位于内涵道。无论是分开排气式,还是混合排气式,涡扇发动机的工作都可以看作是核心机加上低压转子(即风扇与低压涡轮共轴组成低压转子,有的也称为低压系统)。其核心机的工作原理与双转子涡喷发动机一样,不同的是低压涡轮的输出功率更大,以驱动更大尺寸的风扇高速旋转,从而对更大流量的空气做功增压。

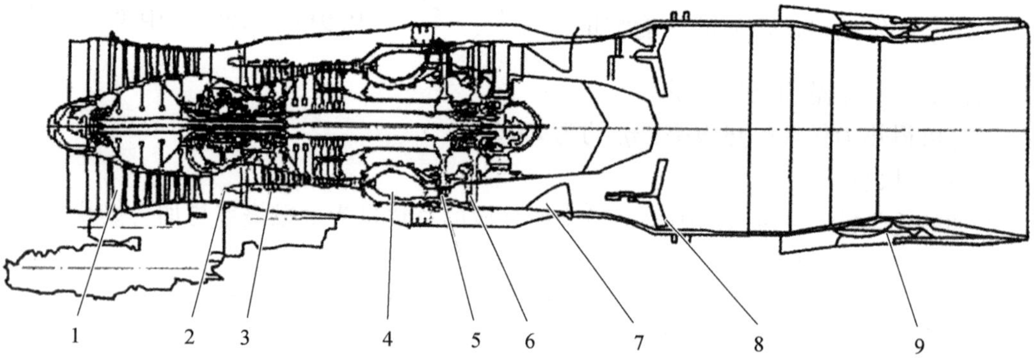

图2-9　小涵道比混合排气式加力涡扇发动机简图

1-风扇(低压压气机);2-分流环;3-高压压气机;4-燃烧室;5-高压涡轮;6-低压涡轮;7-混合器;8-加力燃烧室;9-拉瓦尔喷管(收敛-扩张形喷管)

结合图2-9可知,当发动机工作时,空气从未受扰动的0-0截面开始,经过进气系统后进入发动机。首先,空气在风扇(对于小涵道比的涡扇发动机,由于风扇的级数较多且增压比较高,因此也叫作低压压气机)中受到压缩,压力、温度增高。在风扇的出口分成外涵道和内涵道两路,其中,外涵道气流经过外涵道后进入混合器,与流经内涵道的燃气相混合;内涵道气流则经过核心机和低压涡轮,低压涡轮带动风扇(低压压气机)旋转做功,从而维持对内、外涵道气流的初步增压作用。在混合器中,内涵道的燃气与外涵道的空气进行混合,形成具有一定压力、温度和速度的燃气,然后进入加力燃烧室。后续的加力燃烧室和喷管中的工作情形与前述的涡喷发动机相同,这里不再赘述。

图2-10为混排涡扇发动机的参数变化情形。在截面划分上,大部分与涡喷发动机相同(图中未再标出,参见图2-1),但因为涡扇发动机有内、外涵道以及混合器,所以将风扇出口的外涵道记为“22”截面,混合器进口截面的内涵道部分记为“6Ⅰ”、外涵道部分记为“6Ⅱ”,混合器的出口记为“6B”截面。图中的短虚线表示外涵道的参数,长虚线表示加力状态的参数。

某型混排加力涡扇发动机在地面最大和加力状态工作时参数如表2-2所示。其中内涵道空气流量为$W_{a\mathrm{I}}$,外涵道的空气流量为$W_{a\mathrm{II}}$,涵道比为$B=W_{a\mathrm{II}}/W_{a\mathrm{I}}$,总空气流量为$W_a=W_{a\mathrm{I}}+W_{a\mathrm{II}}=W_{a\mathrm{I}}(1+B)$。

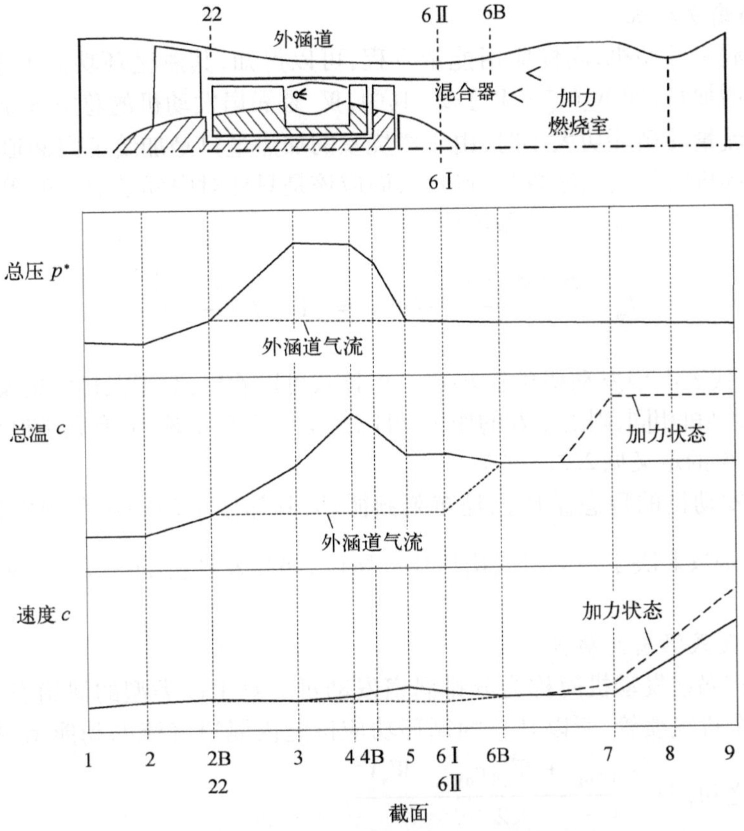

图 2-10　混排涡扇发动机参数变化示意图

注：实线表示不加力状态的参数，短虚线表示外涵参数，长虚线表示加力状态的参数。

表 2-2　某混排加力涡扇发动机的参数

参　数	特　征　截　面					
	2	2B	22	3	4	4B
总压/bar	1.013	2.972	2.953	23.76	22.33	6.408
总温/K	288	415	408	778	1590	1182

参　数	特　征　截　面					
	5	6Ⅰ	6Ⅱ	6B	7	9
总压/bar	2.951	2.951	2.953	2.934	2.878	2.878
总温/K	995	995	408	787	787 2010(加力)	787 2010(加力)

注：发动机内涵空气流量 $W_{a\mathrm{I}}$ = 63 kg/s，外涵空气流量 $W_{a\mathrm{II}}$ = 39.69 kg/s，涵道比 B = 0.63。

2.1.3.3　涡扇发动机的能量转化特点

对于涡扇发动机的能量转化关系，可以采用与上述涡喷发动机相同的模型和方法进行分析，也可得到相同或相似的结论。

1. 混排涡扇发动机

对于混排涡扇发动机,同样应用能量方程,可以得知,其总循环功的大小仍然等于所有气体的动能增加量,即 $W_a(c_9^2 - V^2)/2$,其中,W_a 是涡扇发动机的总空气流量。但是,在讨论单位质量流量的循环功大小时,由于燃烧室的加热量只是加给了内涵道气流,由此就不能直接用发动机的总空气流量进行讨论,而应该是只针对内涵道空气的单位质量流量。所以涡扇发动机单位空气质量的循环功为

$$l_{ef} = \frac{W_a(c_9^2 - V^2)}{2} \bigg/ W_{aI} = (1 + B)\frac{c_9^2 - V^2}{2} \tag{2-8}$$

式中的下标"$_f$"代表涡扇发动机的循环功。由该式可以看出,对于混排涡扇发动机,如果其循环功与涡喷发动机相同,则由于B的作用,可以使排气速度 c_9 减小,有利于提高发动机的推进效率(推进效率的定义见 2.2.3 节)。

混排涡扇发动机的理想循环也是布莱顿循环,其热效率与涡喷发动机相同,即 $\eta_{tf} = 1 - 1/\pi^{\frac{\gamma-1}{\gamma}}$,也是只取决于发动机的增压比。所以,涡喷发动机的一些结论同样适用于混排涡扇发动机。

2. 分开排气式涡扇发动机

分开排气式涡扇发动机简称为分排涡扇发动机。对于该类型的涡扇发动机,有内涵道和外涵道两个排气喷管,所以其总的循环功应该是内涵道气流的动能增量与外涵道气流的动能增量之和,即 $\dfrac{W_{gI}c_{9I}^2 + W_{gII}c_{9II}^2 - W_aV^2}{2}$。

同理,分排涡扇发动机的理想循环的热效率表达式也与涡喷发动机一样。

2.1.3.4 涡扇发动机的能量转化关系举例

例题 2-2 F-100 发动机中的能量转化效率。

F-100 是军用小涵道比混合排气加力式涡扇发动机,如图 2-11 所示,在地面(起飞)和空中高速飞行条件下的部分参数如表 2-3 所示(数据来源于参考文献[9])。

图 2-11 F-100 涡扇发动机

表 2-3 F-100 发动机部分参数

飞行条件	空气流量 (W_{aI}/W_{aII})/(kg/s)	涵道比 B	涡轮前燃气温度 T_4^*/K	加力燃烧室温度 T_{af}^*/K	排气速度 c_9/(m/s)	排气速度(加力) c_{9af}/(m/s)
地面(起飞)	63/39.6	0.63	1590	2010	624.5	991.54
飞行高度 12 192 m,飞行速度 Ma=2.3	58.4/58.4	1.0	1640	2010	—	1256.2

1. 地面(起飞)工作条件

在此状态下,飞行速度 $V=0$,风扇增压比为 2.95,高压压气机增压比为 8.0。根据发动机的热力参数,可计算得到(未包括进气道损失)以下结果。

1）不加力状态

燃油的化学能：单位时间内燃油燃烧所释放的热量为 51 932. 3 kJ/s。

气体的排气动能增量：$\dfrac{W_g c_9^2 - W_a V^2}{2} = 20\,260.5$ kW。

热效率：约 39%。

风扇和压气机消耗的总功率：36 096. 2 kW。

涡轮输出的总功率：37 602. 5 kW。

2）加力状态

燃油的化学能：单位时间内燃油燃烧所释放的总热量为主燃烧室与加力燃烧室的热量之和，为 206 938. 6 kJ/s。

气体的排气动能增量：$\dfrac{W_{gaf} c_{9af}^2 - W_a V^2}{2} = 53\,468.7$ kW。

热效率：25. 8%。

2. 高空高速飞行条件

在此条件下，飞行速度为 $V = 678.36$ m/s，发动机处于加力工作状态，风扇增压比为 1. 5，高压压气机增压比为 6. 8。根据发动机的热力参数，可计算得到（未包括进气道损失）以下结果。

燃油的化学能：单位时间内燃油燃烧所释放的总热量为主燃烧室与加力燃烧室的热量之和，为 212 520. 6 kJ/s。

气体的排气动能增加量：$W_{gaf}\dfrac{c_{9af}^2 - V^2}{2} = 68\,857.07$ kW。

热效率：32. 4%。

可见，在高空高速飞行时，加力状态的热效率增大。

例题 2 - 3　JT3D - 5A 发动机中的能量转化效率。

JT3D - 5A 发动机是分开排气式涡扇发动机，如图 2 - 12 所示。在地面（起飞）和高空巡航飞行条件下的部分参数如表 2 - 4 所示（数据来源于参考文献[9]）。

图 2 - 12　JT3D 涡扇发动机

表 2 - 4　JT3D - 5A 发动机部分参数

飞 行 条 件	空气流量 (W_{aI}/W_{aII})/(kg/s)	涵道比 B	涡轮前燃气温度 T_4^* /K	内涵道排气速度 c_{9I} /(m/s)	外涵道排气速度 c_{9II} /(m/s)	燃油流量 W_f /(kg/h)
地面（起飞）	102/125. 16	1. 23	1205	487. 5	330. 9	5197. 72
飞行高度 10 668 m，飞行速度 Ma = 0. 82	52. 96/41	1. 29	1080	468. 8	317	1902. 24

1）地面(起飞)工作条件

在此状态下,飞行速度 $V=0$,风扇增压比为 1.82,内涵道低压压气机增压比为 5.2,高压压气机增压比为 3.1。根据发动机的热力参数,可计算得到(未包括进气道损失)以下结果。

燃油的化学能:单位时间内燃油燃烧所释放的热量为 53 791.6 kJ/s。

总排气动能增量:$\dfrac{W_{gI}c_{9I}^2 + W_{gII}c_{9II}^2 - W_aV^2}{2} = 18\,943.7\ \text{kW}$。

热效率:约 35.5%。

2）高空巡航飞行条件

在此条件下,飞行速度为 $V = 243.08$ m/s,风扇增压比为 1.85,内涵道低压压气机增压比为 5.4,高压压气机增压比为 3.095。根据发动机的热力参数,可计算得到(未包括进气道损失)以下结果。

燃油的化学能:单位时间内燃油燃烧所释放的总热量为主燃烧室与加力燃烧室的热量之和,为 19 686.4 kJ/s。

气体的排气动能增加量:$\dfrac{W_{gI}c_{9I}^2 + W_{gII}c_{9II}^2 - W_aV^2}{2} = 5058.3\ \text{kW}$。

热效率:25.7%。

例题 2-4 大涵道比 CFM-56 涡扇发动机中的能量转化效率。

CFM-56 涡扇发动机是大涵道比的分开排气式涡扇发动机,如图 2-13 所示。在地面(起飞)和高空巡航飞行条件下的部分参数如表 2-5 所示(数据来源于参考文献[9])。

图 2-13 CFM-56 涡扇发动机

表 2-5 大涵道比 CFM-56 涡扇发动机部分参数

飞行条件	空气流量 (W_{aI}/W_{aII})/(kg/s)	涵道比 B	涡轮前燃气温度 T_4^*/K	内涵道排气速度 c_{9I}/(m/s)	外涵道排气速度 c_{9II}/(m/s)	燃油流量 W_f/(kg/s)
地面(起飞)	53.6/321.6	6.0	1530	391	268.9	1.044
飞行高度 10 668 m,飞行速度 $Ma=0.85$	24.5/145.8	5.95	—	479.2	307.1	0.4251

a. 地面(起飞)工作条件

在此状态下,飞行速度 $V=0$,风扇增压比为 1.51,内涵道总增压比为 25。根据发动机的热力参数,可计算得到(未包括进气道损失)以下结果。

燃油的化学能:单位时间内燃油燃烧所释放的热量为 39 288.2 kJ/s。

总排气动能增量:$\dfrac{W_{gI}c_{9I}^2 + W_{gII}c_{9II}^2 - W_aV^2}{2} = 15\,804\ \text{kW}$。

热效率:约 40.2%。

b. 高空巡航飞行条件

在此条件下，飞行速度为 $V = 251.9$ m/s。根据发动机的热力参数，可计算得到（未包括进气道损失）以下结果。

燃油的化学能：单位时间内燃油燃烧所释放的总热量为主燃烧室与加力燃烧室的热量之和，为 16 000.9 kJ/s。

气体的排气动能增加量：$\dfrac{W_{\mathrm{gI}}c_{9\mathrm{I}}^2 + W_{\mathrm{gII}}c_{9\mathrm{II}}^2 - W_{\mathrm{a}}V^2}{2} = 4333.7\ \mathrm{kW}$。

热效率：约 27.1%。

可见，增大涵道比可以改善发动机的能量转化效率。

2.2　涡喷/涡扇发动机推力和效率

2.2.1　发动机产生推力的原理

作为推进器，涡扇发动机和涡喷发动机都通过直接反作用产生推力。

由图 2－2 和图 2－10 可以看出，气体流过发动机内部时，速度得到提高，产生了很大的加速度，也就是说，发动机内部所有与气流相作用的表面都对气体施加了一个沿流动方向向后的合成作用力。根据作用力与反作用力原理，气体也必然通过这些作用面对发动机提供一个大小相等、方向向前的反作用力。这个反作用力作用于发动机内部所有与气体接触的物体表面上，如压力和摩擦力等。当有气流流过发动机的外表面时，也会在外壁面上产生一定的作用力。因此，发动机实际传递给飞行器的推进作用力就应该是内部作用力与外部作用力的轴向合力，这就是发动机的推力。

综合考虑发动机的能量转化和气动力作用，可以把推力产生原理归纳为：

（1）涡喷和涡扇发动机等喷气式发动机能产生推力，是因为发动机内部气体与部件之间作用力与反作用力相互作用。

（2）从能量守恒观点来看，产生推力的原因是能量转化。燃料在燃烧室内燃烧，向气体加入了热量，这些热量经过热力循环，转化为气体动能，速度得以提高。

（3）只有发动机内部的热力循环不断进行，气体才能连续做功。虽然对每一个气体微团来说，是在不同时刻依次完成压缩、加热、膨胀、放热等热力过程，但对整台发动机而言，这些热力过程在各部件中是同时进行的，因而发动机所产生的推力是持续不断的。

2.2.2　推力计算

2.2.2.1　发动机推力计算公式的推导

发动机的推力是指气体在发动机未受扰动截面至喷管出口截面（即 0~9 截面）内部流动时所产生的作用力。发动机的推力可通过发动机内部的气动热力参数进行计算，并且作为提供发动机正规性能的标准参数。下面，将发动机以短舱形式安装且混合排气的典型情况为例，推导发动机的推力计算公式。

1. 控制体的选取

根据控制体研究方法(欧拉方法),选取如图 2-14 和图 2-15 所示的控制体。不论是在亚声速飞行还是超声速飞行状态,控制体的边界(长虚线)为发动机前方的未受扰动截面 0-0、进气道前的自由流边界 0-a、发动机或短舱的外表面 a-9,以及喷管出口截面 9-9。喷管出口截面上的参数均匀,速度为轴向。这样,气体的流动就可分为流经发动机内部通道的内流和从发动机外部流过的外流。

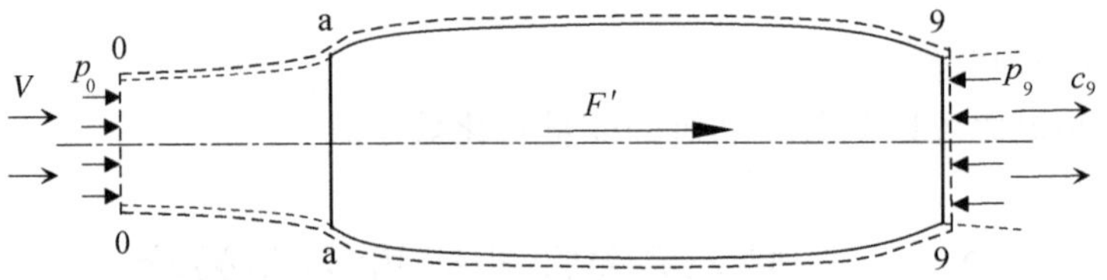

图 2-14　亚声速飞行时计算推力的控制体

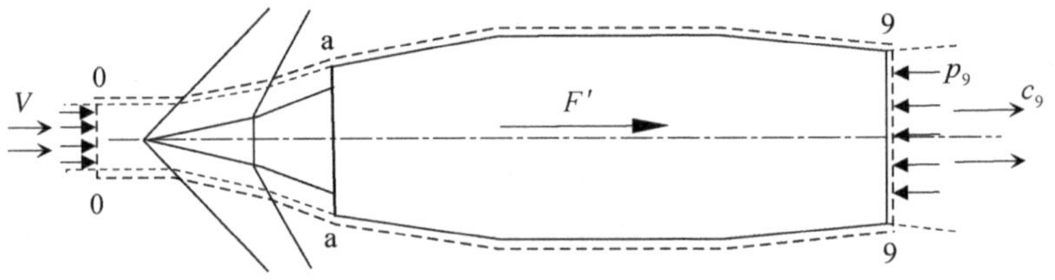

图 2-15　超声速飞行时计算推力的控制体

为研究发动机内部流动的相互作用,假设外部的绕流是均匀且无摩擦的,即控制体外表面上的气流压力均等于大气压力 p_0(但喷管出口截面除外)。气体在内部流动时所受的内部作用力为 F',方向沿轴线向后(如图 2-14 与图 2-15 所示)。在控制体进口 0-0 截面上的气体压力为 p_0,而在喷管出口 9-9 截面上的气体压力为 p_9。由 0-0 截面进入控制体的空气流量为 W_a,由喷管出口流出的燃气流量为 W_g。所以,应用流量连续方程可得

$$W_g = W_a + W_f - W_{bleed} \tag{2-9}$$

式中,W_f 是燃油流量,在加力状态下还应包括加力燃烧室的燃油流量;W_{bleed} 是发动机对外的引气流量。若是分排涡扇发动机,W_f 仅在内涵道中考虑。

2. 推力计算公式

对所选取的控制体中的气流应用动量方程式(1-28),在发动机轴线上,可得

$$F' + p_0A_0 - p_9A_9 + \int_0^9 p_0\mathrm{d}A = W_gc_9 - W_aV \tag{2-10}$$

式中,$\int_0^9 p_0\mathrm{d}A$ 是外流作用在外表面上的压强力在轴向上的分量。需要注意的是,对整个控制体表面利用 $\oint_{CV} p_0\mathrm{d}A = 0$ 的结果,可得到 $p_0A_0 + \int_0^9 p_0\mathrm{d}A - p_0A_9 = 0$,代入式(2-10)后即可得

$$F' = W_g c_9 + (p_9 - p_0)A_9 - W_a V \tag{2-11}$$

再应用牛顿第三定律，$F = -F'$，所以气流作用于发动机的内推力 F 的方向是沿轴线向前（与进气方向相反）的，其量值的计算式为

$$F = W_g c_9 - W_a V + (p_9 - p_0)A_9 \tag{2-12}$$

除非有特殊说明，F 就直接叫作发动机的推力。特别是涉及发动机性能参数的计算、比较、说明、评定等内容时，均采用式(2-12)来确定发动机的推力。

可见，发动机推力 F 由两部分组成，一个是 $(W_g c_9 - W_a V)$，是气体的动量变化量，故称为推力的动力分量；另一个是 $(p_9 - p_0)A_9$，它是由喷管内燃气不完全膨胀 $(p_9 > p_0)$ 引起的，称为推力的静力分量。当燃气完全膨胀时，$p_9 = p_0$，该静力分量为零。

当忽略燃油流量和引气流量时，$W_a \approx W_g$，发动机推力 $F = W_a(c_9 - V) + (p_9 - p_0)A_9$。

当发动机在地面工作时，$V = 0$，发动机的推力表达式为 $F = W_g c_9 + (p_9 - p_0)A_9$。

2.2.2.2　发动机的有效推力

发动机的有效推力，是指发动机实际提供给飞机，以克服其前进的阻力或使飞机加速运动的推进力。例如，当发动机在机翼下外挂安装时，发动机的有效推力应该是扣除短舱阻力之后，通过挂架传递给飞机的推力。

所以，有效推力是作用在发动机内部和外部的所有作用力的总和，用 F_e 表示，即

$$F_e = F - \int_0^9 p\mathrm{d}A - X_f \tag{2-13}$$

其中，$\int_0^9 p\mathrm{d}A + X_f$ 是所有外部作用力，称为外部阻力。$\int_0^9 p\mathrm{d}A = \int_0^a p\mathrm{d}A + \int_a^9 p\mathrm{d}A$ 有两部分，分别是外部气流作用于发动机（或短舱）外表面上压强力的轴向合力，以及作用于进气道前自由流面上的压强力的轴向合力；X_f 是外部气流作用在发动机（或短舱）外表面上的黏性摩擦力的轴向合力，称作摩擦阻力。

根据外部阻力的产生部位及类型，又可进一步将外部阻力划分为进气装置阻力、排气装置阻力和短舱阻力等，有时又分为附加阻力、压差阻力、摩擦阻力等。发动机的外部阻力与发动机在飞机上的安装形式和结构布局有直接的关系，在实际应用中，往往需要通过相关的试验和工程计算模型来确定阻力的大小。对于发动机安装于机身或主机翼内的布局方式，其外部阻力往往作为飞机阻力的一部分加以考虑。

2.2.2.3　其他形式发动机的推力计算

1. 加力状态的发动机推力计算

在加力状态下，发动机的推力计算公式与式(2-12)形式相同，但是要在出口燃气流量的计算中考虑加力燃烧室的燃油流量，并且采用加力状态下的出口气流参数，即

$$F_{af} = W_{g,af} c_{9af} - W_a V + (p_{9af} - p_0)A_{9af} \tag{2-14}$$

2. 分排涡扇发动机的推力计算

分排涡扇发动机的区别在于有内涵道和外涵道两个喷口，所以需要分别计算内涵道推力和外涵道推力，即

$$F = W_{gI}c_{9I} + (p_{9I} - p_0)A_{9I} + W_{aII}c_{9II} + (p_{9II} - p_0)A_{9II} - (W_{aI} + W_{aII})V \quad (2-15)$$

式中，$W_{gI} = W_{aI} + W_f$，引气量的影响则需要根据引气位置而定。

3. 带矢量喷管发动机的推力计算

现代高性能歼击机、强击机等作战飞机为提高机动性能都需应用推力矢量技术。对于带矢量喷管的发动机,其推力计算的原理仍然是动量定理。但由于动量方程是矢量方程,因此其推力的计算需要根据喷管排气方向的变化,在不同的坐标方向上应用动量方程,从而确定推力的方向和大小。其中,正确划定控制体并进行受力分析仍是重要基础。

4. 反推状态下的推力计算

为了有效减小着陆滑跑距离,在大型运输机和民航客机上广泛采用了反推装置。在反推状态下,反推装置工作改变全部或部分(如仅外涵道气流)的排气气流方向,使之与进气方向相反,从而形成反向推力。在反推状态下,发动机的推力计算与推力矢量的计算方法相同,需要确定反推状态下的排气方向,进而应用动量定理来计算发动机的推力。

2.2.3 发动机的效率

如前所述,涡喷和涡扇发动机既是热力机,又是推进器。所以,发动机工作时燃油燃烧所产生热能的最终转化表现形式,应是发动机推进飞机前进所做的推进功。

因此,发动机在飞行中能量转换的有效程度需要用三种效率来表征,即有效效率 η_e、推进效率 η_p 和总效率 η_0。

2.2.3.1 有效效率

发动机的有效效率定义为发动机的可用功率 P_e 与所消耗的燃油燃烧所释放的热能之比,用 η_e 来表示。

由 2.1.2 节和 2.1.3 节对发动机热力过程和循环中能量转化关系的分析可知,发动机的可用功率 P_e 实际上就是气体的动能增加量,也就是总的循环功。而燃油燃烧释放的热能等于燃油流量与燃油低热值 H_u 的乘积。所以,以涡喷和混排涡扇发动机为例,有

$$\eta_e = \frac{P_e}{W_f H_u} = \frac{W_g \dfrac{c_9^2}{2} - W_a \dfrac{V^2}{2}}{W_f H_u} \quad (2-16)$$

式中,H_u 是燃油的低热值,单位是 J/kg,代表单位质量的燃油所能释放的全部热能,对于一般使用的航空煤油,该值为 $42\,900\times10^3$ J/kg;W_f 是燃油流量,在加力状态时还应该包括加力燃烧室的供油量。

有效效率除考虑实际循环热效率所涉及的各种损失(即内、外涵道内流动及能量传递中的一切损失)外,还要考虑燃料不完全燃烧所造成的损失。所以,它几乎考虑了热能转变为燃气动能过程中的全部损失。

对于分排涡扇发动机,应注意其总循环功要包括内、外涵道气流的动能增量。

2.2.3.2 推进效率

1. 推进功率

发动机产生推力,推动飞机向前运动。所以,将发动机推进飞机前进所做的功称作为

推进功,那么,推进功率就等于推力乘飞行速度。即

$$P_p = FV \tag{2-17}$$

2. 推进效率

推进效率定义为推进功率与发动机的可用功率之比,以 η_p 表示,即

$$\eta_p = \frac{P_p}{P_e} \tag{2-18}$$

下面以涡喷和混排涡扇发动机为例进行讨论。

为简化分析,考虑忽略燃油流量并认为燃气在喷管中完全膨胀的情况,即 $W_g \approx W_a$ 和 $p_9 = p_0$。所以,发动机推力为 $F = W_a(c_9 - V)$,而发动机的可用功率为 $P_e = W_g \frac{c_9^2}{2} - W_a \frac{V^2}{2}$,代入式(2-18)中,有

$$\eta_p = \frac{W_a(c_9 - V)V}{W_a(c_9^2 - V^2)/2} = \frac{2V}{c_9 + V} = \frac{2}{1 + c_9/V} \tag{2-19}$$

由式(2-19)得知,推进效率主要取决于发动机的排气速度和飞行速度的比值,即 c_9/V。该比值越大,推进效率就越小,反之则越大。当 $V = 0$ 时,则 $\eta_p = 0$,这对应于发动机在地面工作,飞行速度为零,因而就没有推进功率。反之,当 $c_9 = V$ 时,则 $\eta_p = 1.0$,但由推力公式可知,这时的推力 $F = 0$,所以,$\eta_p = 1.0$ 的状态并没有实际意义。由此可知,在飞行中,只要发动机的推力不为零,推进效率总是小于 1.0,也就是说,总要损失一部分能量,所损失的这部分能量就是可用动能与推进功之差。以 1 kg/s 流量的气体为例,可用动能与推进功之差为 $\frac{c_9^2 - V^2}{2} - (c_9 - V)V = \frac{(c_9 - V)^2}{2}$。

可见,损失的能量与发动机进、排气速度差的平方成正比。前进中的飞机,飞行速度为 V,发动机的排气速度相对于发动机是 c_9。当我们在地面上观察时,进入发动机前方的大气是静止的,而从发动机排出的气体,则以 $(c_9 - V)$ 的速度向着飞机前进的相反方向运动,这一相对速度的动能就是遗留在空中的动能损失,也叫作离速损失。若 $V = 0$,则全部的可用能就以动能 $c_9^2/2$ 的形式损失了,不产生推进功,这也是推进效率为零的物理意义。

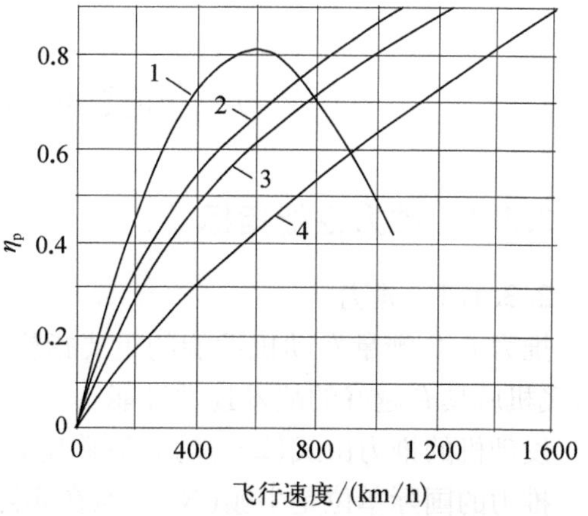

图 2-16　发动机推进效率随飞行速度的变化

1-涡桨;2-大涵道比涡扇;3-小涵道比涡扇;4-涡喷

图 2-16 表示不同类型发动机推进效率随飞行速度的变化情形。可以看出,排气速度与飞行速度差别越大,动能损失越多。这也就说明,排气速度很高的涡轮

喷气发动机,不宜直接作为速度很低的地面交通工具的动力装置。

当循环参数相同时,涡喷发动机的 c_9/V 要高于涡扇发动机(尤其在亚声速飞行范围),所以涡扇发动机的推进效率比涡喷发动机的要高。对于涡扇发动机,亚声速飞行时,其主要巡航工作状态对应的 $c_9/V = 1.5 \sim 1.8$, 此时涡扇发动机的推进效率介于0.7~0.8;在高空以加力工作状态超声速飞行时, $c_9/V = 2.2 \sim 2.4$, 推进效率大约降低到0.6;低空跨声速飞行时,加力工作状态下的 $c_9/V = 3.0 \sim 3.2$, 推进效率进一步降低到0.5左右。而涡喷发动机的推进效率一般不高于0.5~0.75。

2.2.3.3 总效率

发动机的总效率为发动机的推进功率与燃油燃烧释放的热能之比,用 η_0 表示,即

$$\eta_0 = \frac{FV}{W_f H_u} = \eta_e \eta_p \tag{2-20}$$

所以,总效率反映了发动机作为热机和推进器的完善程度,也是衡量发动机经济性的重要指标。涡喷和涡扇发动机总效率的范围一般在0.2~0.4(表2-6)。

表2-6 几种涡扇发动机的性能参数和效率[9]

发动机	飞行条件 高度(m)/马赫数	推力/daN	涵道比	耗油率/ [kg/(daN·h)]	推进效率	有效效率	总效率
F-100-PW-100	9144/0.9	2726	0.7	0.929	0.543	0.451	0.245
		6769(加力)	0.7	2.153	0.359	0.295	0.106
	12 192/2.3	9792(加力)	1.0	2.35	0.618	0.39	0.241
CFM-56	10 668/0.85	2311	5.95	0.663	0.745	0.427	0.318
JT9D-7J	10 668/0.85	4632	5.1	0.704	0.721	0.4145	0.2989
JT3D-3B	10 668/0.82	1998	1.39	0.806	0.625	0.402	0.2512

2.3 涡喷/涡扇发动机性能指标

2.3.1 推力性能指标

2.3.1.1 推力

推力 F 是衡量发动机性能的重要指标。在飞机的空气动力特性相同的条件下, F 越大,飞机就具有越好的战术技术性能。

发动机的推力由式(2-12)计算确定,即 $F = W_g c_9 - W_a V + (p_9 - p_0)A_9$。

推力的国际单位是牛顿(N)。但在实际使用中,经常使用的是daN(拾牛顿,1 daN=10 N),以便于与传统上使用的工程单位(如kgf,公斤力或千克力)在量级上一致,在本教材中也都使用了daN。有的资料中也使用kN(千牛,1 kN=10^3 N)。

发动机推力虽然是一个重要的性能指标,但并不能只以它的大小来衡量发动机的性能优劣。因为它并没有表明发动机有多大尺寸,质量是多少,也不知道消耗多少燃油才产生这样大的推力。因此,还必须引入以下单位性能参数,才便于全面评定发动机推力性能的优劣。

2.3.1.2　单位推力

单位质量流量的空气所产生的推力大小,称为单位推力,以符号 F_s 表示。单位推力的定义式为

$$F_s = \frac{F}{W_a} \tag{2-21}$$

单位推力的单位是 N/(kg/s)、N·s/kg,或 daN·s/kg。

在 F 一定的条件下,F_s 越大,则需要的 W_a 越小,一般所需的发动机横截面积和质量也越小,越有利于飞机飞行;在空气流量一定的条件下,单位推力越大,则发动机推力也越大。

目前,涡喷/涡扇发动机在地面不加力的状态下工作时,最大的单位推力一般为 60~75 daN·s/kg,而在加力状态下的单位推力为 100~120 daN·s/kg。

2.3.1.3　推重比

发动机的推力与其总重力(净重) W_m 之比称为推重比,用 F_W 表示:

$$F_W = \frac{F}{W_m} \tag{2-22}$$

推重比是评定发动机性能的综合性指标,它不仅体现涡喷/涡扇发动机在气动热力循环方面的设计水平,也体现结构设计、材料和制造方面的发展水平。推重比越大,说明在推力一定时,发动机的质量越小;或质量一定时,产生的推力越大。发动机的推重比是影响战斗机机动性能的重要因素,现代高性能军用涡扇发动机的推重比都已达到 10 的量级,下一代涡扇发动机的推重比要达到 12~15 的水平。

2.3.1.4　迎面推力

发动机单位最大横截面积 A_{max} 所能产生的推力称为迎面推力,用 F_A 表示:

$$F_A = \frac{F}{A_{max}} \tag{2-23}$$

它表示发动机在最大直径限制下产生所需推力的能力。迎面推力越大,说明在推力一定时,发动机最大迎风面积小,或在最大迎风面积一定时,推力越大。当发动机安装在单独的发动机短舱里时,其迎风面积的大小,在一定的飞行条件下决定了发动机短舱的外部阻力的大小,这将直接影响发动机的有效推力。对于同一类型的发动机,迎面推力越大,也能说明其推重比的性能指标越好。

2.3.2　经济性能指标

2.3.2.1　耗油量

单位时间内供给主燃烧室和加力燃烧室的燃油质量称为主燃烧室和加力燃烧室的耗

油量。分别以符号 W_f、$W_{f,af}$ 表示,其单位是 kg/s。

对于推力相同的发动机,可用耗油量的高低来比较它们的经济性。但是对于推力不同的发动机,不能仅以耗油量的多少来评定其经济性,而是以燃油消耗率来评定的。

2.3.2.2 燃油消耗率(耗油率)

发动机的燃油消耗率又简称为耗油率,定义为每小时所消耗的燃油质量与推力之比,用 sfc 来表示,即

$$\mathrm{sfc} = \frac{3600W_f}{F} \tag{2-24}$$

燃油消耗率的单位是 kg/(N·h) 或 kg/(daN·h),它表示发动机每产生 1 N 或 1 daN 推力时,在 1 h 内所消耗的燃油质量。耗油率反映发动机工作的经济性,在飞行速度一定时,耗油率越小,发动机经济性越好。

在加力状态下,发动机的燃油消耗率为 $\mathrm{sfc}_{af} = 3600(W_f + W_{f,af})/F_{af}$。

燃油消耗率与总效率都是评定发动机经济性的指标。由式(2-24)和式(2-20)可得,它们之间的关系是

$$\mathrm{sfc} = \frac{3600V}{H_u\eta_0} \quad 或 \quad \eta_0 = \frac{3600V}{H_u\mathrm{sfc}} \tag{2-25}$$

可见,当飞行速度一定时,sfc 与 η_0 成反比。由此可知,燃油消耗率在一定的飞行速度下,才能表示发动机的经济性。只有在相同的飞行速度下比较发动机的经济性时,使用燃油消耗率才是合适的。当飞行速度不同时,则只能以 η_0 作为比较经济性的指标。

2.3.3 发动机的使用性能

发动机在使用性能方面必须满足以下要求:

1. 工作可靠

发动机工作可靠,是指发动机在各种情况下能按照使用者的操纵,安全可靠地进行工作,在飞行中不因外界条件变化而造成熄火停车或发生机件损坏等故障。在各类燃气涡轮发动机上,一般都装有各种检测装置、自动装置,以提高发动机工作的可靠性。

2. 起动迅速可靠

发动机的转子由静止状态(或风车状态)加速到慢车状态转速的过程,叫作起动过程。在保证安全的前提下,起动过程越短越好。无论在地面或在空中,都要求起动成功率高,可靠性好。对于装有加力燃烧室的燃气涡轮发动机,还要求在任何条件下都能可靠地接通或断开加力。目前在燃气涡轮发动机上都装有自动控制系统,以保证起动或接通(断开)加力的迅速可靠。

3. 加速性好

发动机的加速性反映的是发动机推力快速增加的响应能力。一般通过快推油门时发动机转速上升的快慢程度来衡量。例如,通常以发动机转子从慢车转速上升到最大转速时所需要的时间来表示发动机加速性的好坏。加速时间越短,说明发动机加速性越好。

4. 发动机寿命长

发动机从出厂到第一次翻修(大修)期间总的工作时数,或者相邻两次翻修(大修)之间的工作时数,都可以叫作发动机寿命(或翻修寿命)。发动机经数次翻修直到报废时的总积累工作时数,称为发动机总寿命。在实际使用中,发动机寿命及总寿命相差很大,有的发动机只有一二百小时的寿命,有的则为数百小时,有时甚至长达数千小时。有些民用型发动机总寿命可达数万小时。

5. 易于维护

航空发动机装备维修是使航空发动机保持、恢复或改善规定技术状态所进行的维修活动。其基本任务是充分发挥各种维修资源的作用,以最低的消耗,保持和恢复航空发动机装备的性能。所以,发动机维护简易,可以减轻维护人员的劳动强度,容易发现和排除故障,缩短地面准备时间,保证迅速起飞。

6. 环境友好

为减小对大气环境和全球气候的影响,民用客机和运输机的发动机还要具有低的污染排放水平和噪声强度。其中,对 CO、CO_2、NO_x 等污染物的排放,将有更加严格的限制。

7. 隐身性能好

为满足作战飞机隐身性能的要求,发动机还应具备良好的红外隐身和雷达隐身的综合隐身性能,以提高战场生存能力。

随着飞机推进系统的发展,对发动机性能的要求越来越高。除以上主要性能要求外,还有作战适用性、维修性和保障性要求等。

2.3.4　发动机的能力需求

2.3.4.1　能力需求分解

航空发动机是飞机的心脏,是飞机实现其任务能力的重要基础。因此,发动机的技术参数要依据飞机的任务分析来确定,而且还要对飞机的每项主要能力进行分解和转化,形成对发动机的能力需求或要求。除了前述的发动机性能指标,还包括其他多项能力要求。图 2-17 展示了一类军用航空发动机能力需求的分解表。

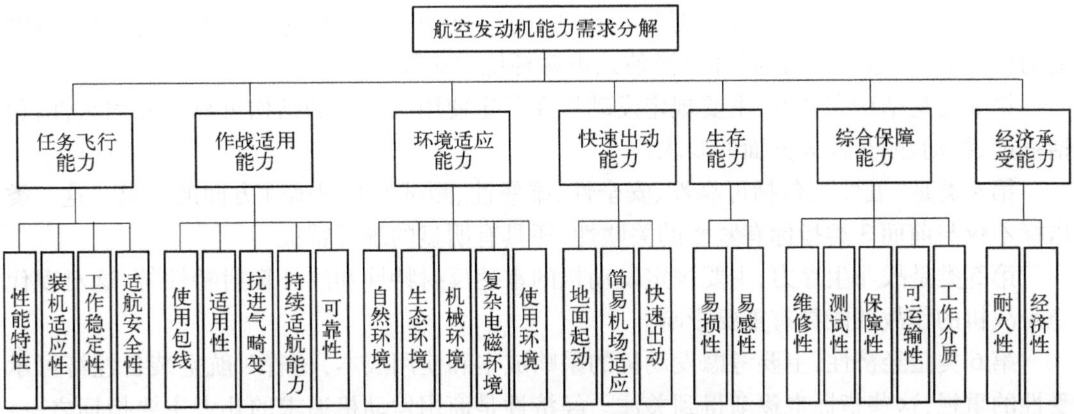

图 2-17　航空发动机能力需求分解图例

可见，发动机的主要能力需求包括以下方面。

1. 任务飞行能力

支撑任务飞行能力的性能主要有发动机的性能特性、装机适应性、工作稳定性和适航安全性等。

2. 作战适用能力

保证发动机作战适用能力的性能则主要包含使用包线的能力、发动机适用性、抗进气畸变的能力、持续适航能力和可靠性等方面。

3. 环境适应能力

环境适应能力包括自然环境适应性、生态环境适应性、机械环境适应性、复杂电磁环境适应性以及使用环境适应性等。

4. 快速出动能力

快速出动能力主要包括有地面起动性能、简易机场适应能力和快速出动能力。

5. 生存能力

生存能力主要有易损性和易感性两个方面。

6. 综合保障能力

支持综合保障能力的性能主要是维修性、测试性、保障性、可运输性和工作介质等。

7. 经济承受能力

反映经济承受能力的性能主要是耐久性和经济性。

2.3.4.2 技术指标体系

针对发动机的技术特点，国际上有一系列技术指标要求或规范等，如国家军用标准《航空涡轮喷气和涡轮风扇发动机通用规范》(GJB 241A—2010)，这些技术指标体系大致可以归纳为7大类：

第1类是性能与适用性，主要规定发动机自身性能指标以及适应航空装备需求的能力，包括发动机稳态性能(海平面台架性能和高度-速度特性，详见第8章)、工作包线、加减速性(详见第8章)、稳定性、起动性能(详见第9章)、引气和功率分出能力、进气道与发动机相容性(抗进气畸变能力)、姿态工作能力(如起飞、爬升、倒飞、空战机动等飞行姿态)、外廓尺寸与质量等。

第2类是环境适应性，主要是发动机适应外界环境的能力，包括自然环境条件、吞咽能力(吞鸟/冰/水/砂/火药气体/箔条)、电磁环境效应等。

第3类是结构完整性，主要规定发动机在预定使用条件下的结构可靠性和耐久性，包括强度、振动、耐久性等方面的要求。

第4类是"五性"，包括可靠性、安全性、维修性、测试性和保障性方面的要求。这一类指标不仅与前面3类指标有紧密的关联性，还具有明显的统计特征。

第5类是战斗生存力，主要规定发动机的雷达反射特性和红外辐射特性等，这对现代隐身战机的作战效能具有重要影响。

第6类是经济性，主要考虑发动机的采购成本和使用成本，随着对航空装备经济可承受性的重视，这些指标也逐渐得到关注。经济性是商用发动机追求的几大主要指标之一，对军用发动机也十分重要，它涉及是否买得起、用得起和打得起的问题。

第 7 类是子系统适应性和完整性，主要规定发动机各子系统与发动机主机的匹配性、适应性，以及各子系统的自身完整性。主要包括控制系统、燃油系统、防冰系统、电气系统、润滑系统、起动系统、监视/健康管理系统、软件资源、反推力/矢量喷管系统等。

2.4　航空发动机研发过程简介

航空发动机是高度复杂的机电系统产品，其研发过程一般在 10~20 年，甚至更长，因此研制发展需要遵循科学的发展规律。近年来，我国航发工业汲取了航空发动机自主研发的经验和教训，借鉴国外航空发动机发展和管理道路，结合我国国情，总结了新型发动机按时间分阶段的全寿命期管理方法。

新型航空发动机的全寿命期包括预先研究、工程研制和使用发展三大阶段，每一大阶段又可细分为若干子阶段，并设置相应的审查点，引入技术成熟度的评价理念和方法，以控制进入下一个研发阶段的风险。

2.4.1　技术成熟度的概念

与技术成熟度评价相关的概念主要有技术成熟度、技术成熟度等级和技术成熟度评价。

1. 技术成熟度(technology readiness, TR)

技术成熟度是指任何一项技术都必然有一个发展成熟的过程，其应用要以成熟性、功能性、环境适应性以及融入系统的可能性作为依据。

2. 技术成熟度等级(technology readiness level, TRL)

技术成熟度等级是指对技术成熟度进行度量和评测的一种标准，可用于评价特定技术的成熟度，比较不同类型技术之间的成熟程度。

3. 技术成熟度评价(technology readiness assessment, TRA)

技术成熟度评价是采用技术成熟度等级标准对技术进行评价的方法、过程和程序。技术成熟度评价必须遵循约定的程序和方法，最终体现形式是技术成熟度评价报告。

20 世纪 70 年代，美国国家航空航天局(National Aeronautics and Space Administration, NASA)最早提出技术成熟度的概念和方法，经过发展，已从硬件、软件和制造技术成熟度等方面规范了装备研制的技术成熟度管理工作，并把技术成熟度评价作为一项有效的工具，使之成为预先技术研究、型号研制必须遵循的工作要求。我国于 21 世纪初开始关注技术成熟度的概念，现已在关键技术领域全面推广技术成熟度的应用，并制定了通用的评价准则。在航空发动机的研发过程中，也开始利用通用的技术成熟度等级划分概念对技术成熟度情况进行宏观评价。例如，根据国家军用标准《装备技术成熟度等级划分及定义》(GJB 7688—2012)和《技术成熟度评价指南 第 5 部分：航空发动机》(GJB/Z 173.5—2014)，把适用于航空发动机的技术成熟度等级从低到高定义为 9 级，各个等级的基本内涵和依据如下：

1 级，提出基本原理并正式报告——通过探索研究，发现新原理，提出新理论，或对已有原理和理论开展深入研究。属于基础研究范畴，主要成果是研究报告或论文等。

2 级，提出概念和应用设想——基于基本原理，经过初步的理论分析或机理性试验研究，提出了技术概念和应用设想。主要成果为研究报告、论文或试验报告等。

3 级，完成概念和应用设想的可行性验证——针对应用设想，通过详细的分析研究、模拟仿真和原理件实验室试验，验证技术概念的关键功能、特性，具有转化为实际应用的可行性。主要研究成果为研究报告、论文或试验报告等。

4 级，以原理样品或部件为载体完成实验室环境验证——针对应用目标，提出验证技术功能的方案，设计、加工/开发出可用于试验验证的原理件或模型件，在简单模拟工作环境下进行功能测试，验证技术应用的功能特性。

5 级，以模型样品或部件为载体完成相关环境验证——针对发动机验证机总体要求，设计、加工或开发出可用于试验验证的模型件或原型件，与其他相对真实的支撑元素集成部件或系统，通过典型模拟环境的试验验证，功能和性能指标满足要求。

6 级，以系统或分系统原型为载体完成相关环境验证——针对发动机验证机或核心机的验证要求，设计、加工或开发出原型件，与其他飞行试验件集成发动机验证机或核心机，通过地面试验、高空试验(或飞行试验)，功能和性能指标满足要求，工程应用可行性和实用性也得到验证。

7 级，以系统原型为载体完成典型使用环境验证——针对实际使用要求，设计、加工或开发出原型件，集成发动机原型机，通过原型机地面试验和全包线试飞，功能和性能指标全部满足典型使用要求。

8 级，以实际系统为载体完成使用环境验证——针对实际使用要求，随小批量生产型发动机，通过实际使用环境下的考核验证，战技指标全部满足实际使用要求，性能稳定、可靠。

9 级，实际系统成功完成使用任务——技术以其最终形式，随大批量生产型发动机，通过实际使用验证(服役飞行)，战技指标全部满足要求，具备批量稳定生产能力和使用保障能力。

2.4.2 航空发动机的研发过程

2.4.2.1 预先研究阶段

预先研究的主要任务是为发展新型航空发动机提供技术储备，以缩短研制周期，降低研制风险，提升发动机技术水平，促进新型发动机发展。同时，为改进现役发动机性能和可靠性提供实用的技术支撑。

预先研究阶段又细分为应用基础研究、应用研究和先期技术开发三个子阶段。

1. *应用基础研究*

以发展新一代或新概念发动机为主要目标，探索新原理、新思想、新技术、新材料、新工艺等，通过实验室原理验证和数值仿真等展示其工程应用前景，为探索新型装备提供理论依据和基础知识。其主要成果为研究报告、原理方案、设计方法和设计程序等，技术成熟度等级一般为 2 级。

2. 应用研究

以新型发动机研发需求为背景,运用应用基础研究获得的技术成果,进行以工程应用为目标的设计、材料和工艺等先进技术研究和试验,开展部件或系统的设计、制造和试验验证,为开展核心机、技术验证机以及发动机的工程研制提供技术储备。该阶段不仅要研究部件或系统的性能,也要研究和验证部件的结构完整性,但一般只涉及部件或系统自身特性的评价,不包括部件之间的相互影响。应用研究阶段结束时的技术成熟度等级应达到 3 或 4 级。

3. 先期技术开发

该阶段以实现新型发动机综合或单项技术特征为目标,开展部件与系统技术集成研究和试验验证,研究部件之间的影响和匹配性,初步验证部件与系统的可靠性和耐久性,以减小新技术进入工程应用的风险。先期技术开发通常包括核心机、技术验证机的设计和试制,并在试验器、地面试车台和模拟高空条件下开展试验验证。

在该阶段的试验时间通常要达到 100~500 h,技术成熟度等级达到 5 级。

2.4.2.2　工程研制阶段

工程研制也叫作型号研制,其主要任务是根据主要使用性能指标,研制满足装备使用要求的发动机产品。

工程研制阶段又分为工程验证机研制和原型机研制两个子阶段。

1. 工程验证机研制

针对发动机型号的使用性能要求,通过验证机的设计、试制和试验等工作,将型号研制采用的新技术进行集成,验证发动机部件和系统在整机环境、整机在模拟真实环境下的可行性,进一步验证新技术、新工艺、新结构等的成熟度和可用性,减少进入原型机研制的技术、成本和进度风险,为确定原型机设计方案奠定基础。

验证机研制阶段的试验时间通常要达到 200~1000 h,技术成熟度等级达到 6 级。

2. 原型机研制

根据发动机型号研制立项批复,为全面实现研制总要求所规定的各项战技指标,在验证机试验验证的基础上,开展设计、试制、试验和试飞等研制工作。

发动机工程研制通常按照研制进度和技术状态分成不同批次,进行设计和试制,以便通过设计-试验-改进的迭代过程,逐步冻结发动机的技术状态。原型机研制阶段的试验工作量非常大,例如,零部件试验时间应达到十万小时以上,系统试验的时间也达到 40000~50000 h,整机试验时间达到 8000~10000 h,高空模拟试验达到 500~2000 h,设计定型前的飞行试验达到 2000~5000 h,发动机小批量领先使用的时间应累计超过十万小时。所以,从某种意义上来说,发动机是试出来的。

原型机研制又包括四个阶段,即初始飞行前规定试验阶段、科研试飞阶段、状态鉴定阶段和列装定型阶段。各阶段的技术成熟度等级也有所不同,例如,科研试飞结束时的技术成熟度等级应该达到 7 级,而完成发动机状态鉴定时的技术成熟度等级为 8 级,最后完成列装定型时的技术成熟度要基本达到最高的 9 级。

2.4.2.3　使用发展阶段

使用发展阶段是发动机全寿命周期的重要组成部分,其主要任务是不断解决使用中暴露的技术和质量问题，提高可靠性，并根据装备发展需求和新技术研究成果进行改进改型发展。所以，该阶段也称为改进派生阶段。

使用发展阶段的重要工作是可靠性增长和改进改型。可靠性增长，就是针对发动机使用中出现的技术和质量问题以及可靠性、维修性评估情况，开展可靠性改进，使发动机的可靠性、维修性和寿命等指标获得增长或改善，以提高武器装备的出勤率和战斗力。

2.4.3 航空发动机的论证

航空发动机论证的主要工作包括发动机战术技术指标论证、备选方案的论证、识别和确定发动机关键技术、估算生命周期的费用、初始能力评估以及分析研发风险、确定满足能力要求的发动机方案。

2.4.3.1 航空发动机的论证过程

航空发动机的论证过程是航空发动机研发的关键阶段，目的是从技术、经济、市场需求等多方面对发动机的可行性进行系统性评估，为后续设计、制造和测试奠定基础。这一过程通常包括以下几个主要阶段。

1. 需求分析与目标定义

市场需求：明确发动机的用途(民用客机、军用战斗机、无人机等)、目标市场(商业航空、国防等)以及用户需求(推力/功率、耗油率、可靠性、寿命等)。

技术指标：根据任务需求(如航程、载荷、飞行速度)确定发动机的关键参数(推力、推重比、耗油率、尺寸、质量等)。

竞争分析：对比现有同类发动机的性能、成本和维护性，确定差异化优势(如更低的油耗、更高的耐久性或更低的排放)。

2. 概念设计与可行性研究

初步构型设计：选择发动机类型(涡扇、涡喷、涡轴、涡桨等)；确定循环参数(涵道比、压气机级数、涡轮前温度等)；应用数字建模(CAD/FEA/CFD)进行性能仿真。

技术可行性分析：评估关键技术(如高温材料、冷却技术、燃烧室设计、降噪技术)的成熟度；确定需要突破的核心技术清单。

经济与资源评估：估算研发成本、制造成本和全寿命周期成本；评估供应链能力(特殊材料、精密制造工艺等)。

3. 技术验证与风险管控

技术预研：关键技术验证(如复合材料叶片、陶瓷基复合材料燃烧室、3D 打印部件)；缩比模型试验、核心机试验(压气机和涡轮的匹配验证)。

风险评估：识别潜在技术风险(如喘振、振动、热疲劳)和供应链风险；制定风险缓解计划(冗余设计、工艺优化、供应商多元化)。

4. 详细方案设计与评审

系统集成设计：逐级细化发动机各子系统(风扇、压气机、燃烧室、涡轮、控制系统等)；匹配机械、热力学和控制系统设计。

多学科协同优化：综合考虑气动性能、结构强度、质量的平衡；运用数字化工具进行多目标优化。

专家评审与迭代：组织技术委员会对设计方案进行多轮评审；根据评审结果调整设计参数或技术路线。

5. 原型机研制与试验

原型机制造：试制首台工程样机，验证制造工艺并积累数据。

地面试验：开展性能测试（推力/功率输出、油耗、喘振裕度）、耐久性测试（高低温循环、振动测试）和极端条件测试（结冰、鸟撞等）。

飞行试验：搭载试验机进行实际环境验证，收集飞行数据并优化设计。

6. 适航认证与市场准入

适航符合性验证：满足适航标准（如 FAR 33 部或 EASA CS－E）要求；提供全寿命维护计划（寿命预测、维修间隔）。

商业化准备：制定生产工艺流程和供应链管理方案；启动用户试飞（如航司试用）并建立售后服务体系（维护培训、备件保障）。

7. 全周期迭代优化

持续改进：根据用户反馈和服役数据改进设计（如减少排放、延长维护间隔）。

衍生型号开发：基础型号成熟后推出升级版本（如增加推力、降低噪声），适应不同飞机平台需求。

2.4.3.2　军用与民用航空发动机论证差异

1. 需求分析与目标定义

典型军用与民用航空发动机论证过程如表 2－7 所示。

表 2－7　F135 发动机（F－35）与 GE9X（波音 777X）

对比维度	F135（军用）	GE9X（民用）
需求驱动	短距起飞垂直降落（short take off and vertical landing，STOVL）、多任务隐身	降低 7%油耗、满足 CAEP/8 排放标准
技术突破	升力风扇集成、耐高温材料（热障涂层）	碳纤维复合材料风扇、3D 打印燃油喷嘴
测试重点	垂直起降热回流管理、电磁兼容性测试	噪声控制（进气道声衬优化）、结冰试验

1）军用发动机

作战需求驱动：以满足特定战场场景（如空战、对地攻击、侦察、隐身突防）为核心，需进行威胁分析（如敌方雷达/防空系统威胁）和任务剖面设计（超声速巡航、短距起降、高机动性等）。

多任务适应性：强调发动机在多种模式下的性能切换，如涡扇模式（亚声速省油）与冲压模式（超声速高推）。

生存性要求：降低红外辐射（如蛇形尾喷管、冷却技术）和雷达反射面积（隐身涂层）；需耐受弹片损伤、电磁脉冲（electromagnetic pulse，EMP）等战场环境；应对新兴威胁可能要求短时间内调整设计（如高超声速拦截）。

2）民用发动机

经济性与法规驱动：聚焦燃油效率（降低航司成本）、噪声控制（适航认证）、排放达标（CAEP/ICAO 标准）等。

市场导向：根据机型（窄体/宽体客机）和航线需求（短程/远程）定制，强调全寿命周期成本优化。

可靠性优先：确保长维护间隔（如 30 000 h 以上）和高航班准点率。

2. 关键性能指标的差异

典型军用与民用航空发动机的关键性能指标对比如表 2－8 所示。可以发现，军用与民用航空发动机的推重比、涵道比有着显著的差异，主要与发动机的使用场景有关。

表 2－8　典型军用与民用航空发动机关键性能指标对比

指　标	军用航空发动机	民用航空发动机
推重比	10：1 以上（F119 达 11：1）	5：1~6：1（CFM56 为 5.5：1）
涵道比	0.3~1.2（兼顾超声速性能）	8~12（高涵道比降低油耗）
耐久性	耐极端工况（如连续加力燃烧），但设计寿命较短	长寿命（20 000~40 000 h）
特殊功能	矢量喷管、隐身修形、红外抑制	反推力装置、噪声屏蔽设计

2.4.4　航空发动机的试验

在航空发动机研制或改型过程中，试验都起着举足轻重的作用。通过试验，首先可以真实验证和考核发动机的各项指标，其次可以检验发动机是否能够在各种飞行条件下功能正常，最后还可以检验发动机的寿命和可靠性是否能够满足要求。因此，航空发动机是设计出来的，也可以说是试验出来的。即使是技术最先进的国家，其技术水平也不足以通过设计分析就可以预测和解决发动机在全包线范围内的所有问题。近百年来，国内外研制航空发动机的事件表明，新型航空发动机的诞生和航空发动机的改型都离不开试验。航空发动机试验技术体系由性能试验、适用性试验、耐久性试验、环境试验和飞行试验组成。根据本教材的内容，下文对航空发动机性能试验、适用性试验、环境试验和飞行试验内容进行简要介绍。

2.4.4.1　航空发动机性能试验

航空发动机性能试验是在设计条件下测试发动机的推力和耗油率等性能指标，以及空气流量、压力、温度和部附件的性能，一般包括部附件的工作性能试验和发动机地面试验、模拟高空试验。涡喷发动机的发明就是一个在试验原型机上试凑的长期过程。在原型机试验中，压气机和涡轮不匹配引起喘振，并烧坏涡轮叶片。为此，罗・罗公司于 1941 年建造了第一台压气机试验设备。通过不断地进行试验，W2 发动机终于在 1943 年达到了设计推力 7100 N。后来一些国家的研究中心和公司建设了一批部件试验设备，主要是性能试验设备。自 1947 年突破声障后，发动机的飞行包线越来越大，普通海平面地面试车台上测得的性能和工作特性已经不能反映在高空高速条件下的实际情况，一些国家在 20 世纪 40 年代末至 50 年代末建设了一批模拟高空试验舱。这些试验舱的建成，为马赫数达到 2 以上的涡喷发动机的研制成功起到了重要作用。没有模拟高空试验舱，就没有先进的发动机，这就是国内外发动机界的一致结论。

在地面条件下进行的发动机试验，用于调整发动机性能，考验可靠性和耐久性，并最终鉴定发动机是否符合型号规范。全尺寸发动机的地面试验设备简称为试车台，由试车设备及其建筑物所组成，如图 2-18 所示。试车设备包括安装发动机的台架测力测功装置、测试设备（数据采集及处理系统）、燃滑油供应系统、压缩空气供应系统、电气系统及一些其他系统。特种试车还需要加温加压装置。试车台建筑物一般由进气道、试车间、排气道、操作间、测试间、设备间等组成。国家军用标准《航空发动机地面试车台通用要求》（GJB 5543—2006）规定了航空涡喷涡扇发动机地面试车台的设计、验收、校准和使用维护要求。对于试车台架的典型设计要求包括以下几个部分：① 台架应该能够承受发动机在各种气象条件下可能产生的最高试车载荷以及由发动机破坏时产生的径向力而引起的短时间破坏载荷；② 台架的推力或测功系统应稳定、可靠，其测量精度必须满足发动机试车的要求；③ 台架的主体结构不得对发动机进气流场造成扰流和流场畸变；④ 采用中心加载的传力设计，推力校准系统传力路线应与发动机推力传力路线一致；⑤ 台架主体结构应满足必要的强度和刚度要求；⑥ 台架结构应紧凑、简单、实用，安装维修使用操作方便。关于试车台架配套的其他设备，如测试设备、燃滑油系统、电气系统等，也有相应的设计要求，感兴趣的读者可以查阅国家军用标准 GJB 5543—2006。

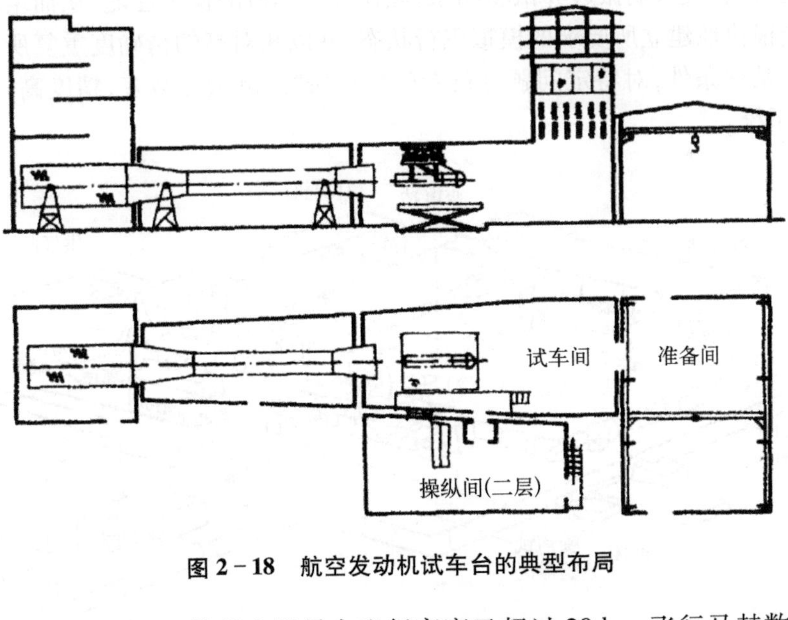

图 2-18　航空发动机试车台的典型布局

航空技术的快速发展，使得飞机最大飞行高度已超过 20 km，飞行马赫数可达 2.0 以上，机动性要求也越来越高。因此，航空发动机在整个飞行包线内的进气压力、温度和空气流量等参数随飞行高度和马赫数变化很大。这些变化对发动机各个部件的性能、工作稳定性，各部件之间的共同工作，低温低压下的点火燃烧，发动机推力、耗油率、结构强度和振动及调节系统的性能等均有重大影响。发动机的高空性能与地面性能相差很大。例如，有的发动机在地面台架试验性能很好，但在高空飞行试验时性能出现了问题。因此，发动机在整个飞行包线范围内的性能，不能只用地面台架试车并通过相似换算的方法获得，必须模拟真实空中工作环境条件来确定发动机的性能、稳定工作范围、高度和速度特性以及可靠点火边界。而实践表明，真实飞行试验并不能满足现代高速飞机发动机的试验要求。其一，飞行试验周期长、费用高、安全性差，且受气候条件的严格限制；其二，空间有限，不能适应现代发动机装设大量测试仪表的要求，测量参数少、精度差；其三，由于发动机飞行包线的不断扩大，很难找到适合的飞机平台满足整个飞行范围的要求。因此，开展发动机模拟高空试车是十分必要的。

发动机模拟高空试车是在地面模拟高空试车设备上，模拟飞行状态（飞行高度、飞行马赫数）和飞行姿态（飞机迎角、侧滑角），对发动机进行稳态和瞬态试车。实际上，就是在地面人工创造一个与飞行状态相当的环境（气流压力、温度和方向），把发动机装在里面试车。典型的航空发动机高空台布局如图 2－19 所示。模拟高空试车的目的有以下几个方面：鉴定发动机在整个飞行包线内（必要时可超出飞行包线）的性能、功能、稳定性、可靠性、结构完整性以及环境条件的适应性；研究整个发动机各部件和系统的性能潜力，以及外部环境对性能的影响；分析和研究发动机的使用故障。高空试验台具有下列典型特点：能模拟现代军、民用发动机整个飞行包线甚至超出飞行包线的任何飞行条件，不受天气、地域和时间的限制，根据需要，可重复和长时间保持所要模拟的压力和温度条件；能模拟恶劣环境条件，模拟飞行包线内出现的最高总温、总压、进口畸变、低温、结冰和大气含液态水；能得到失速、喘振边界试验结果；能模拟发动机的操纵性能，从而增加飞行试验的置信度；能很快地建立所要求的模拟飞行状态，并以相对高的精确度重复所要求的飞行状态；能孤立某些条件，对特定问题进行专门分析研究；测量参数多，精度高，可设置高度自动化测量系统。

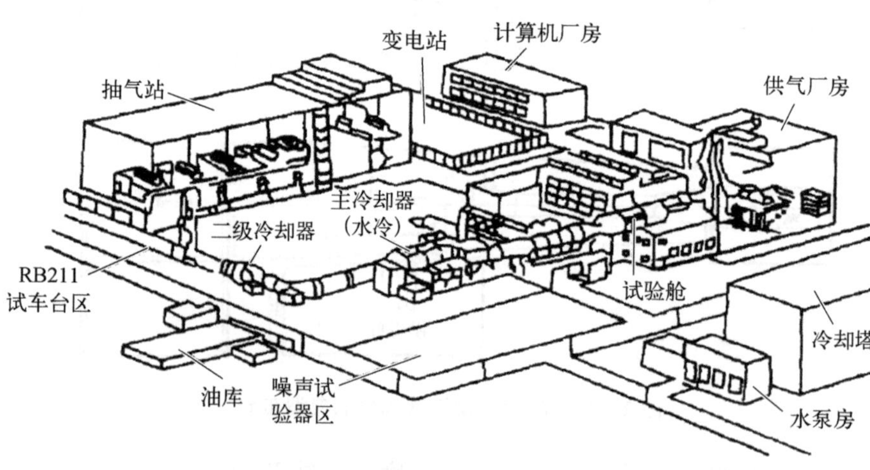

图 2－19　航空发动机高空台的典型布局

2.4.4.2　航空发动机适用性试验

适用性试验是测试发动机工作特性对油门杆和进气流场条件变化时的响应，重点是进气道-发动机-喷管匹配。由于战斗机机动性的提高和加力式涡扇发动机的采用，进气道-发动机-喷管的流量和流场匹配问题变得非常突出。最典型的例子是美国在 20 世纪 60 年代中期投入使用的 F－111 战斗机/TF30 涡扇发动机,因匹配问题被迫停用,不得不回过头来重新研究匹配问题,用了 10 年时间。研究发现,发动机工作不稳定是由于进气气流的温度和压力畸变,即流场温度和压力的不均匀分布。在这种背景下,自 20 世纪 70 年代以后,发达国家开始大力研究发动机稳定性设计及其评定技术,并建立相应的进气畸变模拟试验装置。

我国航空发动机进气畸变试验主要考虑总压畸变对航空发动机稳定性的影响,总压畸变就是进气总压的不均匀分布。国家军用标准《航空涡轮喷气和涡轮风扇发动机进口总压畸变评定指南》[GJB/Z 64A—2004(K)]推荐了在进口畸变条件下,航空涡轮喷气和涡轮风扇发动机气动稳定性及性能的评定方法、试验项目、测量装置和数据处理方法。我国在航空发动机总压畸变试验中,一般利用可移动扰流板在发动机进口产生不同的总压畸变(图 2－20),分析发动机稳定性和性能的变化,扰流板产生的总压畸变由稳态成分和动态成分组成,因此试验中需要在测量段对发动机进气的稳态和动态总压分别进行测量。在获得进气总压测试结果后,可通过计算总压的周向不均匀度表征总压畸变稳态成分的强度,而总压畸变动态成分的强度可用总压的脉动来表征,将总压畸变稳/动态成分强度叠加,即可获得总压畸变强度的表征参数——综合畸变指数。通过分析不同综合畸变指数下航空发动机的稳定性,即可判定航空发动机安装于飞机上之后是否会出现喘振等不稳定工作状态。

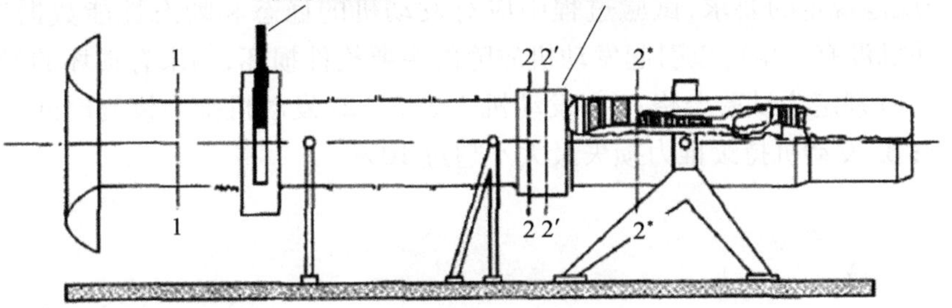

图 2－20　航空发动机进气总压畸变试验布局

2.4.4.3　航空发动机环境试验

环境试验是检验发动机及其附件在不同环境下的工作适应性,以及环境对发动机影响的试验,它包括恶劣大气条件试验(高低温、潮湿、霉菌、电磁和核辐射)、吞咽试验(风、烟、鸟、冰、水、沙、尘和机械硬件)、噪声试验、排气发散试验和特征信号试验(红外信号和雷达反射截面)。环境试验可以在地面设备、模拟高空试车台或专门的户外试验设备上进行。下面对航空发动机噪声试验和吞冰/鸟试验进行简要介绍。

噪声一般会远距离传播,因此会降低飞机的声隐身性能,影响军用飞机作战能力的发挥,此外,噪声还会对机组人员产生不良影响。因此,近年来航空发动机整机噪声试验受到了越来越多的重视,主要目的是测试航空发动机运行时产生的噪声是否满足研制要求。航空发动机整机噪声试验属于台架试验的一种,国家军用标准《航空发动机整机噪声试验测试要求》(GJB 10368—2022)规定了军用航空发动机整机噪声试验与测试的试验流程、试验准备、试验实施、数据分析与处理等要求。航空发动机整机噪声试验项目通常包括：① 远场噪声测试,适用于航空发动机声隐身、适航噪声等试验评估内容;② 近场噪声测试,适用于航空发动机近场声载荷测试、声疲劳评估等试验内容范畴;③ 声模态测试,适用于航空发动机声源特性分析、降噪评估等范畴。在进行噪声试验测试时,需在试验大纲规定的状态下,完成近场噪声测试、远场噪声测试以及声模态测试,在录取噪声数据的同时还应录取发动机性能数据,一般应包括推力、发动机转速、压气机压比、进/排气温度等。

飞机飞行过程中不可避免地会吸入鸟/冰,因此吞鸟/吞冰试验是保证服役环境下航空发动机服役安全的重要保证,主要目的是检验吞鸟/吞冰对发动机结构的损伤程度和性能参数的影响。航空发动机吞鸟/吞冰试验一般是依托航空发动机试车台架完成的(图 2-21)。国家军用标准《航空发动机吞鸟试验要求》(GJB 3727—99)给出了航空发动机吞鸟试验的技术要求。航空发动机吞鸟试验中,鸟的质量和数量应符合规定的要求,且应尽量使用自然鸟,必要时中鸟和大鸟允许使用家禽或人造鸟代替,试验过程中应对发动机的稳态和瞬态性能数据进行记录。吞鸟后,发动机合格的判定标准：吞中鸟和小鸟后,虽然可能造成发动机某些零件损坏,但不能引起发动机停车,发动机应不熄火,并能在型号规范规定的时间内,恢复到吞鸟前的工作状态;吞大鸟后,发动机应不发生导致飞机损坏的故障。国家军用标准《航空发动机吞冰试验要求》(GJB 4187—2001)给出了航空发动机吞冰试验的技术要求。在航空发动机吞冰试验中,冰的尺寸、几何形状、密度以及数量应符合型号规范规定的要求,试验过程中应对发动机的稳态和瞬态性能数据进行记录。吞冰后,发动机没有产生可以引起发动机故障的主要构件损坏,如果有损坏的发动机符合下列条件,则应判定为试验合格：① 发动机不熄火;② 发动机推力恢复时间不超过型号规范规定值;③ 发动机持续推力损失最大不超过 10%。

(a) 吞冰试验　　(b) 吞鸟试验

图 2-21　航空发动机吞冰和吞鸟试验

2.4.4.4　航空发动机飞行试验

发动机飞行试验是为了验证发动机装到飞机上时,发动机及其各系统和附件的性能特性、工作质量和工作可靠性,或为完成预定研究目的而在实际飞行环境中进行的飞行试验。飞行试验又包括飞行试验台的飞行试验，试验机的飞行试验，原型机的飞行试验。图 2－22 是基于 F－15B 飞机改装的航空发动机推力矢量技术验证飞行试验平台。发动机的飞行试验绝不是等其定型后和原型机匹配检测性地试飞一下而已，相反，它是发动机研制和鉴定的有机组成部分。发动机研制要求通过试飞方可定型，飞行试验是发动机研制和定型必需的一个重要组成部分，飞行试验台是现代发动机研制中的必需设备。下面结合我国的技术现状，对航空发动机飞行试验平台进行介绍。

图 2－22　航空发动机推力矢量技术飞行试验平台

国家军用标准《航空发动机通用飞行台试验方法》（GJB 10369—2022）规定了航空发动机在通用飞行台的试验要求和方法。航空发动机通用飞行试验台是用于航空发动机及其配套系统飞行试验的试验飞机，该飞机在起降过程中不需要被试发动机提供动力，对被试发动机类型、几何尺寸、推力等级等有较大的适应能力。对新型号发动机和飞行安全有重大影响的改进改型发动机，在性能验证阶段需要进行设计验证及在自性能鉴定阶段需要进行鉴定的发动机，应在飞行台上进行试验。依托飞行试验台，可以完成的航空发动机试验包括发动机工作特性试验、发动机性能特性试验、附件及系统试验、发动机结构强度试验、进气基本试验和环境适应性试验，其中发动机工作特性试验内涵较为丰富，包括工作参数测定、风车特性测定、气动性能试验、推力瞬变试验、加力燃烧室工作质量检查、控制系统工作质量检查、状态监视/健康管理系统工作质量检查和滑油系统工作质量检查。

对于上述不同的试验科目，实施过程中又分为地面试验和飞行试验两大类。地面试验内容主要包括：① 不同大气温度，不同标高机场，不同风速、风向时，发动机在不同状态下稳定工作，测取主要工作参数；② 最大引气和功率提取下进行①中的试验。飞行试验内容主要包括：① 发动机分别以中间和最大状态工作，飞行台以最大爬升率爬升至最大高度，在爬升过程中测取发动机的主要工作参数；② 在最大飞行高度及其以下的 4~5 个高度上，测取 4~5 个速度（含各个高度上最小和最大平飞两种速度）下发动机典型工作状态的主要工作参数；③ 在最大飞行高度上，发动机慢车状态，飞行台分别以最小机动表速和允许的最大下滑表速下滑，直至最低安全高度；④ 在最大飞行高度及其以下的 3~4 个高度上，发动机以所需要的工作状态工作，飞行台进行加减速、侧滑、盘旋、过载等机动飞行；⑤ 分别在 2~3 个高度上稳定飞行，以最大爬升率爬高和下滑时，接通发动机相应的最大引气和最大功率提取，测取发动机的主要工作参数。飞行试验过程中主要测试参数包括：① 大气环境参数，如大气温度、大气静压等；② 飞行基本参数，如高度、速度、马赫数、姿态角和过载等；③ 发动机主要状态参数，如油门杆角度、可调叶片转角、转速、排气温度、喷管参数等；④ 发动机流程截面参数，如风扇进口总温/总压、压气机出口总温/总压、涡轮后总温/总压等；⑤ 燃油系统主要参数，如燃油温度、压力、流量等；⑥ 滑油系统主要参数，如加油量、滑油压力/温度、滑油压差等；⑦ 主要告警信号，如发动机超温、超转、喘振、振动超限等；⑧ 负载系统主要参数，如引气加载流量、液压加载功率、电加载功率等。

2.4.5 战斗机用涡喷/涡扇发动机划代

结合涡喷和涡扇发动机的发展历程，从发动机性能参数的各阶段水平和发动机结构特点来看，可以将歼击机、强击机等战斗机用涡喷/涡扇发动机划分为 4 代。另外，有时为了方便描述，人们也将发动机与飞机一起划代，即一代飞机、一代发动机。例如，美国将 F－15 飞机和配备的 F100 发动机均称为第 4 代，而将 F－22 飞机和 F119 发动机称为第 5 代。

1. 第 1 代发动机

第 1 代主要是 20 世纪 40~50 年代研制，于 50~60 年代获得广泛应用的涡喷发动机。较典型的代表型号有 J47、J57、J75、AL－7F、AM－SF、RD－9B、WP6 等，配装于第 1 代战斗机（如 FA－6、米格－15、米格－16、F－100 和米格－19 等），现都已退役。这一代发动机大多采用单转子结构、级数较多的轴流压气机、筒环形燃烧室、收敛形或拉瓦尔喷管，以及机械液压式燃油控制系统。推重比在 3.0~4.0，涡轮前燃气温度为 1200~1300 K。

2. 第 2 代发动机

第 2 代发动机仍以加力涡喷发动机为主，也开始有部分混排加力涡扇发动机。较为典型的有 J79、J85、M53－P2、P29－30、WP－7、WP－13 等双转子涡喷发动机，以及斯贝 MK－202、TF30 等涡扇发动机。这些发动机在航空技术发达国家也已基本退役，但 WP－7、WP－13 系列发动机在我国还有应用。这一代发动机的推重比为 5.0~6.0，涡轮前燃气温度达到 1300~1500 K。为了满足增大推重比、提高涡轮前燃气温度的要求，普遍采用了空心气冷叶片、薄壁结构、轻质合金材料等。涡喷发动机发展到这一代，几乎达到了发展的顶峰，目前世界各国都已不再发展战斗机用的涡喷发动机，转向重点发展军用涡扇发动机。

3. 第 3 代发动机

第 3 代发动机均是小涵道比混排加力涡扇发动机，于 20 世纪 70 年代中期开始投入使用，已成为各国当前的主力装备。比较有代表性的型号包括 F100、F110、F404、F414、RB199、M88 和 AL－31F、RD－33 等。由于这一代战斗机突出中低空的亚、跨声速机动性，要求具有高的空战推重比和优异的加速能力，以及较好的大迎角低速性能，因此对发动机的要求是单位推力大、质量轻、低空亚声速巡航耗油率低、结构完整性好、可靠性高和使用维修费用低等。第 3 代发动机的推重比提高到了 7.5~8.0，涡轮前燃气温度达到 1600~1700 K，不加力耗油率降至 0.6~0.8 kg/(daN·h)。采用了涵道比为 0.6~1.0，平均级压比为 1.3~1.4 的高负荷压气机、短环形高温升燃烧室、复合气冷单晶涡轮叶片、可调式拉瓦尔喷管和电子式/数字式燃油控制器等先进部件和系统。对于单元体设计，应用部分新型合金和复合材料，可靠性、维修性、耐久性较好，作战适用性较强。其主要性能参数见表 2-9。

表 2-9　第 3 代发动机的主要性能参数[6]

主要参数	F100-220	F110-100	F404-100	RB199	M53-P2	RD-33	AL-31F
推重比	7.4	7.07	7.24	7.62	6.56	7.87	7.14
最大推力/kN	128.9	128.99	72.58	72.9	95.0	81.4	122.6
中间推力/kN	79.18	75.62	48.0	41.6	63.3	49.13	76.2
涵道比	0.4	0.76	0.34	1.08	0.36	0.48	0.67
空气流量/(kg/s)	103.4	—	63.5	—	—	—	112.0
总增压比	32.0	32.0	25.0	23.5	9.8	21.7	23.0
涡轮前燃气温度/K	1672	1728	1589	1600	1553	1540	1665

在使用中，第 3 代发动机也不断地进行改进改型，提高可靠性、耐久性和维修性，逐步趋于完善和成熟。例如，F100-PW-200 经过 F100-PW-220、F100-PW-229，发展到 F100-PW-229A 和 F100-PW-232 发动机。F110-GE-100 发动机经过 F110-GE-129、F110-GE-129IPE，发展为 F110-GE-132 发动机。AL-31F 发动机通过增大风扇直径和轴对称矢量喷管，改进为 AL-31FU 发动机。在第 3 代发动机的衍生型发动机中，3 级风扇的增压比达到 4.0 左右，总增压比已达到 30~40，涡轮前燃气温度提高到 1850 K 左右，推重比已达 8.7~10。部分发动机的性能参数详见表 2-10。

表 2-10　第 3 代衍生型发动机的主要性能参数[6]

主要参数	F414-400	F414 增推	F110-129	F110-132	F100-229	F100-229A	AL-31FU
推重比	9.04	10.0	8.5	9.5	—	9.5	8.7
最大推力/kN	96.8	121.1	128.9	151.8	128.9	142.3~151	142.2
涵道比	0.34	0.36	0.81	0.80	0.40	0.40	0.6
空气流量/(kg/s)	74.3	111.5	115.2~131.5	115.2~131.5	112.4	113.6	120.0
总增压比	30.0	30.0	32.0	43.0	32.0	34.0	25.0
涡轮前燃气温度/K	1655	1733	1700	1700	1672	1622	1665
最大直径/mm	875	875	1181	1181	1181	1181	932
长度/mm	4033	4033	4622	4622	4856	4856	5000
级数 *	3/7/1/1	3/7/1/1	3/9/1/2	3/9/1/2	3/10/2/2	3/10/2/2	4/9/1/1

* 级数：风扇/高压压气机/高压涡轮/低压涡轮。

4. 第 4 代发动机

第 4 代战机和发动机是从 20 世纪 80 年代开始筹备研制的新一代空中对抗武器平台。具有隐身、高燃油效率下超声速工作(不加力超声速巡航)、过失速机动和推力矢量控制等能力,还要有高的适应性、可靠性、维修性、耐久性及经济可承受性。其中,F119、YF120、F135 和 AL-41F 等最具代表性,具有高推重比、低耗油率、无约束操纵、高可靠性、较长寿命和较低费用等优势。这些发动机的推重比在 9.0~12,涵道比为 0.2~0.5,涡轮前燃气温度为 1850~2000 K,耗油率要比上一代发动机低 8%~10%,可靠性增长 1 倍,耐久性提高 2 倍。表 2-11 给出了第 4 代发动机的性能参考数据。

表 2-11 第 4 代发动机的主要性能参数[6]

主要参数	F119	AL-41F	F135
推重比	>10	10.0	10.5
最大推力/kN	155.68	18 000	204.12
中间推力/kN	97.86	—	133
最大耗油率/[kg/(daN·h)]	2.4	—	↓6%
中间耗油率/[kg/(daN·h)]	0.62	—	—
涵道比	0.2~0.3	—	0.3
空气流量(kg/s)	110	—	—
总增压比	35.0	29.4	35.0
涡轮前燃气温度/K	1973	—	1850~1950
最大直径/mm	1143	—	1170
长度/mm	4826	—	5610
级数*	3/6/1/1	—	3/6/1/1

* 级数:风扇/高压压气机/高压涡轮/低压涡轮。

习 题

1. 简述核心机的主要构成和基本工作原理,并说明燃气可用能的转化利用途径。

2. 涡喷发动机和涡扇发动机的截面划分有何区别?其中,未受扰动截面是什么含义?

3. 涡喷发动机和涡扇发动机的能量转化路径有何不同?

4. 涡喷发动机的热力循环功和热效率都有哪些影响因素?各主要影响因素的影响规律是怎样的?

5. 对于涡喷和涡扇发动机,其加力状态下的能量转化效率有何特点?主要原因是什么?

6. 通过对涡喷和涡扇发动机的能量转化效率的举例分析,能够得出什么结论?

7. 由涡喷发动机的理想循环功表达式 $l_{e,i} = c_p T_0(e-1)\left(\dfrac{\Delta}{e}-1\right)$,试确定在一定进

口大气温度和加热比下的最佳发动机增压比的表达式，并分析其影响因素。

8. 利用如表 2－1 所示的某型涡喷发动机地面工作（加力状态）时的参数，计算该型发动机的推力和单位推力分别是多大？已知其收敛形喷管出口截面为临界状态，燃气的静压为 $p_9 = p_9^*/1.85$；发动机的空气流量为 65 kg/s，假设忽略燃油流量。

9. 在正常情况下，着陆滑跑过程中的涡喷发动机在慢车状态仍能产生向前的推力。假设当飞机降落在跑道时的速度是 150 km/h，此时慢车状态发动机的空气流量是 50 kg/s，并产生 150 m/s 的排气速度（完全膨胀）。试求：

（1）该发动机向前的推力是多少？

（2）如果在不影响空气流量的情况下，排气角度偏转 90°，此时推力的大小和方向如何？

（3）在飞机停下时，排气方向偏转 90°且空气流量为 40 kg/s，此时的推力又如何？假设忽略燃油流量。

10. 在下列条件下，通过公式推导比较双转子涡喷和涡扇发动机的推力和燃油消耗率。比较条件：它们的核心机几何与气动热力参数完全相同，涡扇发动机的风扇增压比和涡喷的低压压气机增压比也相同，排气均是完全膨胀的，假设忽略燃油流量对流量连续的影响。

11. 在习题 10 的基础上，对比分析两者的单位推力、迎面推力、推重比、有效效率、推进效率和总效率可能会有何差异？

12. 根据所能查询的资料，以某型现役涡喷或涡扇发动机为例，叙述该型发动机都有哪些工作系统？各工作系统的特点有哪些？

13. 你认为现代微电子技术、芯片技术、通信技术和智能计算技术等的快速发展，会对发动机的性能、工作可靠性和使用寿命等产生怎样的影响？

14. 对于采用了升力风扇的垂直起降飞机动力装置（如 F－35），尝试分析其能量转化路径和进行发动机推力计算的可能方法。

15. 根据某型涡喷发动机的流道和气流参数（图 2－1 和表 2－1），尝试确定发动机各主要部件（压气机、燃烧室、涡轮、加力燃烧室和喷管）所受作用力的方向。分析中可认为：除喷管出口截面外，其他截面上的气流总压与静压差异不大；其喷管出口截面为临界，燃气的静压为 $p_9 = p_9^*/1.85$。

16. 根据下表中的某型混排涡扇发动机地面台架试车数据，画出该发动机的循环过程图。假设：忽略燃气和空气的热物理性质差异，均按空气计算。

发动机地面试车测量参数（大气温度 27℃，大气压力 94 kPa）

测试截面	测 试 参 数	状态 1（最大）	状态 2（巡航 1）	状态 3（巡航 2）
截面 1	进气压力（真空度/kPa）	12.8	9.05	5.57
截面 2B（参考）	压力（表压/MPa）	0.201	0.162	0.108
	温度/℃	—	—	—

续 表

发动机地面试车测量参数(大气温度 27℃,大气压力 94 kPa)				
测试截面	测 试 参 数	状态 1(最大)	状态 2(巡航 1)	状态 3(巡航 2)
截面 3 高压压气机出口	压力(表压/ MPa)	1.826	1.486	1.157
	温度/℃	491	452	401
截面 4 燃烧室出口	压力(表压/MPa)	1.698	1.417	1.099
	温度/K	1602	1472	1225
截面 5 低压涡轮出口	压力(表压/MPa)	0.158	0.133	0.082
	温度/℃	761	714	536
截面 9 (按完全膨胀)	压力(表压/MPa)	0	0	0
	温度/℃	560	540	432

第3章 进气系统工作原理与构造

现代高性能飞机推进系统对进、排气系统性能的要求越来越高,这不仅是因为进排气系统的工作对发动机性能有着极大的影响,而且还由于进排气系统与飞机机体存在着很强的相互作用,因而在很大程度上影响着飞机/发动机综合性能的发挥,在现代飞机推进系统的设计中,广泛重视进气系统/发动机/飞机一体化就是一个有力的证明。随着飞行速度的提高,进气系统的作用显得越来越重要。在亚声速飞行速度下,空气在发动机中的增压主要来自压气机,经过进气系统依靠速度冲压所增大的压力比较小,进气系统的主要功用是以较小的损失向发动机输送所需的空气。当飞行马赫数大于1.5后,进气系统所形成的冲压作用就占有很重要的地位,且随着马赫数的进一步增大,甚至完全可以由进气系统完成对气体的压缩作用(如冲压式发动机)。可见,进气系统对发动机的性能有着很大的影响。在本章中,着重分析发动机进气系统的基本工作原理、特性以及基本构造。

3.1 进气系统概述

3.1.1 对进气系统的要求

为使飞机和发动机性能得以充分发挥,发动机无论是安装于飞机机身之内,还是机翼下的短舱里,进气系统都应满足如下的一系列要求:

(1) 气流流经进气系统的总压损失要小。

(2) 进气系统的外部阻力小,以减小对飞机总阻力的影响。

(3) 在所有的飞行条件和所有的发动机工作状态下,进气系统能稳定工作。

(4) 进气系统向发动机提供的气流流场要足够均匀,旋流畸变、压力畸变度要小。

(5) 质量轻、尺寸小、构造简单、工作可靠、维护简便。

(6) 隐身效果好,具有小的雷达反射面积。这是现代高科技战争提出的新要求。

(7) 有较好的防护功能,能防止外来物在起飞和着陆时进入发动机,还要防止发动机本身的排气在反推状态或推力矢量喷管转动时进入发动机,这也是为适应现代垂直/短距起落(vertical / short take-off and landing, V/STOL)飞机和较高机动性能飞机的要求。

为了满足上述要求,现代超声速飞机的进气系统由进气道、辅助进气机构、进气道防喘控制机构、边界层(附面层)控制机构和外来物防护装置等组成。其中,进气道是进气系统的最主要部件,所以本章重点介绍进气道的工作原理、特性和基本构造等内容。

3.1.2 进气道类型

飞机的飞行速度范围、机动性要求以及所采用的发动机类型，对进气道的布局及外廓尺寸都有重要影响，所以进气系统与飞机设计是一体化的，因此已有的进气系统在具体结构和布局上也有较大差异。但就其基本工作原理而言，可按照适用的速度范围将进气道分为亚声速进气道、超声速进气道和高超声速进气道，其中的超声速进气道也包括跨声速进气道。

3.1.2.1 亚声速进气道

主要用于军/民用运输机和民航客机。这些飞机的机动性不高，发动机状态变化较少，飞行马赫数一般为 0.8~0.95，飞行速度不高，冲压作用较小。这些因素决定了亚声速进气道及系统的结构相对较为简单，且一般是几何不可调的。

3.1.2.2 超声速进气道

对于一些具有高亚声速巡航和较低超声速最大飞行速度(如飞行马赫数小于 1.6)的高机动性战斗机，进气冲压作用增大，发动机状态变化大，超声速飞行时主要靠正激波或简单激波系减速增压。其进气道通常也是几何不可调的，但是当飞行马赫数大于 1.6 时，激波损失迅速增加。但这一缺点在一定程度上可被进气道的机构简单和质量轻所弥补。

对于飞行马赫数为 2.0~2.5 的飞机，其进气道的来流速度范围很大，冲压比高，飞机的机动性强，发动机的状态和飞机的姿态变化也都很大。所以，这一类超声速进气道需要采用复杂激波系来减速增压，而且几何通道要进行有效调节，使得结构比较复杂，质量有所增加。

3.1.2.3 高超声速进气道

吸气式高超声速飞行器是指飞行马赫数在 5 以上的大气层飞行器，能够实现从地面起飞并在大气层内高速飞行。与传统超声速进气道相比，高超声速进气道需要解决三大问题：一是飞行速度从亚声速、跨声速、超声速到高超声速，变化范围更大；二是对于组合发动机(如 TBCC)，不同发动机的进气要求不同；三是与飞行器前体高度一体化。所以高超声速进气道技术比常规进气道和超声速进气道都要复杂，对推进系统(甚至整个飞行器性能)的影响更大，也更直接。

3.1.3 进气道主要性能参数

3.1.3.1 进气道总压恢复系数

进气道出口截面上气流的平均总压 p_1^* 与进气道远前方未受扰动截面上的气流总压 p_0^* 的比值，叫作进气道总压恢复系数，用 σ_i 表示：

$$\sigma_i = p_1^* / p_0^* \tag{3-1}$$

该参数用于评估空气在进气道中的总压损失大小，总压恢复系数越大，说明总压损失越小。

3.1.3.2 进气道冲压比

进气道出口截面上气流的平均总压 p_1^* 与进气道远前方未受扰动截面上的气流静压

p_0 之比，称为进气道冲压比，也叫作发动机的冲压比，用 π_V 表示：

$$\pi_V = p_1^*/p_0 \tag{3-2}$$

由 $p_0^* = p_0\left(1+\frac{\gamma-1}{2}Ma_0^2\right)^{\frac{\gamma}{\gamma-1}}$ 及式(3-2)，可得

$$\pi_V = \frac{p_1^*}{p_0} = \frac{p_1^*}{p_0^*}\frac{p_0^*}{p_0} = \sigma_i\left(1+\frac{\gamma-1}{2}Ma_0^2\right)^{\frac{\gamma}{\gamma-1}} \tag{3-3}$$

可见，进气道冲压比取决于进气道总压恢复系数和飞行马赫数的大小。其中，p_0^*/p_0 是定熵压缩条件下空气冲压压缩的增压比。图 3-1 为 σ_i 和 π_V 随飞行马赫数的变化情形，其中的曲线 2 是按参考激波系的计算数据。可见，随着飞行速度的增大，气流的定熵增压比迅速增大，而由于激波损失的增大，实际的冲压比增加幅度减弱。在亚声速阶段，进气道的冲压压缩作用并不明显。在飞行马赫数大于 1.5 以上时，由于激波损失增大，必须要依靠激波系来压缩超声速来流，才能获得较大的冲压比。

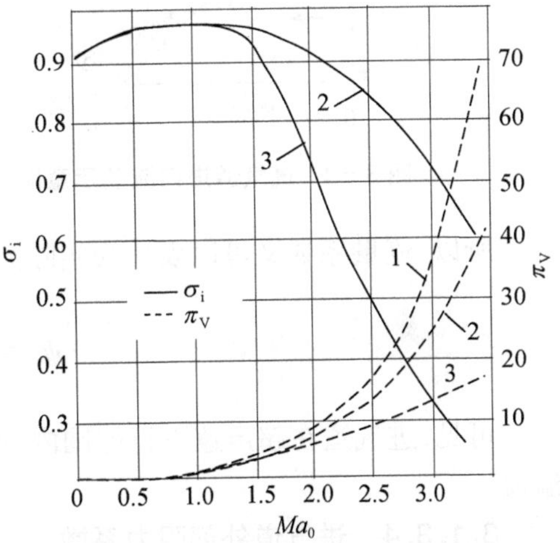

图 3-1　σ_i 和 π_V 随 Ma_0 的变化

1-定熵压缩；2-激波系；3-正激波

在通过提高 σ_i 来增大 π_V 的同时，可以提高发动机各截面上的总压，一方面可以增加空气流量，另一方面可以增大喷管的膨胀比，从而增加排气速度，有利于发动机性能的提升。

3.1.3.3　进气道流量系数

进气道流量系数一般只用于进气道在超声速飞行条件下的性能评估。它的定义是：在某一给定的超声速来流 Ma_0($Ma_0 > 1.0$) 条件下，进气道所通过的实际空气流量 W_a 与在该 Ma_0 下进气道所能通过的最大可能空气流量 W_{amax} 的比值。进气道流量系数用符号 ψ_i 来表示：

$$\psi_i = \frac{W_a}{W_{amax}} \tag{3-4}$$

流量系数 ψ_i 表示进气道在超声速飞行条件下的流通能力大小。通过该系数，可以确定进气道进口处的基本流态，确定是否有溢流发生。下面举例说明。

如图 3-2 所示，超声速进气道在设计马赫数下工作，形成激波系(斜激波①②和正激波③)，对气流减速增压，且激波系都交于进气道唇口 a 点处。该进气道的进口横截面面积为 A_i，显然此时进气道能通过的最大空气流量为 $W_{amax} = \rho_0 A_i V_0$，其中 A_i 叫作进气道捕获面积，W_{amax} 也叫作捕获流量。因为此时的激波系相交于 a 点，由图可知，对进气道进口前的超声速流动没有影响，所以这时进入进气道的空气流管在 0-0 截面上的面积为 A_0，

且 $A_0 = A_i$，故流入进气道的实际流量为 $W_a = \rho_0 A_0 V_0$。在这种情况下，流量系数 $\psi_i = 1.0$，即捕获面积中的空气全部进入进气道，没有溢流发生。

在小于设计马赫数时，如图 3－3 所示，斜激波角度变大，会形成有溢流的流动情形。此时，捕获面积 A_i 内的空气不能全部进入进气道，从而产生溢流。这时，实际的空气流管面积为 A_0（但是 $A_0 < A_i$），所以实际进入进气道的空气流量为 $W_a = \rho_0 A_0 V_0$。而最大可能的空气流量仍是该 Ma_0 下捕获面积所对应的空气流量 $W_{amax} = \rho_0 A_i V_0$，所以 $W_a < W_{amax}$，即 $\psi_i < 1.0$。

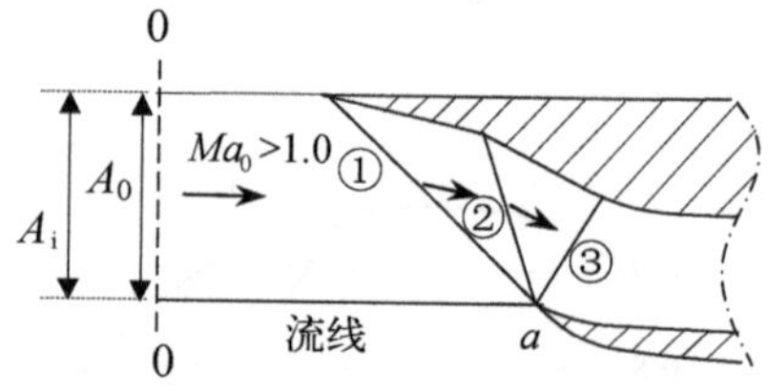

图 3－2　进气道进口流动示意图

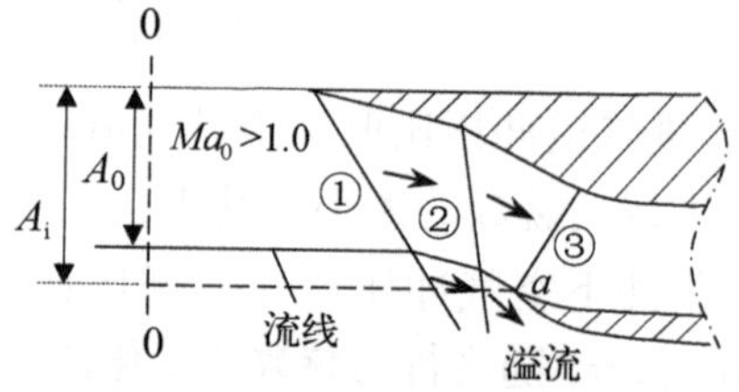

图 3－3　进气道有溢流的情形

所以，流量系数又可以表达为实际流管面积与捕获面积之比，即

$$\psi_i = \frac{\rho_0 A_0 V_0}{\rho_0 A_i V_0} = \frac{A_0}{A_i} \tag{3-5}$$

可见，进气道在超声速飞行范围内，有 $\psi_i \leqslant 1.0$。当 $\psi_i < 1.0$ 时，进气道进口前存在溢流。

3.1.3.4　进气道外部阻力系数

进气道的外部阻力系数 C_{xi} 定义为

$$C_{xi} = \frac{X_i}{\frac{1}{2}\rho_0 V_0^2 A_{max,\,i}} \tag{3-6}$$

式中，X_i 是进气道总的外部阻力；$A_{max,\,i}$ 是进气道的最大迎风面积。

进气道的外部阻力包括附加阻力、附面层泄出阻力、溢流阻力、放气阻力、旁路阻力、摩擦阻力、壳体阻力等。

3.1.3.5　进气道出口流场畸变指数

进气道出口流场中气流参数分布的不均匀性称为流场畸变。进气道出口流场畸变分为稳态畸变（参数空间分布不均匀，但不随时间而变）和动态畸变（气流参数的不均匀性随时间而变化）两大类。根据参数类型又可分为总压畸变（或称为压力畸变）、温度畸变、旋流畸变等。评定出口流场畸变的指标很多，依据研究目的的不同而有不同的选择。例如，对于总压畸变，目前常用的有综合畸变指数 W，定义为

$$W = \Delta\bar{\sigma}_0 + \varepsilon \tag{3-7}$$

式中，$\Delta\bar{\sigma}_0$ 是总压的周向不均匀度；ε 是总压脉动的平均紊流度（湍流度）。具体的计算方法可参考国家军用标准 GJB/Z 64A—2004。

3.2　亚声速进气道工作原理与构造

3.2.1　亚声速进气道基本构型

在装有大涵道比涡扇发动机的亚声速飞机上，发动机多采用短舱的安装形式，如图 3-4 所示。这种飞机的巡航飞行马赫数为 0.75~0.85，发动机的空气流量大，迎面尺寸也比较大。其进气道与短舱是一体化的，其中的进气整流罩部分即为典型的亚声速进气道。为减轻质量，进气道的相对长度为发动机进口直径的 60%~90%。图 3-5 是进气道和发动机的流道图。可见，进气道的内流道整体上是扩散形的，亚声速气流进入进气道后减速增压，所以也叫作亚声速扩压器。进气道的进口（唇口）具有比较圆钝的前缘，一般参照翼型按平滑流线型设计，以获得性能较好的前缘绕流（或唇口绕流），且当有侧风进气时，也可以避免或减弱气流在进口的流动分离，使气流能以最小的损失进入进气道。

图 3-4　发动机短舱安装形式

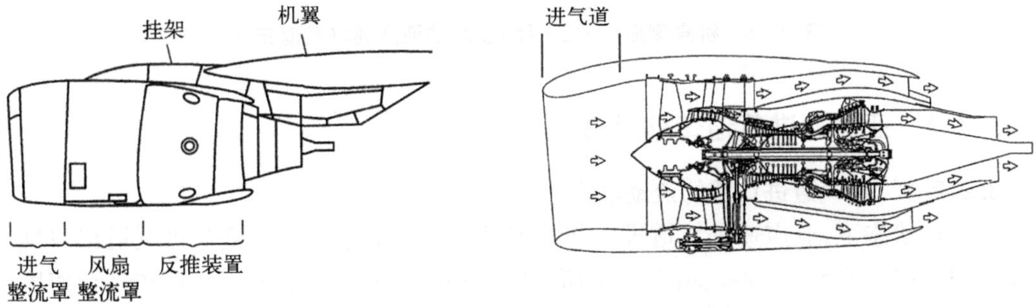

图 3-5　典型的亚声速进气道及发动机流道图

除了进气道相对较短，其进口截面还具有一定的上下不对称性，即进口平面带有一定的倾斜度。其目的是保证在一定的迎角下仍能有效地工作。

对于那些配装涡喷发动机和小涵道比涡扇发动机的亚声速飞机，发动机一般安装在机身内部或单舱内，进气道的进口一般也是布置在正面（机头进气）。由于是在飞机机身内部，而且发动机的迎面尺寸较小，进口气流速度较大，因此进气道的长度一般比较大，这导致气流的流动损失有所增大。同样,进气道唇口也用相对厚的平滑流线造型的进口边缘做成,保证空气进入内通道时不发生流动分离,减小流动损失。进气道内通道面积变化率相对较小,因此也降低了内损失,并保证空气在通道中无分离的流动和速度场的均匀。在进入发动机进口前通道做成收敛形,使得压气机进口的速度场均匀。

除了上述的典型正面构型,还有进气道位于机身侧面(包括上面)的情况,如图 3-6 所示。但其基本结构与原理都基本相同,只是有的为了满足发动机的大流量,在起飞和低速飞行时开设有辅助进气门。还有的进气道内通道呈现 S 形,会对出口流场品质产生影响,导致畸变程度加大。

图 3-6　机身侧面(包括上面)安装的亚声速进气道布局

3.2.2　亚声速进气道工作特性

3.2.2.1　进气道进口前的流动状态

在飞行状态下,亚声速进气道进口前的流动状态取决于飞行速度与进气道出口气流速度之间的相对关系,主要有如图 3-7 所示的两种典型的流动情形。一是在飞行速度较低且大推力工作条件下(如起飞、爬升及 $Ma_0 < 0.5$),发动机的空气流量大,因此进气道出口的气流速度很大,而飞行速度却较小,就会出现如图 3-7(a)所示的收敛形流管流动情形。这时,气流在进气口处的前缘部分加速绕流,有可能出现局部流动分离,并加重进气道内部的扩压程度,导致气流的总压降低。所以,有的进气道(特别是为了减小阻力而缩小进气口尺寸的进气道)开设有辅助进气门,在低速时改善进气口的流动状态,减小流动损失。二是在高速巡航等飞行条件下(如 $Ma_0 > 0.6$),飞行速度很大,大于进气道的出口速度,气流在进口前是持续减速增压的流动,流管呈扩张形,如图 3-7(b)所示,气流的速度逐渐降低，压力逐渐升高。这时，气流在进气口的流动方向与唇口段的型面匹配较好，不易出现流动分离，流动损失小。

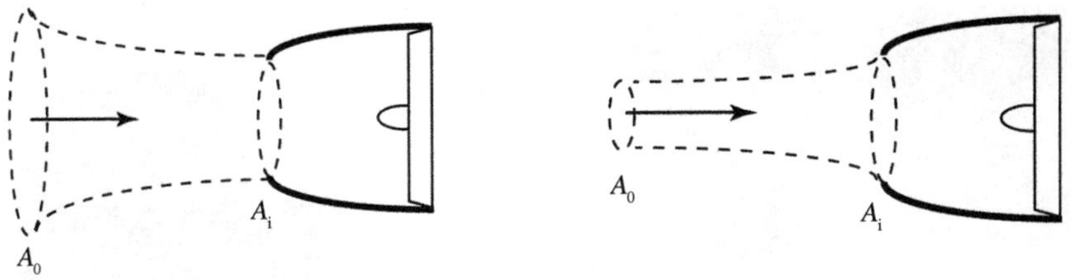

(a) 收敛形流管　　(b) 扩张形流管

图 3-7　进气道进口前的流动状态

3.2.2.2　进气道内部的流动状态

如前所述，亚声速进气道的内部流道总体上是一个扩散形的亚声速扩压器，进入进气道的气流在其中减速增压。进气道的通道面积分布设计能够保证不出现大的流动分离，所以主要是黏性摩擦损失。但是在某些工作条件下仍有可能会出现局部的流动分离，如上述的低速大推力工作条件。试验研究表明，飞行中亚声速进气道的总压恢复系数通常为 0.94~0.98。

但是，在大迎角或大侧滑角飞行姿态下，如图 3-8 所示，可能会出现进气道唇口处的流动恶化，出现较大范围的局部流动分离，不仅导致气流的总压损失加大，还可能增大进气道出口的流场畸变程度，对发动机的性能和稳定性产生不利影响。

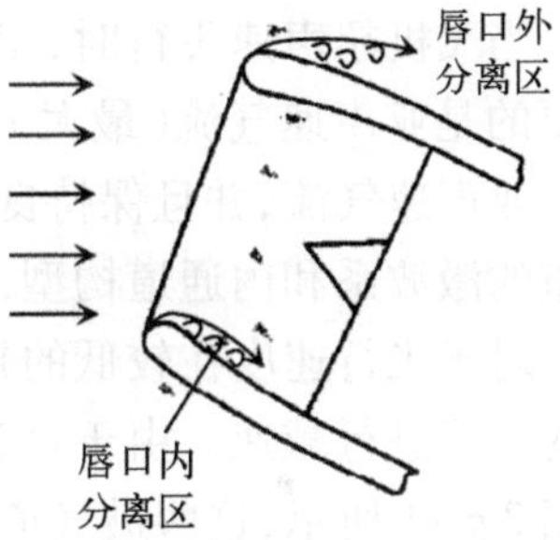

图 3-8　大迎角下的流动状态

3.2.2.3　进气道的外部流动状态

进气道的外部流动状态主要影响进气道的外部阻力。试验研究表明，在小迎角飞行时，当飞行速度 $Ma_0 < 0.5$ 时，由于前缘绕流的吸力作用，进气道的外部阻力几乎为 0。在 Ma_0 为 0.5 ~ 0.8 的范围内，C_{xi} 增加不多，最大值一般不超过 0.05~0.10。但是，当飞行速度大于设计速度范围，特别是处于超声速时，亚声速进气道的性能急剧恶化，前缘吸力消失，唇口外表面形成超声速区，从而使阻力显著增大。例如对于某型进气道，当 $Ma_0 = 1.0$ 时，$C_{xi} \approx 0.3$；而 $Ma_0 = 1.2$ 时，$C_{xi} \approx 0.55$。此外，当处于大迎角或大侧滑角时，外部阻力也会明显增大。

3.2.3　亚声速进气道构造

亚声速进气道的构造比较简单，一般是几何不可调节的固定式通道。除了一些特殊构型，进气道的内部流道较为平直。一些民航客机为了减小噪声污染，在进气道的内壁上安装有吸声材料和复合材料的消/吸声衬环(面)，如图 3-9 所示。

为了防止进气道唇口积冰以及冰层脱落进入发动机，有的进气道安装有波纹状的进气道外唇口，并且安装有防冰系统。

如前所述，有的进气道为改善低速时的流量匹配，减小唇口流动分离，安装了专用的辅助进气门或进气缝，如图 3－10 所示。

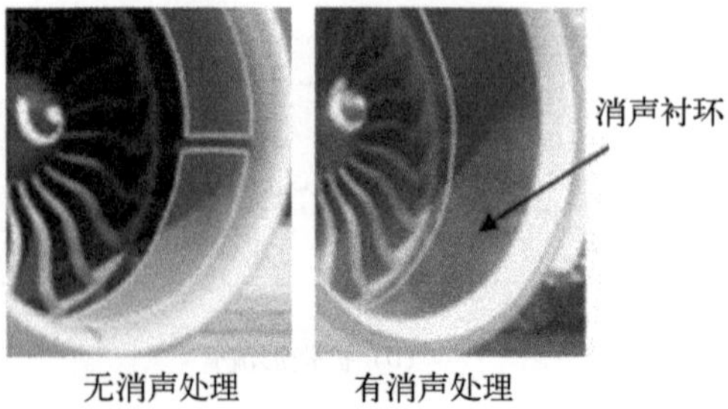

图 3－9　带消声衬环的进气道

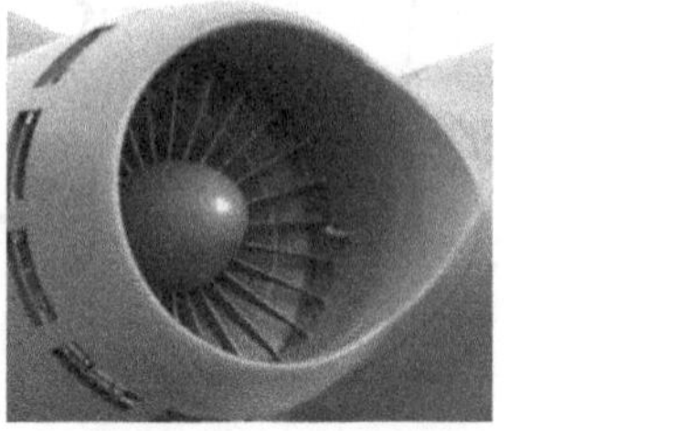

图 3－10　侧面的辅助进气门

3.3　超声速进气道工作原理与构造

3.3.1　超声速进气道基本构型

当飞机超声速飞行时，相对于飞机，气流也是以超声速流向飞机的。而发动机的进口需要的是亚声速气流（最大一般为 $Ma_1 = 0.5 \sim 0.6$），因此超声速气流必须经过进气道减速为亚声速气流，并且保持良好的性能。所以，超声速进气道的基本工作原理是形成合理分布的激波系和内通道构型，并主要通过该激波系来对气流进行减速增压。

对于飞行速度在较低的超声速范围（如 $Ma_0 \leqslant 1.6$）的飞机，一般采用产生简单正激波的方式进行减速。由于这种进气道的工作类似于皮托管，所以又叫作皮托式进气道。如图 3－11 所示，这些进气道大多采用机身两侧或翼根布局形式，有的布置在机腹位置或机头。在超声速飞行时，由于进气道的阻滞作用，在进气道前产生一道正激波，超声速气流经过该正激波后减速为亚声速气流，在进气道的内部通道中继续减速。

图 3－11　皮托式进气道及布局形式

对于高 Ma（如 $Ma_0 \geqslant 2.0$）的高空高速飞机，如图 3－12 所示，为显著减小进气的总压损失，都需要采用较复杂的激波系进行减速，所以其进气道的特征是都有平面型或锥体型的阻滞面，以产生所需的斜激波。除此之外，还有新发展的“鼓包”型激波阻滞型面和双后掠双压缩面等形式。这些进气道有的采用机身两侧或翼根布局形式，有的布置在机翼（或边条翼）下方或机腹的位置，利用机翼或机身对来流的遮蔽作用，改善来流条件。

图 3－12　超声速进气道及布局形式

为了减小进气道外部阻力以及与机身的气动干扰，进气口的形状基本以类矩形为主，也有的采用半圆形，所以进气道的内流道形状都是逐渐转成圆形，与发动机进口相接。

3.3.2　超声速进气道工作原理

3.3.2.1　简单正激波类进气道

根据激波的产生原理与增压减速特性，在飞行 Ma 不太高的超声速飞行速度范围，超声速气流受到皮托式进气道的阻滞作用，产生脱体激波或贴口正激波，如图 3－13 所示。超声速气流经过正激波减速为亚声速气流，并经过进气道内部流道的进一步增压及整流，进入发动机。此类进气道的总压损失主要来自正激波、唇口绕流和内部流道的流动损失，其中正激波损失是主要因素。由正激波的特性可知，其总压损失大小与波前的气流 Ma 相关，飞行速度越大，则激波的总压损失也明显越大。例如，当 Ma_0 为 1.2、1.6 和 1.7 时，正激波的总压恢复系数分别为 0.9928、0.8952 和 0.856。当飞行 Ma 再增大时，进气道的总压损失会增大更多，不能满足性能要求。所以，这类进气道只是适用于飞行速度范围不太高（$Ma_0 \leqslant 1.6$）的超声速飞机。

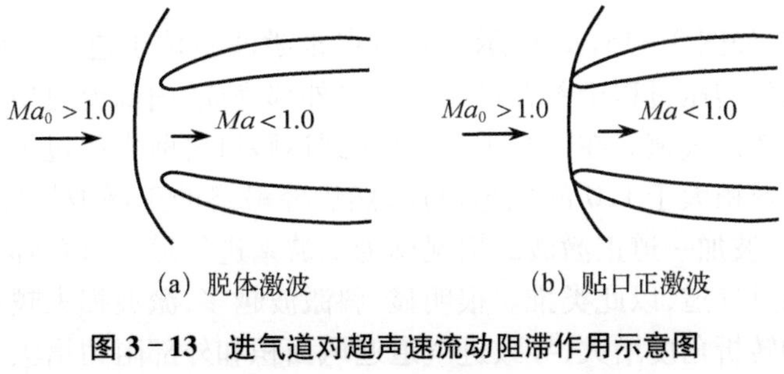

(a) 脱体激波　　(b) 贴口正激波

图 3－13　进气道对超声速流动阻滞作用示意图

脱体正激波除了产生较大的总压损失，还会产生较大的压差阻力，导致外部阻力增大。所以这类进气道的唇口前缘一般设计得比较薄和尖锐，以减小外部阻力。例如，某型飞机的进气道前缘改成楔形后，超声速的外部阻力系数几乎下降一半。当然，较薄和尖锐的唇口前缘对于低亚声速范围的工作会有不利影响，需要进行综合考虑。

这一类进气道的优点是几何固定而且结构简单、质量轻、可靠性高、易于维护。在有机身或机翼（边条翼）遮蔽效应时，还可减弱飞机迎角和侧滑角对进气道性能的影响，获得较好的性能，所以得到了较广泛的应用。

3.3.2.2 激波系类超声速进气道

在高马赫数的范围内，为避免高强度正激波带来的总压损失和外部阻力剧增，必须采用合理分布的激波系进行减速增压，这也是称其为激波系类超声速进气道的原因。所以，其基本原理就是用强度较弱、总压损失更小的多道斜激波来替代脱体正激波，使超声速气流先经过一系列的斜激波逐渐减速，最后再经过一道强度较弱的正激波而减速为亚声速气流。要形成合理的激波系，就需要在进气道的进口处，通过流道的几何变化形成阻滞型面。图 3－14 为阻滞面和激波系示意图。可见，该图中有 2 个阻滞面，分别产生 2 道斜激波①和②，正激波③则位于唇口 a 处。

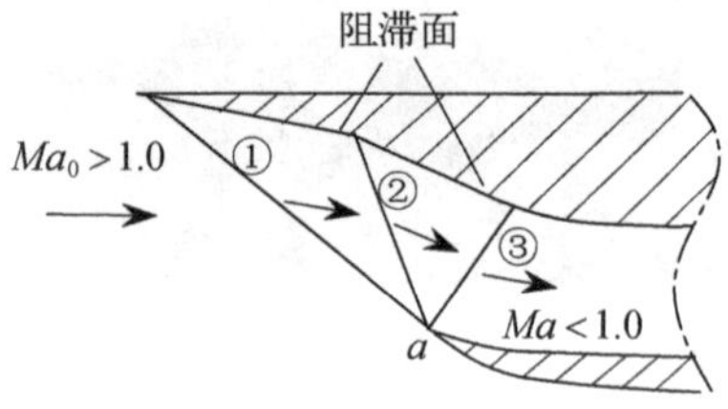

图 3－14　阻滞面和激波系示意图

为了便于理解，通常根据冲压压缩过程、阻滞面的几何特征、激波系的组成特征等因素来对超声速进气道进行分类，具体如下。

（1）根据超声速气流减速过程的相对位置来分。按照设计状态下，超声速气流减速为亚声速的过程相对于进气道唇口的位置，可把超声速进气道分为 3 种类型：外压式、内压式和混压式，如图 3－15 所示。

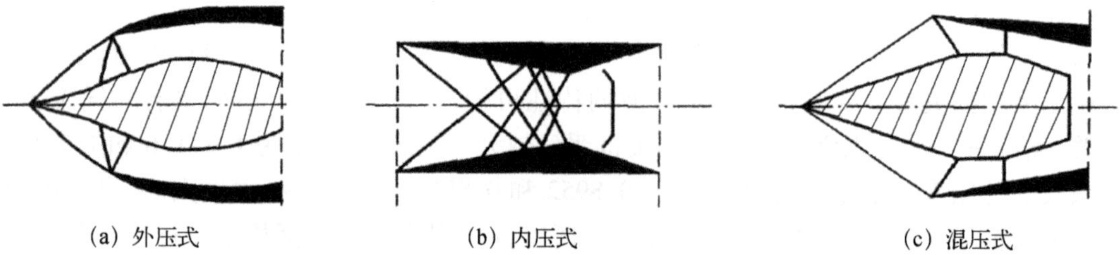

(a) 外压式　　(b) 内压式　　(c) 混压式

图 3－15　外压式、内压式和混压式超声速进气道示意图

外压式进气道，如图 3－15(a) 所示。其特点是激波系位于进气道唇口以外，超声速气流减速为亚声速的增压过程全部在进气道唇口外部完成，内部流道中没有激波，故又称为外部冲压式超声速进气道。在飞行中，气流在到达唇口之前先经过了斜激波的预压缩，使气流减速为马赫数稍大于 1.0 的低超声速，然后经最终的正激波压缩而降为亚声速气流。其中，一道斜激波加一道正激波的情况称为二波系进气道；二道斜激波加一道正激波的情况叫作三波系进气道，以此类推。很明显，斜激波越多，激波损失越小，总压恢复就越高。但同时气流的转折角度增大，导致进气道迎风面积和外部阻力增大，因此需要综合考虑。此外，为了保证进气道具有较好的性能并稳定工作，斜激波的角度或位置应随飞行马赫数的变化而变化。

与外压式相反，内压式进气道的特点是激波系位于进气道唇口以内的内部通道中，如图 3－15(b)所示，说明超声速气流的减速增压过程全部在进气道内部完成，故又称为内部冲压式超声速进气道。这种进气道的气流方向几乎不发生转折，内部可以有一组或多组斜激波并相互相交，最终的正激波后是亚声速气流。内压式进气道的优点是流通能力大，尺寸小，气流转折少，总压损失比较小。但是，由于内压式进气道存在启动问题和不稳定性，其在飞机上的应用受到很大限制。

混压式进气道则是外压式和内压式的组合，如图 3－15(c)所示，故又称为混合冲压式超声速进气道。混压式进气道既采用外部压缩，又采用内部压缩，可以在一个较宽的来流马赫数范围内获得较高的总压恢复和低的外部阻力，并且具有一个可接受的外部气流转折量。典型的设计是一道或多道斜激波加上一道内部斜激波，后面再紧接一道末尾正激波。

在实际应用中，外压式进气道适用于设计飞行马赫数为 2.5 以下的飞机，当 $Ma_0 > 2.5$ 时，适合于采用混压式进气道。相比较而言，混压式进气道的设计和几何调节都比较复杂。

(2) 按照进气口和阻滞面的几何特征来分。如图 3－16 所示，可分为二维进气道和三维进气道。

其中，二维进气道外形如斗，有的又形象地叫作风斗式进气道。这种进气道的进口基本上为矩形，其阻滞面由一块或多块平板以不同角度组成，所以常称为压缩斜板(简称为斜板)。这些斜板形成一个阶梯状的楔形阻滞面，以形成不同要求的激波系。由于这种阻滞面的斜板角度一般是可调节的，所以也常称为可调斜板式超声速进气道，超声速气流沿阻滞面的流动可认为是二维流动。

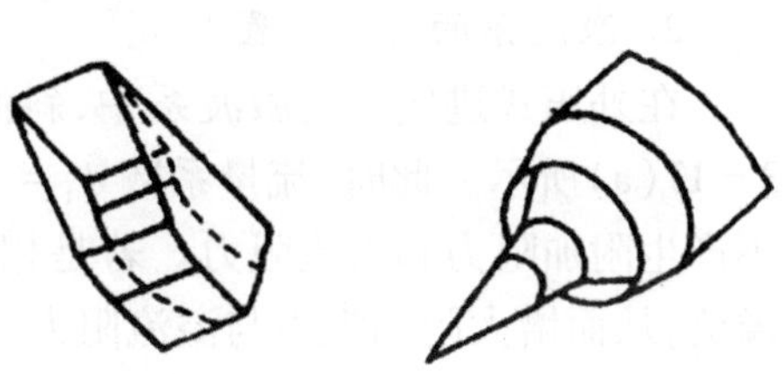

(a) 二维进气道　(b) 三维进气道

图 3－16　二维和三维进气道示意图

三维进气道的阻滞面一般是锥面(或半锥面)，由位于进气道中心线上的一个或数个锥体(或半锥体)组成，故又称作中心锥体式超声速进气道。与二维进气道产生平面斜激波不同，三维进气道产生的是圆锥激波，因此超声速气流沿阻滞面的流动为三维流动。

(3) 超声速进气道在飞机上的布局形式对飞机和发动机的性能都有较大的影响。常见的有正面头部进气、侧面进气、腹部进气和背部进气等几种方案。头部正面进气由于对迎角敏感性强，且占用空间大等，在先进的飞机中已不再采用。当前应用最为广泛的是侧面进气和腹部进气方案，这样的进气道通道较短，还有利于在飞机头部空出空间安装机载设备。但在这种方案中，气流要经历一个 S 形通道才能进入发动机，因而必须解决好出口流场的畸变(特别是旋流畸变)问题。为了改善进气道靠近机身和机翼而产生的不良影响，减弱对迎角的敏感性，可采用有遮蔽的布局设计，以使飞机机动飞行对局部进气迎角的影响减到最小。当然，在这种布局中，还必须注意排除机身和机翼边界层(附面层)对进气道进口气流的影响，一般都设有泄除边界层(附面层)的隔道或缝隙。

目前使用的先进战斗机(设计马赫数一般为2.5以下)上大多采用了二维的外压式进气道,同时该类进气道也是理解超声速进气道工作和特性的基础,下文重点阐述外压式进气道的工作原理与特性。

3.3.3 外压式进气道工作状态与特性

3.3.3.1 激波系的状态及影响因素

1. 激波系的组成

根据超声速进气道的基本工作原理,从减小总压损失的角度来说,激波系中斜激波的数目越多越好。然而任何事物都存在着两重性,增加激波系中斜激波的数目虽然可以减小总压损失,但它使进气道的外部阻力显著增大。这是因为斜激波数目越多,气流总的转折角就越大。为了使气流能顺利地进入进气道,进气道外壳的内壁应与气流方向基本平行,因而进气道的外壳扩张程度增大,进气道的迎风面积增加,超声速气流流过外壳时转折角也很大,因而形成较强的激波,产生很大的外部阻力。另外,气流转折角度过大,势必在进气道通道之内经历较大的转折才能流向发动机,因而可能增大内部流动损失或造成气流的分离,影响进气道的综合性能。因此,激波系数目的选择应该从获得较大的有效推力的角度出发,进行综合考虑。试验结果表明,飞行马赫数在1.5~2.0,采用双波系较好,飞行马赫数大于2.0以后,则采用三波系或四波系较为有利。

2. 激波系的有利位置

在外压式进气道的激波系中,斜激波的有利位置是交汇于进气道唇口的前缘,如图3-17(a)所示。此时,流量系数$\psi_i = 1.0$,能够保证进气道通过最大可能的空气流量,而不产生附加阻力和溢流阻力。若是相交于唇口之外,如图3-17(b)所示,将产生较大的溢流,从而增大附加阻力与溢流阻力。若是斜激波交于唇口之内,如图3-17(c)所示,将在内通道内和前缘点处形成较复杂的波系,使通道内的流动损失增加。

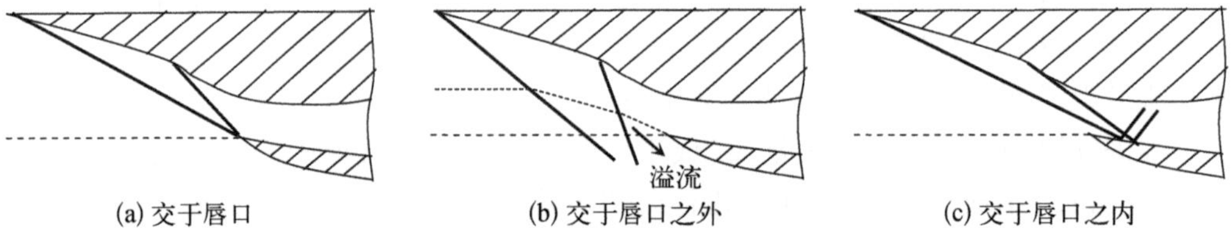

图3-17 斜激波有利位置示意图

对于正激波,从减小总压损失的角度考虑,正激波的有利位置应该在进气道进口端面处,如图3-18(a)所示。此时,正激波的波前马赫数较低,且不会对唇口前的流动产生影响,所以外部阻力较小。若正激波位置离开进口端面前移,如图3-18(b)所示,则会与斜激波相交而形成三叉激波,导致波后气流参数不均匀,产生涡流并进入进气道,增大总压损失和溢流阻力,严重时还将导致进气道进入“喘振”的不稳定工作状态。相反,若正激波位置后移至内通道,如图3-18(c)所示,由于通道呈扩散形,波前马赫数增大,激波损失增大。如果后移过多,还将导致正激波与内通道壁面附面层干扰而加强流动分离,不仅使总压损失急剧加大,还可能进入痒振状态,对结构造成影响。

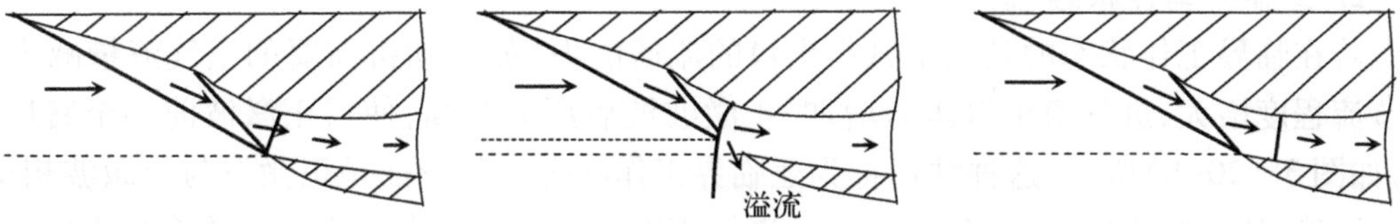

(a) 进口端面处　　(b) 进口端面上游　　(c) 进口端面下游

图 3－18　正激波有利位置示意图

3.3.3.2　外压式进气道设置喉部的原理

在实际应用的外压式进气道中，其唇口后的内通道并非立即呈完全的扩散形，而是带有喉部的先收敛后扩散的形状。这是因为，由外压式进气道的工作原理可知，超声速气流在进入唇口前先经历较大的向外转折，进入内部通道后又要向内转折，所以是一种大曲率的绕流。实际气流的黏性作用使得附面层增厚，并在大的离心力作用和逆压梯度作用下很容易发生分离，增大损失，甚至导致发动机不稳定工作。因此，如图 3－19 所示的四波系进气道（三个阻滞角分别为 δ_1、δ_2 和 δ_3），先将内通道设计成收敛形，使亚声速气流加速，形成一定的顺压梯度；在气流向内转折以后，再逐渐过渡成为扩张形。这样可以减小流动损失，增强流动的稳定性。所以，内通道就具有了喉部（$t-t$ 截面），又称为带喉部的外压式进气道。因此，在本教材后续的内容中，所涉及的外压式进气道就是这种带喉部的进气道。

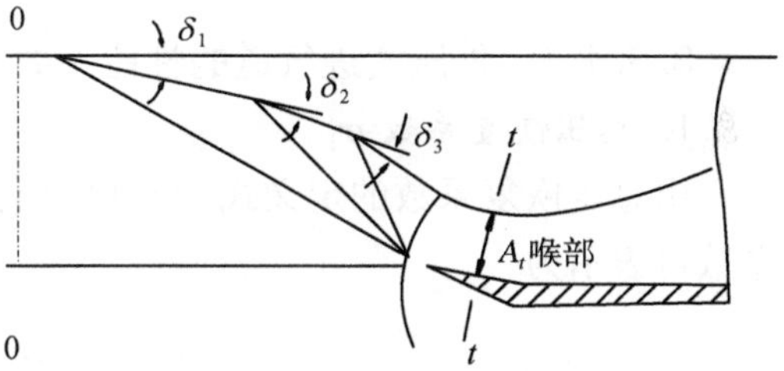

图 3－19　带喉部的外压式进气道

3.3.3.3　外压式进气道的典型工作状态

当飞行马赫数不变时，对于几何不可调的外压式进气道，其斜激波的位置和强度只取决于来流马赫数，因此是不变的。但是，正激波的位置和强度要随进气道出口流通能力的变化而变化，从而影响进气道的流动状态和性能。为便于分析问题，根据激波系中正激波的位置，把进气道的流动状态划分为三种典型的工作状态：临界、亚临界和超临界。下面，以设计飞行马赫数为例，说明这三种工作状态的正激波位置特征。

1. 临界工作状态

外压式进气道临界工作状态的特征是正激波位于唇口处，如图 3－20（a）所示。在该状态下，内部通道为亚声速气流，其出口气流的流通能力可用气动函数 $q(\lambda_1)_{cr}$ 来表示。

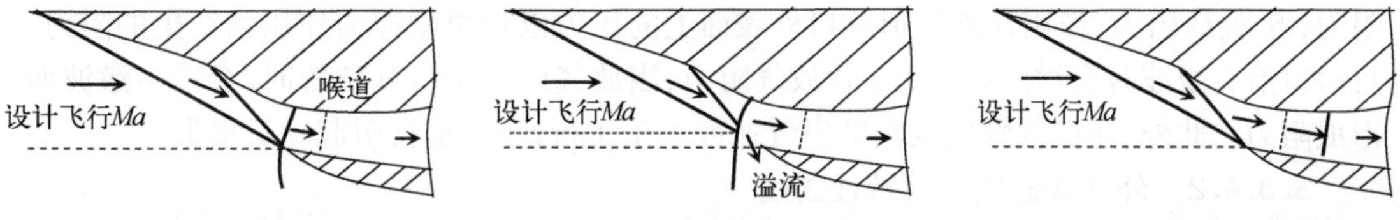

(a) 临界工作状态　　(b) 亚临界工作状态　　(c) 超临界工作状态

图 3－20　外压式进气道三种工作状态的波系图（以设计飞行 *Ma* 为例）

2. 亚临界工作状态

若在临界工作状态的基础上减小出口的流通能力(如发动机需要的空气流量减小),则节流程度增大,进气道出口压力增加,正激波波后压力升高,使得正激波前移至唇口之外,如图 3-20(b)所示,这种情形称为亚临界工作状态。其特征是正激波与斜激波相交,产生溢流,从而减小通过进气道的流量,进气道内部通道是亚声速流动。随着节流程度的加剧,正激波的位置也靠前,亚临界程度增加,严重时会导致进气道进入喘振状态而不能稳定工作。

3. 超临界工作状态

当在临界工作状态的基础上增大进气道出口的流通能力(如发动机需要的空气流量增加)时,节流程度减弱,进气道的出口压力下降,正激波就会后移至喉部后的扩散段,这种状态称为超临界工作状态,如图 3-20(c)所示。出口流通能力越大,则正激波的位置越靠后,激波强度也越大,超临界程度也越大。

3.3.4 外压式进气道特性

3.3.4.1 外压式进气道的性能参数

1. 总压恢复系数 σ_i

由总压恢复系数的定义式(3-1),结合激波系及流动特点,外压式进气道的总压恢复系数可表示为

$$\sigma_i = \sigma_s \sigma_f \tag{3-8}$$

式中,$\sigma_s = \sigma_{s1}\sigma_{s2}\cdots\sigma_{sN}\sigma_{NS}$,为激波系的总压恢复系数,等于 $1\sim N$ 道斜激波总压恢复系数 $\sigma_{s1} \sim \sigma_{sN}$ 和 1 道正激波总压恢复系数 σ_{NS} 的乘积;σ_f 为进气道内部通道中的摩擦、流动分离等流动损失的总压恢复系数。

2. 流量系数 ψ_i

由流量系数定义式(3-5)可知,外压式进气道的流量系数为 $\psi_i = A_0/A_i$。对于几何不可调的进气道,A_i 是固定值,A_0 随飞行马赫数和进气道工作状态的变化而变化。所以,根据进气道的工作情形可知,不论在何种飞行马赫数下,只要进气道处于亚临界工作状态,就一定有 $\psi_i < 1.0$,即有溢流产生。同理,不论进气道处于何种工作状态,只要飞行马赫数小于设计值,就一定有 $\psi_i < 1.0$。

3. 外部阻力系数 C_{xi}

外压式进气道的外部阻力主要有:① 摩擦阻力,作用在进气道内外壁面上的黏性摩擦产生摩擦阻力,且随气流速度的增大而增大;② 附加阻力,当 $\psi_i < 1.0$ 时,将产生附加阻力;③ 壳体阻力,作用在进气道唇口外表面上的压力以及由摩擦力作用而产生的阻力,且唇口前有激波时会增大此阻力;④ 放气阻力,当放气门处于打开位置时,会产生激波而形成阻力。此外,通过放气门放出的空气速度小于飞行速度,也会引起动量损失。

3.3.4.2 外压式进气道的特性曲线

进气道的性能参数随着飞行马赫数和发动机所需流通能力(或出口流通能力)的变化而变化的规律,称为超声速进气道的特性。其中,当飞行马赫数一定时,进气道性能参

数随流通能力的变化规律称为进气道的节流特性。在发动机状态一定的条件下，进气道性能参数随飞行速度的变化规律叫作进气道的速度特性。

图 3－21 是常用的节流特性表示形式，称为进气道的特性曲线或特性图。其中，横坐标 $q(\lambda_1)$ 是进气道出口的气动函数，代表了流通能力的大小。它也等于发动机进口的 $q(\lambda_1)$，因此也反映了发动机需气程度的变化。所以，当确定了发动机所需要的 $q(\lambda_1)$ 后，即可在该特性图上确定进气道的工作状态和性能参数。

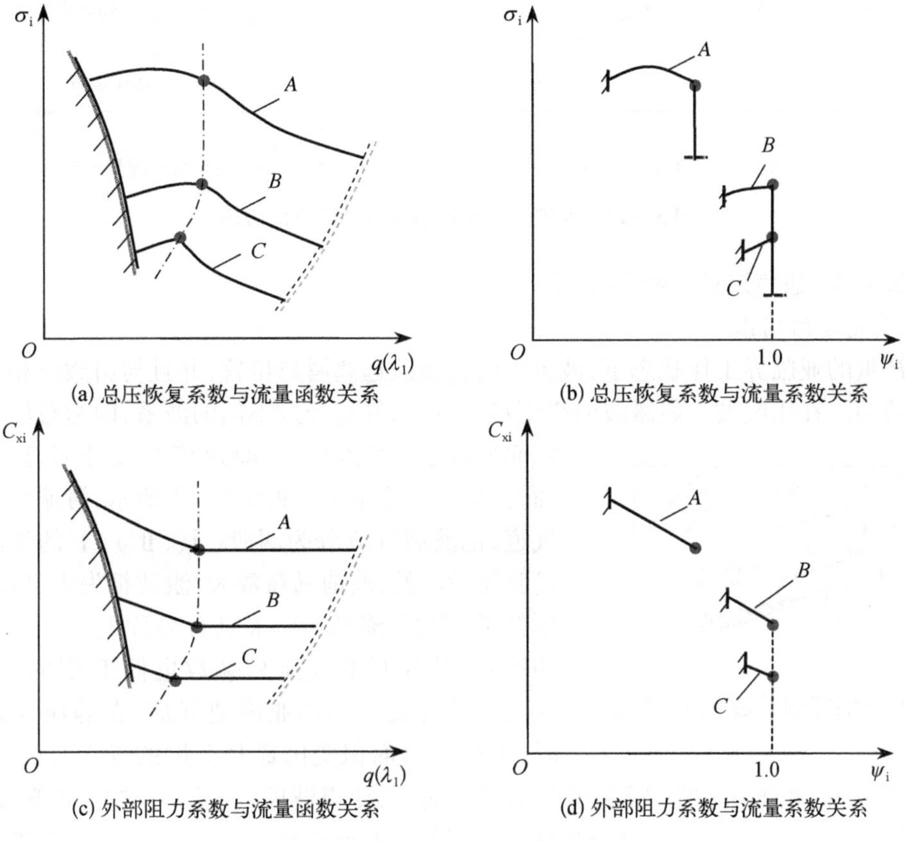

图 3－21　外压式进气道的节流特性图

注：A 表示 $Ma_0 < Ma_{0,d}$ 的情况；B 表示 $Ma_0 = Ma_{0,d}$ 的情况；C 表示 $Ma_0 > Ma_{0,d}$ 的情况。

由图 3－21 可见，当飞行马赫数低于设计的飞行马赫数 $Ma_{0,d}$ 时，即图中的特性曲线 A 所表示的 $Ma_0 < Ma_{0,d}$ 的情况，由于马赫数减小，激波损失因激波强度的减弱而减小，因此，总压恢复系数增大，σ_i 特性线上移；Ma_0 减小时还使得斜激波角度变大，偏离有利位置，溢流量增大，ψ_i 减小。同时，斜激波角度变大可使进气道外罩阻力和附加阻力增大，所以 C_{xi} 有所增加。反之，当飞行马赫数高于设计的飞行马赫数 $Ma_{0,d}$ 时，即图中的特性曲线 C 所表示的 $Ma_0 > Ma_{0,d}$ 的情况，与上述情形相反，σ_i 特性线下移，C_{xi} 也减小。

节流特性图中的特性线所表示的含义如图 3－22 所示。可见，临界和超临界工作状态的 ψ_i 是相同的，这是因为正激波位于唇口或内通道，并不影响唇口外的流动。当进气道处于严重的亚临界工作状态时，会有喘振边界的限制；处于严重的超临界工作状态时，会有痒振边界的限制。当超出这些边界时,进气道就会进入喘振和痒振的不稳定工作状态。

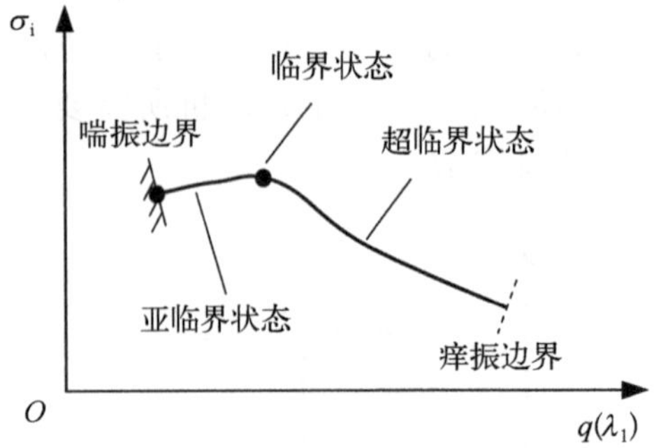

(a) 总压恢复系数与流量函数关系

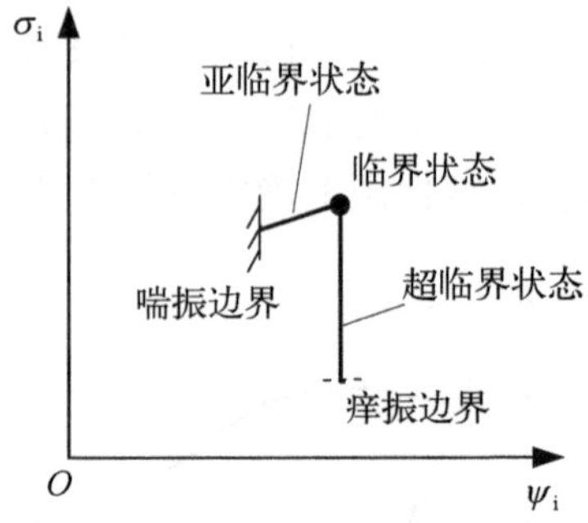

(b) 总压恢复系数与流量系数关系

图 3-22　进气道工作状态在特性线上的表示

3.3.4.3　进气道的喘振和痒振

1. 进气道的喘振

在严重的亚临界工作状态下,波系中的正激波远离唇口位置,并且与斜激波相交形成复杂的流动。在正激波与斜激波的交汇点处,迎面气流经过不同的波系,因为总压损失不同而形成了"滑流层"(即速度梯度不等于零的层面)。以二波系为例,如图 3-23 所示,滑流层进入进气道,把波后气流分为两股(Ⅰ′、Ⅱ′),Ⅰ′的气流是经过脱体激波的,波前马赫数大,激波损失大,所以其总压低于Ⅱ′的气流总压。而其分界面上的静压一般是相等的,因而Ⅰ′的气流马赫数也低于Ⅱ′的马赫数。这两股马赫数不等的亚声速气流,在静压变化相同时,Ⅰ′的流管面积变化要大于Ⅱ′的流管面积的变化,因此,Ⅰ′流管面积迅速扩张,限制了Ⅱ′的气流通过,使得波后气流压力增大,正激波前移,又引起唇口前溢流量增加,进气流量减小。而此时发动机的需气流量未变,所以进气道出口的流通能力是相对增加的,会使得节流程度减弱,压力降低,又会使正激波迅速后移。这样,就大大地减轻甚至消除了溢流量,致使进入进气道的流量又增大得过多,导致正激波又重新推移至远离唇口的位置。因此,上述过程又再一次重复,造成正激波位置前后振荡,空气流量随之忽大忽小变化,形成强烈的纵向振荡,就称进气道进入了喘振状态。图 3-24 是超声速进气道喘振过程的试验纹影照片,可以清楚地看到正激波前后移动的过程。由滑流层致因解释可以推知,滑流层的位置越靠近阻滞面,即Ⅰ′流管的低能气流量越大,越容易使进气道进入喘振状态,也就是说,亚临界程度越大,越容易进入喘振状态。

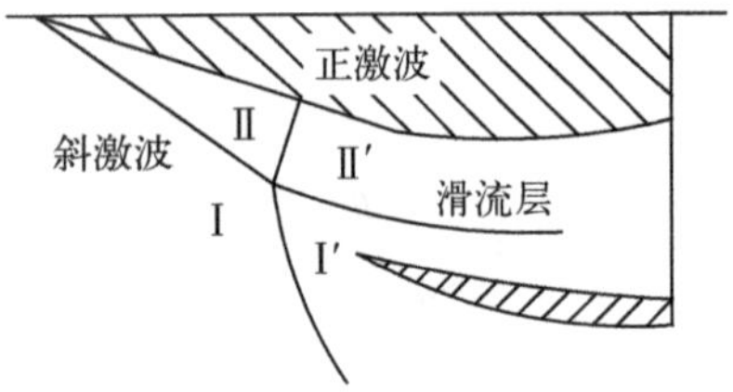

图 3-23　滑流层进入进气道示意图

进气道喘振对发动机的工作十分不利,轻则会导致发动机出现周期性的推力脉动,严重时还可能会引起压气机喘振、发动机熄火停车,并造成发动机或飞机结构的破坏,导致严重事故。所以,有些几何调节不善的超声速飞机在某些飞行条件下限制飞行员收油门,以避免节流导致进气道进入喘振状态。

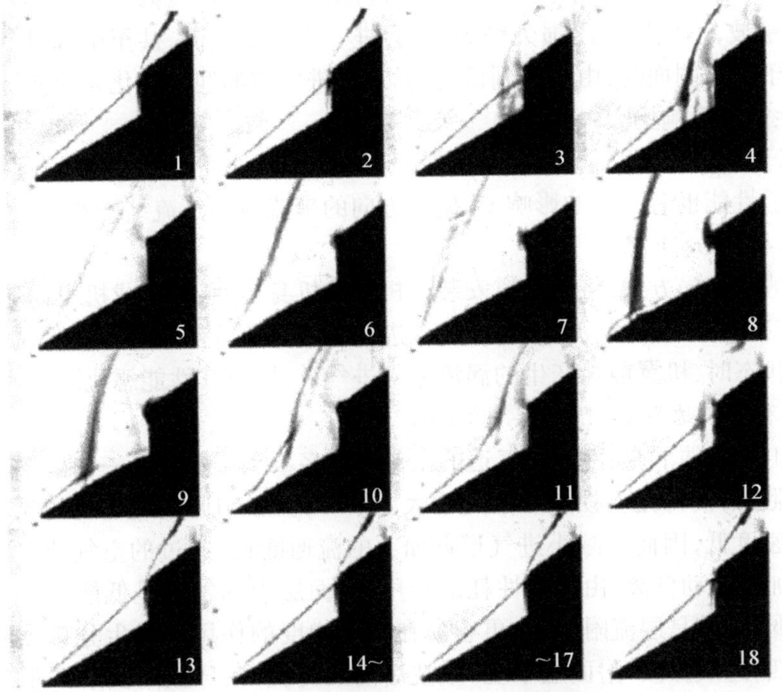

图 3-24　进气道的喘振过程(试验纹影照片)

注：图中的数字表示喘振过程中的不同时刻。

2. 进气道的痒振

当进气道处于严重的超临界工作状态时，正激波位于扩散段靠后的位置，激波强度大。而由于内部通道壁面附面层的发展，将会出现激波与附面层的干扰问题。所以，波后的气流压力突然升高，再加上沿扩散段波后亚声速气流减速增压，形成一定的逆压梯度，就可能会导致壁面上的附面层分离，分离区沿流动方向迅速扩展，压缩主流，激波后压力升高，正激波向前移动。前移的结果又使激波强度有所减弱，气流分离程度减轻，主流受压缩程度减小，使得波后压力减小，激波又向后移动。这样，就会形成激波的前后快速移动，伴随有气流周期性的分离脉动，进气道进入痒振状态(或称为嗡鸣)。痒振的特点是气流发生高频、小振幅的振荡。附面层气流的周期性分离使进气道的出口流场发生动态畸变，对发动机的稳定工作造成不利影响，也可能会破坏进气道周围设备的正常工作。

不论是喘振，还是痒振，都属于进气道的不稳定工作状态，对进气道和发动机的工作造成不利的影响，危及飞行安全。因此，在设计、使用、维护中都应注意避免进气道发生不稳定工作。

3.3.4.4　其他因素的影响

1. 迎角和侧滑角的影响

在飞行中飞机往往都有迎角和侧滑角的变化，事实证明，迎角和侧滑角对进气道的性能是有较大影响的，其影响程度往往与进气道的形式及在飞机上的布局方式有关。

对于水平配置的二维进气道，当迎角增大时，斜激波波角增大，引起溢流量增大，ψ_i

减小,外部阻力增加。当迎角增大比较多时,斜激波后气流马赫数减小过多,容易在唇口前产生脱体激波,不仅使总压损失增大,还会进一步加剧溢流,甚至引起进气道喘振。当进气道配置于机身侧面时,由于受到机身的影响,进气道的迎角变化要比实际迎角变化量大,因而对性能的影响更大一些。

当进气道是竖直配置时,侧滑角对进气道的影响同上面所述迎角的影响基本类似。迎角对进气道性能也有一定的影响,从偏斜方向的来流引起气流结构的变化,并且可能引起气流分离,导致 σ_i 下降。

对于遮蔽式布局方式,将进气道安装于机翼或机身下面,机翼或机身的遮蔽作用对流向进气道的气流有一定的整流作用,使进入进气道的迎角或侧滑角变化量减小。但是,当处于负迎角状态时,机翼前缘产生的涡流进入进气道,导致其性能恶化。

2. 机身和机翼边界层(附面层)的影响

在实际工作条件下,黏性对进气道的工作有许多不利影响。第一,黏性作用形成摩擦损失和摩擦阻力,使得流动损失和阻力增大。第二,会影响通过进气道的流量,因为附面层内的气流速度低,因而会减小进气道截面上的流通能力,通过的空气流量减小。第三,容易引起或加剧流动分离,由于黏性耗散作用,附面层内的气流是低能气流,抵抗逆压梯度的能力较弱,尤其是层流附面层,更容易在逆压梯度的作用下发生分离,导致进气道性能恶化。第四,造成激波/附面层干扰,激波后的压力突升,导致附面层严重分离,不仅加大总压损失,还对进气道的稳定工作造成很大影响。所以,对于在机身侧面安装或机身/机翼下面安装的进气道,机身或机翼的附面层发展历程长,附面层较厚,对进气道的影响也非常大。因此,必须要采用一些边界层控制措施来保证进气道获得良好的性能,如图 3-25 所示的边界层泄除隔道。

3.3.5 超声速进气道几何调节原理

由超声速进气道的工作原理和特性可知,几何不可调节的进气道很难在宽广的工作条件下获得或保持良好的性能。例如,当飞行马赫数减小时,斜激波的激波角增大,不再能保持有利位置;当发动机的工作状态发生变化时,正激波的位置也会受到影响,从而偏离有利位置。此外,超声速进气道在亚声速(特别是低速飞行)时,也会出现唇口附近流动损失和外部阻力增大等情况。所以,应依据工作条件的变化对进气道的几何结构和状态进行调节。

3.3.5.1 阻滞角度的调节

下面以某二维斜板式四波系进气道为例,说明对阻滞角度的调节。如图 3-25 所示,该进气道的 3 个阻滞面的角度分别为 δ_1、δ_2 和 δ_3。为简化调节结构,只有二级斜板角度 δ_2 可调。当飞行马赫数减小时,斜激波角会增大,所以需要进行调节,使 δ_2 随飞行马赫数减小而减小。这一方面可以减小第二道斜激波的角度,另一方面还使得第二道斜激波后的气流马赫数有所增大,从而减小第三道斜激波的角度。

3.3.5.2 喉道面积的调节

外压式进气道喉道面积的调节非常重要,它可以改变通过的空气流量来改变节流程度,从而调节正激波的位置。仍以图 3-25 的进气道为例,它通过调节二级斜板角度 δ_2 的

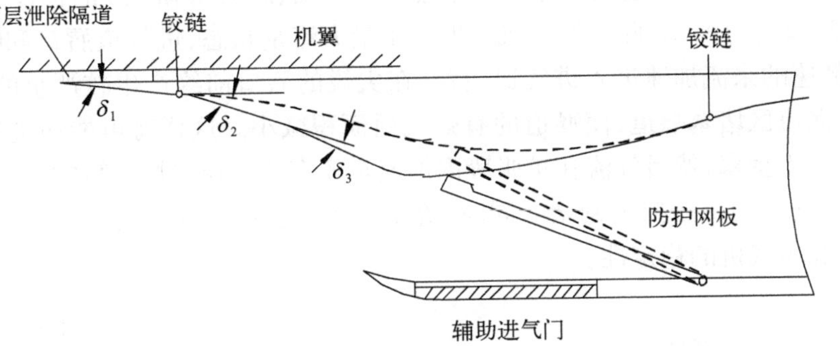

图 3－25　二维四波系几何可调节进气道简图

大小，同时改变喉道面积。例如，当发动机的转速一定时，飞行马赫数增大，会导致发动机的换算转速减小（其原因将在第 8 章的共同工作线中讲述），发动机的需气量减小，使得 $q(\lambda_1)$ 减小，流通能力降低，易使进气道处于亚临界工作状态，减小稳定工作范围。此时增大 δ_2，可以减小喉道面积，使得通过的空气流量相应地减小，与发动机的需气量相匹配。同时，还可以增大第二、三道斜激波的角度，改善激波系。同理，当飞行速度不变时，若发动机转速减小，使得需气量减小（流通能力降低），同样可以增加 δ_2 来减小喉道面积，使之与发动机的需气量变化相适应。

图 3－26 是中心锥体式三维进气道调节喉道面积的原理。一般来说，中心锥体很难改变阻滞角度，它是通过改变锥体的轴向位置来调节喉道面积的。同样，当飞行马赫数增大时，锥体向前移动（如图中虚线位置），使喉道面积减小。与此同时，还可以使斜激波更接近于唇口，从而调整激波系的位置。

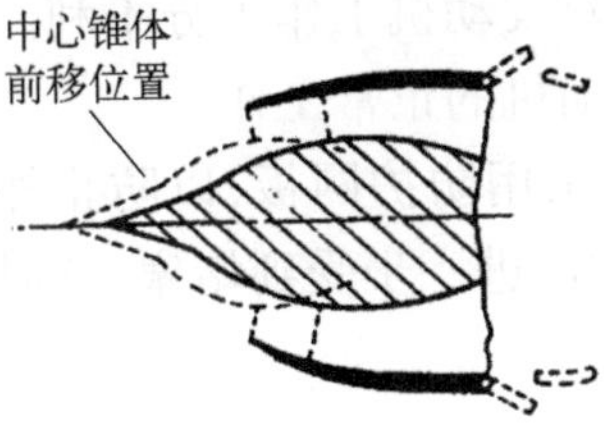

图 3－26　中心锥体式进气道简图

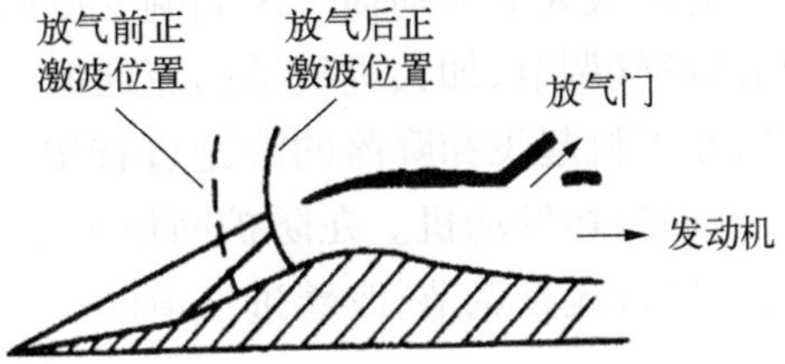

图 3－27　防喘放气调节原理简图

3.3.5.3　防喘调节

进气道几何尺寸与形状的调节受结构等因素的限制，其变化范围总是有限的，当进气道处于比较严重的亚临界工作状态时，就需要对进气道进行辅助的防喘放气调节。如图 3－27 所示，在进气道喉道后面设置防喘放气门等机构。当进气道面临将导致严重亚临界工作状态的工作条件时，放气机构工作，向外放出一部分气体，相当于增加了进气道的流量，可有效减弱节流程度，从而避免进入喘振状态。

3.3.5.4　辅助进气调节

超声速进气道是按照较高的飞行马赫数设计的，其进口截面面积和喉道面积都比较小，而且为了避免产生脱体激波，减小外部阻力，唇口前缘一般都比较尖锐。但是，这样的几何构型会造成低亚声速飞行条件下(尤其是起飞、爬升等阶段)的性能变差。这是因为,如图 3-28(a)所示,此时发动机一般处于最大流量状态,进气道唇口和喉部的气流速度加大,低速的来流加速进入进气道,就会在尖锐的唇口前缘产生较严重的流动分离,形成较大的涡流区堵塞喉道,使喉道的有效流通面积减小。这样有可能使进口气流加速到喉道处并发生壅塞,然后气流在扩张段内加速至超声速,再经过一道强的正激波减速为亚声速气流,气流的总压损失剧增。同时,流动分离还会使进气道的出口流场畸变度增加,影响风扇和压气机的稳定性。

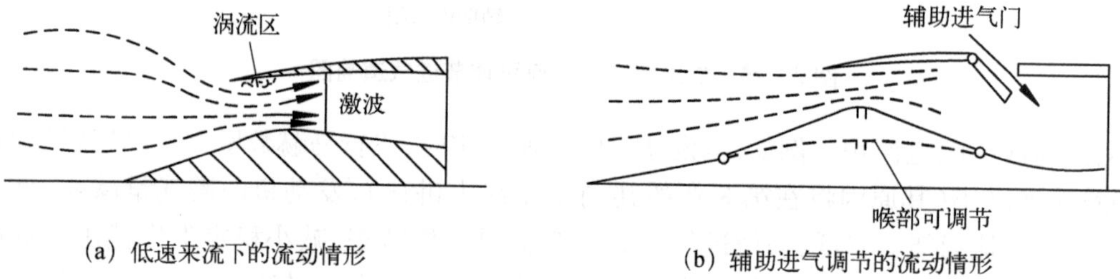

图 3-28 低速飞行条件下的辅助进气调节原理

针对这些工作条件,可以采用辅助进气调节方案。如图 3-28(b)所示,在喉道后面的通道中设置辅助进气门(或格栅),当内部流道中的气流速度增大时,其压力减小,在内外压差的作用下,辅助进气门打开进气,增大了进气道的流通能力,可以改善进气道进口处的流动,大大地减小进气流动损失。同时,可以增大进气道的喉道面积,以增大进气道的流通能力。

在高机动飞行姿态下,进气道的工作条件非常恶劣,迎角或侧滑角很大,有效进气面积减小,会造成很大的流动损失和高畸变度的出口流场,对发动机工作十分不利。此时也可采取辅助进气调节,加大进气道的流通能力,以保证发动机的正常工作。

另外,在飞机起飞和降落的滑跑过程中,有的飞机还采用防护网板,以防止外来物被吸入进气道而打坏发动机。在防护网板工作期间,进口截面进一步受到堵塞,这时也可利用辅助进气进行流量调节,改善进气道的性能。

3.3.6 超声速进气道构造

由以上工作原理可知,超声速进气道的工作条件变化范围大,性能指标要求高,工作状态变化大,影响因素较多,控制系统与发动机的关联程度高。下面介绍一些比较典型的进气道构造形式。

3.3.6.1 总体结构

超声速进气道的类型、基本组成、在飞机上的布局方式等内容已在前面的各小节中讲述,在此不再赘述。进气道的总体结构主要包括激波阻滞面(或阻滞体)、进气口及外壳体、内部流道、几何调节机构、状态控制系统(器)和附面层控制机构等。其中,二维进气道的激波阻滞面通常又叫作压缩斜板(或简称为斜板),三维进气道的激波阻滞体通常叫作中心锥。

3.3.6.2　进气道构造举例 1

某型飞机的最大飞行马赫数约为 2.2，采用了机身侧面布局的二维三波系进气道，其结构如图 3-29 所示。

(a) 竖直方式安装的进气道实物

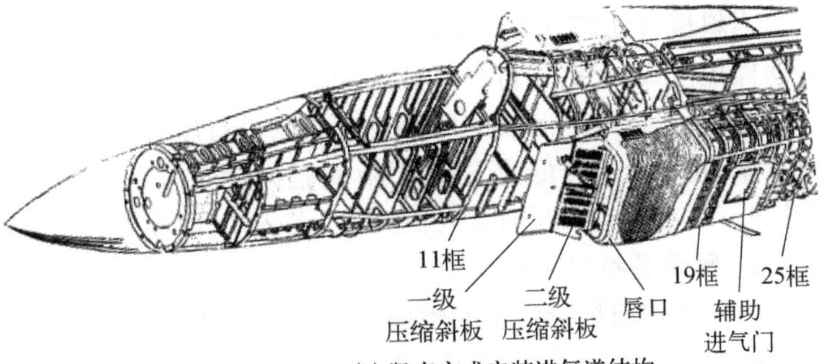

(b) 竖直方式安装进气道结构

图 3-29　某型飞机超声速进气道结构图

1. 压缩斜板

压缩斜板竖直安装于机身第 14 框附近，共有二级。第一级压缩斜板固定不动，阻滞角为 8°，板长 0.364 m、板高 1.06 m。第二级压缩斜板与第一级之间通过铰链方式连接，有 3 mm 的间隙(可起到部分泄除附面层的作用)，中后部与 15 框上的作动筒及电位计相连，二级斜板的阻滞角度可调范围 0°~17.5°，设计状态角度为 13°。

2. 进气口及外壳体

进气口为矩形(但外侧的上、下角均用大圆弧形过渡)，进气道前段为矩形截面筒体，采用横向密加筋双层铆接结构，长约 1 m。唇口距离一级压缩斜板前缘约 642 mm，轴线相对机身水平基准线下偏 3°，是用铝合金制成的整体结构，其剖面形状呈前端带小圆弧楔形。在进气口内通道外侧壁上水平安装了 2 个半宽度导流片，用于改善迎角对内部流动的影响。

3. 几何调节机构和状态控制系统

进气道斜板调节系统包括左右两个相同而独立的自动调节系统，分别控制飞机左右两侧的进气道与发动机匹配处于最佳状态。自动调节系统由斜板机构、液压传动机构和电气设备组成，其中液压传动机构又包括斜板调节作动筒、电液伺服阀和缓冲器等机件，电气设备有飞行马赫数计算器、板位移传感器、斜板调节放大器、平尾偏度信号机构和压力比传感器等。在斜板机构中，二级斜板与作动筒的活塞杆相连，当作动筒活塞杆运动时，带动二级斜板运动，改变二级斜板的角度。二级斜板运动时，又通过接头带动铰链板运动，改变喉部的面积。

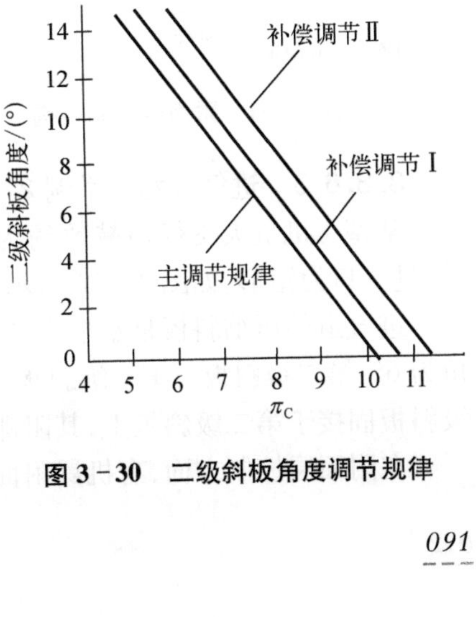

图 3-30　二级斜板角度调节规律

二级斜板的调节规律如图 3-30 所示，具体如下：当 $Ma_0 < 1.4$ 时，第二级斜板始终处在全收位置(即与来流夹角最小)；当 $Ma_0 \geq 1.4$ 时，二级斜

板角度随压气机增压比 π_C 变化而变化。π_C 增大时，斜板角度减小，反之则增大。为减小迎角的影响，斜板角度的变化量要根据飞机水平尾翼的偏角加以修正，例如，当水平尾翼前缘下偏角大于 10°和 17°时，分别采用补偿调节Ⅰ和补偿调节Ⅱ，相应地，斜板角度分别再增加 1.2°和 3°。

当斜板自动调节系统出现故障时，飞行员可将应急转换电门扳到手操纵位置，切换到手动操控模式，根据飞行马赫数的变化，用手动操纵装置来控制斜板的角度。

此外，在进气道前段的后部机身两侧设有压差式辅助进气门，如图 3－29 所示。在地面工作、起飞及部分低速飞行范围内，辅助进气门靠内部流道与机外气流的压力差向内向后打开；而在高速飞行时，内部压力增大，进气门在压差作用下自动关闭。

4. *附面层控制系统*

为了防止前机身产生的附面层气流进入进气道，进气道与机身外缘之间设有 70 mm 高的附面层泄除隔道，如图 3－31 所示。

为了消除斜板上的附面层发展的影响，在二级斜板上钻制了 2046 个直径为 3 mm 的附面层吸附孔，交错排列，用来吸入斜板上的附面层气流。吸附孔吸除的附面层气流由斜板后缘上、下侧的排气口排出。

为了进一步减少二级斜板附面层进入喉部及后续的扩压管道，减小喉道区附面层和正激波的相互干扰引起的附面层分离，在喉部处设置了附面层吸除缝，如图 3－31 所示，吸除缝的长度为整个进气道的高度。从喉道吸除缝吸除的附面层流入铰链板内腔，经上、下侧唇口上的 10 个排气口排到大气中。

按照使用要求，每飞行 50 h 时，应对斜板结构做定期检查，检查内容包括检查斜板角度、运动情况、斜板表面所有埋头铆钉是否松动及防尘网是否破损等，测量斜板与进气道蒙皮间隙。

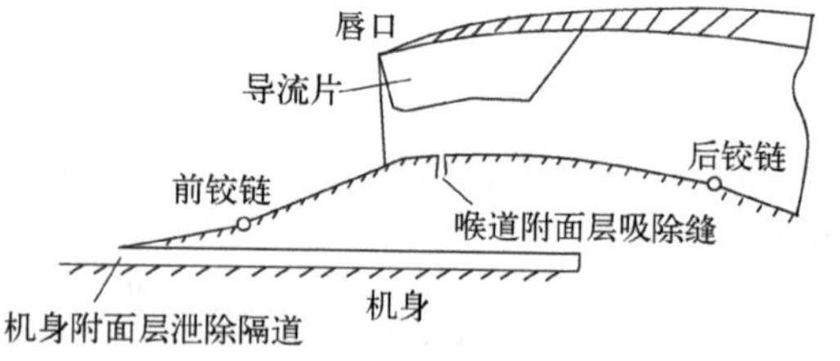

图 3－31 附面层控制机构

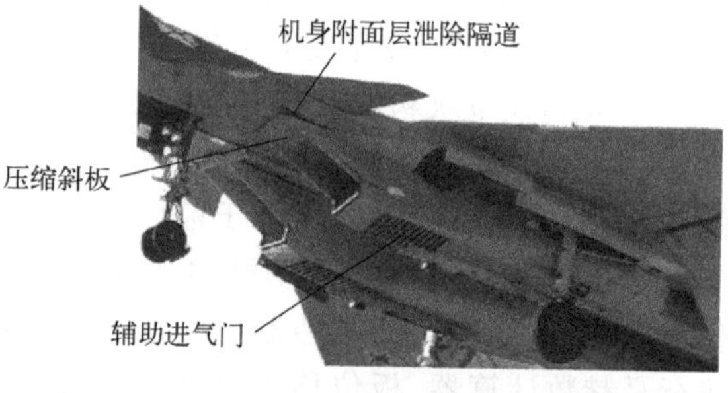

图 3－32 某型飞机的超声速进气道

3.3.6.3 进气道构造举例 2

某型飞机最大飞行马赫数约为 2.0，采用了边条翼/机翼下布局的二维四波系进气道，进气口为矩形，如图 3－32 所示。

进气道的压缩斜板是水平安装的，共有三级斜板。其中，第一级斜板是固定的，阻滞角为 6°；第二级斜板与第一级斜板是铰链连接的，其阻滞角度在 0°～10°范围内可调；第三级斜板固接于第二级斜板上，其阻滞角为 7°。

在附面层控制方面，有机翼附面层泄除隔道；在二级斜板和三级斜板上开设有大量直径为 3 mm 的附面层吸除孔,在喉道处也开有附面层吸除缝。吸除的附面层通过进气口侧壁上的排气孔排出。

在进气道的下部设有百叶窗式的辅助进气门,在进气道内部通道与机外气流的压差力作用下自动开关。

由于进气道安装在飞机翼身融合体的下部,离地面较近,为了防止在发动机地面试车、飞机滑行、起飞和着陆滑跑时,吸入的外来物进入进气道打坏发动机,在进气道进口安装进气道防护网板。该网板上设有大量的 2. 5 mm×2. 5 mm 方形孔,并且用钛合金制造。当飞机在跑道上滑行时,防护网板升起,起到防护作用。当飞机起飞离地后,起落架支柱处于放松状态,接通控制开关,使防护网板放下,退出防护状态。

该进气道的压缩斜板控制系统由自动控制装置、电动液压控制附件、斜板位置传感器、斜板位置指示器、斜板作动筒和发动机进气温度传感器等组成,是一个典型的电液伺服控制系统。其控制规律为:① 当 $Ma_0 < 1.15$ 时,进气道斜板均处在收上状态,进气道喉道面积处于最大。② 当 $Ma_0 \geq 1.15$ 时,进入自动控制斜板的状态,根据发动机低压转子换算转速的变化,调节二级斜板角度和喉道面积,当换算转速降低时,增大二级斜板的角度,同时减小喉道面积。反之,则减小角度增大面积。

当斜板自动调节和控制系统出现故障时,飞行员可将应急转换电门扳到手操纵位置,切换到手动操控模式,根据飞行马赫数的变化,用手动操纵装置来控制斜板的角度。

3.3.7 超声速进气道新构型

为适应新一代高性能战斗机对隐身、不加力超声速巡航以及过失速机动等综合性能的要求,出现了一些新的超声速进气道构型,典型的有无隔道式进气道和双后掠双压缩面进气道。

无隔道式超声速(diverterless supersonic inlet, DSI)进气道则取消了传统的机身/机翼附面层泄除隔道,因为隔道虽然保证了良好的气动性能,但是会形成空腔和型面的不连续,有可能成为雷达反射源。这种进气道在紧靠进气道上游的机身壁面上引入一个凸起部分(鼓包),如图 3 - 33 所示,进气道的唇口也有一定的前掠和扭转。鼓包对来流起阻滞压缩作用,形成一种有利的压力梯度,使机身/机翼附面层从鼓包的侧面泄流,因此可以起到泄除附面层的作用。因为这种进气道的压缩面主要是鼓包,所以又叫作鼓包式(bump)进气道。

图 3 - 33 无隔道式超声速进气道(DSI 进气道)

图 3-34 CARET 进气道

双后掠双压缩面进气道(CARET 进气道)首先用于 F-22 战斗机,如图 3-34 所示。与传统的进气道(多采用正面进口)不同,这种构型的进气道在垂直方向上和水平方向上都有一定角度的后掠,同时将进气口和内部通道由矩形截面扭转成为菱形截面,避免了进气道侧面的直立平面以及唇口的直角,有利于减小雷达截面积(radar cross-section, RCS)。但是,这种进气道仍然保留了传统的机身附面层泄除隔道。

习 题

1. 复述进气系统的功用和对进气系统的要求。结合下面的各部件推力贡献分布图,分析说明超声速进气道对高速飞机的重要作用。

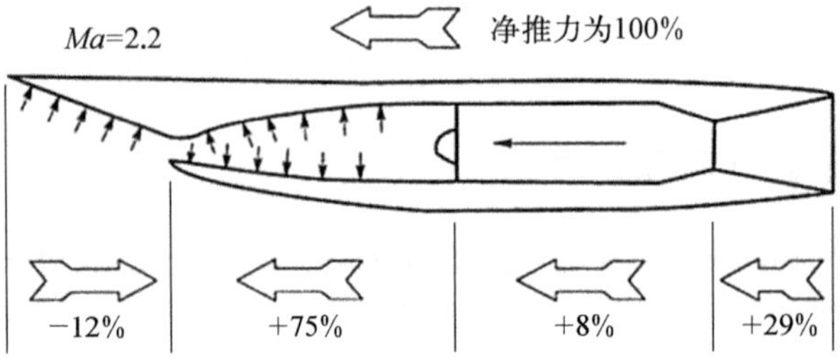

2. 你认为不同用途的飞机应如何选择或确定对其进气系统的要求?

3. 简述进气道可分为哪几种类型,提炼总结各种类型的主要特点。

4. 分析说明进气道主要性能参数的物理意义。查询相关的资料,实例列举进气道总压恢复系数对发动机推力的影响程度。

5. 复述进气道流量系数的定义,分析说明进气道的流量系数与激波系形态的关系。

6. 简述超声速进气道的基本工作原理,分析列举出影响外压式进气道性能的主要因素。

7. 已知超声速空气流的马赫数为 2.2,压力为 0.98 bar,当其流过转折角为 25°的内折壁面时,求:① 激波角度、波后气流的压力和马赫数是多大? ② 激波的总压恢复系数是多大?

8. 气流参数与习题 7 相同。但气流流过分两次转折的壁面,第一次是转折 10°,而后再转折 15°,总的转折角度仍是 25°。求:经两次转折时,① 激波角度、波后气流的压力和马赫数是多大? ② 激波的总压恢复系数是多大?

9. 气流参数与习题 7 相同,计算该气流经过一道正激波后其总压损失是多大? 对比分析习题 7 和 8 的计算结果,能够得到哪些结论?

10. 分析说明外压式进气道三种工作状态的激波系的特点。

11. 复述外压式进气道发生喘振的原因，列举防止喘振的措施。

12. 分析说明外压式进气道几何调节的功能和原理。

13. 仔细观察超声速飞机实物，确定所观察飞机采用的进气道类型，描述进气道的主要结构特征，找到阻滞面（阻滞体）、唇口、辅助进气口、附面层控制机构等主要构件的位置。

14. 依据所掌握的进气道工作原理和构造知识，分析并提出使用维护人员应该关注的事项。

15. 围绕适应未来高性能作战飞机要求，提出你对提高或改进进气道综合性能的创新想法。

第 4 章
压气机工作原理与构造

压气机是航空燃气涡轮发动机的核心部件，它接受涡轮的输出功率，对空气连续做功，提高空气的压力。根据增压原理、气流流动和结构形式的特点，压气机分为轴流式和离心式压气机。现代航空燃气涡轮发动机上大多采用轴流式压气机，因此本章主要分析轴流式压气机的工作原理、特性与构造。若无特殊说明，以下均将轴流式压气机简称为压气机。

4.1 压气机基本工作原理

4.1.1 压气机基本组成

4.1.1.1 多级压气机

压气机由转子和静子两大部件组成，如图 4－1 所示。转子是旋转部件，又叫作工作叶轮，包括转子叶片（或称为动叶、工作叶片）、轮盘和轮轴等。静子是静止部件，包括静子叶片（或称为静叶、整流叶片）和机匣。

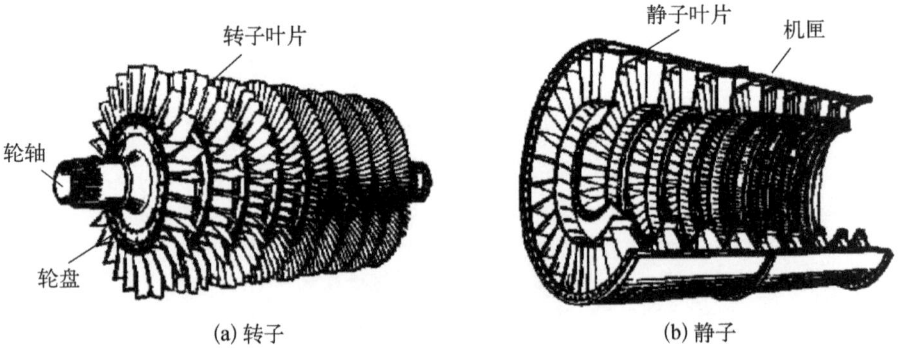

图 4－1 压气机的组成

图 4－2 为某压气机的剖面图。转子叶片固定安装在轮盘上，静子叶片固定安装在机匣上。将一组沿圆周安装的转子叶片和一组位于其后沿圆周安装的静子叶片组合在一起，叫作压气机的一级，例如，图 4－2 中标示出了第 1 级和第 4 级。可见，该压气机总共有 8 级，是典型的多级压气机。有的压气机在第 1 级之前还装有一排固定的或可变安装

角度的静子叶片，叫作压气机进口导流叶片。因为一级压气机的增压比不大，约为 1.2~1.5，而工作中又需要产生高压比的增压空气，所以航空燃气涡轮发动机所用的压气机都是由多级组成的。需要指出的是，为了减小压气机的级数、减轻质量，先进航空燃气涡轮发动机也会采用级压比更高的压气机。

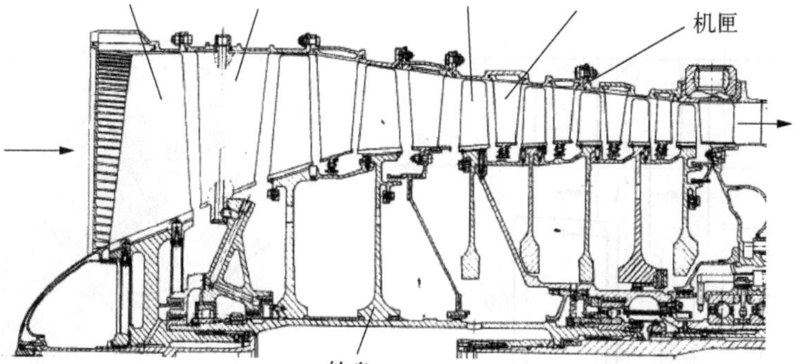

图 4－2　压气机剖面图

现代涡喷和涡扇发动机都广泛采用双转子结构。双转子压气机是由两个同心不同轴的压气机串联而成的，如图 4－3 所示。位于前面的是低压压气机，与低压涡轮一起组成低压转子；后面的是高压压气机，与高压涡轮一起组成高压转子。在工作中，两个转子没有机械上的固定连接，各自以不同的转速旋转。

虽然压气机的级数很多，但每一级的基本工作原理基本上是一样的，只是在多级压气机中，由于各级工作的环境与条件有所差异，会有一些特点。因此，可以说级是理解压气机工作原理的基本单元。

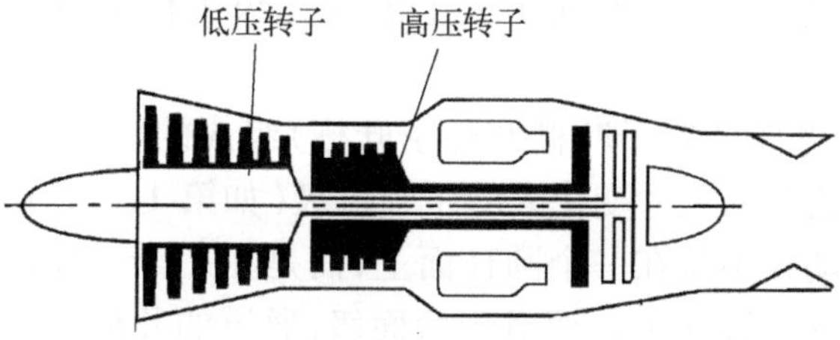

图 4－3　双转子发动机示意图

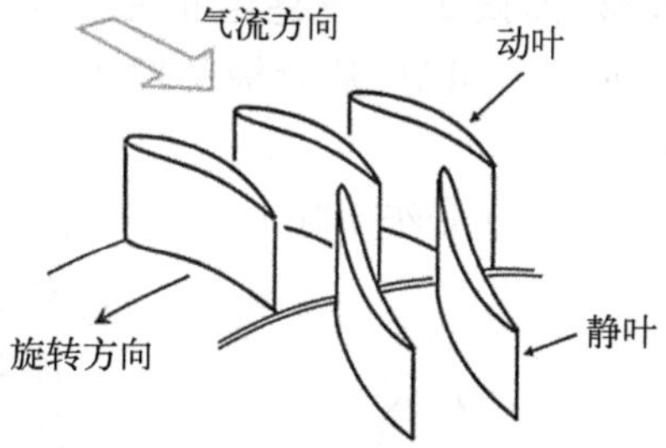

图 4－4　压气机的级

4.1.1.2　压气机的级

压气机的一级又可称为单级压气机，一般由一排动叶和一排静叶组成，如图 4－4 所示。很多单级压气机动叶进口会安装一排进口导叶，此时单级压气机也会描述为 1.5 级压气机。实际上，虽然压气机一级的轴向尺寸不大，但是其进出口的几何参数仍存在差异，尤其是前几级更为明显（图 4－2）。这里，进行一些简化处理，假设其进出口几何参数变化不大，或者以进口尺寸作为一级的代表。图 4－5 为压气机级的几何参数示意图，常用的几何参数有级的外径 D_t(有时也等同于转子叶片的外径)、级的内径 D_h(或轮毂的外径)、平均直径 $D_m=(D_t+D_h)/2$(算术平均)或 $D'_m=\sqrt{(D_t^2+D_h^2)/2}$ (几何平均)、轮毂比 $d=D_h/D_t$、径向间隙 δ、轴向间隙 Δ。

为了分析说明气流参数的变化,在动叶进出口和静叶出口各取一个特征截面,截面的符号规定如下:动叶进口为截面①,动叶出口及静叶进口为截面②,静叶出口为截面③。

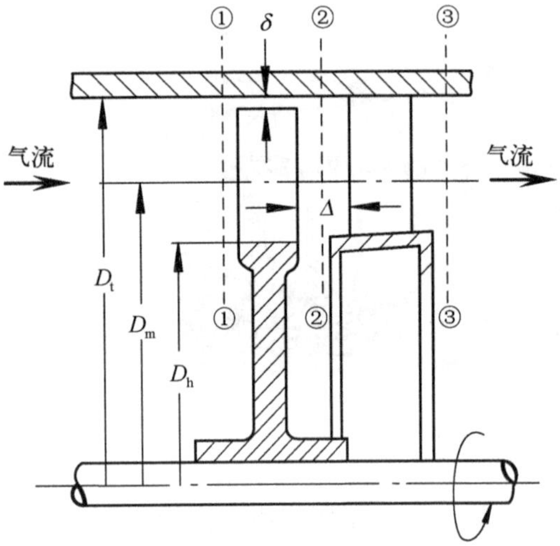

图 4-5　压气机级的几何参数与截面定义

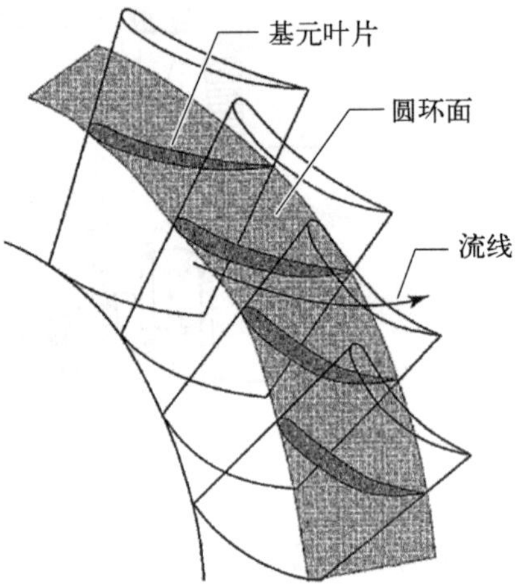

图 4-6　基元级的概念

4.1.1.3　基元级

在分析压气机的工作原理时,基元级是一个重要的概念和基础。如图 4-4 所示,虽然压气机级中的气流参数沿叶片高度方向有所不同,但可以将气流的流动简化为在不同半径的同心圆环面上,其工作原理基本上是相同的。在这个圆环面上的压气机级就叫作基元级,即认为一级是由很多个基元级沿半径方向从轮毂到叶尖叠加而成的,如图 4-6 所示。可见,基元级的厚度是无限薄的,而且不同半径上的基元级工作原理基本相同。

因此,基元级实际上是由两个环形叶栅(即转子叶栅和静子叶栅)组成的。很显然,对于通道几何尺寸变化大的压气机级(如第 1、2 级),气体的流动并不是在一个圆柱面上,而是在一个半径沿轴线变化的回转面上。而对于后面级,通道的几何尺寸变化不大,可以近似认为气流的流动是在同一圆柱面上,此时的基元级称为圆柱面基元级。为简化分析,后面所讨论的基元级均是指圆柱面基元级,并统称为基元级。

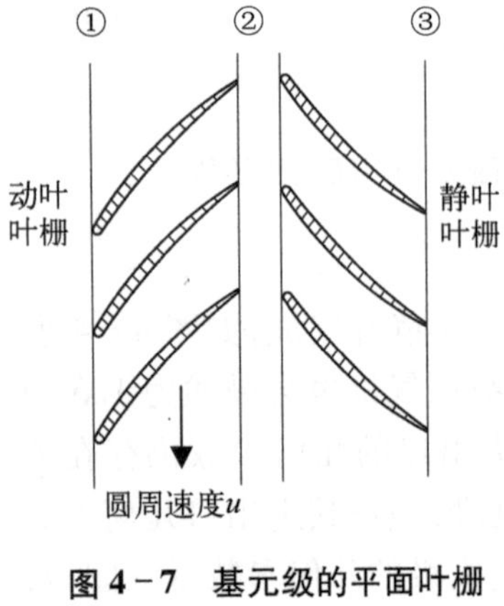

图 4-7　基元级的平面叶栅

为了便于分析问题,常常把基元级的环形叶栅展开成为平面叶栅,并同时把转子叶片的圆周运动转化为平面直线运动,其运动速度 $u=r\omega$(r 是半径,ω 是转子旋转角速度),即等于圆周切线速度,简称为圆周速度 u,如图 4-7 所示。

因此，单级是多级压气机的基本单元，而基元级的工作又将是单级的典型代表，所以基元级的概念给分析工作带来了方便。但应当注意的是，基元级毕竟是一种简化假设，压气机的详细流场分析仍然需要通过试验或先进的计算来得到。

4.1.2　基元级工作原理

在压气机级的众多基元级中，一般平均半径 $r_m = D_m/2$ 处的基元级最具有代表性，所以下面以此为对象来分析基元级的工作原理。

4.1.2.1　平面叶栅的主要几何参数

平面叶栅由多个形状相同的叶型排列而成，所以其几何参数包括描述叶型形状的几何参数和叶型位置的几何参数。

1. 叶型的几何参数

一个典型的叶型如图 4-8 所示，其基本几何参数主要如下。

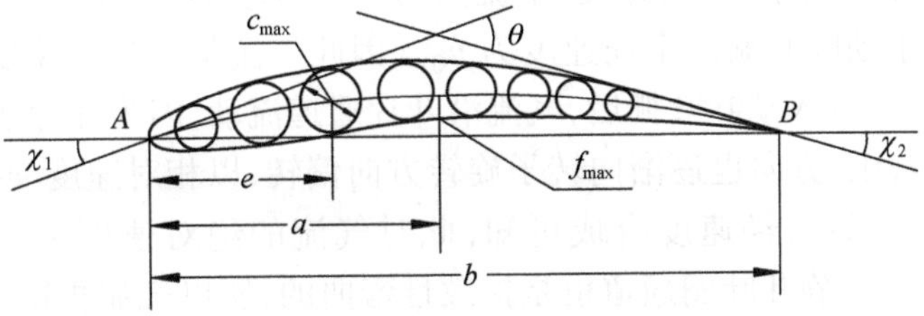

图 4-8　叶型的几何参数

(1) 中弧线：叶型内切圆中心的连线为中弧线。

(2) 弦长 b：中弧线与叶型型线的前后缘分别交于 A 和 B，则 A 和 B 两点的连线称为弦，弦的长度称为弦长，以符号 b 表示。

(3) 最大相对厚度 $\bar{c}$：叶型中最大内切圆的直径为最大厚度 c_{max}，它与叶型前缘的距离为 e。最大相对厚度为 $\bar{c} = c_{max}/b$，其相对位置为 $\bar{e} = e/b$。

(4) 叶型弯曲角 θ：叶型中弧线的前缘切线和后缘切线之间的夹角，$\theta = \chi_1 + \chi_2$，表示叶型的弯曲程度。θ 越大，叶型弯曲得越厉害。

(5) 叶型型面坐标：叶型上下表面的坐标值。叶型凸面称为吸力面（或叶背），叶型的凹面称为压力面（或叶盆）。

2. 决定叶型在叶栅中位置的几何参数

把叶型排列成叶栅时，必须有确定的位置，如图 4-9 所示。决定叶型在叶栅中位置的几何参数主要如下。

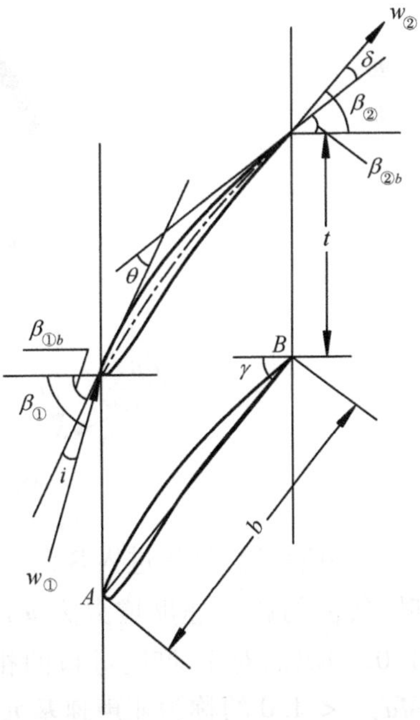

图 4-9　决定叶型位置的几何参数

(1) 叶型安装角 γ：它是叶型弦线与压气机轴线所

构成的夹角。安装角表示叶型在叶栅中的安装方向。

（2）叶距 t：两相邻叶型对应点之间的距离，又称为栅距。

有了叶型安装角 γ 和叶距 t 之后，叶型在叶栅中的位置便完全确定了。

（3）叶栅稠度 τ：弦长和叶距的比值，即 $\tau = b/t$。稠度用来表示叶片的相对疏密程度，τ 大，说明叶片的排列比较稠密，反之则排列较稀疏。

（4）叶片的进口角 $\beta_{①b}$ 和出口角 $\beta_{②b}$：分别是中弧线的前缘切线和后缘切线与压气机轴线的夹角。这两个角度是确定气流在叶栅进口和出口截面上流动方向的参考基准。

4.1.2.2 气流在基元级中的流动情形

如前所述，当转子旋转时，动叶叶栅以圆周速度 u 运动。按照所取坐标系的不同，气流在基元级中的流动有绝对运动和相对于动叶的相对运动。其中，气流的绝对运动速度以符号 c 表示，方向角用 α 表示；气流的相对运动速度用 w 表示，方向角用 β 表示。注意，所有的方向角都是与压气机轴线的夹角。

如图 4-10 所示，气流以绝对速度 $c_①$ 流向动叶叶栅，方向角为 $\alpha_①$。在固连于动叶的相对坐标系中，由于动叶叶栅的牵连速度为 $u_①$，因此气流是以相对速度 $w_①$ 流向动叶叶栅的，方向角为 $\beta_①$。进入动叶叶栅后，气流沿叶片通道流动，因为叶片通道是扩散且弯曲的，所以气流减速增压，方向也逐渐向转子旋转方向偏转，以相对速度 $w_②$ 流出，方向角为 $\beta_②$。再回到绝对坐标系，经速度合成可知，此时气流的绝对速度为 $c_②$。气流以速度 $c_②$ 流入静叶叶栅通道，静叶叶栅通道也是扩散且弯曲的，所以气流再次减速增压，方向也逐渐向轴线方向偏转，最后又以 $c_③$ 流出静叶叶栅，而后流向下一级。

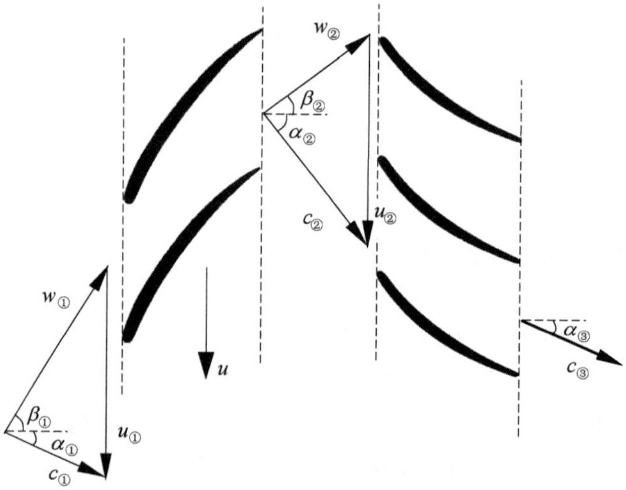

图 4-10　基元级中的气流速度变化

一般来说，气流进入基元级的绝对速度都是亚声速，即 $Ma_{c_①} < 1.0$。但是相对于动叶，气流的相对速度增大为 $w_①$，也可能出现进口相对气流超声速的情况，即 $Ma_{w_①} > 1.0$。所以，对于动叶，进口的相对气流速度有亚声速和超声速两种情况。设计适用于 $Ma_{w_①} < 1.0$ 的称为亚声速基元级，而设计用于 $Ma_{w_①} > 1.0$ 的为超（跨）声速基元级。气流流过超（跨）声速基元级时，会形成激波，即可实现气流的减速增压，超（跨）声速叶栅通道的扩散弯曲程度一般远小于亚声速叶栅，这也导致两种叶栅的几何外形有较大差异。

压气机工作时，由于工作状态变化较大，气流在流过动叶叶栅和静叶叶栅时，其速度方向可能与叶栅几何参数中的角度一致，也可能不一致。常用下面的几个角度来说明气流方向的偏离程度(以动叶叶栅为例)。

(1) 气流进气角($\beta_{①}$)：叶栅进口截面上气流相对速度方向与压气机轴线的夹角。

(2) 气流冲角(i)：又称为迎角。表示气流流入动叶叶栅时相对于叶栅进口角 $\beta_{①b}$ 的偏离程度，即 $i=\beta_{①}-\beta_{①b}$。可见，冲角可以等于 0，也可能是正值(称为正冲角)或负值(称为负冲角)。冲角是一个非常重要的参数，其变化对压气机的工作影响很大。如图 4-11 所示，正冲角时，气流在叶背(吸力面)加速较快，这会使得气流在减速过程中承受的逆压梯度增强；当冲角增大到一定程度后，叶背上就会发生气流流动分离现象。相反，当负冲角达到一定程度时，气流会在叶盆(压力面)上发生流动分离。气流分离不仅造成更大的流动损失，堵塞通道，降低效率，叶背气流分离严重时还会引起旋转失速或喘振等稳定性问题。

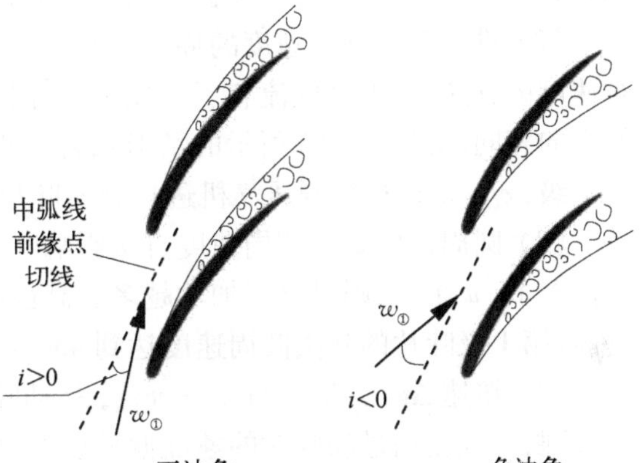

图 4-11　冲角变化对气流流动的影响

(3) 气流出气角($\beta_{②}$)：叶栅出口截面上气流方向和压气机轴线的夹角。

(4) 气流落后角(δ)：由于气流的惯性和附面层的影响，气流出气角 $\beta_{②}$ 通常是大于叶片出口角的，其差值称为落后角，即 $\delta=\beta_{②}-\beta_{②b}$。

(5) 气流转折角($\Delta\beta$)：表示气流流过叶栅时流动方向的变化程度。由图 4-10 可知，$\Delta\beta=\beta_{①}-\beta_{②}=\theta+i-\delta$。可见，对于已设计定型的叶片，其弯曲角 θ 是一定的，在一定的压气机工作范围内，落后角的变化不大，所以气流的转折角主要由冲角决定。

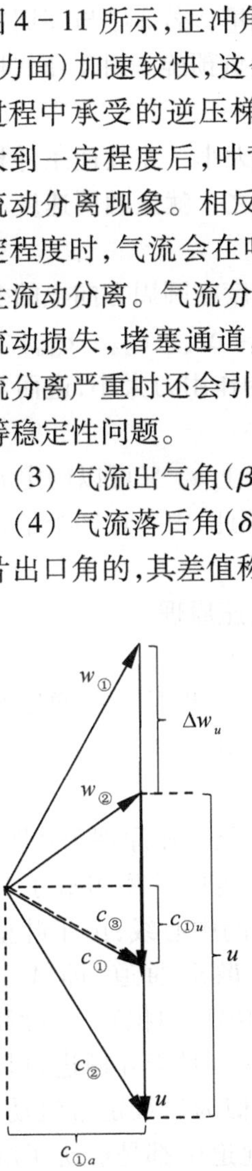

图 4-12　简化的速度三角形

4.1.2.3　基元级的速度三角形

由图 4-10 中可以看到，分析气流在动叶和静叶中的流动情况时，经常遇到绝对速度和相对速度的转换问题，于是，联系 w 与 c 的速度矢量图就成为重要的工具。为了便于直观地对比分析，常常将动叶叶栅和静叶叶栅进出口的速度关系画在一起，构成基元级的速度三角形。速度三角形表明了气流速度的变化情形，而气流速度的变化又决定了压气机的工作状态。因此，通过速度三角形就可以分析压气机的工作状态的变化。

图 4-12 为常用的简化速度三角形，简化条件为进出口气流的轴向分速度近似相等，以及圆周速度近似相等，即 $c_{①a}\approx$

$c_{②a} \approx c_{③a}$ 和 $u_{①} \approx u_{②} \approx u$，且 $c_{①}$ 与 $c_{③}$ 的方向角也相同。需要指出的是，该速度三角形仅适用于亚声速基元级（即采用亚声速叶栅），对于超跨声速的情况将在后面讨论。

由图 4－12 可以看出，速度三角形取决于四个量，即 $c_{①a}$、$c_{①u}$、u 和 Δw_u，而这四个量与压气机的工作状态和性能密切相关。

（1）进口气流绝对速度的轴向分速 $c_{①a}$。在设计状态，压气机的 $c_{①a}$ 大小决定或影响发动机的流量、迎风面积和压气机效率等关键参数。例如，$c_{①a}$ 增大，在空气流量一定时，压气机的进口截面积就可以减小，这有利于减小整台发动机的迎风面积；而在进口面积一定时，则可以增大空气流量。目前小涵道比航空燃气涡轮发动机的设计进口轴向速度为 180 m/s 左右。但 $c_{①a}$ 过高又会影响压气机的效率。

（2）进口气流绝对速度的周向分速 $c_{①u}$。当气流进入动叶之前，在圆周方向就有绝对速度的分速时，说明气流有了预先旋转，因此又将 $c_{①u}$ 称为预旋量。若 $c_{①u}$ 与圆周速度的方向相同（如图 4－12 所示的情形），称为正预旋。反之，则称为负预旋。对于压气机的第 1 级，$c_{①u}$ 是通过控制压气机进口导流叶片的角度来产生的。

（3）圆周速度 u。圆周速度直接影响叶片对气流的加功量的大小。在其他条件相同的情况下，u 越大，则对气流加功越多。高性能压气机发展的特征之一就是圆周速度不断提高，第 1 级叶片的叶尖圆周速度达到 450 m/s，甚至更高。

（4）扭速 Δw_u。$\Delta w_u = w_{①u} - w_{②u}$，是动叶进、出口气流相对速度在圆周方向上的变化量，反映了气流通过动叶时的速度偏转程度，故称为扭速。又 $\Delta w_u = \Delta c_u = c_{②u} - c_{①u}$，实际上也代表了气流在圆周方向上的动量变化，可以反映圆周方向上的作用力大小，进而与基元级的做功量有关。

显然，在简化速度三角形中，已知 $c_{①a}$、$c_{①u}$，就可以确定 $c_{①}$，加上 u，又可以确定 $w_{①}$，再加上 Δw_u 后，即能确定 $w_{②}$，最后再利用 u，即可最终确定 $c_{②}$。因此，由上述四个量就确定了基元级速度三角形。

4.1.2.4　基元级的增压原理

1. 基元级中的增压流动

气流在基元级中的流动过程是一个增压的流动过程，但是在亚声速基元级和超（跨）声速基元级中的流动并不完全相同。

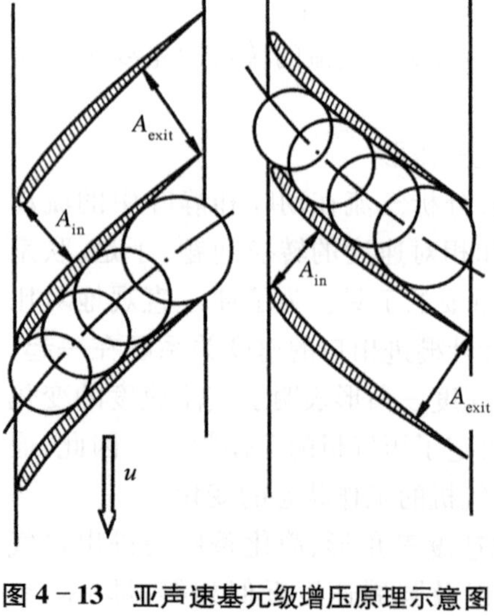

图 4－13　亚声速基元级增压原理示意图

图 4－13 为亚声速基元级增压原理示意图，可以看出，两个相邻的带有弯度的叶型组成了弯曲的叶栅通道，沿着叶栅通道的中心线，由于叶型的厚度分布不同，形成了扩散形通道，即 $A_{exit} > A_{in}$（A_{in} 和 A_{exit} 分别是进口和出口面积）。动叶和静叶的叶栅通道都是扩散形的。对于叶栅进口是亚声速气流的情况，将气流近似为一维定常流动，可知气流在动叶和静叶叶栅通道中都是经历了减速增压的流动过程。所以气流的速度减小，压力升高，即 $w_{②} < w_{①}$、$p_{②} > p_{①}$，以及 $c_{③} < c_{②}$，$p_{③} >$

$p_{②}$。因此，亚声速基元级实现了对气流的增压作用。

对于相对气流速度为超声速的情况，亚声速基元级的叶栅前缘比较圆钝，将产生脱体激波，从而造成过大的流动损失，所以需采用具有超声速叶栅的超声速基元级。

如图 4－14 所示，在 $Ma_{w_{①}} > 1.0$ 的情况下，超声速气流流过亚声速叶栅时，在每个叶片前都产生脱体激波 ABC。超声速气流经过该激波后压力得到提高，速度降低，但还可能在叶片上表面的前段加速形成膨胀波，使得气流的速度提高。在叶栅通道内，脱体激波的 BC 部分近似为正激波，强度很大，一方面，增大压强，但是会产生较大的损失。另一方面，在 C 点引起叶背附面层分离，产生流动损失。所以，虽然可以利用激波增压，但是流动损失很大，压气机效率低，只适用于超声速程度较低的基元级。

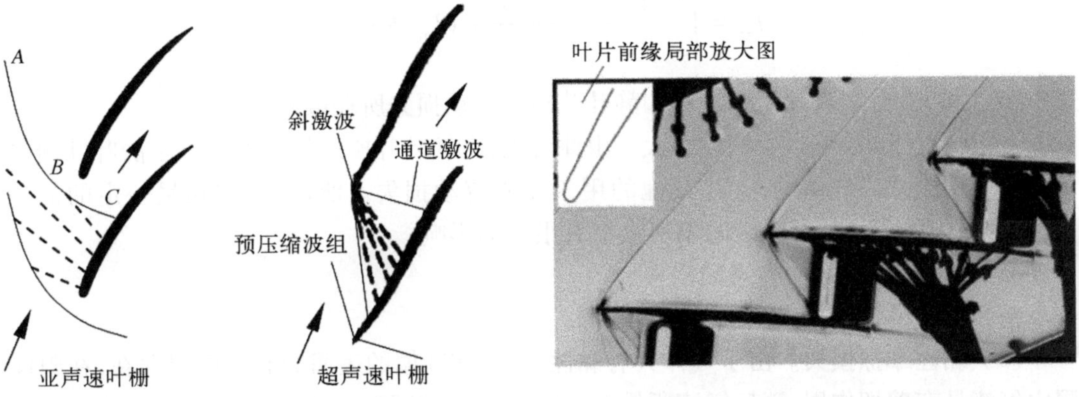

(a) 超声速基元级增压原理示意图　　(b) 超声速叶栅试验纹影图

图 4－14　超声速基元级增压原理

当 $Ma_{w_{①}}$ 更大时，为保证压气机的高效率，采用薄前缘且小弯度的超声速叶栅。此时，在叶栅前缘产生斜激波，而且还可在叶片上表面的前段形成预压缩波组，既可以不断提高气流压力，又能够减小通道激波强度，降低激波损失和分离损失，提高压气机工作效率。

2. *动叶对气流的加功量*

气流之所以能在基元级中流动并产生速度的变化，其根本原因还在于高速旋转的动叶对气流做功，给气流加入了能量。显然，动叶加功量的大小直接影响着压气机的增压能力。

如前所述，气流经过基元级的动叶叶栅时，在圆周方向上产生速度变化，也就是动量变化，说明叶片在圆周方向上施加了作用力，从而改变气流的速度。反过来，气流也会对叶片产生反作用力，叶片旋转就必须克服这一作用力，从而对气流做功。因此，可以应用动量方程来求解，确定作用力及所做的功。

基于简化的速度三角形，可以得到动叶叶栅对气流在圆周方向上的作用力为

$$F_{ue} = W_{ae}(c_{②u} - c_{①u}) = W_{ae}\Delta c_u = W_{ae}\Delta w_u \qquad (4-1)$$

其中，W_{ae} 为基元级的空气流量，作用力的方向与圆周速度方向相同。

所以，动叶叶栅对气流所做的功可表示为作用力与圆周速度的乘积，对于单位流量的

气流有

$$l_{ue} = (F_{ue}u)/W_{ae} = u\Delta w_u \tag{4-2}$$

其中，l_{ue} 称为基元级的轮缘功，单位为 J/kg。

可见，增加动叶对气体加功量的途径有两种，一是提高动叶的圆周速度 u，二是增大扭速 Δw_u。多年来，压气机的叶尖圆周切线速度已从 20 世纪 50 年代前的低于 300 m/s 发展到今天的接近 500 m/s，显著地提高了做功能力。

对于基元级，还可以应用伯努利方程来说明其能量转化关系。将式(1-30)所表述的伯努利方程应用于基元级，可得

$$l_{ue} = \int_{p_{①}}^{p_{③}} \frac{dp}{\rho} + \frac{c_{③}^2 - c_{①}^2}{2} + (l_{rre} + l_{rse}) \tag{4-3}$$

式中，l_{rre} 和 l_{rse} 分别表示动叶叶栅和静叶叶栅中流动损失所耗散的功。

一般情况下，$c_{①}$ 与 $c_{③}$ 相差不大。由此可见，由动叶叶栅所加入的功大于静叶叶栅出口大部分用于提高气体的压力，其他的用于克服流动损失。所以，在加功量一定的情况下，流动损失的大小对基元级的增压性能有很大的影响。

4.1.2.5 基元级中的流动损失

基元级中的流动损失主要有四个来源：

（1）黏性摩擦损失。由于气体具有黏性，因此在叶栅的表面会有附面层存在，在附面层内气流具有剪切作用，消耗气流所具有的能量，造成损失。

（2）分离损失。在压气机基元级中，气流是减速增压流动的，因而沿流线方向具有逆压梯度。而根据附面层的流动特点可知，在足够大的逆压梯度作用下，附面层就会发生分离，形成涡流，使损失剧增。如前所述，冲角变化过大会产生流动分离，从而增大损失。在超声速条件下，激波和附面层相互干扰将会使叶背附面层大大增厚，导致流动分离。

（3）激波损失。当 $Ma_{w_{①}} > 1.0$ 时，不论是亚声速叶栅，还是超声速叶栅，都会产生激波，如脱体激波、通道激波等。气流经过激波后，在压力提高的同时，气流的总压会下降，形成总压损失。

（4）尾迹损失。由于叶片的尾缘总有一定厚度，因此沿叶背和叶盆流来的两股气流，在离开尾缘时会出现附面层的脱离和旋涡，形成尾迹区，并造成损失，称为尾迹损失。而且，因为叶背的附面层厚而叶盆的附面层较薄，所以尾迹上下是不对称的，在后续的流动中发生掺混而耗散机械能，形成掺混损失。

上述这四种流动损失又统称为基元级的叶型损失。

4.1.3 压气机级工作原理

如前所述，压气机的级可以看成沿半径方向由基元级叠加而成。虽然各基元级的工作原理基本相同，但是在级的工作条件下，各基元级的气流流动状态并不完全相同。因此，压气机级的工作就具有一些特点。其中比较突出的是参数沿径向的变化、叶片沿叶高的扭转造型以及新出现的流动损失。

4.1.3.1　参数沿径向的变化与叶片扭转

以压气机第 1 级为例，在没有进口导流叶片的情况下，一般都是轴向进气的，即在所有的叶片高度上都有 $c_{①u}=0$。在进口气流参数均匀且不考虑通道曲率影响的情况下，沿叶高的进口速度均相等，且 $c_{①}=c_{①a}$。但是，圆周速度 u 沿叶高却是变化的，随着半径的增大而增大。于是，其基元级的进口速度三角形沿叶高的变化如图 4－15 所示，其特点是气流进气角 $\beta_{①}$ 从叶根向叶尖逐渐增大。若此时仍在不同叶高上采用相同的基元级，则将造成非常不利的结果。例如，假定在叶中（平均半径）处的基元级进口气流的冲角接近零（$i_{rm}\approx 0$）时流动较为理想。那么，在叶尖处则由于 $w_{①}$ 方向陡峭而形成较大的正冲角（$i_{rt}>0$），这可能导致叶背流动分离加剧；在叶根处，则形成较大的负冲角（$i_{rh}<0$），可能导致叶盆流动分离增大。结果是损失增大，效率非常低，甚至可能由于气流严重分离而无法正常工作。同时，叶根与叶尖处的扭速变化也相当大，造成加功量沿叶高分布严重不均，影响叶片对气流的增压作用，也严重影响静子叶片的工作，降低其性能。因此，为增强压气机级的增压能力，提高效率，动叶叶片和静叶叶片的安装角、叶型和转折角等均应沿着叶高有适应性的变化。所以，实际的叶片都是扭转的，例如，动叶叶片沿叶高是逐渐向旋转方向扭转的，如图 4－16 和图 4－17 所示。其中，大涵道比涡扇发动机的风扇叶片由于尺寸大，效率要求高，扭转更为明显，造型也更复杂。

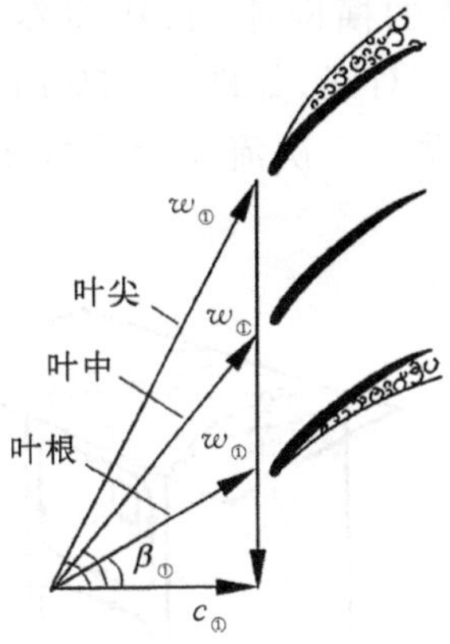

图 4－15　进口速度三角形沿叶高的变化

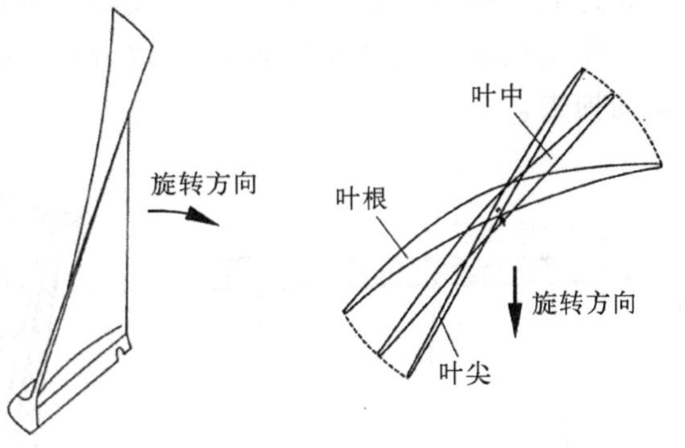

图 4－16　压气机叶片沿叶高的扭转

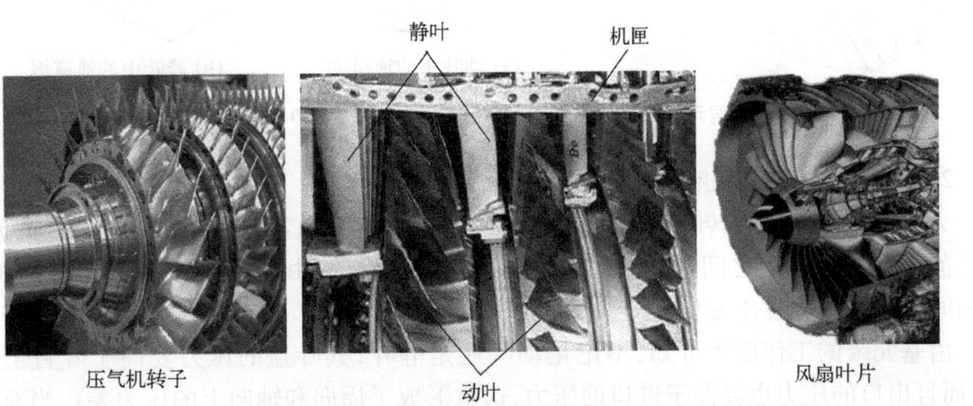

图 4－17　压气机(风扇)叶片实例

叶片采用何种扭向规律，应根据压气机级的位置以及具体的工作条件来选取，使得其有良好的气动性能，同时要兼顾叶片的结构、强度和工艺性，这实际上也就是压气机气动设计的重要问题。

4.1.3.2 级的流动损失

在压气机级的工作环境和条件下，流动情况更为复杂，除了叶型损失，还会产生其他类型的损失。

1. 端壁附面层引起的损失

在机匣内壁和轮毂外壁上，由于气体具有黏性，必然会有附面层存在，这称为端壁附面层，如图 4－18 所示。

端壁附面层所导致的损失主要有：① 摩擦损失。由端壁附面层内气流的黏性剪切作用而导致的流动损失。② 增大叶尖和叶根部位的叶型损失。端壁附面层的存在，造成叶片端部（叶尖和叶根）区域内气流速度下降，使进气角与安装角的偏差加大，引起基元级叶型损失增大。同时，还与叶型附面层相互作用，形成复杂的三维流动，使流动损失变大。③ 形成通道涡等二次流动损失。在叶片通道中，气流压力在周向的分布实际上是不均匀的，叶盆区域压力高，叶背区域压力低，这一压力差与正常偏转流动的压力梯度相平衡。但是在端部区域，端壁附面层内气流速度低，这一平衡被打破，在压差力的作用下，气流会形成由叶盆向相邻叶片叶背的横向流动，从而卷起通道涡。通道涡在叶片尖部和根部总是成对出现的，故又称为对涡，如图 4－19 所示。因为这一流动的方向与主流方向不一致，故又称为二次流动。二次流动会干扰主流，导致流动损失。

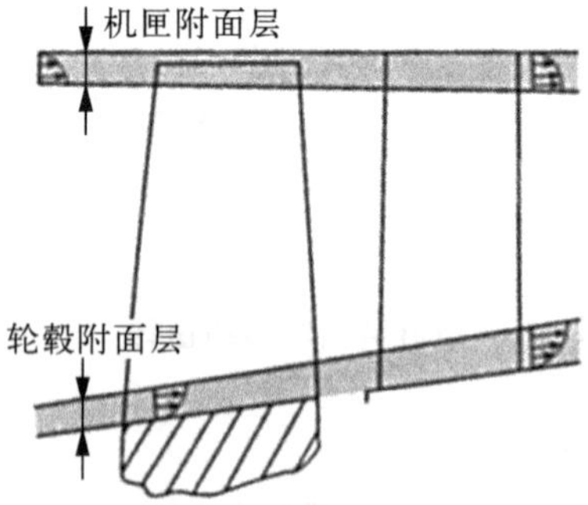

图 4－18　端壁附面层示意图

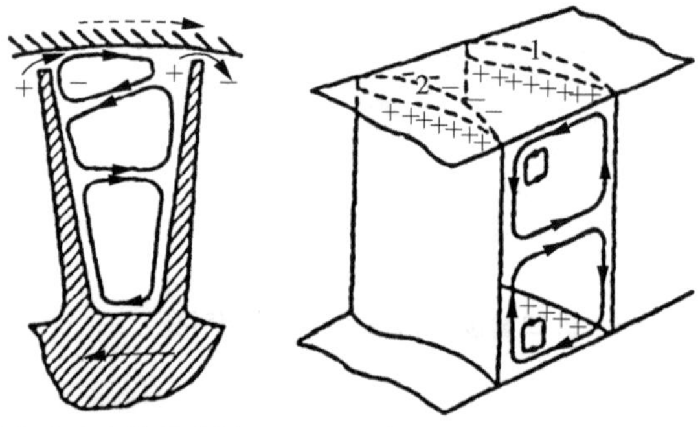

(a) 动叶中的通道涡　　(b) 静叶中的通道涡

图 4－19　通道涡示意图

2. 径向间隙引起的损失

为了避免压气机旋转时动叶叶尖与机匣内壁相摩擦，两者之间存在一定的径向间隙。有的静子叶片与轮毂之间也留有间隙。在压气机工作中，由于叶片、机匣热膨胀等原因，径向间隙还可能会发生变化。

由基元级的工作原理可知，不论是动叶还是静叶，其叶盆的压力要高于叶背上的压力，而且出口的压力也要高于进口的压力，这就形成了周向和轴向上的压力差。当有间隙时，在轴向压力差的作用下，就会通过间隙而形成倒流；在周向压力差的作用下，形成由叶盆向叶背的横向流动，称为叶尖间隙泄漏流，如图 4 – 20 所示。

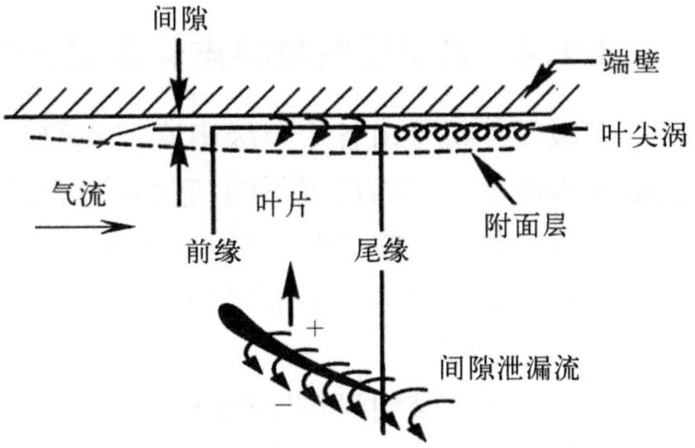

图 4 – 20　叶尖间隙流动

径向间隙中的倒流和泄漏流也是二次流动，会产生叶尖涡等复杂流动，与主流相互作用，造成流动损失。

很显然，径向间隙所导致的流动损失与间隙的大小密切相关，应对间隙的大小进行控制。通常，为了减小间隙，并且保证转子工作安全，在机匣内壁上加上石墨、滑石粉等材料的涂层。随着制造工艺技术的提高和材料的改进，又出现了一些有效的封严结构，如蜂窝结构等，取得了较好的效果。20 世纪 70 年代之后，出现了“主动间隙控制”技术，其原理是在机匣上开有环腔，并在腔中通以可控温度的气体，以保证机匣和动叶尖部在不同的飞行条件和发动机状态下，均有理想的径向间隙。需要指出的是，这里的理想径向间隙并非越小越好，研究表明，当叶片尖部存在一定间隙时，可以减弱端壁附面层横向流动引起的二次涡，进而提升压气机效率。

3. 叶片表面附面层迁移引起的损失

在动叶叶片表面的附面层内，由于黏性作用，可以认为气体微团与叶片“粘”在一起旋转，在惯性离心力的作用下，附面层内的气体微团就会沿着叶片表面由叶根流向叶尖，形成叶片表面附面层的迁移。而在静叶中，由于静叶表面的附面层内气流微团的绝对速度很小，在上下压力差的作用下，形成附面层内气体微团由机匣向轮毂方向的迁移。这些附面层的迁移，会使叶片表面上的附面层分别向动叶叶尖和静叶叶根处堆积，增加端壁附面层的厚度和影响，甚至引起分离，使流动损失增加。

4. 角区流动损失

在转子叶片叶根与轮毂的相交区域，以及静子叶片与机匣内壁或下支撑环的相交区域，都形成了角区。由于端壁附面层和叶片表面附面层之间的相互阻滞作用，角区的附面层增长很快。同时，轮毂壁面或机匣壁面附面层中的横向迁移流动又使得吸力面表面上的附面层厚度大大增加，使得一般情况下角区比其他区域更加容易产生流动分离，称为角区分离，如图 4 – 21 所示。角区分离形成角涡，也加剧了通道涡的发展，产生较大的流动损失。

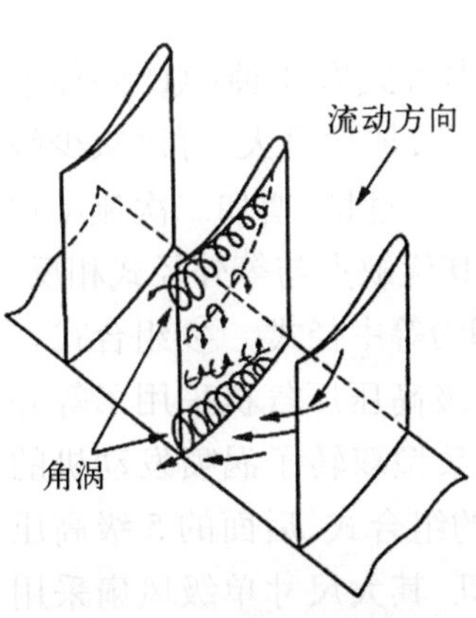

图 4 – 21　角区流动示意图

上述这四类损失都是由二次流动而产生的，所以通常统称为二次流动损失。二次流动损失在沿叶高的不同基元截面上的数值差别很大，但叶尖区域损失为最大，流动也最为复杂。据某型涡扇发动机的分析数据，从设计工作状态到非设计工作状态，压气机中的端壁二次流动损失约占总损失的 50%～70%，叶型损失占据了剩余的 30%～50%。

4.1.4 多级压气机特点和主要性能参数

多级压气机是由各个单级串联组成的，虽然各级的基本工作原理是相同的，但是由于各级在多级流程中的位置不同，它们的几何尺寸和进口参数也各不相同，而且各级之间互为上下游且相互影响，因此就形成了多级压气机工作的一些特点。

4.1.4.1 多级压气机的特点

1. 流道形式

图 4－22 是某型涡扇发动机的高压压气机流道剖面图，该压气机共有 10 级，前面有一排可调进口导流叶片，共计 21 排叶片。可以看出，压气机的环形通道面积是逐级减小的，流道形状呈收敛形，叶片的高度也是逐级减小的。这是因为空气流入压气机后，其压力逐级提高，所以密度也逐级增大，由流量连续方程可有 $\rho_n A_n c_{na} = \rho_{n+1} A_{n+1} c_{(n+1)a}$，其中的下标“$_n$”和“$_{n+1}$”分别表示第 n 级进口及出口（或第 $n+1$ 级进口），c_{na} 表示截面的平均轴向速度。可见，若保持各级的进出口面积相等，由于密度逐级增大，则级出口的轴向速度必然要减小，且级数越多，减小得也越多。由基元级的工作原理可知，气流的轴向速度减小，会使得气流的冲角随之增大，为了减小损失，叶片的安装角必须越来越大。实践证明，这会使动叶对气流的加功量大大减小，损失增加，增压能力降低，效率降低。所以多级压气机的流道形式应是逐级收敛的，环形通道面积逐级减小，以使各级的进口气流轴向速度在设计状态下大致相等或变化不大，以获得良好的性能。

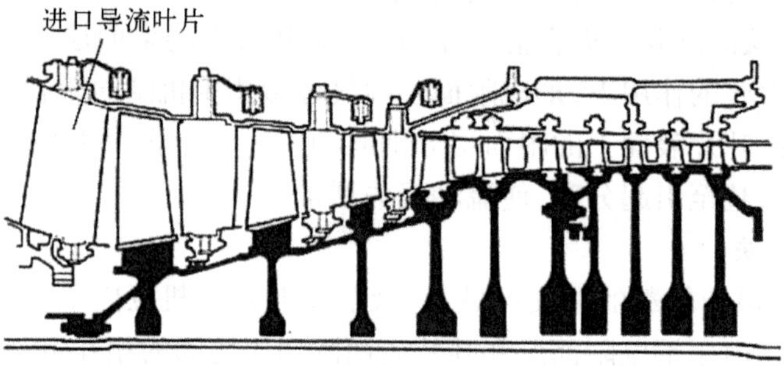

图 4－22 高压压气机流道剖面图

航空燃气涡轮发动机压缩系统常见的减小流道面积的基本方式有 4 种：① 外径不变，而内径逐级增大，又叫作等外径式，其优点是轮缘圆周速度大，加功量大，可以减少级数。但是对于高增压比的压气机，这会导致后面级的叶片高度减小过快，增加二次流动损失，效率降低。② 内径不变，而外径逐级减小，又叫作等内径式，其优缺点与等外径式相反。③ 内径逐级增大，而外径逐级减小，又叫作等中径式，图 4－22 即为等中径式。④ 组合式。

例如，图 4－23 中的小涵道比涡扇发动机的压缩系统，其 9 级高压压气机采用了等外径式，而 4 级低压压气机（风扇）则是等中径式。图 4－24 中的某型双转子涡喷发动机的压缩系统中，前面的 3 级低压压气机采用的是等外径和等中径的组合式，后面的 5 级高压压气机采用的是等内径式。图 4－25 中的大涵道比涡扇发动机，其大尺寸单级风扇采用了等外径式，而 10 级高压压气机采用的是等中径式。

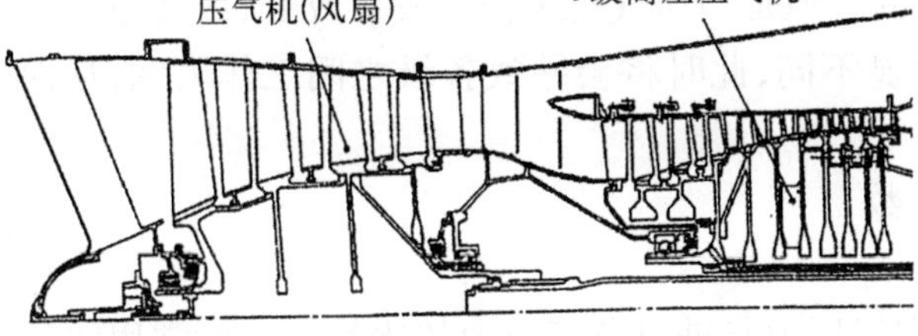

图 4-23　某型小涵道比涡扇发动机的压缩系统

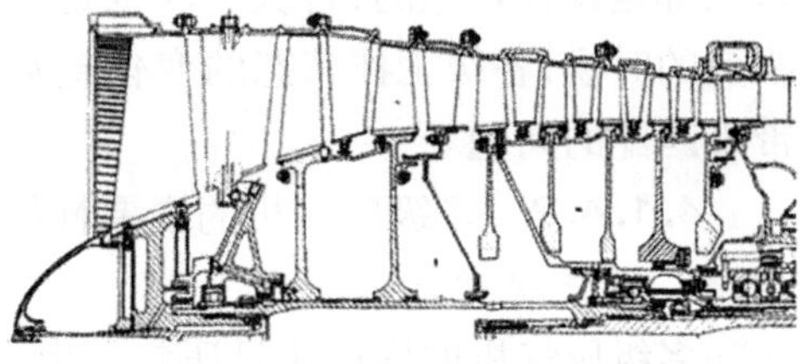

图 4-24　某型双转子涡喷发动机的压缩系统

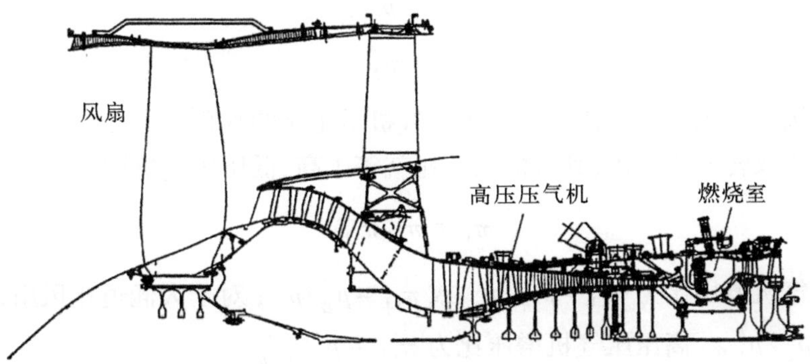

图 4-25　某型大涵道比涡扇发动机的压缩系统

2. 各级加功量和效率的变化

在多级压气机中,压气机功并不是平均地分配给各级,而是按具体情况进行分配的。中间级压气机工作条件较好,效率较高,应该多分配一些功。亚声速压气机的第 1 级和后面级应该少分配些功,这是因为第 1、2 级的气流温度较低,相对气流马赫数较高,效率较低,而最后两级叶片较短,环壁附面层影响大,二次损失较大,效率也相对低。第 1、2 级为超跨声速级时,其做功能力强,分配的功比较大。因此,各级叶片的扭向规律不同,几何参数也不相同。

3. 轴向速度沿压气机流程的变化

为了减小压气机迎风面尺寸,第 1 级压气机的进口轴向速度都比较高,超跨声级压气机的可达 210~240 m/s。压气机的最后级与燃烧室相连,为保证稳定燃烧,最后级的气流速度不宜过高,一般为 120~150 m/s。

4. 级间的相互影响

当一个压气机级单独工作和它作为多级压气机中的一级工作时,由于压气机级之间互为上下游,存在相互干扰,其性能可能有较大的差异。多级压气机固有的级间干扰效应主要有上下游叶片排的位流干扰和前面级的尾迹干扰。此外,当偏离设计状态较多时,引起某些级流动参数的不良分布,甚至出现不稳定流动。这些干扰一般都是非定常的,属于非定常效应。

5. 综合考虑各级工作的匹配

多级压气机设计的一个难点在于不同转速、不同工况下,各级都要能很好地匹配工作。在设计点，多级压气机各级显然是匹配的，因为合理的设计本身就保证了各级的流动状况都是比较理想的，各级流动也是匹配的。但是当压气机工作点发生改变，或转速发生改变的时候，各级工作状态的变化趋势明显不同，此时将会导致各级之间工作失调，从而带来匹配的问题。

4.1.4.2 多级压气机的主要性能参数

1. 压气机增压比

多级压气机的增压比是压气机出口空气压力与进口空气压力的比值。一般常用的是用总压表示的增压比，即

$$\pi_{\mathrm{C}} = \frac{p_3^*}{p_2^*} \tag{4-4}$$

显然，多级压气机的增压比等于各级压气机增压比的乘积。

所以，对于双转子压气机，其总的增压比就等于高、低压压气机增压比的乘积，即

$$\pi_{\mathrm{C}} = \pi_{\mathrm{CL}}\pi_{\mathrm{CH}} \tag{4-5}$$

其中，低压压气机增压比为 $\pi_{\mathrm{CL}} = p_{2B}^*/p_2^*$，或 $\pi_{\mathrm{CL}} = p_{22}^*/p_2^*$；对于大涵道比风扇，经常用风扇增压比 $\pi_{\mathrm{F}} = p_{22}^*/p_2^*$。高压压气机增压比为 $\pi_{\mathrm{CH}} = p_3^*/p_{2B}^*$。

2. 压气机的功

1）等熵压缩功

在一定的进口条件下，经过定熵的压缩过程将 1 kg 气体压缩至指定增压比所消耗的功，称为压气机的等熵压缩功，用 $l_{\mathrm{C},s}$ 表示，单位是 J/kg。

根据能量方程式(1－30)以及定熵过程的参数关系式(1－13)，可得

$$l_{\mathrm{C},s} = i_{3s}^* - i_2^* = c_p(T_{3s}^* - T_2^*) = \frac{\gamma}{\gamma-1}RT_2^*(\pi_{\mathrm{C}}^{\frac{\gamma-1}{\gamma}} - 1) \tag{4-6}$$

同理，对于双转子压气机，也可得高、低压压气机的等熵压缩功分别为

$$l_{\mathrm{CH},s} = \frac{\gamma}{\gamma-1}RT_{2B}^*(\pi_{\mathrm{CH}}^{\frac{\gamma-1}{\gamma}} - 1) \tag{4-7}$$

$$l_{\mathrm{CL},s} = \frac{\gamma}{\gamma-1}RT_2^*(\pi_{\mathrm{CL}}^{\frac{\gamma-1}{\gamma}} - 1) \tag{4-8}$$

其中，低压压气机出口的总温为 $T_{2B}^* = T_2^*\left(1 + \frac{\pi_{\mathrm{CL}}^{\frac{\gamma-1}{\gamma}} - 1}{\eta_{\mathrm{CL}}}\right)$。

2）压气机功

在相同的进口条件下，将 1 kg 气体压缩到同一增压比，压气机实际所消耗的功叫作压气机功，用符号 l_{C} 表示，单位是 J/kg。同样，由能量方程得

$$l_{\mathrm{C}} = i_3^* - i_2^* = c_p(T_3^* - T_2^*) \tag{4-9}$$

图 4－26 是以焓-熵($i-s$)图表示的气体在压气机中的热力过程。可见,在同样的增压比下,由于实际的压缩过程存在流动损失等耗散因素,有熵增存在($\Delta s = s_3 - s_2 > 0$),因此实际的压气机功要大于等熵压缩功。

多级压气机的功等于各级压气机功之和,所以对于双转子压气机,有 $l_C = l_{CL} + l_{CH}$。其中,$l_{CL} = i_{2B}^* - i_2^*$,是低压压气机的功;$l_{CH} = i_3^* - i_{2B}^*$ 是高压压气机的功。

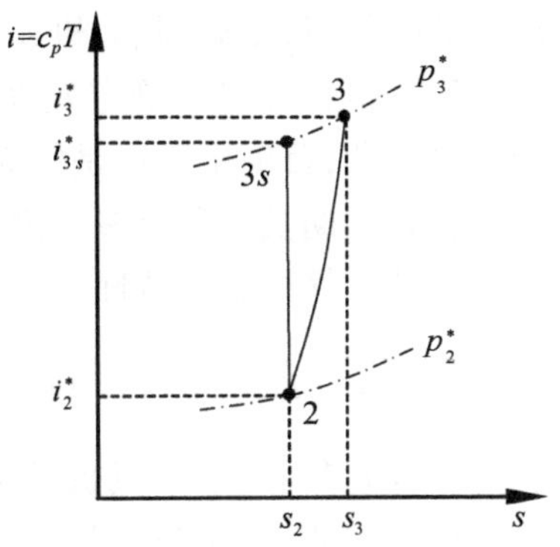

图 4－26　气体在压气机中的热力过程

3) 压气机效率

压气机效率的定义:在相同的进口条件下,将气体压缩到同一增压比时,压气机的等熵压缩功与压气机功之比。用 η_C 表示,即

$$\eta_C = \frac{l_{C,s}}{l_C} = \frac{\pi_C^{\frac{\gamma-1}{\gamma}} - 1}{\frac{T_3^*}{T_2^*} - 1} \tag{4-10}$$

压气机效率反映了压气机压缩过程的不可逆程度,在图 4－26 的焓-熵图上,就是过程线 2—3 偏离定熵过程线 2—3s 的程度。显然,压缩过程中的损失越大,效率就越低。

3. 压气机的流量与功率

1) 压气机的流量

压气机的空气流量通常由压气机进口截面的参数来计算,利用与流量相关的气动函数 $q(\lambda)$,由式(1－25)可得

$$W_a = K_m \frac{p_2^*}{\sqrt{T_2^*}} A_2 q(\lambda_2) \tag{4-11}$$

式中,K_m 是流量系数,单位为$\sqrt{\mathrm{kg \cdot K/J}}$,对于空气,取 $K_m = 0.0404$。应注意的是,该流量计算公式仍要求进口速度与进口截面相垂直。

2) 压气机功率

压气机在单位时间内作用于流过压气机所有空气的功,称为压气机功率。用符号 P_C 表示,单位为 W 或 J/s,即

$$P_C = W_a l_C \tag{4-12}$$

4.2　压气机特性

压气机特性指的是压气机主要性能参数(π_C、η_C)随着压气机工作条件变化而变化的规律。压气机的工作条件变化主要包括:一是外界进气条件,如进气的总温和总压;二是压气机转速;三是压气机的空气流量。所以,压气机特性也可概括为两个函数关系式,即

$\pi_C = f_1(p_2^*, T_2^*, n, W_a)$ 和 $\eta_C = f_2(p_2^*, T_2^*, n, W_a)$。

压气机特性对于确定发动机的工作状态和性能参数至关重要，但由于压气机中的流动十分复杂，目前主要还是依靠试验来获取压气机特性。然而试验往往受到试验设备、环境、技术、周期及经费等多种因素的限制，所以需要在试验结果的基础上进行处理，发展成为适用的压气机通用特性。

4.2.1 压气机通用特性

4.2.1.1 表示压气机通用特性的相似参数

1. 压气机通用特性的概念

压气机的通用特性是以压气机中的气流流动状态相似为理论基础的。流动状态相似，指的是满足了几何相似、流场相似（运动相似）和动力相似这三个条件的流动状态。当两个流动满足相似条件时，就说这两个流动的流动状态相似，它们的同名物理量都成比例，或者说，其比值都相等。例如，压气机虽然在不同的条件下工作，但是当其流动状态相似时，则有 $(p_3^*)_2/(p_3^*)_1 = (p_2^*)_2/(p_2^*)_1$，$(T_3^*)_2/(T_3^*)_1 = (T_2^*)_2/(T_2^*)_1$，其中，下标“$_1$”与“$_2$”分别代表两个满足相似条件的流动状态。所以，可知 $(\pi_C)_1 = (\pi_C)_2$，$(\eta_C)_1 = (\eta_C)_2$，这说明当压气机流动状态相似时，其性能参数保持不变。这样，压气机的性能参数就仅仅与相似的流动状态有关，因此可以把原有的工作条件参数 (p_2^*, T_2^*, n, W_a) 转换成描述相似状态的参数，从而使得这些参数具有通用性，这样形成的特性就成为通用特性。所以，压气机的通用特性又可简单概括为新的函数关系，即 $\pi_C = F_1$（相似参数），$\eta_C = F_2$（相似参数）。

2. 常用的相似参数

由相似理论的结论，对于同一台压气机，当在不同的工作条件下工作时，其流动状态相似的条件为对应点上的气流马赫数相等、雷诺数相等。而在压气机的大部分工作范围内，雷诺数都处于自动模化范围，可以忽略其影响。所以，状态相似的条件就只有马赫数了，再经过转换，最终得到以工作条件参数 (p_2^*, T_2^*, n, W_a) 表示的相似参数。

1）转速相似参数

压气机的转速相似参数为 $n/\sqrt{T_2^*}$。其意义是，对于两个不同的工作条件，当工作状态相似时，有 $(n/\sqrt{T_2^*})_1 = (n/\sqrt{T_2^*})_2$。

2）流量相似参数

压气机的流量相似参数为 $\dfrac{W_a\sqrt{T_2^*}}{p_2^*}$。其意义是，对于两个不同的工作条件，当工作状态相似时，有 $\left(\dfrac{W_a\sqrt{T_2^*}}{p_2^*}\right)_1 = \left(\dfrac{W_a\sqrt{T_2^*}}{p_2^*}\right)_2$。

由压气机流量计算公式（4－11）可知，相似参数 $W_a\sqrt{T_2^*}/p_2^* = K_m A_2 q(\lambda_2)$，与 $q(\lambda_2)$ 成正比，所以也常用 $q(\lambda_2)$ 作为流量相似参数，如第 8 章中所用的压气机特性。

这样，压气机的通用特性就可以表述为

$$\pi_C = F_1(n/\sqrt{T_2^*},\ W_a\sqrt{T_2^*}/p_2^*),\ \eta_C = F_2(n/\sqrt{T_2^*},\ W_a\sqrt{T_2^*}/p_2^*)$$

3. 常用的换算参数

在实际应用中,还常常使用换算参数来表示压气机的通用特性。换算参数本质上是相似参数的一种表示方法,它是利用相似参数的不变性,把某一工作条件（T_2^*、p_2^*）下的转速和流量换算到海平面标准大气条件(温度为 288 K、压力为 101 325 Pa)之下,所对应的转速和流量就叫作换算转速和换算流量,并以下标“$_{cor}$”来表示。换算后的状态与换算前的工作状态保持相似。

1）换算转速

由转速相似参数相等 $\dfrac{n_{cor}}{\sqrt{288}} = \dfrac{n}{\sqrt{T_2^*}}$,可得压气机的换算转速为 $n_{cor} = n\sqrt{\dfrac{288}{T_2^*}}$。

2）相对换算转速

相对换算转速的应用更为广泛,定义为 $\bar{n}_{cor} = \bar{n}\sqrt{\dfrac{288}{T_2^*}}$,其中 $\bar{n} = \dfrac{n}{n_d}$,即转速与设计转速的比值。

3）换算流量

由流量相似参数相等,$\dfrac{W_{acor}\sqrt{288}}{101\ 325} = \dfrac{W_a\sqrt{T_2^*}}{p_2^*}$,可得换算流量为 $W_{acor} = W_a\sqrt{\dfrac{T_2^*}{288}}\dfrac{101\ 325}{p_2^*}$。

所以,压气机的通用特性也可以表述为 $\pi_C = F_1(n_{cor},\ W_{acor})$ 和 $\eta_C = F_2(n_{cor},\ W_{acor})$。

4.2.1.2　压气机通用特性线

图 4－27 表示了某 8 级压气机的通用特性。其中,压气机效率线以等值线的方式表示,如图 4－27 中的虚线所示;换算转速是相对换算转速,有 50%~100%设计转速,共有 6 条等转速线。该压气机第 1、2 级是跨声速级,第 1 级转子叶尖圆周切线速度为 392 m/s,设计增压比为 10.26,换算流量为 32 kg/s。

压气机特性的基本规律是: ① 随着转速的增大,压气机的特性线向右上方移动,增压比增大,流量增大。② 转速越高,特性线越陡峭,压气机的流量变化范围越小,而增压比的变化范围变大。③ 对于每一个工作转速,压气机都有稳定工作的限制性边界,称为压气机稳定工作边界。④ 在转速一定时,压气机效率随换算流量的减小基本上是先增加后下降的。⑤ 特性线上的点称为压气机的工作点,反映了压气机的工作状态(也是相似状态),当已知换算转速和换算流量时,即可确定压气机的工作点,也即确定压气机的工作状态。

图 4－28 是某型大涵道涡扇发动机跨声速单级风扇的通用特性。可见,风扇特性的基本规律与压气机相同,特别是跨声速风扇的特性线,也比较陡。

压气机的通用特性线也是后续第 8 章中形象表示发动机各部件共同工作的重要基础。

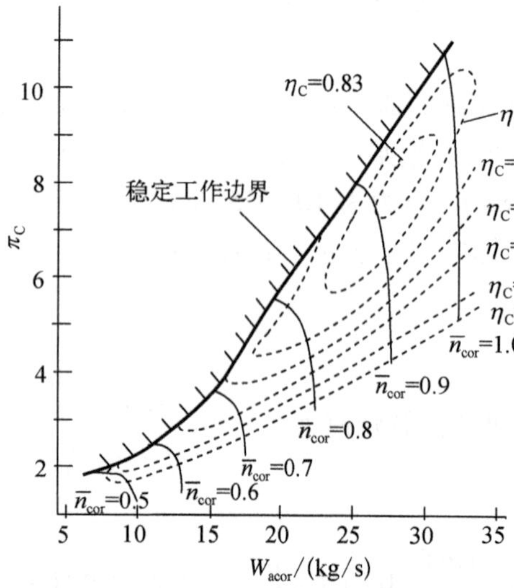

图 4－27　某压气机的通用特性线

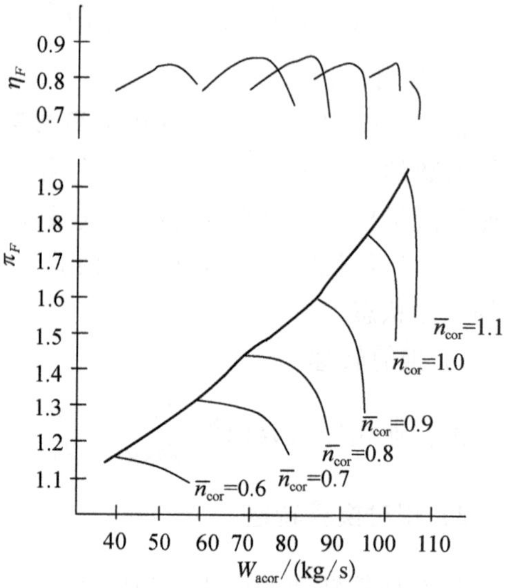

图 4－28　某风扇的通用特性线

4.2.2　压气机不稳定工作状态

在压气机特性图上，稳定工作边界线把压气机的工作分为两个区域，边界线的右边是稳定工作区域，边界线的左边是不稳定工作区。压气机一旦进入不稳定工作状态，将会导致压气机性能急剧恶化，引起发动机超温，并可能造成叶片振动断裂等严重故障，导致熄火停车，危及飞行安全。因此，在各种使用条件下，避免压气机进入不稳定工作状态，对于发动机可靠工作具有重要意义。

4.2.2.1　压气机不稳定工作的两种现象

当转速一定而空气流量减小到一定程度后，就能观察到不稳定流动现象出现，压气机的振动增大。压气机中的不稳定工作主要有旋转失速和喘振。

1. *旋转失速*

旋转失速是指在压气机中，有一个或多个称作“失速团”的低速气流区，以某一定的速度沿着动叶旋转的方向旋转，因而称为旋转失速。

对旋转失速产生机理的一般解释是归因于叶背上的气流分离。当流量减小时，轴向分速随之减小，动叶叶片进口的正冲角增大。当正冲角增大到一定程度，一些动叶叶背上将产生气流分离现象，即失速。气流分离的区域流速很低，甚至有部分倒流，形成失速团。失速团堵塞叶片通道，并在相邻的叶片中传播，发展成为旋转失速状态。

根据试验研究发现，旋转失速往往在叶尖处首先产生。这是因为，叶尖部分的叶片通道扩散度一般较大，气流容易分离，同时，由于叶尖区域存在泄漏等复杂的二次流动，在促使气流分离加剧的同时，本身也会引起强的流动堵塞，形成失速团。而且，失速团传播的速度低于转子旋转的速度，因而在绝对坐标系中，失速团是沿着转子的旋转方向转动的，其转动速度一般为转速的 40%～70%。

旋转失速的特征是气流脉动沿压气机周向变化和传播，且气流脉动的频率较高，其流场具有强烈的非轴对称性。

2. 喘振

压气机喘振是气流沿压气机轴线方向发生的低频率(通常只有几赫兹或十几赫兹)、高振幅(有强烈的压力和流量波动)的气流振荡现象。这种低频高振幅的气流振荡是一种很大的激振力来源,它会导致强烈的机械振动,故破坏性极大。同时,喘振时气流的流量剧烈变化,很容易导致燃烧室熄火,发动机停车。

据观察,当装在发动机上的压气机发生喘振时,发动机的声音由尖锐转为低沉。出现强烈的机械振动,压气机出口压力和流量大幅度地波动,使得热端部件超温,转速不稳定,推力下降并大幅度波动,排气温度升高,有时还出现发动机熄火,有时在发动机进口处有明显的气流吞吐现象(包括燃烧室内的高温高压燃气倒流“吐火”现象,如图 4－29 所示),有时伴随有“放炮”声,在短时间内造成机件的严重损坏。所以,在发动机的整个工作过程中不允许压气机发生喘振,如果出现这种情况,也必须尽快消除退出。

图 4－29　喘振导致的发动机异常现象

对喘振产生机理的一般解释如下。压气机正常工作时,动叶对气流做功增压,气流的压力逐级升高。当流量减小至一定程度时,气流冲角增大,在较多的动叶中发生气流分离,使得压气机的做功增压能力下降。压气机的增压能力瞬时下降过多,而由于后面的排气容腔较大,气流压力势能积蓄较高时,会进一步加剧气流的大面积分离,从而堵塞压气机通道,流量再急剧下降。而流量的急剧减小又使压气机增压能力进一步下降,甚至有可能使气流倒流至压气机前方。由于压气机增压能力的大幅度降低和流量的急剧减小,压气机出口的压力也很快减小,堵塞消除,整个压气机的流道又再次变通畅。而且由于压气机几乎仍保持原来的转速工作,于是瞬时大量气流又重新吸入压气机,流量短时间内增大。但是,因为压气机下游的节流条件并未改变,所以压气机将再次进入流量减小的过程,从而形成一种重复循环的状态,造成气流参数沿轴向发生低频、大幅度的振荡现象,也就是发生了喘振。

有关研究表明,喘振现象的产生不仅和压气机本身有关,还和气流流路的整个容积有关(如发动机上压气机下游的燃烧室容积,试验台上压气机的排气容腔等)。同样的压气机工作条件(如转速、流量)下,较小容积易出现旋转失速,而较大容积产生喘振现象。喘振时的气流振荡频率与容积的大小相关,容积越大,振荡频率越低。

虽然旋转失速和喘振是两种表现不同的现象,但是它们产生的根本原因是相同的,即气流的流动状态严重地偏离了设计状态,造成叶背上气流分离。只不过是在不同工作条件下,所表现出来的程度和表象不同。所以,要避免或消除旋转失速和喘振,必须要有效地减弱或消除气流对正常流动状态的偏离。

4.2.2.2 压气机稳定工作裕度

在正常工作状态下,压气机的工作点与稳定工作边界都保持一定的距离。为了定量地衡量压气机的稳定性,采用压气机稳定工作裕度这一参数来说明压气机工作点与稳定工作边界的相对位置。压气机稳定工作裕度有按换算流量和按换算转速两种定义方法。其中,常用的稳定工作裕度 ΔSM_C 是按换算转速定义的,具体为

$$\Delta SM_C = \left(\frac{\pi_{C,s}/W_{acor,s}}{\pi_{C,o}/W_{acor,o}} - 1\right) \times 100\% \tag{4-13}$$

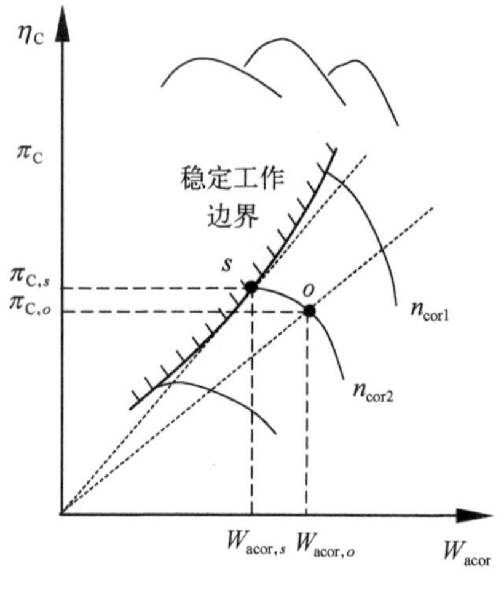

图 4-30 稳定工作裕度的定义

式中,如图 4-30 所示,$\pi_{C,s}$、$W_{acor,s}$ 分别为某一等换算转速线上的不稳定工作边界点 S 所对应的增压比和换算流量;$\pi_{C,o}$、$W_{acor,o}$ 分别是同一等换算转速线上的压气机工作点 O 所对应的增压比和换算流量。

稳定工作裕度 ΔSM_C 也叫作综合稳定裕度,在压气机特性图上的意义如图 4-30 所示。可见,它是边界点与工作点的斜率的比值。在同一换算转速下,ΔSM_C 越大,说明工作点距稳定工作边界越远;反之,ΔSM_C 越小,压气机就越易进入不稳定工作状态。当 $\Delta SM_C = 0$ 时,表明压气机已不稳定工作。通常压气机设计点的稳定工作裕度 ΔSM_C 为 15%~20%。

4.2.2.3 扩大压气机稳定工作裕度的方法

扩大压气机稳定工作裕度(简称为扩稳)的途径主要有两个方面:一是通过气动和结构设计,抑制或减小非设计状态下的气流分离状态;二是增设调节机构,使压气机叶片和流道的几何形状随工作条件的变化而改变,达到气流参数和几何尺寸相互协调的目的。

1. 气动和结构设计方面的主要措施

在气动和结构设计方面主要有以下措施:① 第 1 级动叶采用宽弦长、小展弦比设计。② 端弯叶片技术,在叶尖(或叶根)处增大叶片的扭转程度,减弱端壁附面层、旋涡、二次流动的影响。③ 机匣处理技术。机匣处理,就是在机匣内壁面上(或在轮毂表面上)开槽、开孔或采用蜂窝结构,如图 4-31 所示。试验证明,采用了适当的机匣处理措施后,可以明显地把不稳定边界移向左方,稳定工作范围明显扩大。机匣处理的形式有多种,要根据具体的压气机来进行选择。④ 采用双排静叶或串列叶栅,改善压气机后面级短小叶片

的稳定流动。⑤ 多转子技术。针对高设计增压比的多级压气机在非设计状态下前面级与后面级流动不协调严重的问题，对压气机的结构进行适当的调整，将高设计增压比的多级压气机分为单个增压比较低的双转子压气机或三转子压气机，使得各个转子可以根据加功量的变化而自动调整转速，可以显著地减轻压气机中各级流动的不协调程度，使压气机的稳定工作范围扩大。对于高设计增压比的压气机，以双转子结构的应用最为广泛。除此之外，还有一些新的技术方法，如端壁造型、附面层抽吸、微喷气控制等，处于应用研究之中。

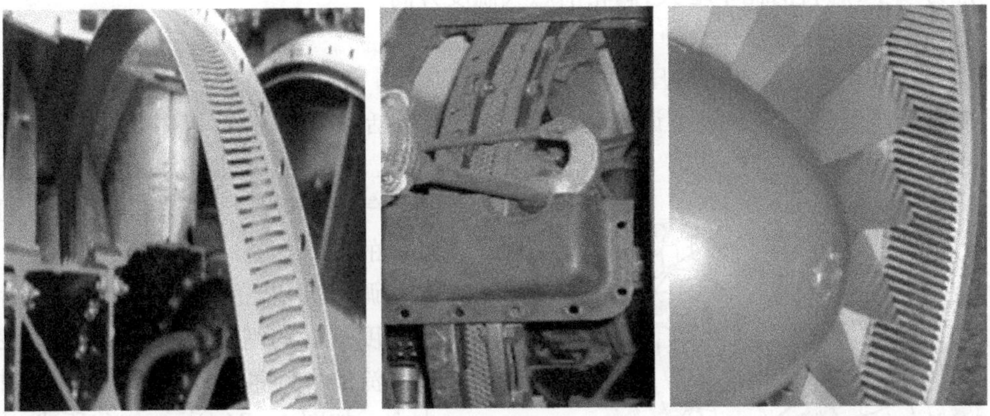

斜向缝式　　穿孔式　　轴向缝式

图 4－31　机匣处理应用实例

2. 压气机的调节

要防止压气机进入不稳定工作状态并改善非设计状态性能，应该使各级的气流冲角尽可能接近设计状态。而从决定基元级速度三角形的因素可知，改变进口气流冲角的办法主要有两个：一是改变进口速度的轴向分速 $c_{①a}$；二是改变进口速度的圆周分速度 $c_{①u}$，即改变进口气流预旋量的大小。因此，对应的调节方法如下。

1）从压气机流道的某些位置上放气

常见的放气位置是压气机的中间级，如图 4－32 所示。放气机构有不同的形式，如在压气机机匣上沿着整个圆周有一排放气孔，用钢质放气带开启或关闭这些放气孔，也有的采用放气活门。

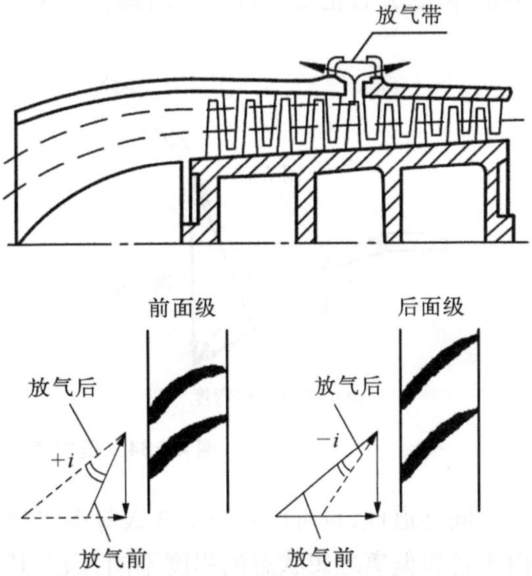

图 4－32　中间级放气原理图

中间级放气的扩稳原理可以这样来理解。压气机在低换算转速工作时会出现前后级不协调，如图 4－32 所示，放气前，前面级 $c_{①a}$ 过小，导致正冲角变大，易于失速，而后面级的 $c_{①a}$ 过大。放气机构工作后，相当于减少了流道的阻力，放气孔前面各级的空气流量增加，因而 $c_{①a}$ 增大，使气流冲角减小，减轻或消除了相对设计状态的偏离，而放气孔后面各级的空气流量由于放气，相对减少，也减轻或消除了对设计状态的偏离。因此，放气使各级的非设计状态都得到不同程度的改善，推迟了失速的产生，扩大了压气机的稳定工作范围。

中间级放气，机构简单，在设计增压比小于 10 的多级轴流压气机中效果较好。此外，起动时，放气还可以减少起动功率，对起动有利。其主要缺点是将一部分已经被前面级压缩的空气放掉，而没有利用，这就意味着供给压气机的一部分机械能被浪费掉，结果使发动机推力减小，燃料消耗率增大，涡轮前燃气温度升高。

2）调节进口导流叶片及静子叶片安装角度

这种方法在涡扇发动机的压气机中得到广泛应用。例如，如图 4－33 所示，该涡扇发动机的高压压气机共有 4 级可调安装角度的叶片，包括进口导流叶片和第 1、2、3 级静子叶片。在小涵道比的涡扇发动机上，低压压气机（风扇）通常只采用一级可调弯度的进口导流叶片。

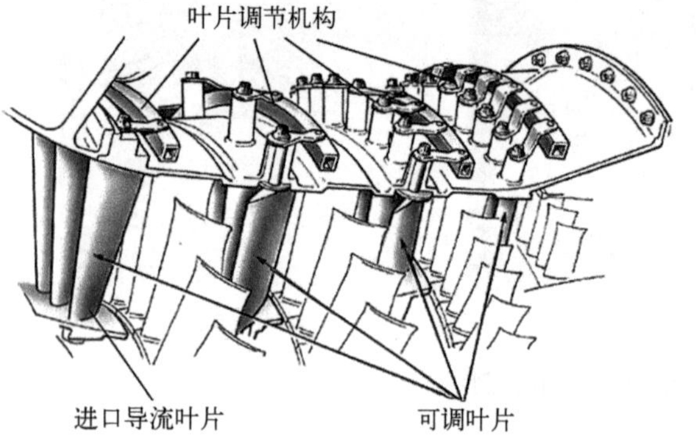

图 4－33　高压压气机的可调叶片

调节进口导流叶片和静子叶片安装角度扩稳的基本原理，是通过改变进口气流的预旋量 $c_{①u}$ 来调整气流的冲角大小。如图 4－34 所示，如前所述，当换算转速减小时，压气机面临的主要问题是前面级的气流正冲角过大，易发生失速。此时，通过增大导流叶片的弯度［图 4－34(a) 中的虚线］，或增大静子叶片的安装角度［图 4－34(b) 中的虚线］，就可以增大进口气流的正预旋量 $c_{①u}$，从而减小正冲角，并且把相对进气方向调整至接近于理想状态，避免发生失速。

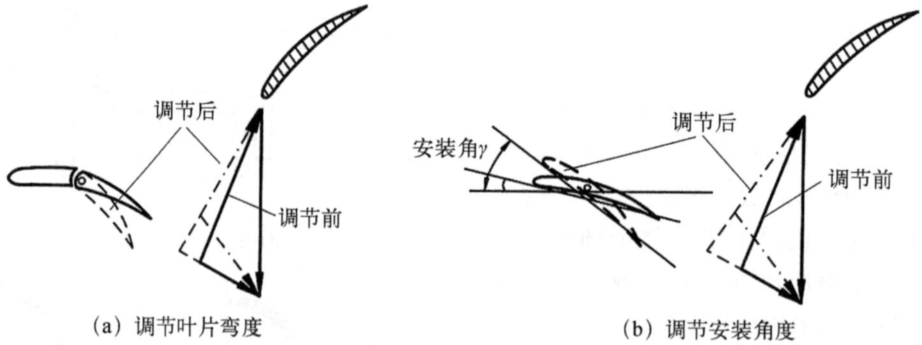

图 4－34　压气机调节叶片扩稳原理示意图

同样道理，也可以对第 2、3 级等多级静子叶片进行调节，改善各级的流动状况。不过由于各级偏离理想状态的程度不同，因此其调节的角度也不相同，一般是进口导流叶片的调节量最大，后面级逐渐减小。例如，图 4－35(a) 展示了某涡扇发动机风扇导流叶片后半段角度(α_1)和高压压气机采用了进口导流叶片及第 1、2 级静子叶片安装角(α_2)联动式整体调节方案。风扇导流叶片角度的调节范围为 $\alpha_1 = 0° \sim -30°$（以逆转子转动方向为正),其随低压换算转速的变化如图 4－35(b)所示。高压进口导流叶片和第 1、2 级静子叶片安装角联动调节量的比例设为 1. 33 : 1. 0 : 0. 67,导流叶片角度的调节范围为 $\alpha_2 = -25° \sim 0°$（以逆转子转动方向为正),其随高压换算转速的变化如图 4－35(c)所示。

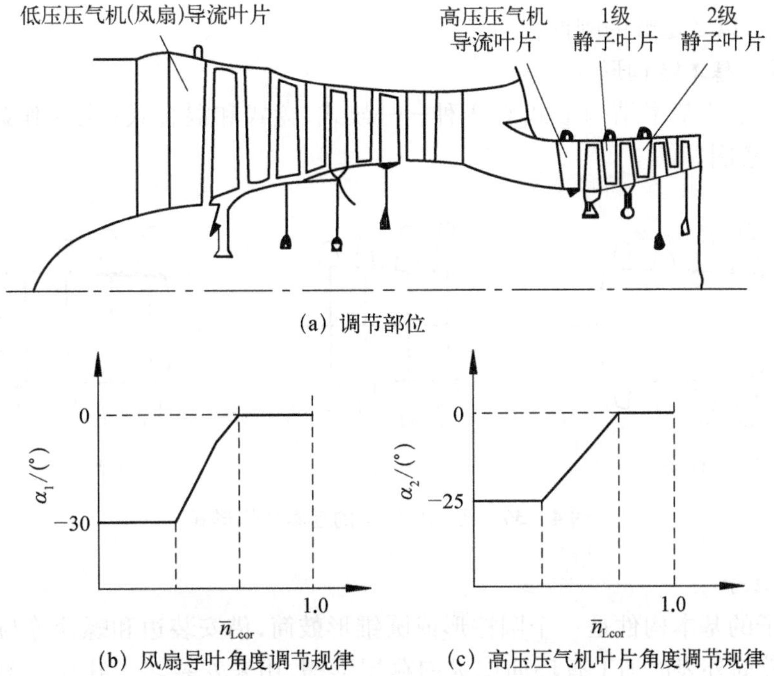

图 4－35　某型发动机的压气机调节方案

需要注意的是,即使是采取了一种或多种调节措施,在实际使用中,调节机构误差过大和卡滞失灵,或由发动机长期使用、损伤等引起的压气机性能恶化严重,以及发动机使用条件和环境变化大等因素,都有可能导致压气机进入不稳定工作,造成不良后果。因此,按规定正确使用、精心维护发动机,也是防止压气机不稳定工作的重要保障。

4.2.2.4　当发动机喘振时的维护

发动机发生喘振后应找出喘振的原因,同时检查发动机的风扇、高压压气机、主燃烧室和涡轮部件,当检查出损伤超过允许的标准时,进行发动机试车,试车检查正常后发动机继续使用,否则发动机停用,然后进一步研究分析发动机下一步使用维护的问题。

4.3　压气机构造

压气机除了对空气做功,提高空气压力,还根据需要向发动机防冰系统、涡轮冷却系统、空气封严装置、座舱调温调压系统和其他系统提供具有一定压力的空气。

如前所述,压气机由转子和静子两大部件组成。其中,转子是旋转部件,又叫作工作叶轮，包括转子叶片（或称为动叶、工作叶片）、轮盘和轮轴等。静子是静止部件，包括静子叶片（或称为静叶、整流叶片）和机匣。

4.3.1 转子

从结构强度而言，压气机转子是一个高速旋转的承力件，要承受弯矩、扭矩以及叶片和转子自身的离心力。除了要求尺寸小、质量轻、结构简单和工艺性好，还必须有良好的定心和平衡性，以及足够的刚性。

4.3.1.1 基本结构形式

压气机转子的基本结构形式有3种——鼓式、盘式和混合式（也叫作鼓盘式）。图4-36为其示意图。

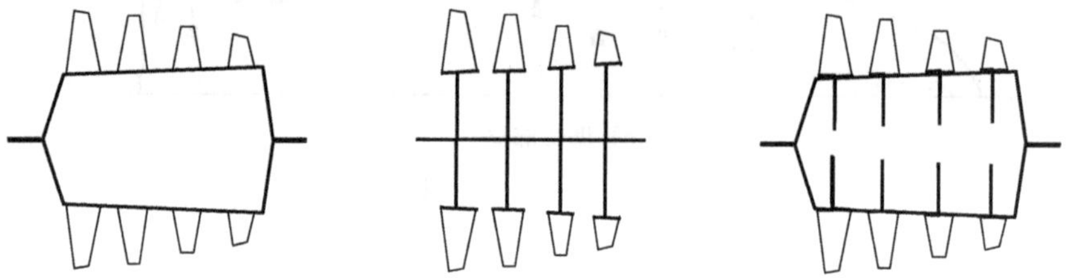

(a) 鼓式　　(b) 盘式　　(c) 混合式

图4-36 压气机转子的基本结构形式

1. 鼓式转子

鼓式转子的基本构件是一个圆柱形或圆锥形鼓筒，借安装边和螺栓等与前后轴颈连成一体。在鼓筒外表面加工有环向或纵向燕尾形槽，用来安装转子叶片。图4-37所示为一鼓式转子的组成实例。鼓筒分为前、后两段，每段又由三段对接焊成。前段带有前轴颈，后段带有后轴颈。前后两段用24个精密螺栓连接，其中3个是圆柱形螺栓，起装配定心作用，其余为锥形螺栓，工作时定心传扭。

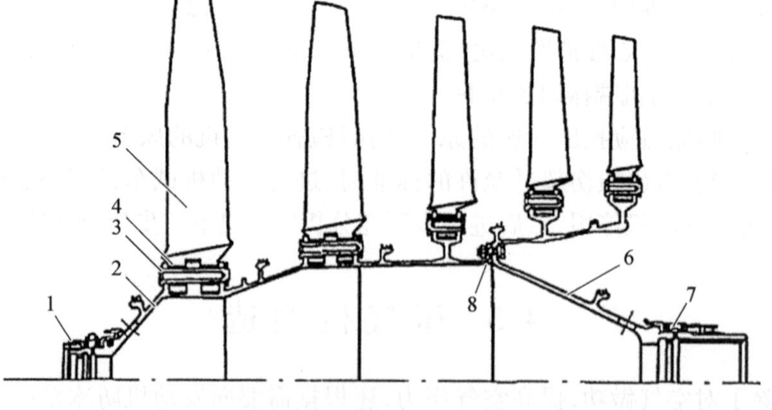

图4-37 鼓式转子的组成

1-前支点；2-鼓筒前段；3-销钉；4-衬套；5-风扇叶片；
6-鼓筒后段；7-转子后轴承内圈；8-连接螺栓

作用在转子上的叶片和鼓筒的离心力、弯矩和扭矩等主要负荷，均由鼓筒承受和传递。

鼓式转子的优点是结构简单，零件数目少，质量轻，加工方便，并有较高的抗弯刚性。但是承受离心载荷能力较差，目前在高压压气机中应用得极少，只适用于圆周速度较低（不大于 200 m/s）的涡喷发动机压气机和一些涡扇发动机的低压转子上，同时在大涵道比涡扇发动机的增压压气机转子上得到广泛采用。

2. 盘式转子

盘式转子由一个组轮盘与中心轴组成，扭矩通过轴传给轮盘，再由轮盘传给固定在轮缘上的工作叶片。与鼓式转子相比，盘式转子的强度好，但是抗弯刚性差，并容易产生振动。目前这种转子只用在单级或小流量小尺寸压气机上。

3. 混合式转子

混合式转子由若干个轮盘、鼓筒和前后半轴组成。盘缘上有不同形式的榫槽，用来安装转子叶片，级间可采用焊接、径向销钉、轴向螺栓或拉杆连接。鼓筒与轮盘可以做成一体或者单独制成。转子叶片、轮盘和鼓筒的离心力由轮盘和鼓筒共同承受，扭矩经过轴和鼓筒逐级传给轮盘和转子叶片。因此，混合式转子兼有鼓式转子抗弯刚性好及盘式转子承受离心载荷强度好的优点，在发动机中得到广泛应用。其结构方案也是多种多样的，按其级间连接的特点，可分为不可拆卸转子、可拆卸转子和部分不可拆卸部分可拆卸转子三大类。

图 4－38 是某涡扇发动机的高压压气机转子结构简图，为（盘鼓轴）混合式结构，属于部分不可拆卸部分可拆卸转子。由 1～9 级转子叶片、1～9 级盘（其中 1、2 级轮盘为钛合金，其余为不锈钢）、前轴颈和篦齿盘等组成。整个转子共分为 4 段，第 1 段为 1、2 级轮盘和前轴颈，第 2 段为 3 级盘和引气导流装置，第 3 段为 4～9 级盘（通过筒体焊接成一体），第 4 段为篦齿盘，各段之间通过螺栓进行连接。在连接处，利用带紧度的圆柱面保证转子之间的同心度，利用精制短螺栓保证传递扭矩。

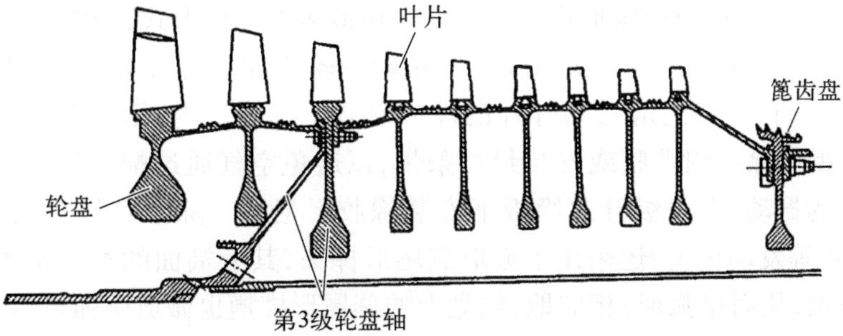

图 4－38　某混合式转子结构简图

4.3.1.2　转子叶片及其安装

转子叶片是压气机的重要零件之一，直接影响压气机的气动性能、工作可靠性、质量及成本等。由于它不仅承受较高的离心负荷、气动负荷、大气温差负荷以及振动的交变负荷，同时受到发动机进气道外来物的冲击，受风沙、潮湿的侵蚀等，因此在使用中比其他零部件的故障要多。

1. 转子叶片的组成

工作叶片主要由叶身和榫头两部分组成,如图 4－39 所示。其中以燕尾形榫头为主要形式。较长的叶片(大展弦比)通常在叶身中部有一个减振凸肩(也叫作阻尼凸肩、中间凸肩),当所有叶片装配好后,各凸台之间形成较紧的搭接,通过微动摩擦起到减小叶片振动的作用,并降低叶片根部的弯曲扭转应力。也有的叶片在距叶尖 1/4 处做有加强肋条,以增加叶片的局部刚性和提高抗外来物打击的能力。

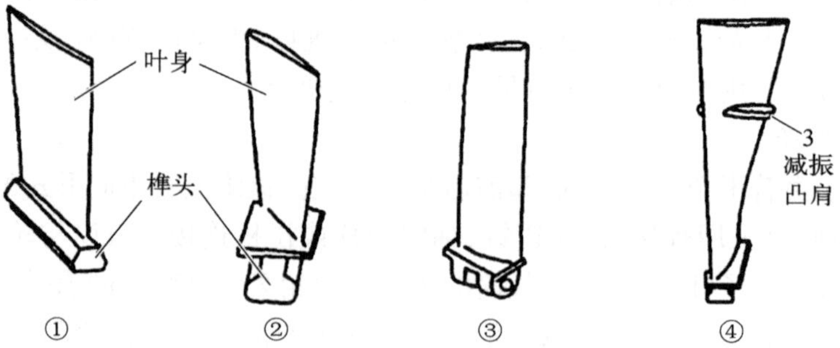

图 4－39　转子叶片的组成

各级叶片的叶身表面一般要进行振动抛光和喷丸强化处理,以提高叶片的抗腐蚀性和抗冲击性。在榫头和凸台端面敷设涂层(如等离子喷涂 CuNiIn)。

2. 安装方式

转子叶片一般是通过榫头与轮盘连接,主要有两种方式。一是燕尾式榫头,即叶片的榫头做成燕尾形(图 4－39 中的①、②、④号叶片),安装在轮盘轮缘上开设的纵向槽、环形槽或弧形槽中。另一种是销钉式榫头,将叶片榫头做成带销钉孔的凸耳(图 4－39 中的③号叶片),插在轮盘轮缘上带销钉孔的环槽中,通过销钉将二者连接起来。

目前燕尾形榫头的安装方式在发动机中应用最为广泛,根据榫槽的方向,它又有轴向和环形两种形式。① 轴向燕尾形榫头。这是应用最多的结构形式,如图 4－40 所示,榫头与叶型方向一致,剖面呈上窄下宽的梯形。在轮盘轮缘安装叶片处,加工出轴向燕尾槽(实际上与轴线间有一定夹角),将叶片的榫头安装于榫槽之内,用环形卡圈等固定。有的在榫头与榫槽间涂有封严胶或安装封严条带,以避免空气通过配合处时逸漏。还有的为了减轻叶片的振动,在一级叶片缘板下安装橡胶阻尼块。除了直线式的榫头和榫槽,RB211－535E4 等发动机上,还采用了弧形燕尾形榫头,其上端面的外形基本做成与叶根型面的外形一致,从而呈弧形,相应地,轮盘上的燕尾形榫槽也做成圆弧形,风扇的轮毂比可取得较小,但其加工难度增大。② 环形燕尾形榫头。榫头与弦长方向垂直,相应地,在轮盘的轮缘上加工出环形燕尾槽,将叶片依次插入环形槽中后,最后用锁紧块将叶片锁定在环形槽中。

转子叶片装在轮盘的榫槽中时,必须采用锁紧装置将叶片牢牢固定,防止叶片由榫槽中窜出。国内外发动机在研制与使用中,曾出现过叶片锁紧装置损坏,叶片甩离轮盘,击穿机匣,造成严重甚至灾难性事故的例子。

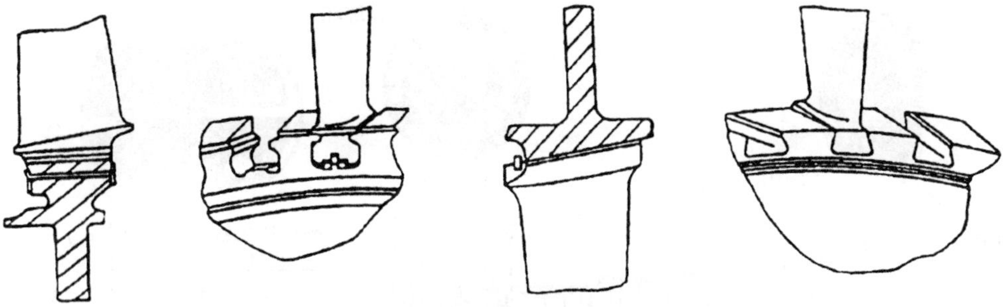

(a) 轴向燕尾形榫头与榫槽

(b) 叶片安装及减振凸肩实例

图 4-40　轴向燕尾形榫头安装方式

目前,绝大多数新研制的发动机中,低压压气机(风扇)和高压压气机的前 2、3 级一般采用轴向燕尾形榫头,而高压压气机的后几级采用环形榫头。这是因为轴向燕尾形榫头的长度与宽度均大于环形燕尾形的长度与宽度,因而其承受载荷的榫根面积也大,能承受大的离心载荷。因此,在叶片高度较大的前几级叶片采用轴向燕尾形榫头较好。后几级叶片高度比较小,离心负荷小很多,且数量多,因此采用环形榫头较好。

4.3.2　静子

压气机静子是压气机中的不旋转部分,由机匣和静子叶片组件组成。它除了承受静子叶片所受的轴向力、扭矩和振动负荷,还要传递转子支承所承受的各种负荷。此外,静子还是气流通道的一部分,并承受通道内外气体的压差作用力以及气体升温所引起的热应力。

4.3.2.1　机匣

机匣有分半式、分段式和整体式三种结构形式。分半式机匣一般是水平纵向对开分半的,优点是刚性好,装拆时不需分解转子,因而不破坏转子的平衡,是级数较多压气机广泛采用的形式,如图 4-41 所示的高压压气机机匣实物图,但其缺点是质量较大。分段式机匣常用于低压压气机,一般分为多级,每级机匣均为圆环形,通过止口定心,各级机匣之间通过前后的安装边用螺栓连接在一起,如图 4-41 所示。采用整体式机匣时一般要求转子可拆卸,但多次拆装会影响转子的平衡。为此,在压气机级数较少的情况下,常采用

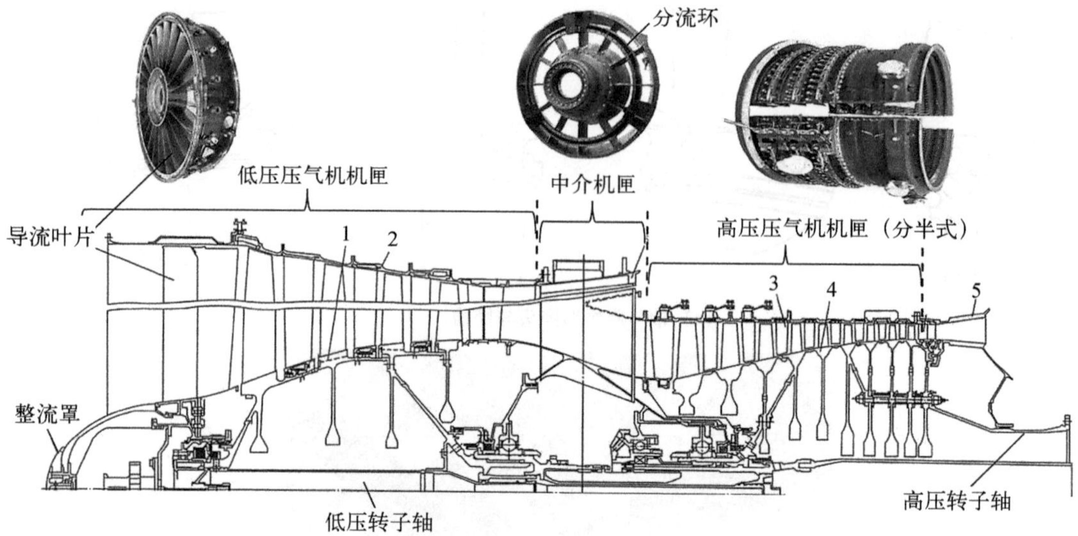

图 4-41　某型涡扇发动机的高、低压压气机结构图

1-低压压气机转子；2-低压压气机静子；3-高压压气机静子；4-高压压气机转子；5-主燃烧室进口扩压器

沿轴向分段的整体式机匣，而且，装拆时往往只要求拆下工作叶片而不要求分解转子。

若进行粗略的划分，压气机机匣通常由 3 部分组成。例如，如图 4-41 所示，某型涡扇发动机的压气机机匣由低压压气机（风扇）机匣、中介机匣（或称作中间机匣）和高压压气机机匣组成。其中，中介机匣为发动机的主要承力件，其外壳还通常用来固定发动机的附件，涡扇发动机的中介机匣中一般都有分流环，起到内外涵道的分流作用，见图 4-41 中的实物图。低压压气机（风扇）机匣由进气机匣、进气机匣装配组合件（含 23 个分段式导流叶片）、风扇机匣（共 4 级）、风扇静子叶片组合以及整流罩组成，为钛合金制成。其中，第 1 级、第 2 级、第 3 级和第 4 级机匣均为环形薄壳结构，并带有结合盘，借助紧度螺栓相互定中心。机匣内表面对应工作叶片的部位，涂有由铝和白石墨组成的涂层，以减小转子叶片的叶尖间隙。高压压气机机匣采用的是分半式机匣，这种机匣的压气机装配最简便，对转子和导流叶片结构方案适应性强，但纵向安装边使机匣周向刚性不均匀，当工作受热时，机匣刚性不均，引起热变形不协调而出现椭圆度。在第 7 级机匣处有一个集气环，用于从高压压气机引气，输往飞机系统、发动机轴承座滑油封严装置和防冰系统。中介机匣由中介机匣壳体、中央传动机构机匣和分流环组成。在高、低压压气机机匣上都开有观察孔，便于借助孔探仪对叶片进行检查。

实际上，各型发动机的机匣还有多种组成方案，要根据具体的发动机结构而定。

4.3.2.2　静子叶片

由于压气机静子叶片没有离心力作用，其工作的负荷条件比转子叶片要轻许多，因此结构也较为简单，相应地，工作中出现的故障也较少些。

大多数压气机静子叶片的安装形式为两端支撑，如图 4-42(a) 所示，叶片的外端固定于外环之中，内端则支承于内环中，内环同时作为级间封严的封严环。为了增加叶片的刚性，常将几片叶片在叶冠两侧焊接起来，形成由几片叶片组成的叶片组。采用这种结构，可增加叶片的刚性，提高自振频率，同时可防止或减小级间漏气，提高压气机效率。对于较短的静子叶片，由于本身刚性较好，可以不带内环，以减轻质量。例如，涡扇发动机高压压气机的后几级静子叶片都很短，通常采用无内环的结构，如图 4－42(b)所示。

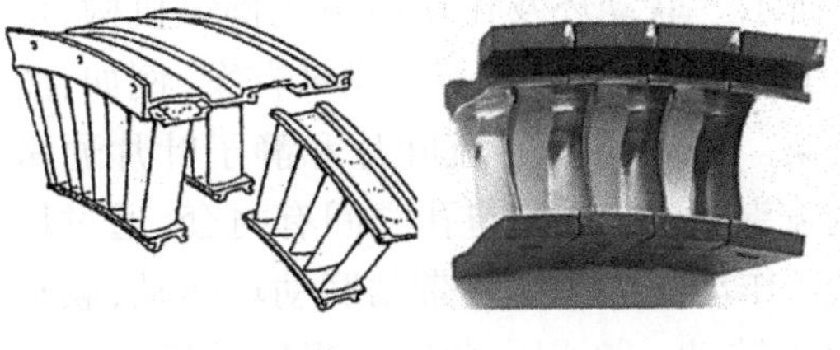

(a) 两端支撑的静子叶片组件

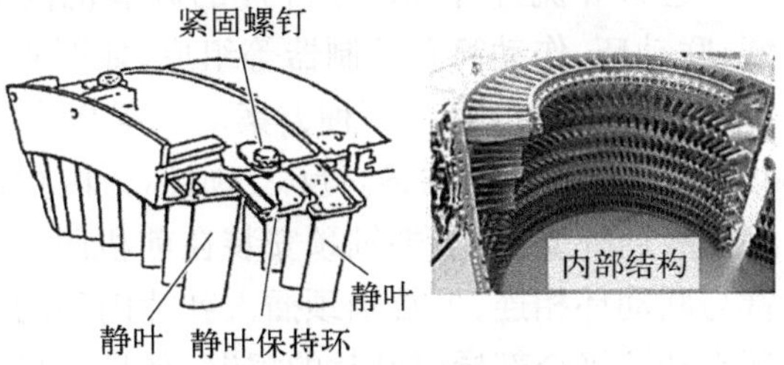

(b) 无内环的静子叶片

图 4－42　静子叶片的主要结构形式

静子叶片与内环或外环(叶片悬臂固定时)组成整流器，其连接方式有：① 对于带冠的静子叶片，直接由冠组成整流器的外环；② 对于带底座的静子叶片，可直接由底座组成整流器内环；③ 对于无冠与无底座的静子叶片，则将叶片两端分别插入事先开出叶型孔的内外环中，然后用氩弧焊或高温钎焊将它们焊接在一起。

整流器与机匣及封严环之间的连接结构与方式主要有：一是将整流器外环作为压气机机匣；二是机匣与叶冠共同组成整流器外环，在机匣上开出矩形孔，将带矩形冠的静子叶片的叶冠插入矩形槽后，用氩弧焊将它们焊接起来，此时由机匣与叶冠共同组成整流器的外环；三是在机匣内表面加工出环形凹槽，将静子叶片的矩形冠嵌入槽中，然后用点焊将两者焊接起来，将叶冠连成一圈，成为整流器外环；四是在压气机机匣内壁加工出特型环形槽，将带一些具有特型叶冠的叶片插入环形槽中，这种结构应用得较为广泛。

4.3.2.3　可调导流叶片和静子叶片

在小涵道比涡扇发动机的低压压气机(风扇)中，常采用可调的进口导流叶片。如图 4－43 所示，由于叶片较长，一般采用可变弯度调节，而不是整体转动。可变弯度的进口导流叶片由前、后两段组成。前段固定，以适应进入气流的情况；后段可以连续调节，以保证转子叶片所要求的进气攻角。叶片前段为空心，其内外端和机匣焊为一体，中间通过进

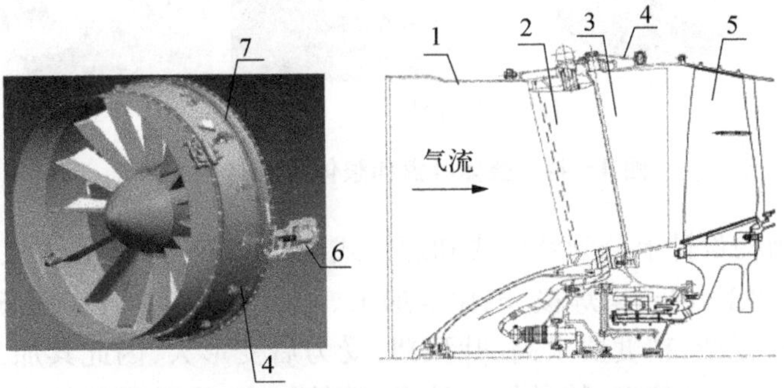

图 4－43　可变弯度进口导流叶片及调节机构

1－进气机匣；2－导流叶片前段；3－可调的后段叶片；4－调节摇臂；
5－第 1 级风扇转子叶片；6－调节作动筒；7－联动环

回油管路，防冰空气及通气管路等，后段的内外端都带有轴颈，内端插在内支承机匣的孔座内，外端轴颈插在外机匣的孔座内，轴颈上装有摇臂。各摇臂也是由一个联动环连接起来同时动作的。

进口导流叶片和静子叶片的调节机构由带内外圆柱轴颈的导流叶片和静子叶片、摇臂、联动环、作动筒和控制器等组成，如图 4－43 所示。联动环及作动筒组成操纵机构，可分为外操纵和内操纵两种方案。如果操纵机构在机匣外部，则称为外操纵方案，例如，图 4－43 就是外操纵方案。反之，则称为内操纵方案。进口可转导流叶片和静子叶片通常都设有内外支座，上端轴颈安装在前机匣上开的安装孔内，轴颈与孔之间有衬套，通过摇臂与联动环相连，下端轴颈插入叶片内环的轴孔。作动筒的操纵杆带动联动环转动，联动环带动该级全部导流叶片的摇臂，使所有叶片同步转动一个相应角度。当发动机上有多级叶片同时转动时，还要采取措施使各级可转叶片同步按需要的角度转动。

4.3.3 整体叶盘和整体叶环

整体叶盘和整体叶环是压气机叶片安装的新型结构。

整体叶盘是将转子叶片和轮盘做成一体，如图 4－44(a)所示。整体叶盘省去了榫头和榫槽等连接装置，还可以消除常规叶盘中气流在榫根与榫槽缝隙中逸流造成的损失，具有转子质量轻、结构简单、零件数少、效率高、可靠性高等特点，使整台发动机推重比显著提高。

整体叶环如图 4－44(b)所示，它是将整体叶盘中的轮盘部分去掉而成的，其质量将进一步降低。但是，整体叶环直接固定在承力环上，由于缺少了承受负荷的轮盘，整体叶环承受不了叶片的离心负荷，因此，整体叶环只能用密度较小的复合材料来制造。这种整体叶环的质量约为常规结构质量的 30%。

(a) 整体叶盘

(b) 整体叶环

图 4－44　整体叶盘和整体叶环结构实例

整体叶盘从结构设计上分为整体式和焊接式两类。整体叶盘的加工方法主要有精铸后抛光、锻件机械加工、电子束焊接、电化学加工、线性摩擦焊和真空固态扩散连接等。由于整体叶盘的叶型复杂，精度要求高，叶型薄，受力后变形大，因此其加工比较困难，技术要求高，依赖于精密制坯技术、特种加工技术、数控机床、先进焊接技术的发展。此外，使用过程中转子叶片常遇到外物打伤或因振动叶片出现裂纹，整体叶盘要更换叶片非常困难，所以整体叶盘叶片的修理技术也是整体叶盘应用中必须解决的一个关键问题。

整体叶盘和整体叶环自 20 世纪 90 年代以来得到大力发展,在发动机改型设计及新发动机设计中,得到广泛应用。例如,EJ200 的全部 3 级风扇和第 2 级高压压气机转子采用了整体叶盘结构,如图 4－45 所示。F110 的衍生型 F110－GE－1298 中,3 级风扇全部采用了宽弦的整体叶盘结构。在 F100 的衍生型 F100－PW－229A 中,2 级和 3 级风扇采用了整体叶盘结构。F119 的钛合金 3 级风扇转子全部采用了线性摩擦焊加工的整体叶盘。

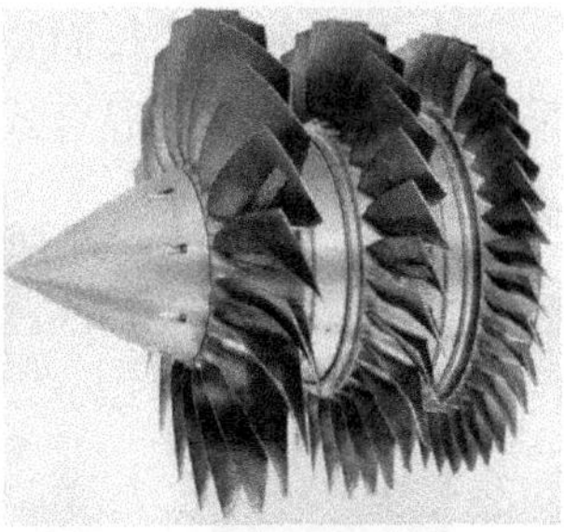

图 4－45　EJ200 发动机的 3 级风扇

4.3.4　大涵道比风扇

对于大涵道比发动机,风扇是对外涵道气流进行做功增压的重要部件。风扇增压系统的典型构型是大尺寸的单级风扇再加上内涵道气流的多级增压级(通常为 3 或 4 级),在构造上主要有以下的特点。

1. 风扇转子叶片

大涵道比风扇转子叶片尺寸都很大(直径大于 1.3 m),除了要有良好的气动性能,还要解决抗振动和外来物打伤的突出问题。早期的风扇转子叶片采用的是大展弦比、带减振凸肩的叶片,叶片较窄而薄,通过轴向燕尾式榫头与轮盘连接。为了提高风扇的效率,减小减振凸肩的气动损失,后来都普遍采用宽弦无凸肩设计,如图 4－46 所示。但由于弦长加大,叶片厚度相应加大,作用于轮盘上的离心负荷加大,因此均采用了减少叶片质量的措施,如采用扩散连接/超塑性成形制造的带芯片钛合金空心叶片(空腔中填有轻质的减振材料、蜂窝夹层结构等)以及高性能复合材料制造等,如图 4－47 所示。

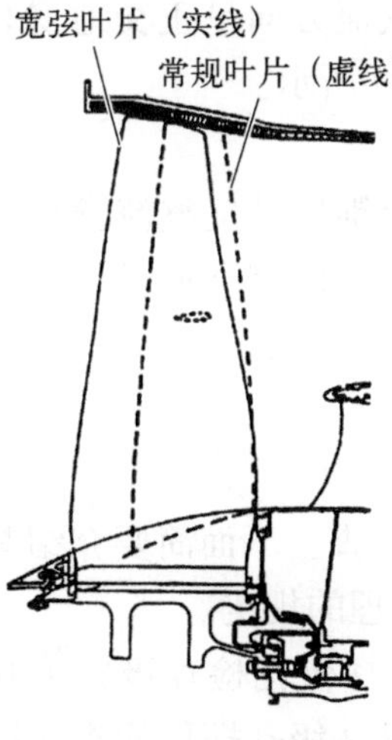

图 4－46　宽弦叶片与常规叶片

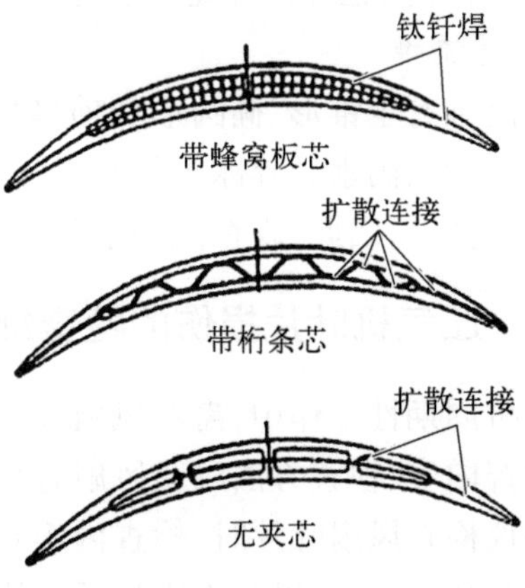

图 4－47　空心叶片

由于叶片弦宽且轮毂流道的收敛程度大,因此风扇叶片的燕尾形榫头也都做成基本与叶身相符的圆弧形,相应轮盘上的燕尾形槽也做成圆弧形,如图 4－48 所示,可减小轮盘的直径和轮毂比。

由于风扇叶片长而宽,采用常规的轮盘就会因轮缘很宽而变得很重。因此,风扇轮盘采用了多盘的盘鼓混合式轮盘,即由3或4个带鼓的薄盘焊接而成,如图4-49所示。

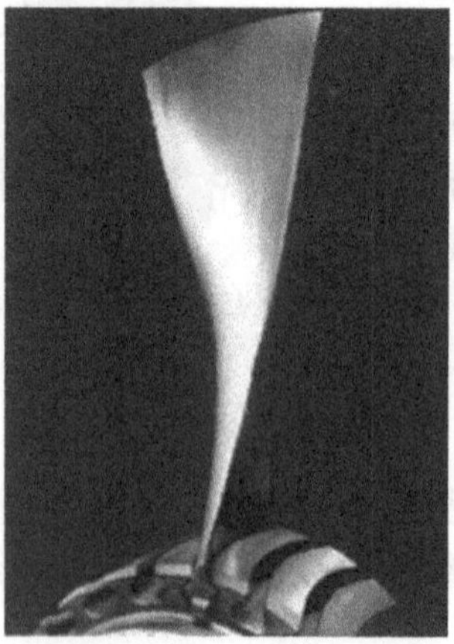
图4-48 圆弧形榫槽

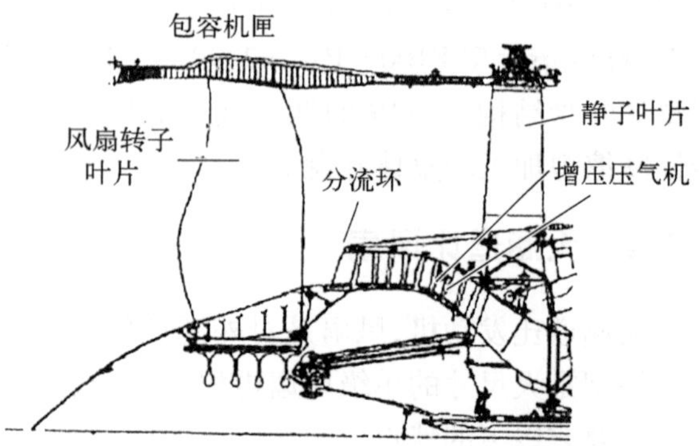

图4-49 风扇叶片及增压级

2. 机匣

大涵道比风扇的机匣广泛采用了带包容环的包容式机匣。这是因为考虑到风扇处于发动机进口端,外来物(特别是较大的鸟类等)易被发动机吸入后撞击到风扇叶片,叶片折断后,如果击穿机匣,会对飞行安全带来严重危害。包容环是在铝合金基体上缠绕几十层凯芙拉(Kevlar)条带,然后用环氧树脂包住,具有质量轻、厚度大和韧性好的优点。

3. 增压级

内涵道增压级有时也叫作增压压气机,由于增压级的转速低、直径小,因此一般采用鼓式转子结构,鼓筒用螺钉固定于风扇盘后。叶片是与气流方向呈正交地安装在转子上的(称作正交叶片),也即叶片是倾斜地安装的,如图4-49所示。

4. 进气整流锥

进气整流锥有全锥形、椭圆形和前椭后锥形。其中全锥形进气整流锥具有较好的防冰能力,但是砂石、雨水和碎冰等外物易于进入核心机部分,而椭圆形进气整流锥有利于将外物甩向外涵道,因此,现在倾向于采用前椭后锥形进气整流锥。

4.3.5 压气机叶片损伤的检查维护要求

在发动机周期性工作中,需对风扇/压气机叶片进行检查。下面简要介绍某发动机风扇叶片的检查内容、检查方法以及风扇有损伤叶片检查处理的规定。

用孔探仪检查风扇叶片时,检查内容包括:从1级孔探仪孔检查级转子叶片排气边和2级转子叶片进气边,以及1级静子叶片的可视部分;从2级孔探仪检查2级转子叶片排气边和3级转子叶片进气边,以及2级静子叶片的可视部分;从3级孔探仪检查3级转子叶片排气边和3级静子叶片的可视部分。相应的检查方法是:取出孔探仪的堵头;将孔探仪插入孔探仪孔,改变孔探仪头部的插入深度和探头方向,检查叶片的不同部位;不取出孔探仪,注意防止头部进入转子叶片间,转动低压转子,顺次检查每一片叶片;取出孔探仪,按要求安装好孔探仪堵头。需要注意的是,检查时不允许外来物落入发动机流路;依次检查各级转、静子叶片,不要同时卸掉其他孔探仪堵头;工作结束后,仔细检查发动机机匣上堵头的复位和锁紧情况。

从进气道检查风扇叶片时,应从进气机匣前端目视检查进气机匣固定支板、可调叶片的所有边缘和风扇 1 级转子叶片进气边,在目视所及的范围,检查风扇 1 级机匣内壁涂层是否有磨损和脱落情况;用手轻轻拨动进气可调叶片,检查可调叶片是否自由摆动,当自由摆动超过规定值时,应检查进气机匣的摇臂是否断裂,检查摇臂定位销是否失效,检查联动环是否断裂。

在发动机使用维护说明中,一般会给出叶片损伤尺寸的定义方法。如图 4－50 所示,叶片前缘打伤可以用位置参数 L、宽度参数 l 和深度参数 h 来表征,叶片表面压痕可以用位置参数 L 和 Δ,以及面积参数 d 来表征。在检查中发现叶片损伤后,需根据损伤尺寸确定是否需要修理,以及是否需要报废。例如,当发现进气机匣固定支板可调叶片和风扇 1 级转子叶片上有损伤时,若发现损伤深度不大于规定值,则可继续使用,且不需检视其他各级的转子与静子叶片;当发现损伤深度超过规定值时,应对风扇的各级转子与静子叶片进行检查。再比如,同一级转子叶片,允许排除损伤的叶片不超过 11 片,风扇 1 级转子的同一叶片,允许修复不超过三处损伤,如果某级转子叶片报废数且超过规定值,则该级转子叶片全部报废。

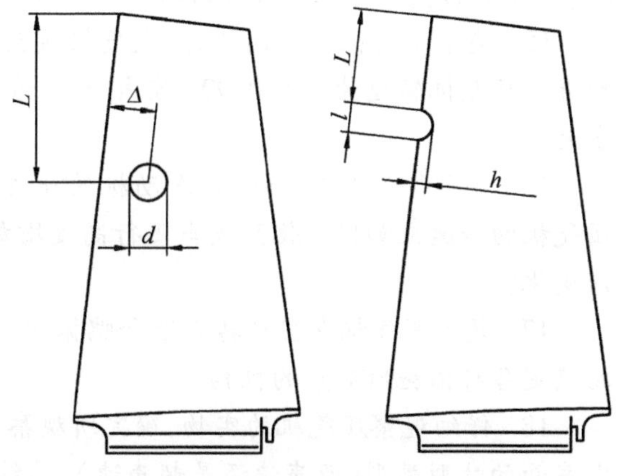

图 4－50　典型叶片损伤的定义方法

习　　题

1. 复述压气机的功用和基本组成。

2. 简述压气机的工作过程,分析列举影响压气机性能的主要因素。

3. 基于压气机的基本原理和工作过程,分析说明为什么现代先进发动机的压气机都是多级的?

4. 压气机的基元级和级的工作各有何特点?说明沿着叶高的方向,各基元级的几何参数都会产生哪些变化,并解释其原因。

5. 试从气流的运动规律、能量转换规律来解释压气机的增压原理。

6. 多级压气机的工作又有哪些特点?试分析说明,当压气机处于较低的转速工作时,其前面级和后面级的工作有什么不同?

7. 试绘制出当压气机处于较低的转速工作时,其前面级和后面级的速度三角形(以平均半径处的速度三角形代表)。

8. 压气机中的二次流动主要有哪几种形式？它们对流动的影响主要是什么？

9. 针对压气机中的二次流动，你是否能提出抑制、减弱或控制其影响的创新性想法？

10. 你认为双转子压气机有什么优点？解释其原因。

11. 超声速基元级的增压原理与亚声速基元级的增压原理有什么区别？

12. 压气机的性能参数有哪些？多级的增压比与各级增压比之间是什么关系？多级的效率与各级的效率之间是什么关系？

13. 对于双转子压气机，若高低压压气机的参数为 $\pi_{CL} = 3.54$、$\eta_{CL} = 0.85$，$\pi_{CH} = 2.87$、$\eta_{CH} = 0.88$，则压气机的总增压比 π_C 和总效率 η_C 分别为多少？

14. 某涡扇发动机的涵道比为 0.62，在地面以最大状态工作时，其参数为发动机进口的总空气流量为 120 kg/s，低压压气机（风扇）的 $\pi_{CL} = 3.65$、$\eta_{CL} = 0.86$，高压压气机的 $\pi_{CH} = 6.43$、$\eta_{CH} = 0.89$。试求出低压压气机的功率、高压压气机的功率，以及总的功率。

15. 某型发动机在地面工作，大气温度为 10℃、大气压力为 97 kPa，若在某一状态下测得其压气机转速为 $\bar{n} = 0.92$、空气流量为 67 kg/s，求其换算转速和换算流量分别是多大？

16. 在飞行状态下，如果某发动机的压气机换算转速保持不变，当飞行速度增大时，压气机的转速应如何变化？或当飞行高度增加时（飞行马赫数不变），压气机转速又该如何变化？

17. 复述压气机发生旋转失速和喘振的原因，列举防止喘振的措施，并结合压气机实物确定各种措施所对应的机构。

18. 仔细观察压气机的实物，确定所观察压气机的类型、级数、流道形式、各级叶片叶尖截面的叶型类型（亚声速还是超声速），总结归纳压气机的主要结构特征。

19. 仔细观察压气机的实物，确定所观察压气机的转子的结构形式、各级叶片的安装方式、机匣的结构类型、静子叶片的安装方式。

20. 仔细观察压气机的实物，指出可调进口导流叶片和可调静子叶片的位置，并说明其传动关系。

21. 收集有关资料，总结现代高性能压气机都有哪些新结构、新材料？

22. 依据所掌握的压气机工作原理和构造知识，分析并提出使用维护人员应该关注的事项。

23. 围绕适应未来高性能作战飞机要求，提出你对提高或改进压气机综合性能的创新想法。

第5章 燃烧室工作原理与构造

燃烧室是航空燃气涡轮发动机的核心部件之一,通过组织高效稳定的燃烧,把燃料的化学能释放出来,转化为热能,气体的总焓增大,从而提高燃气的膨胀做功能力。在有些涡喷和涡扇发动机中,还设有加力燃烧室。本章主要分析涡喷和涡扇发动机的主燃烧室和加力燃烧室的工作原理、特性与构造。为了统一,若无特殊说明,仍将主燃烧室简称为燃烧室。

5.1 燃烧室工作原理

5.1.1 对燃烧室的要求

根据燃烧室的功用,对燃烧室的工作有如下的要求。

(1) 点火可靠。点火可靠是燃烧室工作的最基本要求。可靠地成功点火是燃烧室工作的必备基础,对于保证发动机可靠工作以及飞行安全至关重要。特别是在空中飞行时,当遇到高空熄火后重新起动时,在压力、温度都比较低且进气速度比较大的情况下,仍需要有高可靠性的点火。此外,即使是在地面工作,也要满足高原、低温、大风和雨雪等恶劣条件下的点火可靠。

(2) 燃烧稳定。燃烧稳定是指燃烧室内混合气点燃后,在规定的全部飞行高度、速度范围内都不熄火,能够正常工作。通常,燃烧室工作时,进口气流的压力、温度较高,一般是能够稳定燃烧的。但是,在某些情况下,火焰有被吹熄的危险。例如,气象条件恶化;压气机失速喘振造成燃烧室进口气流不稳定;飞机做机动飞行时进口流场畸变,使燃烧室进口处气流不均匀;歼击机发射武器时,发动机进口的气体中含有大量燃气,造成燃烧室内氧气不足;机动飞行时操纵过猛,也会使燃烧室内瞬时过分富油或贫油等。所以,要求燃烧室具有较宽广的稳定燃烧范围。

(3) 燃烧完全,效率高。在燃烧室中,燃油通过燃烧将化学能转变为热能,提高燃气的总焓,所以燃烧过程中燃油燃烧的完全程度和对气流的加热效率,会对发动机性能产生影响。

(4) 总压损失小。气流流经燃烧室时会产生流动损失,燃料燃烧加热气体时也有热阻损失,这不可避免地使气流的总压下降,燃气在涡轮和排气装置中膨胀做功的能力减小,影响发动机的性能,所以应尽量减小气流在燃烧室中的总压损失。

(5) 出口温度场和流场分布适合涡轮工作要求。燃烧室出口的燃气流向涡轮导向器和工作叶轮。为了使高速转动的涡轮有较好的工作条件,对燃气的温度分布有一定的要求,这对于延长涡轮寿命和保证涡轮安全可靠地工作也是极为重要的。

(6) 结构紧凑,质量轻。为了提高发动机的推重比,缩短燃烧室长度不仅可以减轻燃烧室的质量,还可以缩短压气机与涡轮之间的距离,从而可以减轻机匣和转子的质量,从燃烧室的发展来看,对于近代燃烧室,无论是长度还是直径,都减小了许多,如目前逐渐采用的突扩短环形燃烧室。

(7) 排气污染少。随着对大气环境保护的日益重视,民用飞机发动机排气中的一氧化碳、不完全燃烧的碳氢化合物、氮氧化物 NO_x 和发烟度等项指标都有了更为严格的要求。因此,燃烧室还必须要满足在所有工作状态下不牺牲发动机性能且保证排气污染少的要求,这对燃烧室的设计思想产生了很大的影响,也催生了许多的新原理和新结构。

(8) 寿命长,可达性好,结构可靠性高,易于修理等。

5.1.2 燃烧室基本结构和类型

5.1.2.1 燃烧室的基本结构

涡喷和涡扇发动机的燃烧室由下列基本部件组成,以环形燃烧室为例,如图 5-1 所示。

(1) 燃烧室壳体。分为燃烧室内、外机匣,用于承力、支承,及安装火焰筒等部件。

(2) 火焰筒。燃烧在其内部进行,在其头部进口有旋流器,壳体上开有许多大小不同的孔,用于通过不同用途的空气,保证燃烧充分、工作可靠。

(3) 燃油喷嘴。用来供油,使燃料喷射雾化,一般设在火焰筒头部的中心部位。

(4) 扩压器。位于压气机出口,使气流减速。

(5) 点火装置。供起动时点火用,有的直接使用电嘴,有的使用小型预燃室。

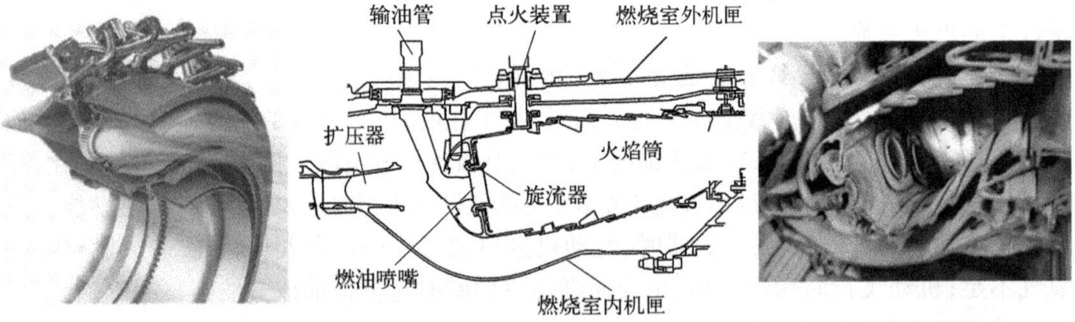

(a) 整体图　　(b) 剖面图　　(c) 实物图

图 5-1 燃烧室(环形)的组成

5.1.2.2 燃烧室的类型

燃烧室主要有三种类型,根据火焰筒的形式,分为单管形燃烧室、筒环形燃烧室和环形燃烧室。

(1) 单管形燃烧室。单管形燃烧室的构成如图 5-2(a)所示。此种燃烧室的迎风面积大,质量大,出口周向温度场不均匀,损失较大。只在早期发动机中与离心式压气机配合使用。

(2) 筒环形燃烧室。这种燃烧室由若干个火焰筒沿周向均匀排列于燃烧室的壳体(内外套)之中,每个火焰筒的出口逐渐转变为扇形,并共同组成一个环面,如图 5-2(b)所示。此种燃烧室的迎风面积较小,出口燃气周向温度场比单管形燃烧室要好,但各火焰筒之间仍需联焰管。

(3) 环形燃烧室。如图 5-2(c)所示。这种燃烧室的特点是火焰筒不是相互独立的,而是一个环形,喷嘴和旋流器均布于其头部。其优点是结构紧凑,迎风面积最小,容积利用率高,出口周向温度场均匀,点火时容易传焰,点火可靠,有利于减少燃烧室的长度。

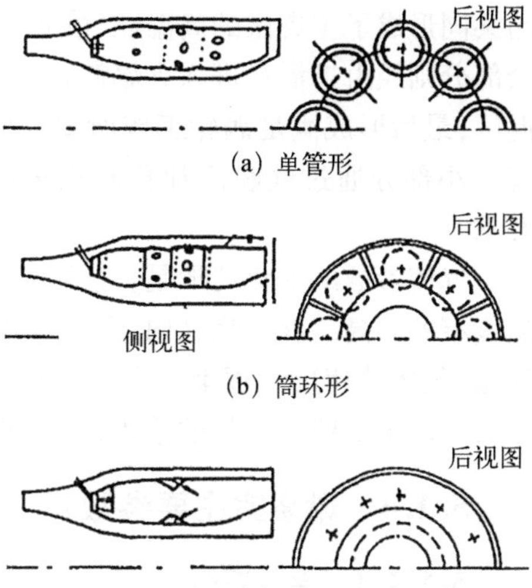

图 5-2　燃烧室的三种类型示意图

现代高性能涡喷和涡扇发动机都采用环形燃烧室。

5.1.3　燃烧室基本工作原理

不论是何种类型的燃烧室,虽然结构有差异,但其基本的工作原理都是相同的。如图 5-3 所示,发动机工作时,空气经过上游的压气机做功增压后,高压的空气进入燃烧室。因为压气机出口的气流速度很高,所以首先通过扩压器进行减速,以满足稳定燃烧的要求。如图 5-3 所示,燃烧室中的流动与燃烧有两个特点,一是气流分股,二是燃烧分区。空气由扩压器流出后,一部分(称为主燃气流)直接通过火焰筒头部的旋流器进入火焰筒的头部,与喷嘴喷出的雾化燃料混合,形成比例合适的可燃油气混合气和回流区。发动机起动时,油气混合气被点火装置输入能量点燃;点火成功以后,点火装置不再工作,新鲜混合气全靠已燃混合气的火焰点燃而燃烧。另一部分空气(称为二股气流)在火焰筒外,向后流动,二股气流中的一部分空气经过主燃孔进入火焰筒头部后区,也直接参与燃烧,从

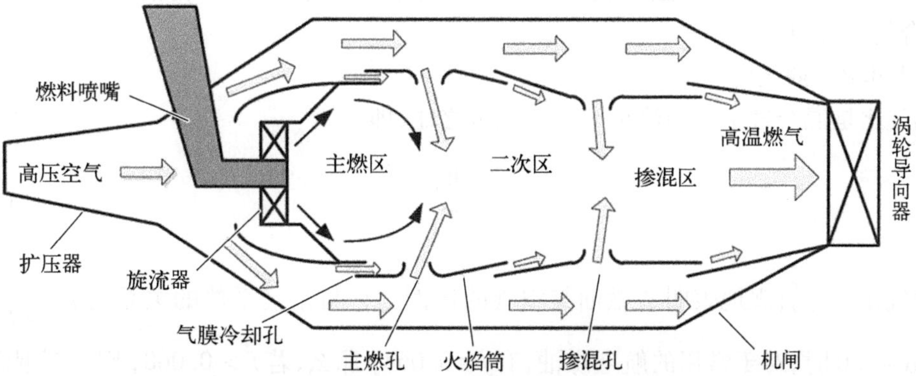

图 5-3　燃烧室的工作原理图

而共同形成了主燃区的高温燃气(但此温度要高于涡轮能够承受的温度);二股气流的剩余部分则经由掺混孔进入火焰筒,与主燃区的高温燃气混合,并冷却主燃区燃气,形成掺混区,最后形成满足涡轮工作所要求的高温燃气,从而流出燃烧室。其中,二股气流中还有一小部分通过气膜冷却孔对火焰筒的壁面进行冷却,保持壁面温度满足材料的温度要求。

气流参数的变化情形是,气体流入燃烧室后,在头部扩散形通道内,速度下降,压力、温度有所升高。在燃烧区内,混合气进行燃烧,使得气体的温度迅速上升。由于气体受热膨胀,气体的速度又逐渐增大。冷却区内,虽然还有一部分燃料在进行补充燃烧,但是由于大量的第二股冷空气的掺入,气体的温度逐渐降低。

5.1.4 燃烧室主要参数

5.1.4.1 余气系数

余气系数反映了混合气中燃油和空气的比例,定义为

$$\alpha = \frac{W_a}{W_f L_0} \tag{5-1}$$

式中,L_0 为理论空气量,即完全燃烧 1 kg 燃油时所需要的理论空气量,燃料的种类不同,其数值也不同,对于常用的航空煤油,$L_0 = 14.7$ kg/kg;W_a 为参与燃烧的空气流量;W_f 为所加入的燃油流量,即燃油耗油量。

由余气系数的定义式可知,$W_f L_0$ 表示的是加入的燃油要完全燃烧时所需要的理论空气量,那么参与燃烧的空气流量 W_a 与 $W_f L_0$ 之比,就是从空气量的角度来反映混合气中燃油和空气的比例是否恰当。

当 $\alpha = 1.0$ 时,说明完全燃烧 W_f 的燃油所需的理论空气量恰好与参与燃烧的实际空气量相等。从理论上说,混合气既不贫油也不富油,是比例恰当的混合气。

当 $\alpha > 1.0$ 时,则意味着实际的空气量大于完全燃烧 W_f 的燃油所需的空气量,混合气中的空气有富余,或者是燃油量相对偏少,故称为贫油。α 比 1.0 大得越多,混合气越贫油。

当 $\alpha < 1.0$ 时,则说明空气量偏少,而燃油量相对富余,故称为富油。α 比 1.0 小得越多,混合气越富油。

5.1.4.2 油气比

油气比是混合气中燃油流量与空气流量之比,即

$$f = \frac{W_f}{W_a} \tag{5-2}$$

油气比十分直观地表明了燃油与空气的比例。它与余气系数的关系为 $f = \frac{1}{\alpha L_0}$。可见,当 $\alpha = 1.0$ 时,对于常用的航空煤油,有 $f = 0.068$;那么,若 $f > 0.068$,则说明混合气富油;相反,若 $f < 0.068$,则说明混合气贫油。

5.1.4.3　燃烧室的总余气系数和总油气比

由燃烧室的工作过程可知，由于气流是分股的，因此燃烧区的余气系数和整个燃烧室的余气系数并不相同。对于整个燃烧室，其总的余气系数定义为进入燃烧室的总空气流量 W_{a3} 与完全燃烧 W_f 的燃油所需的理论空气量之比，用 α_b 表示，即

$$\alpha_b = \frac{W_{a3}}{W_f L_0} \tag{5-3}$$

同理，对于整个燃烧室，其总的油气比为

$$f_b = \frac{W_f}{W_{a3}} = \frac{1}{\alpha_b L_0} \tag{5-4}$$

应当注意的是，在应用中不能把燃烧区的余气系数与整个燃烧室总的余气系数相混淆。例如，燃烧室的总空气流量一定是大于直接参与燃烧的空气流量的，所以 α_b 往往比 1.0 要大很多，但并不能简单地依此来说明燃烧室的贫油和富油程度。一般是将其与设计状态的总余气系数 $\alpha_{b,d}$ 进行比较，来间接地说明燃烧室的贫油和富油程度。

5.1.4.4　燃烧室的稳定燃烧范围

在一定进口条件下，混合气过分贫油或过分富油都不能使燃烧室稳定燃烧，所以常用燃烧室总余气系数的极限范围来衡量其保持稳定燃烧能力。因此，燃烧室的稳定燃烧范围定义为

$$\Delta\alpha_b = \alpha_{bmax} - \alpha_{bmin} \tag{5-5}$$

其中，α_{bmax}、α_{bmin} 分别是燃烧室的贫油熄火极限和富油熄火极限。当 $\alpha_b > \alpha_{bmax}$ 或 $\alpha_b < \alpha_{bmin}$ 时，燃烧室都会熄火。显然，$\Delta\alpha_b$ 越大，燃烧室保持稳定燃烧的能力就越强。

5.1.4.5　燃烧效率

常用燃烧完全系数（ξ_b）和燃烧效率（η_b）来表示燃烧的完全程度。

1. 燃烧完全系数 ξ_b

燃烧完全系数又叫作放热系数，定义为燃烧过程实际的放热量与燃油完全燃烧时的放热量之比，即

$$\xi_b = Q_1 / Q_0 \tag{5-6}$$

式中，Q_1 为实际放热量（但忽略由燃烧室壳体向外部的散热量），也就是气流实际吸收的热量；Q_0 为燃油完全燃烧时的放热量，$Q_0 = W_f H_u$，其中的 H_u 是燃油的低热值，对于常用的航空煤油，一般取 $H_u = 42\,900 \times 10^3$ J/kg。

燃油的热值是指 1 kg 的燃料完全燃烧后，将燃烧产物再冷却到起始温度时所放出的热量。起始温度根据测量条件来规定，通常定为 25℃。在燃烧产物冷却到 25℃ 的过程中，燃烧所生成的水蒸气要凝结成水，并放出热量，包含水蒸气冷凝时所放出热量的热值称为燃料的高热值，而不包含水蒸气冷凝所放出热量的热值，称为燃料的低热值。

发动机工作时，1 kg 燃油的实际放热量要小于燃油的低热值。这是因为燃烧室的温

度很高，不仅有燃油与氧化剂的化合反应，还有燃烧产物分解的逆向反应。而且燃油与空气也不能混合到绝对均匀，使燃油不能完全燃烧。所以燃烧完全系数总是小于 1.0。

2. 燃烧效率 η_b

燃烧效率 η_b 通过气流的总焓增加量来衡量燃烧的完善程度，其定义为

$$\eta_b = \frac{(W_{a3} + W_f)i_4^* - (W_{a3}i_3^* + W_f i_{3f}^*)}{W_f H_u} \tag{5-7}$$

式中，i_3^*、i_4^* 分别是燃烧室进口空气和出口燃气的总焓；i_{3f}^* 为燃油喷入燃烧室时的单位热焓。

燃烧效率 η_b 除考虑在燃烧过程中未释放出的那部分热量损失外，还包含未用于加热气体而散失的热量。因此它比燃烧完全系数 ξ_b 更为确切地衡量燃烧完全的程度。但是由于散失的热量通常很小，往往可以忽略，故在应用中两者常常可以通用。

5.1.4.6 总压恢复系数

燃烧室的总压恢复系数定义为燃烧室出口截面上气流的平均总压 p_4^* 与进口截面上气流的平均总压 p_3^* 之比，即

$$\sigma_b = p_4^* / p_3^* \tag{5-8}$$

5.1.4.7 出口温度场分布参数

燃烧室出口温度场分布参数包括出口温度分布系数和径向温度分布系数。

1. 出口温度分布系数

出口温度分布系数(outlet temperature distribution factor, OTDF)定义为燃烧室出口截面燃气的最高温度与出口平均温度之差和燃烧室平均温升的比值。即

$$\text{OTDF} = \frac{T_{4\max}^* - T_4^*}{T_4^* - T_3^*} \tag{5-9}$$

式中，$T_{4\max}^*$ 是出口截面上的最高温度；T_4^*、T_3^* 分别是出口截面和进口截面上的平均温度。

2. 出口径向温度分布系数

出口径向温度分布系数(exit radial temperature distribution factor, ERTDF)定义为

$$\text{ERTDF} = \frac{(T_{4\text{Rav}}^*)_{\max} - T_4^*}{T_4^* - T_3^*} \tag{5-10}$$

式中，$(T_{4\text{Rav}}^*)_{\max}$ 是燃烧室出口截面不同半径上的温度周向平均值中的最大值。

目前燃烧室这两个系数的范围一般为 OTDF≤0.25~0.30 和 ERTDF≤0.08~0.12。

5.1.5 混合气燃烧基本概念

燃油与空气组成的混合气在燃烧室中的燃烧是一个复杂的物理-化学过程，包括燃油的雾化与蒸发、与空气的掺混、混合气着火以及随后进行的燃烧反应等过程。混合气燃烧过程稳定与否以及效率高低都直接影响燃烧室的工作性能。

5.1.5.1　混合气的形成

燃烧室中混合气的形成大致有三个物理过程,即燃油雾化、蒸发以及与空气的掺混。燃油由喷嘴喷出时,在外部阻力和燃油射流内部紊流所产生的内力的共同作用下,燃油被撕碎成大量微小的雾状油珠,雾状油珠越细小,表面积越大,越容易蒸发,而且形成所需要的混合气分布的时间和距离越短,越有利于燃烧。雾化的油珠吸收热量而蒸发,并且通过扩散的方式与空气进行掺混,形成混合气。混合气的组分均匀程度对混合气的燃烧性能有很大的影响。

5.1.5.2　混合气的着火

混合气的温度达到一定的数值时,开始出现火焰而燃烧起来的现象,叫作混合气的着火。混合气着火所需要的最低温度,叫作着火温度。混合气温度达到着火温度,是混合气燃烧不可缺少的条件。

混合气的着火温度随组成混合气的燃油与氧化剂种类的不同而不同,并且与混合气的压力大小有关。例如,在压力为 98 925.2 Pa 的条件下,煤油与空气组成的混合气的着火温度为 229℃。在发动机中,通常用专门的点火装置(如电嘴)对混合气加温,使混合气达到着火温度而燃烧起来,这个过程叫作点燃。供给混合气热量并使之达到着火温度的热源称为点火源。

试验表明,一定强度的点火源只是混合气着火的条件之一,此外混合气还需要具有适当的余气系数(或油气比)范围,使得点火时所发出的热量足以把邻近的混合气层加热到燃点,进而开始在整个混合气空间范围内传播。

5.1.5.3 混合气的燃烧

混合气点燃后,在合适的余气系数(或油气比)下,产生的火焰就在混合气中传播,从而使所有的混合气逐渐地燃烧起来。在发动机的燃烧室中,混合气是流动的,如何在流动的混合气中实现稳定的燃烧是燃烧室工作的核心问题。这就需要了解火焰的传播机理和火焰稳定的条件。

1. 火焰传播速度

燃烧学的研究表明,当点火装置点燃了邻近一小部分混合气之后,在已燃气体与新鲜混合气之间,会形成一个约 1/10 mm、有剧烈氧化反应且发热发光的薄层,称为火焰前锋。从微观上来看,火焰前锋大致分为两个部分。靠近新鲜混合气的部分叫作预热区,在这个区域内,温度开始时缓慢升高,达到一定程度后开始急剧上升,但发光和发热微弱。后面的部分为化学反应区,参数变化十分激烈,发出强烈的光和热。火焰前锋的高温已燃气体向上游的新鲜混合气传热,使其加热达到自燃的程度,同时,化学反应加速高温燃气分子与新鲜混合气分子之间的扩散,从而出现强烈的传质现象。在传热传质的作用下,火焰能够向前传播,点燃更多的混合气。

火焰前锋相对于新鲜混合气的运动速度叫作火焰传播速度。

2. 火焰稳定的条件

在流动的混合气中,如果火焰的传播速度与来流的气流速度在某一位置处相等,则在该位置上就可以得到一个稳定存在的火焰前锋,并且成为稳定的点火源。不断流来的新鲜混合气经过这一位置时,加热、点燃、燃烧,而后变成了燃烧产物流向下游。因此,火焰稳定的条件可以简单归纳为火焰传播速度与当地的气流速度相等。

相反，若火焰传播速度小于或大于气流速度，火焰前锋就会被吹向下游或者向上游移动。这种情况如果发生在燃烧室中，则会因点火源的不断后移而吹出火焰筒，或者因为向上游的移动而回火，最终都将使燃烧室熄火。

由此可知，火焰传播速度越大，火焰就可以在越大的混合气流速度下保持稳定。

5.1.5.4 影响火焰传播速度的因素

影响火焰传播速度的因素主要有混合气的性质、混合气的余气系数、混合气的流动状态以及混合气的初温和初压。

(1) 混合气的性质。燃油的热值越大，混合气燃烧时，火焰前锋内燃气的温度越高，化学反应的速度越快。同时，扩散、传热的能力越强，所以火焰传播速度越大。混合气中燃油的雾化质量越高(燃油颗粒越细小)，火焰传播速度也越大。

(2) 混合气的余气系数。试验表明，碳氢燃料与空气组成的混合气在余气系数为0.9~1.0时，火焰传播速度达最大值。当偏离这一最佳值时，不论混合气是偏贫油还是偏富油(即 α 增大或减小)，都会使火焰传播速度减小。

(3) 混合气的流动状态。由流体力学可知，流体的运动有层流和紊流(或湍流)两种流动状态，火焰在紊流混合气中的传播速度要比在层流中大得多。例如，在燃烧室入口的温度和压力条件下，层流中的火焰传播速度约为1 m/s，而在紊流状态下可以提高到5~8 m/s。这是因为当气体是紊流流动时，气体微团的运动极为紊乱，加强了燃气与新鲜混合气之间的热量传递和质量传递，并使火焰前锋的表面呈现不规则的曲面，增加大了火焰前锋新鲜混合气的接触面积，使同一时间内着火燃烧的新鲜混合气数量增多，从而加快新鲜混合气的燃烧。因此，在燃烧室中应建立较强的紊流流动状态。

(4) 混合气的初温和初压。混合气的来流温度升高使火焰传播速度增大。这是因为初温升高后，从初温上升到着火温度所需的时间相应地缩短，而且燃烧后气体的温度也升高，扩散作用加强，所以火焰传播速度增大。试验表明：当来流压力在 0.81×10^5 ~ 4.0452×10^5 Pa 的范围内，混合气的压力没有明显的影响。但当来流压力低于上述范围时，火焰传播速度下降。因此，在高原或低温起动时，以及高空小速度飞行条件下，火焰传播速度都会受到较大影响。

5.1.6 燃烧室内组织高效稳定燃烧原理

5.1.6.1 燃烧室的工作条件

涡喷和涡扇发动机燃烧室的工作受上下游部件的影响与制约，其工作条件有如下特点。

1. 燃烧室进口气流参数变化范围很大

为了适应现代空战的需要，高速飞机要求发动机推力大，飞行阻力小，这就必须增大空气流量和减小燃烧室的横截面积，从而导致燃烧室进口气流速度达到很大的数值，例如，进口气流速度甚至高达200 m/s以上。显然，在这样的速度条件下，不可能直接有稳定的燃烧。

发动机的工作包括起动、慢车、巡航、中间等状态，燃烧室相对应的进口参数和油气比范围也发生很大的变化，如进口压力变化 20~30 倍，进口温度变化 3~5 倍，燃烧室内总油气比变化也在 10 倍以上。

2. 燃烧室出口气流温度受到涡轮叶片材料强度的限制

由于涡轮在高温燃气推动下高速旋转，涡轮叶片不仅承受着极大的离心力，还处于高温条件下工作，金属材料的强度极限是随着温度的升高而降低的。所以，为了保证涡轮安全可靠地工作，就必须把燃烧室出口燃气温度限制在一定范围内。例如，在涡轮叶片有冷却的情况下，出口总温一般限制为 1600~1850 K。这一温度限制使得燃烧室总的余气系数要比 1.0 大得多。

此外，为了提高发动机推重比，现代燃烧室的长度都很短，而且温升高。例如，军用航空发动机燃烧室大多在 300~400 mm，火焰筒长度和高度的比值接近 2。这样的紧凑空间也给组织高效稳定燃烧带来困难。

5.1.6.2　采用扩压器降低进口气流速度

由气动热力学基础知识可知，利用扩散形管道可以降低亚声速气流的速度。所以，将燃烧室的进口段设计成扩散形通道（扩压器），使进入燃烧室的气流减速增压，速度降低。但是，简单扩压器的扩张角要受到气流分离的限制，不能太大，所以其长度并不能满足燃烧室紧凑几何尺寸的要求。

因此，现在都采用突扩式扩压器。如图 5-4 所示，气流首先在前置扩压器中减速，然后进入流道面积突然扩大的突扩区域，进一步大幅度减速。一部分气流直接进入火焰筒头部，剩余部分的气流分别流入燃烧室的内外环道，在突扩区产生了上下两个稳定的回流区。

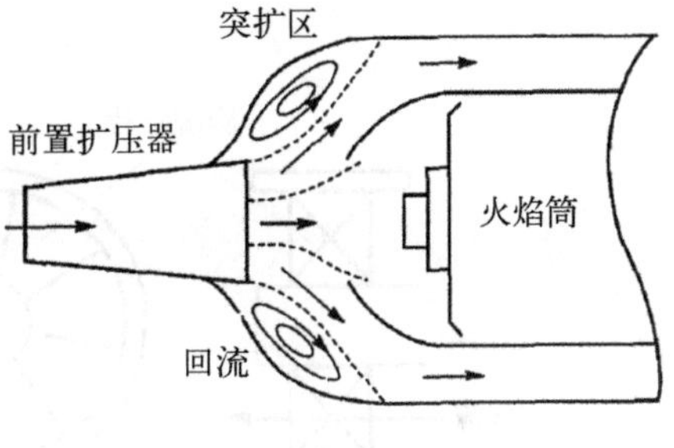

图 5-4　突扩式扩压器

这种突扩式扩压器的结构十分紧凑，但是流动损失会有所增加。

5.1.6.3　利用气流分股实现分区燃烧和掺混

航空发动机燃烧室中，燃烧总是在气相中进行。燃油和空气的均匀混合气只能在很窄的余气系数范围内稳定燃烧，例如，常温常压下的范围为 0.33~2.0。而由工作条件可知，要满足带冷却涡轮叶片材料限制，燃烧室总的余气系数一般在 2.0~5.0，显然，其贫油程度已超出可燃范围。因此，为了实现稳定高效的燃烧，通常会把火焰筒按功能划分为主燃区、掺混区等区域，如图 5-3 所示。

形成分区燃烧和掺混的关键是气流分股。空气经过扩压器后，一部分空气由火焰筒头部进入火焰筒，这部分气流称为第一股空气，占总空气流量的 20%~30%。另一部分流入内外环道后，分别经主燃孔、中间孔、掺混孔和冷却孔等进入火焰筒的各功能区，这部分气流统称为第二股空气，占总空气流量的 70%~80%。其中，主燃孔的流量约占 20%，掺混流量约占 20%，冷却流量占 30%~40%。从火焰筒头部到燃烧室出口，空气通过各组孔槽分别进入各功能区域，火焰筒内的空气流量逐渐变大。

这样，主燃区混合气的余气系数就可以保持在合理的范围，满足稳定燃烧的要求。通过一定量的掺混实现燃烧室出口温度降低，满足下游涡轮部件对燃气温度的要求。

5.1.6.4 建立回流区实现火焰稳定

实际上,燃烧室进口的气流虽然经过了突扩式扩压器减速增压,但是气流速度(一般要求为 40~60 m/s)仍然比混合气中的火焰传播速度大 10 倍以上,仍不可能实现稳定的燃烧。所以,还需要通过建立回流区来进一步降低局部区域的气流速度,以满足火焰稳定的需求。

在主燃区中,回流区是由头部的旋流器来产生的。旋流器的主要形式是叶片式,根据进气方向,有轴向式、径向(进气)式和轴径向组合式;根据叶片排(或流道)的数量,有单叶片排的单级旋流器和多叶片排的多级(如双级、3 级)旋流器。图 5-5 为单级和双级轴向式旋流器。其工作原理是,空气在旋流器叶片的偏转导流作用下,由轴向运动变成旋转运动,在下游形成一个周向的旋流流场,因为中心处是一个低压区,所以周向旋转的部分气流会在压差的作用下向低压区回流,从而形成稳定的回流区,如图 5-6(a)所示。由于气流在火焰筒内形成了回流区,而且主流区同回流区之间有黏性作用,因此,火焰筒内同一截面上气流的速度是不相等的,如图 5-6(b)所示。轴向速度等于零的地方,叫作回流边界。从图中靠近头部的截面速度分布来看,气流的轴向速度是由主流区的正向速度(设顺流方向为正)逐渐过渡到回流区的负向速度的,所以在这个截面上就有气流速度与火焰传播速度相等的局部区域,从而有可能成为稳定的点火源。

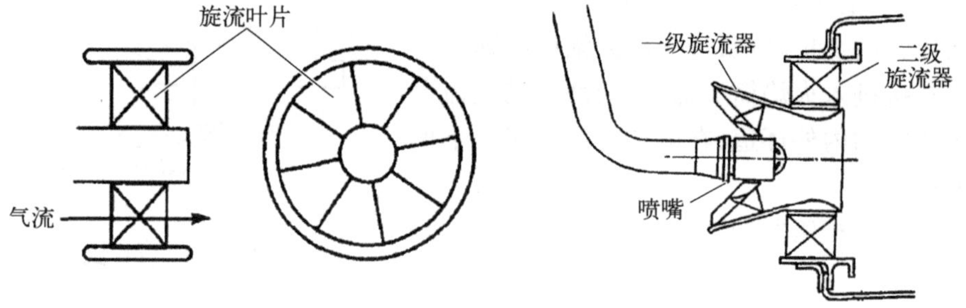

(a) 单级旋流器　　(b) 双级旋流器

图 5-5 轴向式旋流器

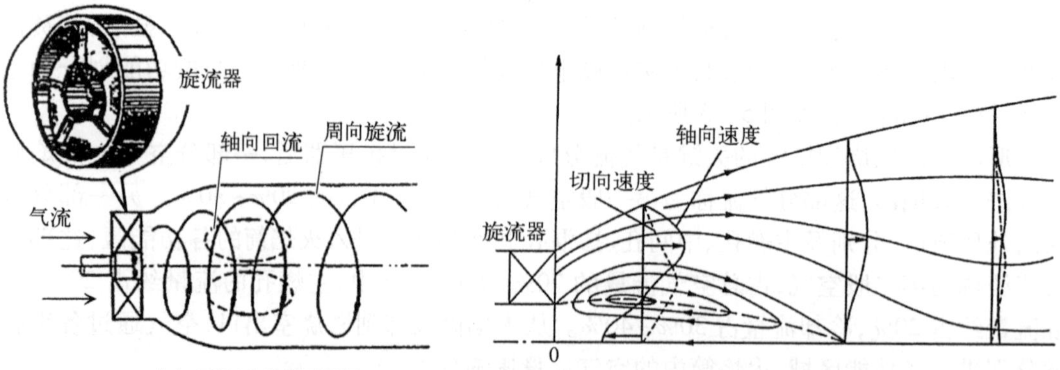

(a) 回流区形成原理图　　(b) 回流区气流速度分布

图 5-6 旋流器工作原理及回流区速度分布

5.1.6.5　采用多路离心式喷嘴雾化形成高质量混合气

1. 燃油供油和雾化

燃油雾化是形成高品质油气混合气的重要基础，也是一个复杂的过程，要受到供油压力、喷嘴的形式和尺寸、燃油物理和化学性质、气流速度、环境压力和温度等因素的影响。

发动机在高空巡航和低空高速飞行状态时的空气量和燃油量相差悬殊，例如，发动机的最大和最小供油量往往相差20余倍，需要的喷嘴供油压差要相差约400倍，若只靠一条供油路显然不能实现。所以，为了保证喷油雾化质量，涡喷和涡扇发动机中广泛采用了双路离心式燃油喷嘴。离心式喷嘴是指燃油在油压作用下通过喷嘴内的旋流孔或旋流槽，在喷嘴内产生旋转，以旋转液膜的形式喷出喷口，液膜在离心力作用下在喷口处形成空心锥，并与空气相互作用，产生微小的油珠，如图5-7(a)所示。双路离心喷嘴则是在一个喷头上布置两个同心的喷口，分别由两股油路供油（称为主、副油路），如图5-7(b)所示。图5-7(c)为某型发动机的主、副输油圈（路）以及双路离心式喷嘴的实

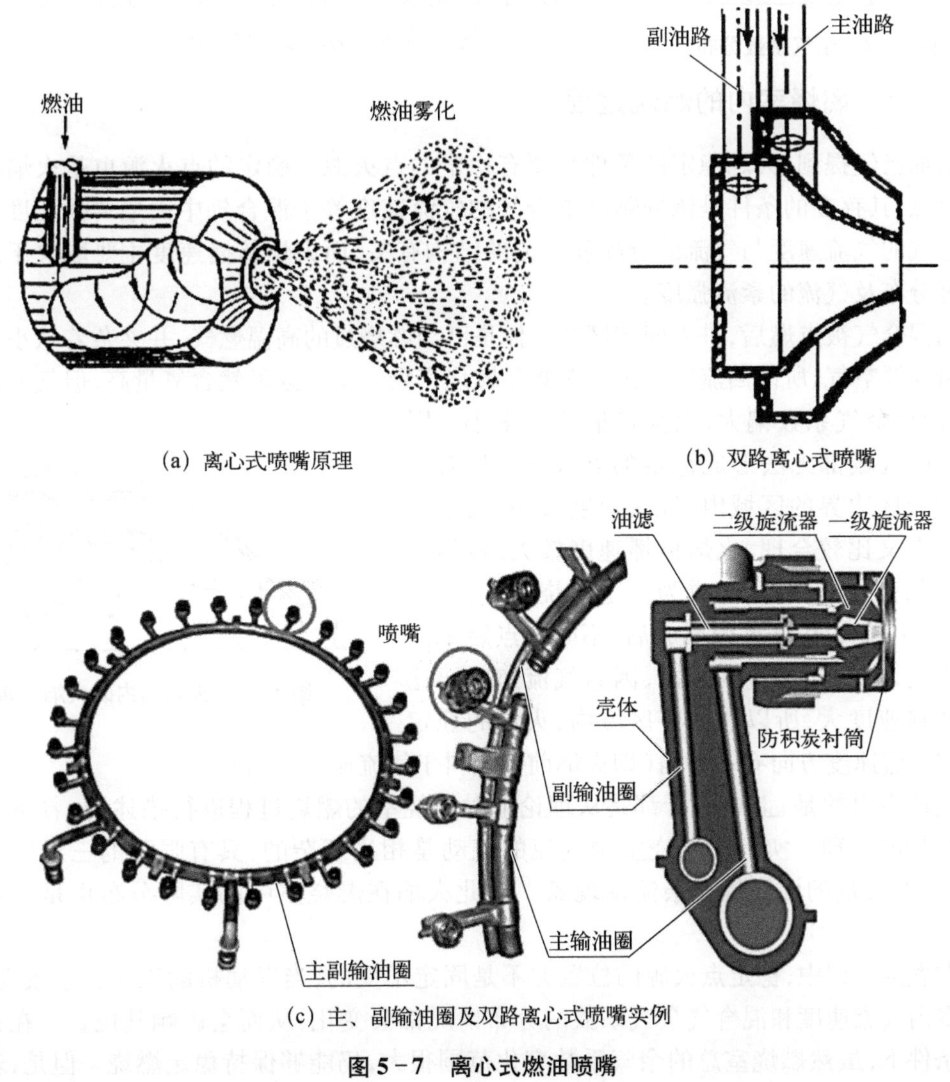

(a) 离心式喷嘴原理　(b) 双路离心式喷嘴

(c) 主、副输油圈及双路离心式喷嘴实例

图5-7　离心式燃油喷嘴

物。双油路双喷口喷嘴可形成两层油膜,旋转方向相反,增加了相互之间的扰动速度,可加快油膜破裂,改善雾化质量。一般,副油路用于小供油量状态,以保持足够大的喷嘴压差,获得高的雾化质量;而在大供油量状态下,主、副油路同时供油,以满足大流量的要求。

上述这种靠压力雾化的燃油喷嘴的优点是结构简单,流量范围宽,在燃油压力高时,可有较好的雾化质量。但是其缺点也明显,在燃油压力低时,雾化质量明显下降,且燃油在喷嘴附近较为集中。为了克服其不足,随着燃烧室技术的发展,尤其是要求燃烧室缩短长度,减小体积,必须使燃油的雾化、蒸发、掺混在极短的时间内完成,所以又出现了新的燃油喷射方式,如气动喷嘴、蒸发式喷嘴、预混预蒸发式燃油喷射方式等。

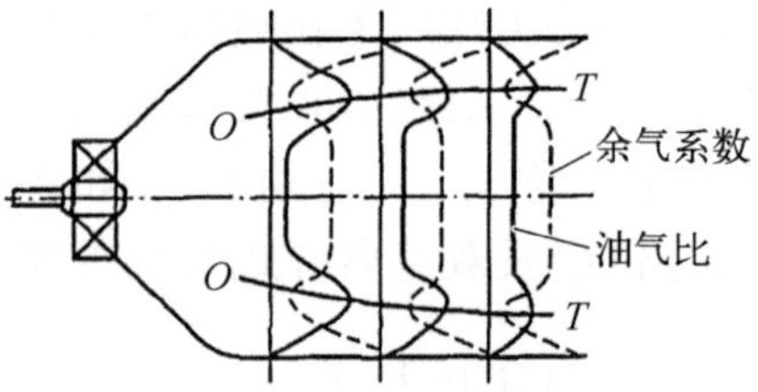

图 5-8 余气系数分布

2. 组成余气系数分布合理的混合气

结合燃油喷嘴的喷射角度和主燃区气流速度的分布,为保证稳定燃烧,一般应使得余气系数的分布如图 5-8 所示(虚线是余气系数),在回流边界附近的主流区使余气系数接近于 1.0。这样,有利于形成稳定的点火源,实现稳定燃烧。

5.1.7 燃烧室内的燃烧过程

前面已经提到,火焰稳定的条件是要有稳定的点火源。稳定的点火源也是火焰前锋的起始点,其存在的条件是该处新鲜混合气的气流速度等于混合气中火焰传播速度。新鲜混合气的气流速度与气流的分配和气流的结构有关,而火焰传播速度主要取决于燃料的浓度分布及气流的紊流强度。

当混合气被点燃后,进入回流区的气体是已经燃烧过的高温燃气,并夹杂着从小孔来的少量新鲜空气,所以回流区里绝大多数是燃烧产物。主流区虽然含氧量高,但气流速度较大,而且余气系数偏大,火焰传播速度很小。因此在这些区域都无法形成稳定的点火源。只有在靠近回流区边界的区域内,气流速度较小,而余气系数分布又比较合理,火焰传播速度较大,容易形成稳定的火焰前锋,从而成为稳定燃烧的点火源。如图 5-9 所示,在点火源形成后,不断地点燃来流的混合气,火焰向主流区传播,因为气流速度要比火焰传播速度大,所以在这些区域内,火焰的稳定位置与气流速度方向有一夹角(即火焰前锋倾斜于气流速度方向)。

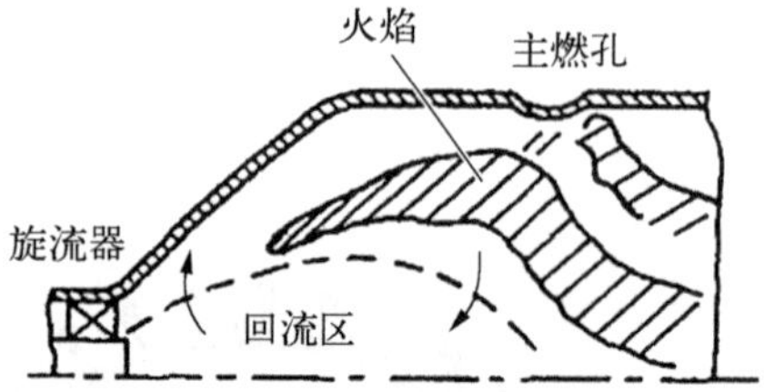

图 5-9 火焰筒内的火焰分布

应该指出的是,上述分析都是从理论上对燃烧室的燃烧过程进行描述的,着重阐述稳定燃烧的机理。实际的燃烧室中气流的流动是相当复杂的,具有强烈的三维流动特征,并且有大量的旋涡等复杂流动现象。因此火焰在燃烧室中的实际分布也是非常复杂的。

在燃烧过程中,稳定点火源的位置并不是固定不变的,当发动机的工作状态改变时,燃烧室内气流速度和混合气余气系数的分布情况都会变化,从而会影响其位置。在正常工作条件下,虽然燃烧室总的余气系数变化范围很大,仍能够保持稳定燃烧。但是,若剧烈地改变供油量或进入燃烧室空气含氧量太少（如吸入废气的情况）时，会使混合气的余气系数在短时间内变化很大，有可能丧失稳定的点火源，导致燃烧室熄火。

5.2　燃烧室特性

燃烧室特性主要包括燃烧效率特性、熄火特性和使用特性等，由于燃烧的复杂性，燃烧室特性一般都由试验获得。

5.2.1　燃烧效率特性

燃烧室的燃烧效率特性主要是指燃烧效率与燃烧室的总余气系数之间的关系。试验表明，进口气流速度、温度和压力等对其都有不同程度的影响。

燃烧效率特性曲线的一般规律如图 5－10 所示。它通常是在燃烧室试验器上，保持一定的进口流速、温度及压力，通过改变供油量来改变余气系数，通过测定相关参数计算得出燃烧效率 η_b，然后绘制成特性曲线。从其一般规律可以看出，当余气系数变化时，有一个燃烧效率最高的余气系数，叫作最佳余气系数 $\alpha_{b,\ opt}$。通常，$\alpha_{b,\ opt}$ 就是燃烧室设计状态下的余气系数。当燃烧室余气系数小于最佳值时，燃烧区的余气系数偏离了最有利的油气混合比，燃烧速度减小，使燃烧效率降低。当供油量增加很多时，大量煤油蒸发吸热，燃烧区混合气温度降低，使燃烧速度进一步降低，有一部分未燃烧的燃料被气流带走，故燃烧效率进一步降低。同理，当燃烧室余气系数大于最佳值时，此时燃烧区也更贫油，同样偏离了最有利的油气混合比，也使燃烧效率降低。当供油量减小很多时，喷嘴前油压降低，燃料雾化质量变差，燃烧效率进一步降低。当混合气的来流压力和温度减小时，会使燃烧效率减小。

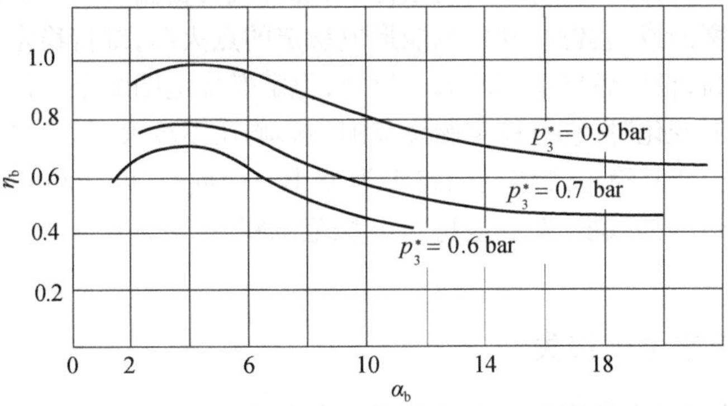

图 5－10　燃烧效率特性曲线的一般规律

5.2.2　燃烧室熄火特性

在混合气初温、初压一定时，稳定燃烧范围（$\Delta\alpha_b = \alpha_{bmax} - \alpha_{bmin}$）随进口气流速度的变化关系，称为熄火特性，或燃烧稳定特性。

熄火特性的一般规律如图 5－11(a)所示。在进口温度和压力不变的情况下，固定进口流量或速度，逐步减小或加大供油量，直至熄火，分别得到一个贫油和富油熄火的余气系数；再改变一个流量或速度，用同样的方法得到另一组贫、富油熄火点。反复试验即可得到一条完整的火焰稳定特性曲线。一般来说，富油熄火边界较难做出，主要是因为富油时燃烧激烈、温度较高，而且往往伴随着振荡现象。由图 5－11(b)是某环形燃烧室的熄火特性曲线，可见，该环形燃烧室的富油熄火边界随余气系数的变化不大，而贫油熄火边界的变化范围很大。

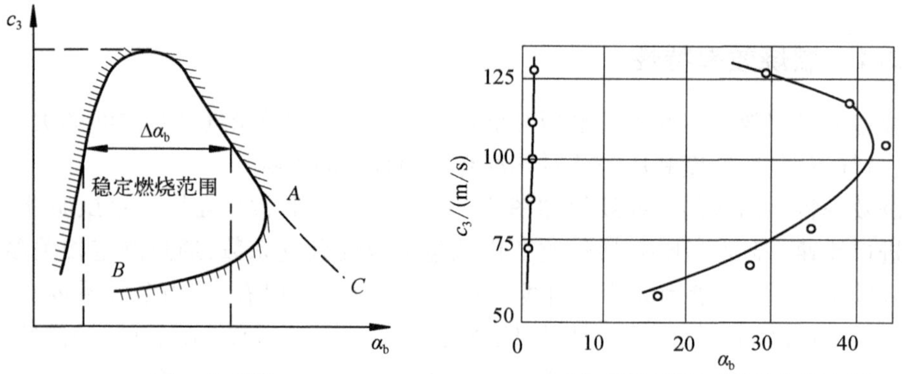

(a) 一般规律　　(b) 某环形燃烧室的熄火特性曲线

图 5－11　燃烧室熄火特性

由此可见，随着进口气流速度的增大，稳定燃烧范围变小。这是因为气流速度增大时，火焰前锋不容易稳定，不容易形成稳定的点火源，c_3 越大，余气系数 α_b 的变化范围越小。在 c_3 过小时，进入燃烧室的空气流量随之减小，供油量也随之减少，因而燃油压力降低，雾化质量变差，易导致熄火，因此贫油边界迅速缩小。

在燃烧室进口气流速度保持不变的条件下，混合气的初温和初压升高时，火焰传播速度增大，混合气稍富油或稍贫油一些，也能形成稳定的点火源，维持稳定燃烧。所以，混合气的初温、初压升高，稳定燃烧范围增大。反之，稳定燃烧范围缩小。试验证明，混合气初压在 1.013 bar 以上变化时，它对稳定燃烧范围的影响还不算大；但是，当混合气初压低于 1.013 bar 后，初压下降，稳定燃烧范围将大为缩小。由此可知，飞机在高空飞行时，由于燃烧室进口初温、初压都减小，燃烧室稳定燃烧范围将大为缩小，因此在高空燃烧室容易熄火。

5.2.3　燃烧室总压损失

造成燃烧室总压损失的原因主要是以下几个方面：

(1) 气流通过燃烧室头部突扩式扩压器时的流动损失。

(2) 气流进入火焰筒前后，经过表面缝隙和小孔时的摩擦损失。

(3) 燃烧室中的回流、紊流和冷热空气掺混中，气流与气流之间相互作用的摩擦损失。

(4) 对气流加热而引起的热阻损失。

其中，以前三项流动损失为主，热阻损失为辅。而流动损失主要与进口气流速度有关。气流速度越大,流动损失也会越大。

5.2.4 燃烧室使用特性

在发动机的工作中,燃烧室的工作条件取决于发动机的工作状态。当发动机工作状态改变时,其进口参数和余气系数等的变化并不是独立的,而是相互联系与影响的。因此,把使用条件发生变化时燃烧室的性能变化称为使用特性。

5.2.4.1 燃烧室稳定工作范围随发动机工作条件的变化规律

当飞行高度、飞行速度和发动机转速变化时,发动机的工作状态也随之改变,使得燃烧室进口气流速度、压力、温度发生变化,影响燃烧区的气流速度和火焰传播速度,从而使稳定燃烧范围发生变化。试验表明,进口气流速度主要受发动机转速变化的影响最大。

1. 飞行高度变化时,稳定燃烧范围变化的情形

发动机的转速不变,飞行高度升高时,燃烧室进口气流速度的变化不大,但是混合气的初温、初压却随大气温度和压力的降低而降低;同时,空气密度随高度的升高而减小,使发动机的空气流量减小,供油量也相应减小,喷嘴前油压降低,燃料雾化质量变差。这些因素都使稳定燃烧范围随飞行高度升高而不断缩小,如图 5－12 所示,特别是贫油极限边界,随着高度的升高而急剧减小。这是因为贫油燃烧时,供油量本来就较小,高度升高后,供油量就更小,燃料的雾化质量变得更差。因此,飞机在高空飞行时,若燃烧室余气系数变化过大,更容易超出稳定燃烧范围而引起发动机熄火停车。

2. 飞行速度变化时,稳定燃烧范围变化的情形

发动机的转速不变,飞行速度减小时,燃烧室进口气流速度的变化不大。然而由于冲压比减小,混合气的初温、初压降低;同时,由于发动机的空气流量减小,供油量也相应减小,喷嘴前油压相应降低,燃料雾化质量变差。因此,稳定燃烧范围随飞行速度的减小而减小。

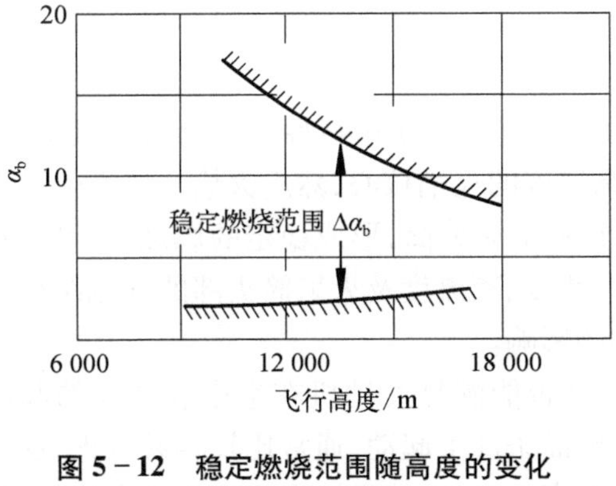

图 5－12　稳定燃烧范围随高度的变化

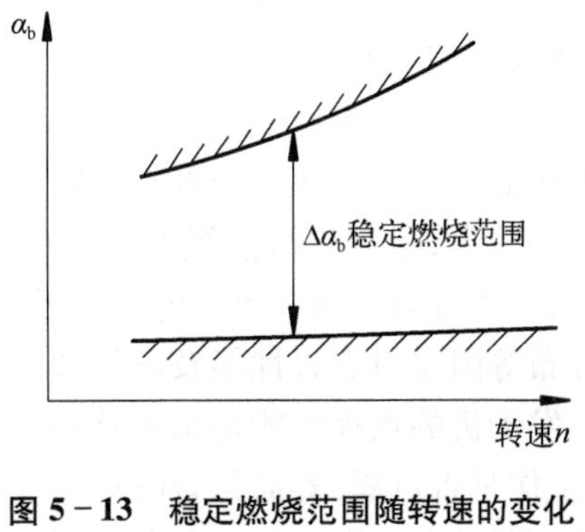

图 5－13　稳定燃烧范围随转速的变化

3. 发动机转速变化时,稳定燃烧范围变化的情形

发动机转速变化对稳定燃烧范围的影响如图 5－13 所示。发动机转速增大时,压气机增压比增大,空气流量增大,供油量增大。这将使得混合气的来流温度、压力升高,喷嘴

前油压增大,燃料的雾化质量变好,有利于稳定燃烧。但是,转速增加也使得燃烧室进口的气流速度增大。对贫油极限来说,来流温度和压力的升高和雾化质量的改善,使火焰传播速度增大对稳定燃烧的影响比局部气流速度增大对稳定燃烧的影响大,所以贫油极限数值是随转速的增加而明显增大的;对富油极限来说,由于雾化质量在小转速时已经较好,转速再增加,雾化质量的提高对火焰传播速度的影响不太大,而局部气流速度的增大,对稳定燃烧不利,所以富油极限数值随转速的增加而稍有增大。由此可见,随着发动机转速增大,稳定燃烧范围增大。发动机用小转速工作时,若燃烧室余气系数变化过大,容易超出稳定燃烧范围而引起发动机熄火停车。

5.2.4.2 易导致燃烧室熄火的使用条件

根据燃烧室的稳定燃烧范围随着发动机工作条件的变化规律,可以简单归纳出使用中容易导致燃烧室熄火的条件,需要在使用维护工作中给予充分注意,并积极采取有效措施,防止燃烧室熄火的发生。

(1) 在高空猛收油门或收油门断加力时,供油量变化较大,使燃烧室的余气系数变化超出稳定燃烧范围,易造成燃烧室贫油熄火。

(2) 在高空小速度飞行时,操纵飞机的动作过猛,飞行姿态变化剧烈,会使进入发动机的空气流量突然减少过多,造成燃烧室富油,本来在高空小速度条件下燃烧室的稳定燃烧范围就较小,结果可能使燃烧室富油熄火。

(3) 当压气机或超声速进气道发生失速、喘振等不稳定现象时,会造成发动机流量振荡,在短时间内空气流量下降过多(严重时流量突然中断),结果造成燃烧室余气系数剧减,燃烧室富油熄火。

(4) 当飞机发射武器或编队飞行时吸入大量含氧量极少的废燃气,对燃烧室来说,混合气含氧量少,造成燃烧室无法保证正常燃烧。

实际飞行中,各种因素的影响是很复杂的,一些特殊情况的出现也可能造成燃烧室熄火,例如,零过载燃料失重;燃料中水分在高空遇冷结冰,堵塞油滤;油箱内增压空气压力过小、燃料系统故障等,都有可能造成供油不足、供油中断或供油过多,发生熄火停车现象,维护使用中必须加强检查。

5.2.4.3 燃烧室点火特性

发动机的点火性能及可靠性是燃烧室的一项重要的使用特性。当点火装置工作时,首先在混合气中形成一个具有足够大、足够高温度的火焰核心,然后火焰从核心传到对应的火焰筒中,最后将被点燃的局部火焰传播到整个火焰筒,形成稳定的燃烧。所以,点火能量、点火持续时间和点火电嘴附近的混合气浓度、紊流度及火焰筒头部的气流结构和浓度分布等因素对点火性能及可靠性都有重要的影响。

发动机的点火性能是指燃烧室点火系统是否能满足发动机在空中和地面的起动要求,工作是否可靠,寿命是否够长。发动机在地面条件下起动,通常比较容易点火,这是因为地面条件下的大气压力和温度都较高。而在高空时,发动机熄火后重新点火比较困难,此时发动机处于风车状态,且压气机出口气流速度很快,外界环境压力和温度较低,因此点火困难。

图 5-14 是发动机的点火包线示意图,表示在特定飞行马赫数下可以成功点火的飞

行高度,包线内的区域是可以成功点火的高度和速度范围。燃烧室的点火性能可用点火高度来表示。点火高度是指发动机高空熄火后能点火起动成功的最大高度。目前一般的点火高度是 8~9 km,采取补氧等措施后可达 12~13 km。

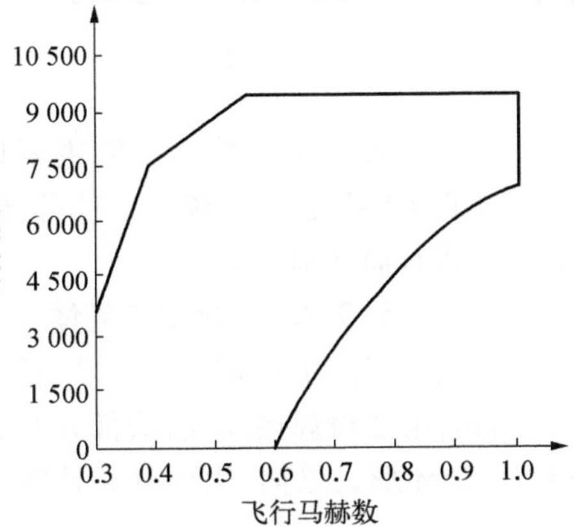

图 5-14　发动机点火包线示意图

5.3　燃烧室构造

从总体构造上来说,如 5.1.2.1 节所述,燃烧室的主体构件主要有带扩压器的燃烧室外机匣、内机匣、火焰筒、燃油总管、燃油喷嘴和点火装置等。其中,主燃烧室的内外机匣是承力部件。

5.3.1　燃烧室机匣

燃烧室机匣包括外机匣和内机匣,其中外机匣往往是管路及各种安装座最集中的地方,例如,燃油喷嘴安装座、点火电嘴安装座、引气管安装座、防喘用气的引气管安装座、燃烧室观察孔座、压气机出口压力测量接嘴安装座等。内外机匣都是薄壁零件,通常都是发动机的主要承力构件,承受轴向力、径向力、横向力、扭矩、振动载荷和热应力等,受力非常复杂。因此在结构设计中,必须保证机匣具有足够的强度和刚性。

外机匣的前部内侧缘板与高压压气机末级出口静子叶片的外缘板焊接在一起,其外侧缘板前安装边与高压压气机前机匣单元体的延伸机匣后安装边相连接,外机匣的后安装边与涡轮机匣前安装边相连接。内机匣的后安装边与火焰筒的内壁支撑环、高压涡轮导向器机匣内环用螺栓相连接。

为了防止在起动过程和停放期间燃烧室内积油,燃烧室机匣的下部一般有漏油装置。

5.3.2　扩压器

扩压器的形式主要是突扩式扩压器,已在 5.1.6.2 节中讲述。扩压器的前部一般与

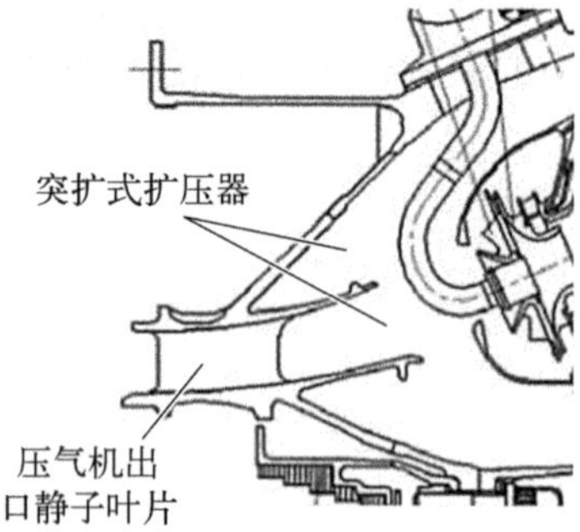

图 5-15 突扩式扩压器结构

高压压气机出口的导流叶片做成一体(作为承力框架),如图 5-15 所示。

除此之外,有的燃烧室采用的是二级扩压器,即逐级扩压,但是其长度比较长。

5.3.3 火焰筒

火焰筒是燃烧室的主要构件,是组织燃烧的场所。它由旋流器和火焰筒筒体等部分组成。火焰筒的主要形式有筒环形和全环形。

5.3.3.1 火焰筒筒体

火焰筒筒体按其功能一般可分为三部分,即头部、筒体主体和燃气导管。图 5-16(a)是筒环形火焰筒结构,由多段焊接而成,头部开有联焰管接口,后安装边与涡轮导向器相连。图 5-16(b)是全环形火焰筒,由内壁和外壁两部分组成,可以分别与扩压器和涡轮机匣相连。

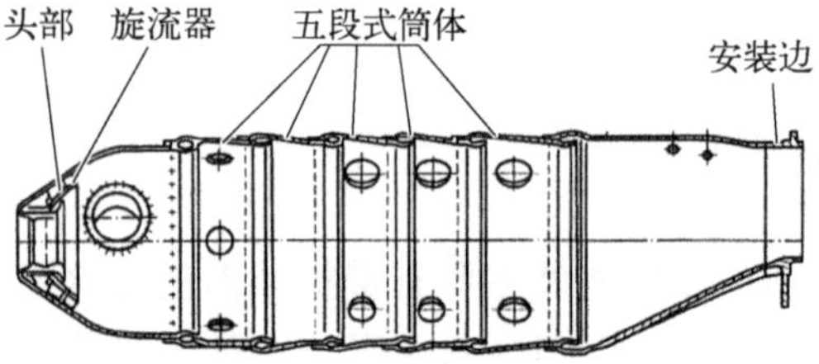

(a) 筒环形

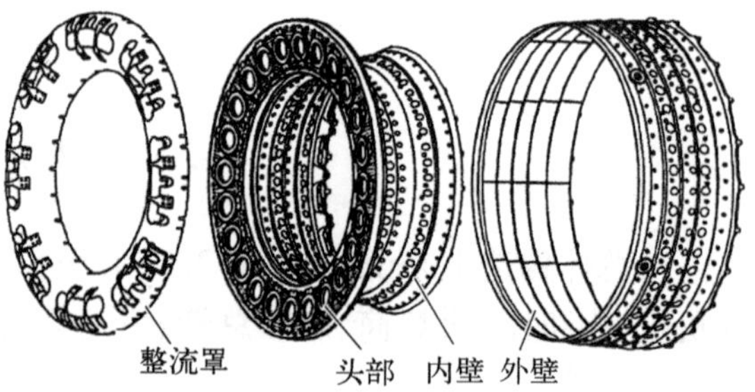

(b) 全环形

图 5-16 火焰筒筒体结构图

火焰筒采用前端固定、后端支持的安装方案。火焰筒头部借定位环支靠在进气口上,用固定销使火焰筒前端轴向定位。火焰筒后端用螺钉与燃气导管相连,燃气导管后端的扇形安装边用螺栓连接内、外扇形板,借此扇形板与涡轮导向器机匣前安装边配合,使火焰筒组合件后部径向和周向定位,但允许轴向自由热膨胀。

5.3.3.2 旋流器

旋流器一般是叶片式,主要有轴向式、径向式及组合式,安装于火焰筒的头部。

5.3.3.3 筒体冷却结构

火焰筒往往是发动机寿命比较短的部件。为了延长火焰筒的寿命,对火焰筒进行有效和省气的冷却始终是一项非常重要的设计要求。按其冷却散热方式可分为散热片式和气膜式。目前广泛使用的是气膜式冷却结构,如图 5-17 所示。

5.3.4 燃油喷嘴

航空发动机上采用的燃油喷嘴形式主要有离心喷嘴、气动喷嘴、蒸发式喷嘴(又称为蒸发管)和甩油盘式喷嘴等。

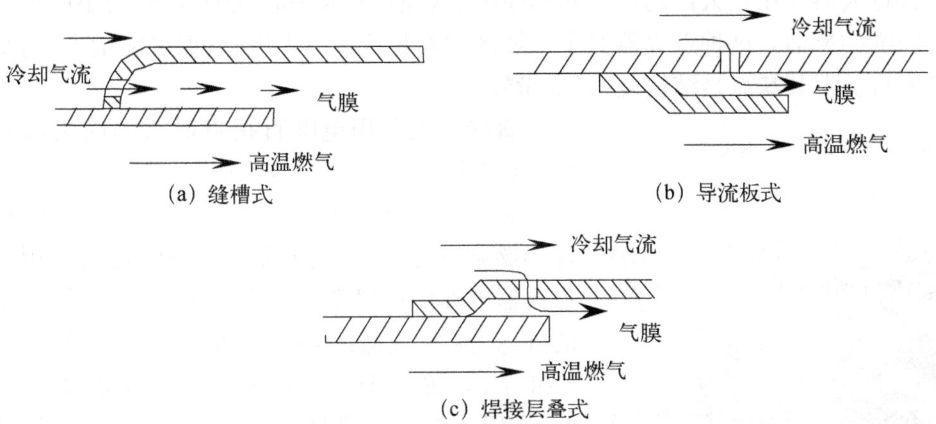

图 5－17　火焰筒气膜冷却结构示意图

双路离心式喷嘴的应用广泛，其结构形式已在 5.1.6.5 节中讲述。

气动喷嘴通过油膜与高速气流相互作用，在气动力作用下使油膜破碎雾化，快速形成均匀良好的油气混合气。例如，RB211 发动机燃烧室采用的就是气动喷嘴。燃油经 6 个切向孔，在喇叭口的内壁面上形成旋转的薄油膜层，在内外两股高速气流的作用下，破碎成与空气充分掺混的油雾，进入火焰筒头部。

蒸发管式喷嘴如图 5－18 所示，油气的混合提前在蒸发管内进行。燃油首先喷入高温燃气流中炽热的蒸发管内，迅速吸热，并蒸发为燃油蒸气，与进入蒸发管内的少量空气初步混合成油气混合气，然后从蒸发管喷入火焰筒的主燃区内，与大量空气混合后燃烧。

甩油盘式喷嘴一般在高转速、小流量的折流式环形燃烧室中使用，通过离心力将燃油喷入燃烧室，其结构和甩油原理如图 5－19 所示。

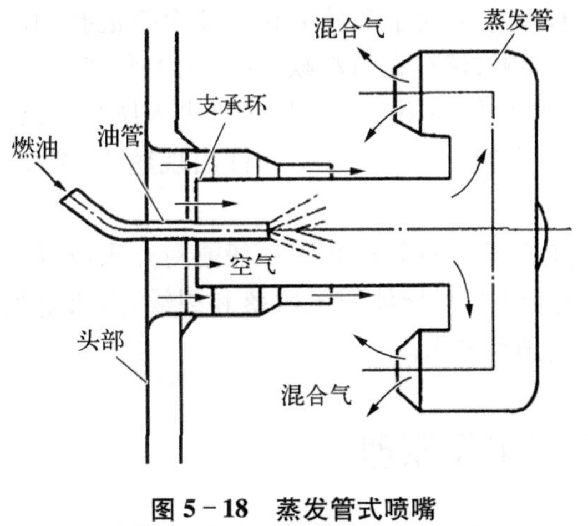

图 5－18　蒸发管式喷嘴

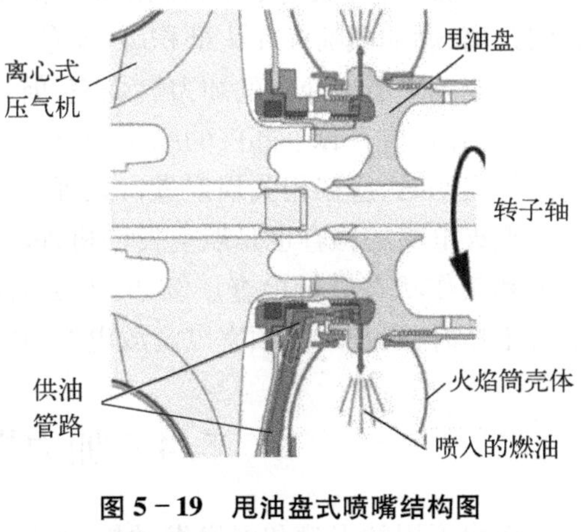

图 5－19　甩油盘式喷嘴结构图

5.3.5　点火装置

发动机的点火装置可分为间接点火器和直接点火器两种。

间接点火器先在点火器内点燃起动喷嘴的燃油,形成小股火焰,然后用小股火焰去点燃工作喷嘴的燃油。这种点火器对于主燃区的安装位置不太敏感,点火能量大,高空再点火较易实现。但其缺点是结构复杂,质量较大。

图 5-20　直接点火器实物安装图

直接点火器用电嘴直接点燃火焰筒头部的混合气,其实物如图 5-20 中椭圆标注所示。除不可能直接点火的蒸发式燃烧室和不便直接点火的离心甩油环形燃烧室外,直接点火器已得到广泛的应用。直接点火器电嘴的位置常安排在火焰筒头部,靠近喷雾锥的外缘、流速较低的地方。发动机的点火器一般为 2~4 个,布置 2 个点火器时一般位于燃烧室上方两侧,布置 4 个点火器时一般均匀分布。涡扇发动机的点火电嘴固定在燃烧室外机匣的安装座上,一般是用套筒保护电嘴安全通过外涵道,电嘴与外涵道以及与火焰筒之间用浮动环密封。

为了提高高空点火的可靠性,还常用补氧式的点火器,如图 5-20 所示,通过在点火器内部补充氧气,短时增加点燃区的氧含量,保证点火可靠。

5.3.6　燃烧室结构检查维护要求

航空发动机外场使用时需利用孔探仪检查主燃烧室火焰筒、燃油喷嘴的结构完整性。当出现结构损伤超出最大可用极限时,需联系发动机承制厂处理。例如,对于某型发动机,火焰筒头部转接段存在径向裂纹时,若长度小于 35 mm,则数量不限,存在周向裂纹时,若裂纹长度小于 20 mm 时,则数量不限;火焰筒内、外壁存在轴向裂纹时,若长度不超过 1 个气膜段,则数量不限,存在周向裂纹时,长度应不大于 2 倍的相邻 2 个掺混孔间的周向距离;燃油喷嘴存在头部积碳、变色,则数量不限,仅存在材料缺失时,则不允许。

对于 5.4 节中介绍的加力燃烧室,航空发动机外场使用时一般是通过进入尾喷管,在目视范围内,检查各个部件的结构完整性。同样,当加力燃烧室各个部件出现翘曲、裂纹、烧蚀等损伤时,应按相关规定进行处理。

点火电嘴的检查也是航空发动机外场使用时的重要维护内容。一般需对点火电嘴的外观和工作状态进行检查。例如,当目测点火电嘴时,半导体应无脱落和裂纹;点火电嘴正常工作时,火花放电频率以及放电“劈啪”声应满足要求。

5.4　加力燃烧室工作原理

现代军用的涡喷和涡扇发动机为了在短时间内进一步增大推力,大多采用复燃式加力燃烧室(简称为加力燃烧室)。加力燃烧室的工作原理基本上与主燃烧室相同,但是由于加力燃烧室的工作条件与主燃烧室相比有一定的差异,因此本节着重介绍加力燃烧室工作的一些特点。

5.4.1　加力燃烧室工作条件及要求

5.4.1.1　加力燃烧室工作条件的特点

对于涡喷发动机,加力燃烧室位于涡轮出口与喷管进口之间的位置;而对于混合排气式涡扇发动机,则位于混合器与喷管之间。所以,与燃烧室相比,加力燃烧室的工作条件具有以下的特点。

(1) 加力燃烧室进口气流的总温高,总压低,气流速度大。加力燃烧室的进口气流是经过涡轮膨胀做功后的高温燃气,因此总压较低,气流速度大(可达 350~450 m/s),而总温为 1000 K 左右,比燃烧室进口高很多(400~600 K)。进口总温高,对组织燃烧有利,但气流速度大和总压低对组织燃烧不利,尤其是在高空、低速的飞行条件下,进口总压会更低。

(2) 加力燃烧室是在已经燃烧过的燃气中进行工作,因而进口气流的含氧量低,惰性成分增加,不利于组织稳定地燃烧。

(3) 由于加力燃烧室的下游只有可调喷管,没有旋转部件,因此出口气流的温度可以不受过多限制,因而余气系数比较小,一般为 1.2~2.0。在当前的材料及冷却技术不断提高的条件下,加力燃烧室的出口温度 T_{7af}^* 可以比 T_4^* 高很多,可达 2000 K 以上。

(4) 加力燃烧室总是在发动机非加力的最大推力状态下投入工作的,在整个飞行范围内,进口气流速度和温度的变化量不大,但进口压力的变化较大,尤其在高空飞行时,压力低于 1 个标准大气压力,对燃油的雾化质量和组织燃烧都有不利影响。

5.4.1.2　对加力燃烧室的要求

在与主燃烧室的相同要求之外,针对其工作条件的特点,还要求:

(1) 减小流动损失。由于加力燃烧室气流速度大,而且其供油、点火及火焰稳定装置等部件在加力燃烧室不工作时仍然会产生较大的阻力与总压损失,为了提高发动机的性能,要求气流的损失和流动阻力要尽可能地小。

(2) 出口流场应均匀(包括压力、温度速度场),以减小喷管的流动损失和推力损失。

(3) 点火要迅速可靠,与可调喷管工作协调性好,推力增加要平稳,对其他部件工作影响小。当加力燃烧室点火进入工作状态时,喷管的最小截面面积要相应地放大(其道理将在后续章节中阐述),必须要保证良好的协调性。若点火不可靠,易造成加力燃烧室熄火,若喷管面积过大,将对双转子涡喷发动机和涡扇发动机的压气机及风扇的稳定工作造成很大的影响。此外,对于混排涡扇发动机,外涵道中是亚声速气流,所以加力燃烧室产生的压力波动很容易前传至风扇(或低压压气机),降低其稳定工作裕度,严重时导致喘振。

(4) 燃烧要稳定,防止振荡燃烧等不稳定工作现象的发生。

(5) 加力燃烧室是大尺寸的薄壁结构,且受到一定的静载荷和动载荷,又处于高温下工作,所以要求加力燃烧室具有良好的结构稳定性,且外廓尺寸尽可能小,质量轻。

5.4.2　加力燃烧室主要部件及工作原理

加力燃烧室由扩压器、供油装置、点火装置、火焰稳定器、防振屏和加力筒体等部件组成。比较典型的涡扇发动机和涡喷发动机的加力燃烧室组成如图 5－21 和图 5－22 所示。

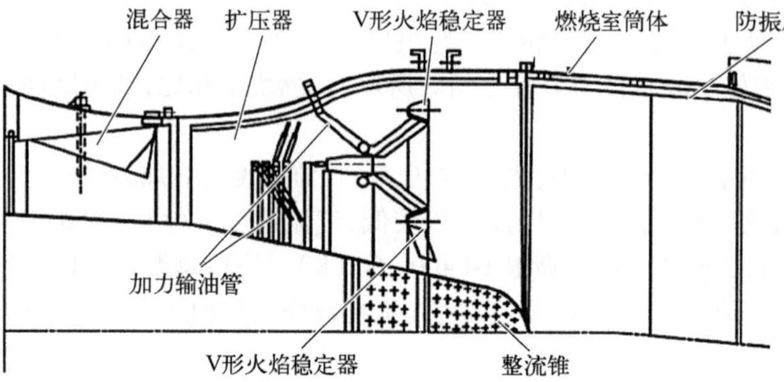

图 5－21　涡扇加力燃烧室组成图

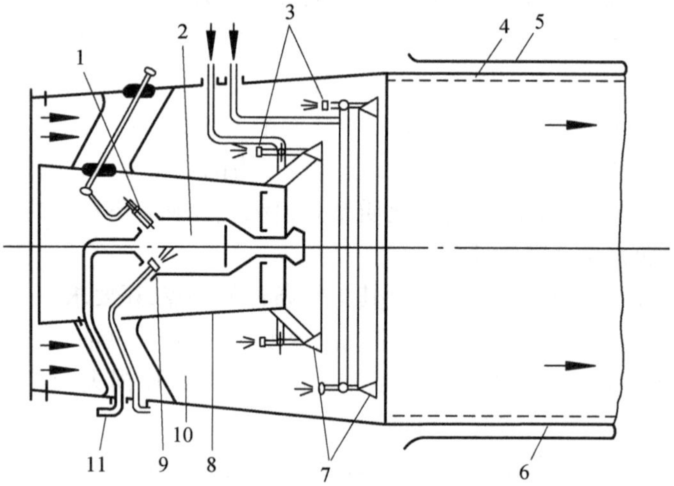

图 5－22　带预燃室的加力燃烧室组成图

1－点火电嘴；2－预燃室；3－加力喷嘴；4－防振屏；5－隔热屏；6－加力筒体；
7－V 形火焰稳定器；8－内锥体；9－预燃喷嘴；10－扩压器；
11－从高压压气机引气管

5.4.2.1　扩压器

加力燃烧室的扩压器与主燃烧室的扩压器在原理上是相同的，都是使高速气流减速增压。不过，加力燃烧的扩压器要长很多，在扩压器通道中一般还有整流支板，除支承作用外，还可对气流整流，有利于进气均匀。

5.4.2.2　供油装置

由于加力燃烧室的气流速度大，温度高，空间较大，因此大多数加力燃烧室采用结构简单的直流式喷嘴、离心式喷嘴进行供油，有的在环形输油圈（管）上和喷油杆上布置许多小孔，作为喷嘴。由于加力燃烧室供油量大，因此喷嘴数量多。喷射方向一部分为顺气流方向，一部分为逆气流方向，可使燃油混合得更加充分、均匀，分布更加合理，有利于燃油蒸发和掺混。

5.4.2.3 点火装置

加力燃烧室点火与主燃烧室点火有类似之处，也是靠点火装置产生点火源，先将局部混合气点燃，然后火焰扩展到整个空间。在加力燃烧室点火，有利的方面是气流温度高，但是不利的因素是气流速度大，压力低，且燃气中含氧少，造成点火困难。因此加力燃烧室的点火是一个很重要的问题，也是衡量发动机工作可靠性的一个重要方面。目前使用的加力点火方法主要有电嘴点火、预燃室点火、热射流点火和催化点火四种。

(1) 电嘴点火。电嘴点火是用高能半导体电嘴产生的火花直接点火，所以要求功率比较大。为提高点火可靠性，发动机上大多采用2个点火电嘴，固定在加力扩压器外壁上，插入主稳定器内，点着主稳定器内的油气混合气，进而通过内外传焰槽将火焰传给内圈的小稳定器和外圈的大稳定器。

(2) 预燃室点火。图5－22是带预燃室的加力燃烧室。预燃室本身就是一个小燃烧室，首先在预燃室中引气、喷油、电嘴点火并燃烧，然后喷出一股能量较大的火舌来点燃加力燃烧室中的混合气。

(3) 热射流点火。在加力供油的，在主燃烧室中适当位置再定量输入一股点火燃油。这股燃油被高温燃气点燃后成为一股能量强大的火舌，穿过涡轮，到达加力燃烧室后，将加力燃烧室的混合气点燃，如图5－23所示。为了可靠，一般在加力燃烧室扩压器中再喷入一股燃油接力。这种点火方式结构简单，工作可靠，能获得良好的高空点火性能。但是由于点火的“火舌”要瞬时穿过涡轮，因此对涡轮的热强度有一定的要求。图5－24是某低涵道比涡扇发动机的加力热射流点火及其控制系统简图。该型发动机由于是双涵道，内涵道燃气与外涵道空气经混合器后进入加力燃烧室，因此气流温度与涡喷发动机相比有所降低，增加了点火的困难。而常用的预燃室式点火方式由于预燃室体积较大，增加了流动损失，同时由于该型发动机的涡轮叶片采用了空心定向单晶叶片，叶片的热负荷承受能力大大增强，而且采用的是脉冲点火[三次作用时间为(0.3±0.1) s、间隔时间为(0.5±0.2) s的脉冲]，因此涡轮有较强的承受能力。针对这些情况，该型发动机采用热射流点火方式取得了较好的效果。

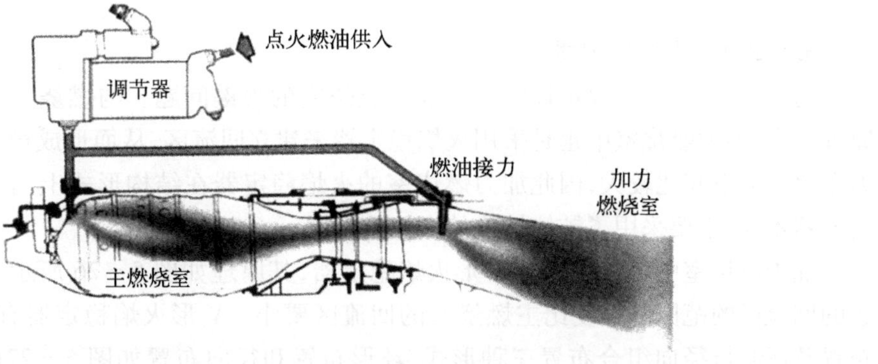

图5－23 热射流点火原理

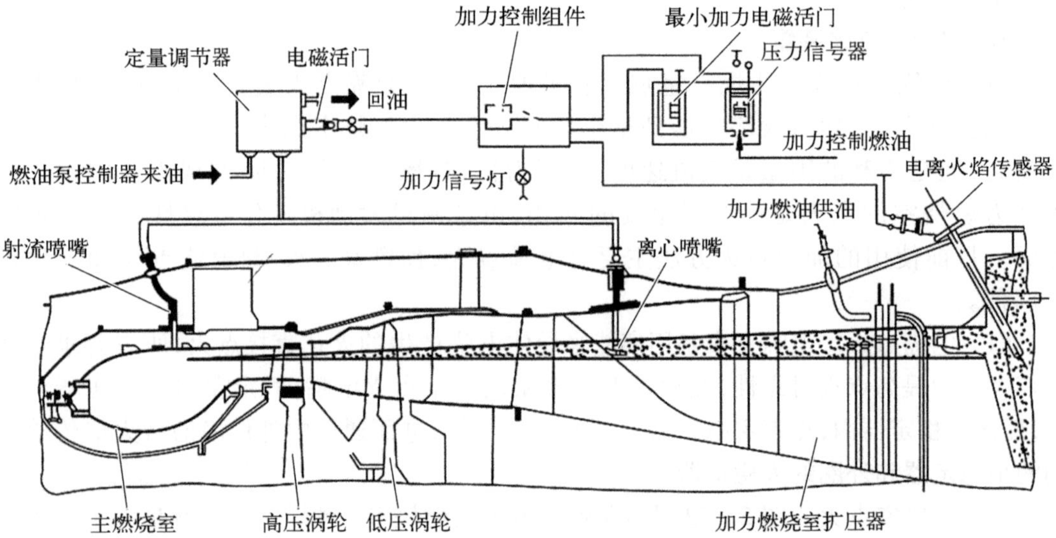

图 5-24　某型涡扇发动机的热射流点火系统原理与结构简图

(4) 催化点火。催化点火是一种较新的点火技术，由铂锈丝网使流过的混合气电离，进行催化作用，使混合气自发点火燃烧，从而形成火舌并将加力燃烧室混合气点燃。如图 5-25 所示。

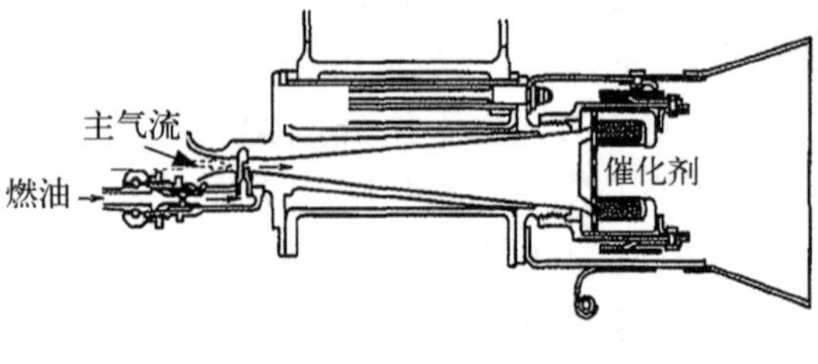

图 5-25　发动机的催化点火装置

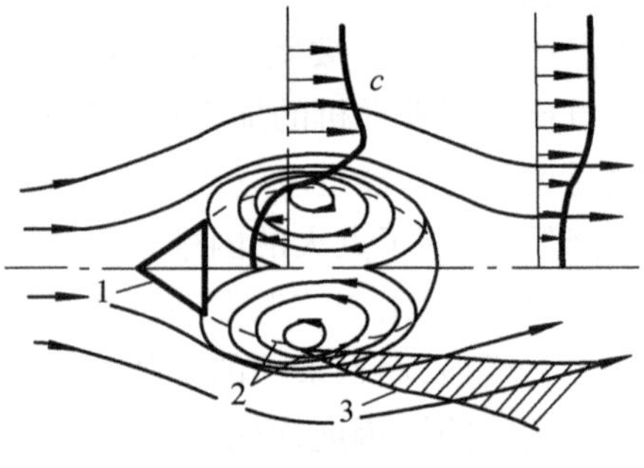

图 5-26　V 形火焰稳定器原理简图

1-V 形火焰稳定器；2-回流区；3-燃烧区

5.4.2.4　火焰稳定器

与主燃烧室一样，火焰稳定也是加力燃烧室的关键问题。与燃烧室中形成回流区的原理一样，加力燃烧室中也是采用火焰稳定器来建立回流区，从而形成稳定燃烧。由于加力燃烧室的空间比较大，因此加力燃烧室的火焰稳定器在结构形式上与主燃烧室常用的旋流器不同，主要采用了钝体结构的火焰稳定器。

加力燃烧室中最常用的是 V 形火焰稳定器，其原理如图 5-26 所示。这种稳定器形成的回流区的范围和强度比主燃烧室的回流区要小。V 形火焰稳定器有环形布置、径向布置及环形与径向组合布置三种形式，环形布置和径向布置如图 5-27(a) 和 5-27(b) 所示。

除此之外,还有蒸发式火焰稳定器、气动式火焰稳定器等。特别值得指出的是,我国在 20 世纪 80 年代初研制成功的沙丘驻涡火焰稳定器,如图 5－27(c)所示。和同样阻塞比的 V 形火焰稳定器相比,阻力下降 75%~80%,贫油稳定极限大幅度扩展,点火性能也有明显改善,燃烧效率有所提高,已逐步得到进一步开发与应用。

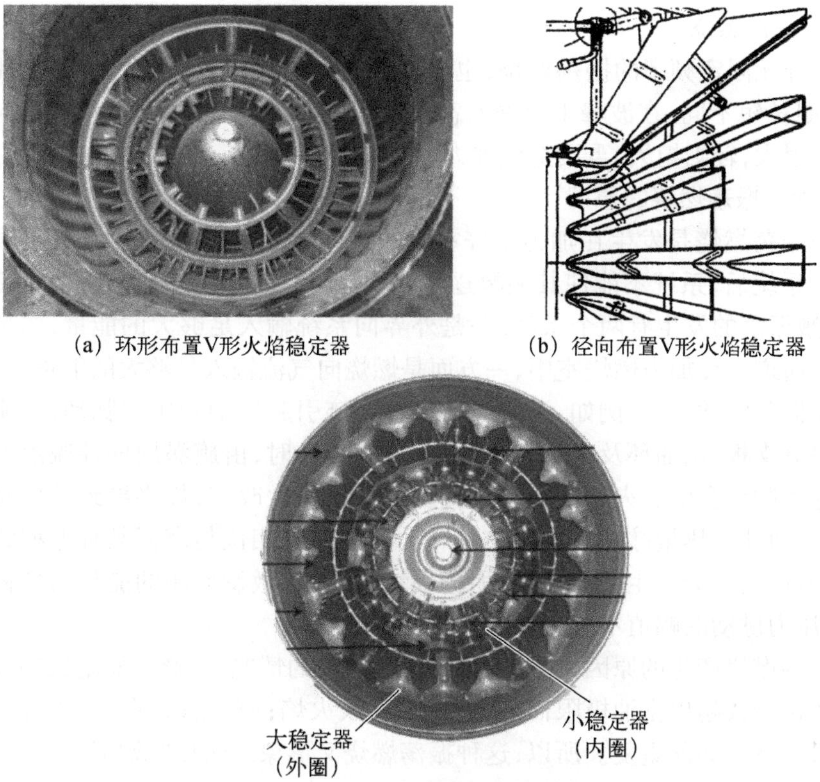

(a) 环形布置V形火焰稳定器　(b) 径向布置V形火焰稳定器

(c) 沙丘驻涡火焰稳定器

图 5－27　火焰稳定器的类型

5.4.3　振荡燃烧的概念

5.4.3.1　振荡燃烧的类型

在加力燃烧室工作过程中,存在着正常的燃气压力的小幅脉动现象,一般其幅值不超过平均压力的 2%。但是,当燃气的压力脉动振幅值超过平均压力的 10%时,将影响加力燃烧室的正常工作,甚至造成结构破坏,这种现象称为振荡燃烧。

一般将振荡燃烧按压力脉动频率的高低分为三类。

1. 高频振荡燃烧

压力脉动频率在 300~3000 Hz,压力振幅较大的振荡燃烧,称为高频振荡燃烧。加力燃烧室出现高频振荡燃烧时,声音尖叫,刺耳难听,俗称为“声啸”。高频振荡燃烧虽然还不至于使加力燃烧室熄火,但可能激起零件或薄壳颤振,在较大的振动应力作用下产生破坏,也可能使筒体过热而烧坏。

2. 中频振荡燃烧

压力脉动频率在 50～300 Hz,压力振幅较大的振荡燃烧,称为中频振荡燃烧。

加力燃烧室出现中频振荡燃烧时,燃烧极不稳定,严重时会熄火。燃烧不稳定还会引起发动机转速摆动,加力推力减小。这也会使加力燃烧室筒体过热,零件可能振松、振裂,还可能激起喷管颤振。

3. 间歇振荡燃烧

这是一种无固定频率的振荡燃烧,也叫作松弛振荡燃烧。燃烧过程中出现这种现象时,波形周期长短不同,在波峰上重叠有高频振幅的小波动,压力波振幅值很大。这种振荡燃烧危害很大,轻则熄火,重则造成加力燃烧室筒体破裂。

5.4.3.2 振荡燃烧的原因

高中频振荡燃烧是发生在加力燃烧室中的一种自激振荡过程,即当某种频率的扰动波加到燃烧系统后,系统不能使其振幅逐渐变小,反而使其迅速增大,形成振荡燃烧。试验表明,自激振荡的发生有两个条件,一是外界向系统输入足够大的能量,二是有激励输入及正反馈通道。在加力燃烧室中,一方面是燃烧向气流输入足够大的能量;另一方面是存在着激发振荡的脉动源,例如,涡轮叶片旋转尾迹引起流动和压力脉动,气流流过加力燃烧室的整流支板、供油环及喷嘴、火焰稳定器等部件时,由旋涡周期性脱落引起的压力脉动等。这些脉动会引起火焰前锋的位置及其形状发生改变,最终导致单位时间内放热量的改变,从而使加热量脉动。当加热量脉动的频率和相位与声振某种振型的频率和相位相同或相近时,则会发生共振,使压力振幅增大,直到激发振荡的能量与各种耗散的能量相等时,压力脉动的幅值不再增加,形成振荡燃烧。

间歇振荡燃烧产生的原因是,在混合气比较富油的情况下,稳定器附近局部区域的余气系数可能接近或超出富油极限而产生爆燃,震灭火焰;而后重新点着,接着又出现富油混合气团,再爆燃,如此重复。所以,这种振荡燃烧又形象地叫作"放炮"。

5.4.3.3 防止振荡燃烧的措施

1. 减小声振振源能量采取的措施

将燃料喷嘴沿轴向错开排列,采用流量较小的加力喷嘴,增加加力喷嘴的数目,这样,可以减小燃料分布不均匀的程度,从而防止产生振荡燃烧。

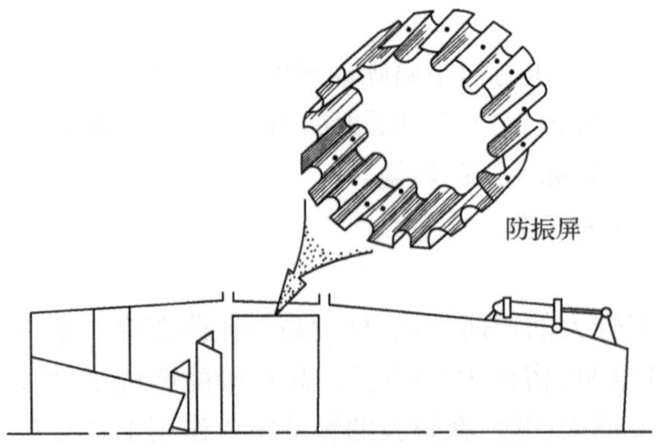

图 5-28　加力燃烧室的防振屏

2. 增加阻尼采取的措施

将两个或两个以上的稳定器,沿轴向前后错开安装。这样,当混合气的余气系数不均匀而引起振荡燃烧时,可以使一个稳定器附近的混合气贫油,另一个稳定器附近的混合气富油,从而造成一个加热量的脉动对另一个加热量的脉动起阻尼作用。

在加力燃烧室内安装防振屏,如图 5-28 所示。防振屏上开有一些小孔,可加强防振屏内、外声波的干扰,以削弱振荡能量和压力振幅。此外，还将防振屏做成波纹表面，使高频振荡燃烧时，横向振型和径向振型产生的压力波从防振屏不同的部位反射回来，这也会相互干扰，这种相互干扰也大大地削弱了高频振荡燃烧的声压的振幅，从而可以防止振荡燃烧。

习　题

1. 复述燃烧室和加力燃烧室的功用和基本组成。

2. 简述燃烧室的工作过程，分析并列举出影响燃烧室性能的主要因素。

3. 简述燃烧室和加力燃烧室的异同。

4. 从燃烧的基本原理来说，混合气燃烧的过程包括哪些步骤？

5. 火焰传播速度受哪些因素的影响？

6. 在流动气流中，火焰稳定有什么条件？为什么稳定的火焰可以成为稳定的点火源？

7. 燃烧区的余气系数和燃烧室的总余气系数有什么区别？在应用中要注意哪些问题？

8. 某燃烧室工作时，已知其进口的空气流量是 65 kg/s，燃油流量是 1.15 kg/s，求此时燃烧室的余气系数是多大？

9. 气流参数与习题 8 相同，此时的油气比是多大？

10. 某涡扇发动机高压压气机出口的气流总温为 650 K，燃烧室出口的燃气总温达到 1660 K，内涵道的空气流量为 67 kg/s，燃油流量是 1.67 kg/s，估算此状态下燃烧室的燃烧效率是多大？

11. 若已知在某一状态下涡扇发动机燃烧室的油气比为 $f_b = 0.0249$，压气机出口气流总温为 620 K，估算此时的涡轮前燃气温度是多少？

12. 某涡喷发动机在地面标准大气条件下工作，若其加力状态的发动机总油气比（包括主燃烧室和加力燃烧室）为 0.071，估算此时加力燃烧室出口的燃气总温是多大？（注：燃烧完全系数 ξ_b 可取 0.98，可忽略空气与燃气的差异、引气量及散热损失。）

13. 对比说明燃烧室和加力燃烧室的异同点。

14. 仔细观察发动机燃烧室的实物，确定所观察燃烧室的类型、主要部件，总结归纳燃烧室的主要结构特征。

15. 仔细观察发动机加力燃烧室的实物，确定所观察加力燃烧室的主要部件，总结归纳加力燃烧室的主要结构特征。

16. 收集有关资料，总结现代高性能燃烧室有哪些新结构、新材料？

17. 依据所掌握的燃烧室和加力燃烧室工作原理和构造知识，分析并提出使用维护人员应该关注的事项。

第 6 章 涡轮工作原理与构造

涡轮也是涡喷和涡扇发动机的核心部件之一，其主要功能是输出高温高压燃气膨胀所做的功。涡轮和压气机一样，都是由很多的转子叶片和静子叶片组成的，所以又把它们叫作叶片机。根据做功原理、气流流动和结构形式的特点，涡轮也分为轴流式和径流（或向心）式压气机。现代航空燃气涡轮发动机大多采用轴流式涡轮，本章主要分析轴流式涡轮的工作原理、特性与构造。因此，以下均将轴流式涡轮简称为涡轮。

压气机与涡轮的组成和工作情形有相似之处，而且它们的关系很密切。压气机是对气体做功的部件，而涡轮是燃气在其中膨胀做功并向外输出功率的部件，二者通过轴相连接，并以相同的转速运转。当压气机（包括风扇）和涡轮平衡运转时，涡轮输出的功率除了克服轴的摩擦和带动附件，全部被压气机（风扇）接收。

6.1 涡轮工作原理

在涡喷和涡扇发动机中，常用的有单级涡轮（如高压涡轮）和多级涡轮（如低压涡轮）。每一级涡轮是由一个静止的导向器（静子）和一个旋转的工作叶轮（转子）组成的，如图 6-1 所示。与压气机的级不同的是，涡轮的导向器在前，而转子在后。

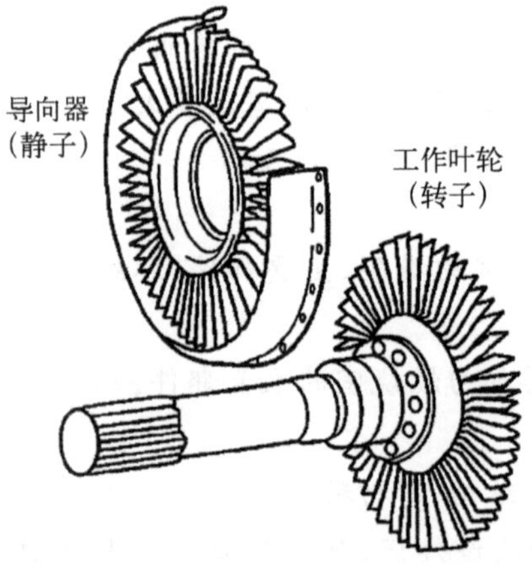

图 6-1 涡轮的组成

与压气机中由单级到多级的分析方法相同，下面先研究涡轮基元级的工作原理。

6.1.1 基元级工作原理

涡轮的级如图 6-2 所示，为研究方便，从进口到出口仍分别标记为①、②、③截面。

6.1.1.1 燃气在基元级中的流动情形

涡轮的基元级如图 6-3 所示，由导向器叶栅和转子叶栅组成，转子叶栅的圆周速度为 u。由图可见，导向器叶栅和转子叶栅的一维流动通道都是收敛形的，燃气在其中是膨胀加速流动。

图 6-4 展示了燃气在涡轮基元级中的流动情形。燃气首先以速度 $c_{①}$ 流入导向器，为了说明一般性，设进气角为 $\alpha_{①}$，燃气速度比较低，小于 1.0 Ma。在导向器的叶栅收敛

形通道中，燃气膨胀并转折，速度增大，以 $c_{②}$ 流出，气流方向角 $\alpha_{②}$。在进入转子叶栅时，由于转子叶栅的运动速度为 u，因此燃气以相对速度 $w_{②}$ 进入转子叶栅且进气角为 $\beta_{②}$。在转子叶栅的收敛形通道中，燃气继续膨胀，速度增大并转折，最后以速度 $w_{③}$ 流出。在转子叶栅出口截面上，由速度关系可知，气流的绝对速度为 $c_{③}$，气流角为 $\alpha_{③}$。

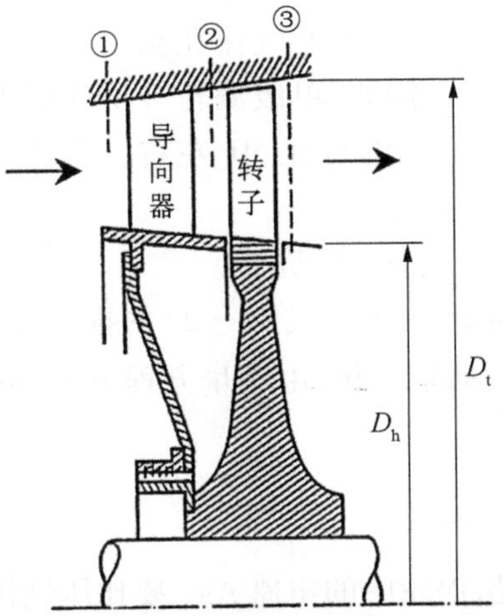

图6-2　涡轮的级

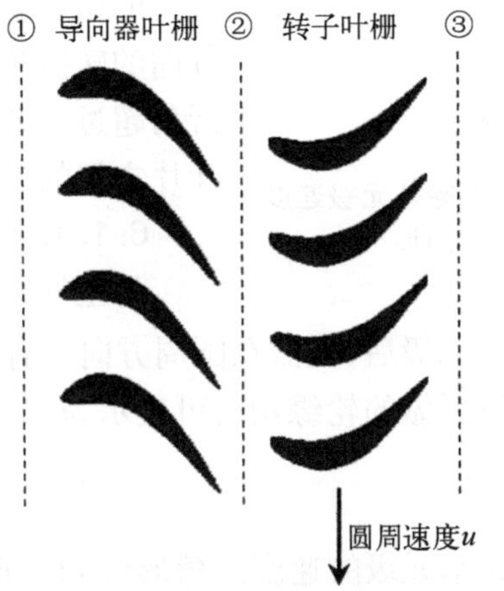

图6-3　涡轮的基元级

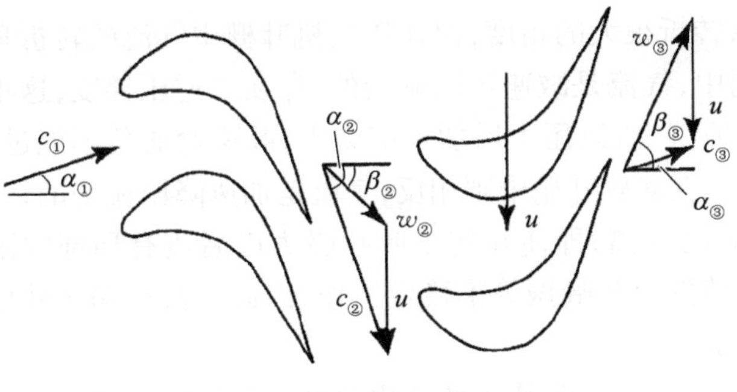

图6-4　燃气在基元级中的流动

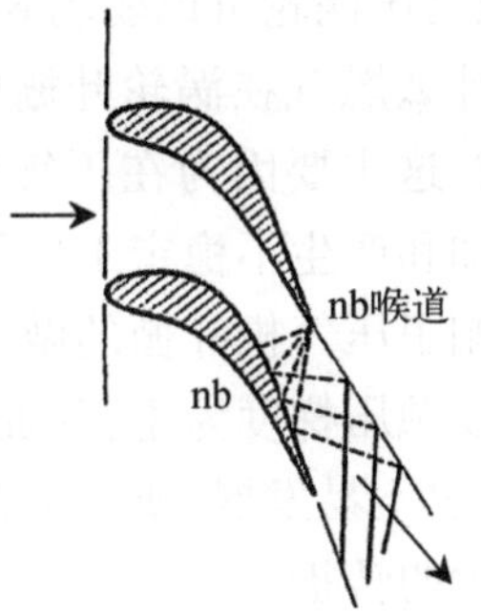

图6-5　导向器的超临界状态

涡轮的导向器叶栅实质上是一个收敛形管道，所以，燃气在导向器叶栅中的速度增加程度由压力比 $p_{①}^{*}/p_{②}$ 决定。由气体动力学可知，当燃气的压力比小于临界压力比时，导向器为亚临界工作状态，出口为亚声速气流，方向基本上沿导向器出口的中心线；而当燃气的膨胀能力比较大时，燃气的压力比大于临界压力比，导向器处于超临界状态，在最小截面（导向器喉道）nb－nb上，燃气速度达到当地声速（$Ma=1.0$），并在下游产生膨胀波系，燃气继续加速为超声速气流（$Ma_{②}>1.0$），如图6-5所示。

6.1.1.2　基元级的速度三角形

与研究压气机基元级的速度变化一样，将叶栅进出口的气流速度三角形画在一起，就形成了涡轮基元级的速度三角形，如图6-6所示。在压气机中，由于一级的增压比很小，可以近似认为气流的轴向分速变化不大，但是在涡轮中，一级的落压比却很大，使气流参

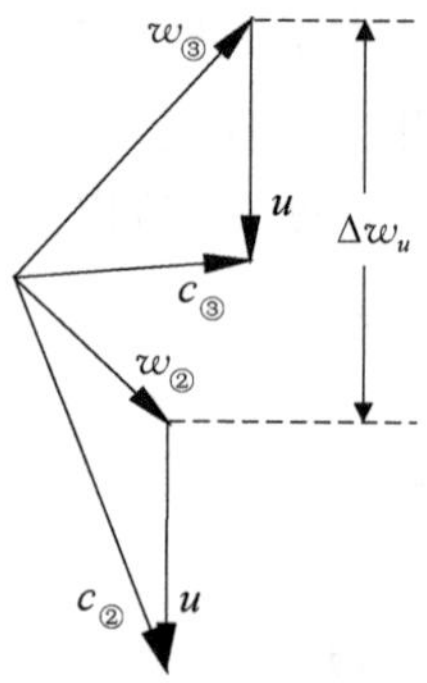

图 6-6　涡轮基元级速度三角形

数变化很大,就不能再认为轴向分速近似相等,否则会导致较大的误差。根据目前的设计经验,转子叶片进出口的轴向速度之比 $c_{②a}/c_{③a}$ 为 0.75~0.85。

由图 6-6 可见,燃气在转子叶栅中的扭速为 $\Delta w_u = w_{③u} + w_{②u} = c_{③u} + c_{②u}$,与压气机的速度三角形相比,涡轮转子叶栅中气流的扭速要大得多。这也说明气流在涡轮叶栅通道中速度方向的转折角度非常大,例如,单级涡轮转子叶栅中的气流转折角超过了 80°,双级涡轮的也在 50°左右。这意味着气流与叶片之间的作用力也将很大。

6.1.1.3　燃气膨胀做功原理

与压气机中基元级功表达式(4-2)的推导相类似,燃气经过涡轮基元级后,气流在圆周方向上有很大的动量变化,由动量方程可知,每 1 kg 燃气对工作叶轮所做的轮缘功也可表示为

$$l_{ue} = u\Delta w_u = u\Delta c_u \tag{6-1}$$

由涡轮基元级的速度三角形(图 6-6)可见,涡轮中的扭速 Δw_u 要比压气机基元级的扭速大得多。因此,燃气在涡轮基元级中所做的功也要比压气机基元级对气流所做的功大得多。所以,在同一台燃气涡轮发动机中,涡轮的级数要比压气机的级数少得多。例如,单级高压涡轮可以驱动 8 级高压压气机运转。

为什么燃气在涡轮叶栅中可以转折很大的角度,而在压气机叶栅中气流的转折角却很小呢? 这主要因为在压气机叶栅中,气流是减速扩压流动的,存在着逆压梯度,这也是损失增加和产生不稳定工作的重要原因,所以压力增加不能太大,叶型弯曲角不能过大,因而限制了压气机叶栅的做功能力。在涡轮叶栅中则相反,气流是加速降压流动的,叶栅通道中以顺压梯度为主,附面层不容易分离,即使在转子叶片吸力面后段有局部的附面层,分离也不易发展,所以不存在旋转失速和喘振等不稳定工作,因此气流在涡轮叶栅中可有较大的转折。

对于基元级,也可以应用伯努利方程来说明其能量转化关系。与压气机基元级的分析相类似,将式(1-31)所表述的伯努利方程应用于涡轮基元级,可得

$$-\int_{p_①}^{p_③} \frac{dp}{\rho} = l_{ue} + \frac{c_③^2 - c_①^2}{2} + (l_{rre} + l_{rse}) \tag{6-2}$$

式中,l_{rre} 和 l_{rse} 分别表示动叶叶栅和静叶叶栅中流动损失所耗散的功。可见,燃气在涡轮叶栅中膨胀所做的压力功 $-\int_{p_①}^{p_③} \frac{dp}{\rho}$ 并不能全部转化为轮缘功输出,而且还要用于增大气流的动能和克服流动损失。所以,在燃气的膨胀能力一定的情况下,流动损失的大小对基元级的功输出和效率有很大的影响。

6.1.1.4　涡轮基元级中的流动损失

与压气机基元级相似,涡轮基元级的流动损失(即叶型损失)包括以下几部分:

（1）摩擦损失。

（2）尾迹损失及尾迹和主流的掺混损失。

（3）气流分离损失。尽管总体来说，在涡轮基元级叶栅中是膨胀加速流动，沿叶型的大部分区域存在着顺压梯度。但是在部分区域（如叶背的后部）仍可能出现逆压梯度，尤其是局部有激波出现时，在激波和叶型相交处就有很高的静压升（即逆压梯度），激波与附面层干扰，引起气流分离，使损失加大。

（4）激波损失。和压气机叶栅相比，涡轮基元级叶栅中附面层较薄，气流不易分离，损失相对较小，因而效率较高。此外，由于涡轮叶栅存在顺压梯度，且进口气流马赫数较小（因为温度高，声速大），以及叶型前缘比压气机叶型厚等，涡轮叶栅对气流冲角的变化不如压气机叶栅那样敏感，因此可以有较大的冲角变化范围，而不至于使损失急剧增加。

6.1.2　涡轮级工作特点

把不同半径上的基元级沿叶高叠合起来，就形成了涡轮级。同样，由于不同半径上的基元级的工作条件各不相同，因此涡轮的级也存在着扭向设计问题，也就是要合理地确定气流参数沿径向的分布规律，但是由于涡轮叶栅对气流冲角的变化不是很敏感，因此涡轮叶片的扭转程度要比压气机的要小一些。涡轮叶片的扭转情形如图 6－7 所示。

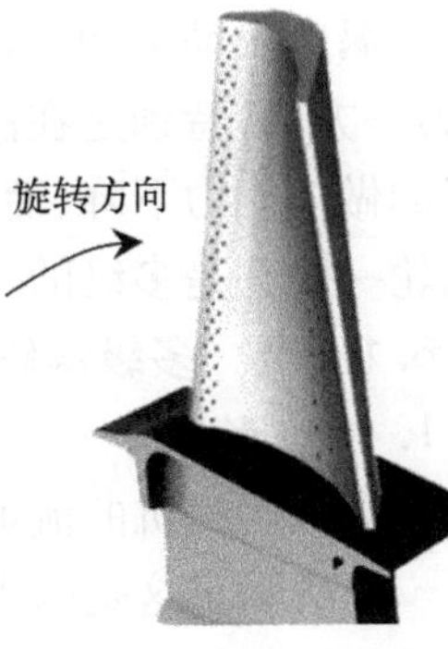

图 6－7　涡轮叶片的扭转

在级的环境下，由于存在着间隙、二次流动以及端壁附面层等，气流的流动损失也将增大。涡轮级中的流动损失有以下几种：

（1）叶型损失，即基元级中的流动损失。

（2）环壁附面层引起的摩擦和对涡等损失。

（3）叶身附面层引起的潜流损失和径向间隙的泄漏流损失。

（4）漏气损失。这和压气机中的情况有所不同，因为涡轮中转子叶片进口的压力高于出口压力，所以气流可以从径向间隙中流过，这部分气流没有参与膨胀做功，因而造成输出功减小，也可归类于流动损失。

同样，在涡轮中把除第一项以外的损失统称为二次流动损失。为减小二次流动损失，目前采取的措施主要有叶片端部加装轮箍、安装封严装置等，如图 6－8 所示。

同压气机中一样，涡轮间隙对涡轮流动状态和效率也有很大的影响。涡轮是热端部件，在工作中涡轮叶片、机匣等部件的温度和受力变化大，因此部件的变形程度随受力和温度的不同而不同，径向间隙也随之而变化。为了保证涡轮具有较小的间隙，提高涡轮效率，应使涡轮间隙随发动机状态的变化而保持为最小间隙，这就是涡轮间隙主动控制技术。为了简化结构，有的发动机采用了涡轮机匣冷却的准主动间隙控制，即根据发动机的工作状态，通过断流活门的开或关，来控制冷却涡轮机匣的冷却空气流量，所以冷却空气流量的控制只有两个状态。除了间隙主动控制，广泛采用的还有蜂窝密封装置，如图 6－9 所示。

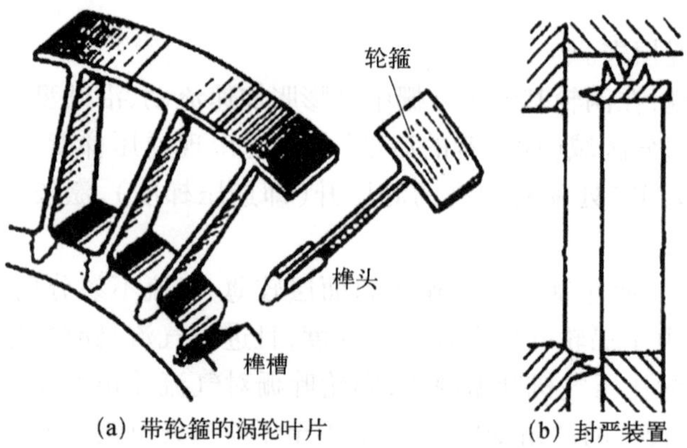

(a) 带轮箍的涡轮叶片　(b) 封严装置

图 6-8　减小涡轮叶片二次流动的方法

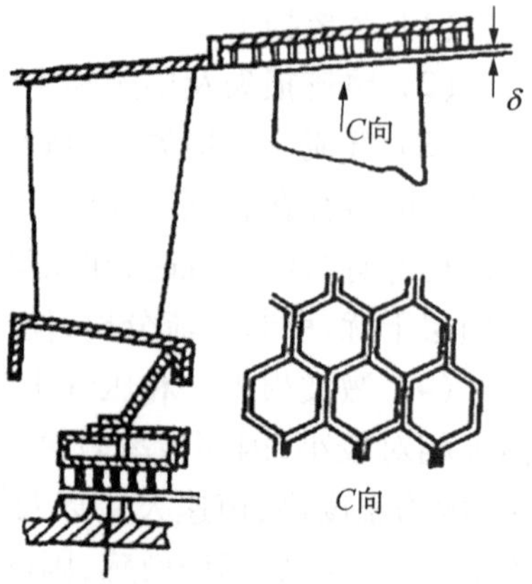

图 6-9　蜂窝密封

6.1.3　多级涡轮特点和主要性能参数

在涡扇发动机和双转子涡喷发动机中，一方面，高压涡轮和低压涡轮共同组成多级涡轮；另一方面，特别是在涡扇发动机低压转子系统中，由于低压涡轮进口温度和压力降低，燃气的做功能力下降，而且由于空气流量大，低压压气机（风扇）需要的功率也大，因此低压涡轮一般都是多级的，有的大涵道比发动机的低压涡轮达 4 或 5 级。

6.1.3.1　多级涡轮的特点

1. 流道形式

与多级压气机的流道形式相反，多级涡轮的流道形式是环形通道，面积逐级增大，如图 6-10 所示。这是因为燃气进入涡轮后，膨胀加速，燃气的压力逐级降低，燃气密度也逐级减小。根据流量连续原理，如果涡轮进、出口环形面积保持不变，由于出口处燃气密度比进口处小得多，出口轴向速度必然要增大很多。出口速度太大，一方面会使下一级的涡轮工作状态变差，涡轮功减小，效率下降；另一方面对下游部件（如加力燃烧室）工作不利，所以多级涡轮的环形通道面积应逐渐增大。

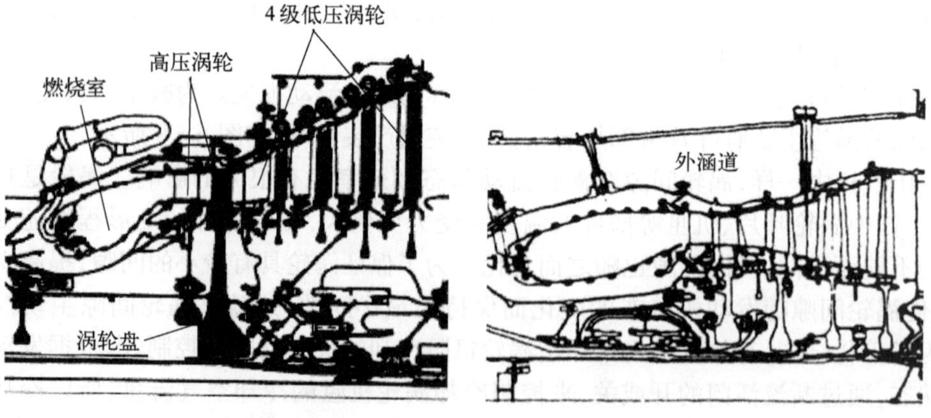

(a) 等内径的流道形式　(b) 等中径的流道形式

图 6-10　多级涡轮的流道形式

多级涡轮的流道扩张形式也有多种,如图6-10(a)中的等内径,图6-10(b)中的等中径。与多级压气机相比较,多级涡轮的级数较少,因而各级环形通道面积的变化比较大,流道的扩张角较大。在实际应用中,有时需要通过流程的几何形状控制气流参数,有时由于结构方面的原因,也需要调整通道几何形状。所以涡轮的流道扩张形式往往并不是简单的几何形状。

2. 各级涡轮功和效率的变化

各级涡轮功的分配一般从涡轮效率、强度等方面考虑。对于近似等中径的流道形式,一般按照前多后少的原则进行分配。当分配给前面级的功较大时,气流在前面级的膨胀程度较大,将使第1级工作叶轮和后面级工作叶轮的温度普遍降低,这样可以延长发动机寿命,或者降低对涡轮叶片材料的要求,或者允许涡轮有更高的进口温度,从而改善整台发动机的性能。此外,后面级的功分配得少,也有利于实现出口气流沿轴向流动。这种功分配原则的缺点是第1级涡轮叶片短,二次损失大,对第1级涡轮效率的不利影响大。对于流量较小的发动机,这一缺点比较突出,因为这时涡轮叶片很短,二次损失就成为一个主要问题,这种发动机涡轮叶片强度问题不大,这时就应该把较多的功分配到中间各级。对于等内径通道的多级涡轮,涡轮平均半径圆周速度逐级增高,后面级涡轮做功能力强,也可采用前少后多的涡轮功分配原则。

6.1.3.2　涡轮的主要性能参数

在涡喷和涡扇发动机中,涡轮的进口截面为4-4,出口截面为5-5。其中,高压涡轮出口截面为4B,也是低压涡轮的进口截面。

1. 涡轮落压比

涡轮落压比为涡轮进、出口截面的气流总压之比,用 π_T 表示,即

$$\pi_T = \frac{p_4^*}{p_5^*} \tag{6-3}$$

显然,多级涡轮落压比等于各级涡轮落压比的乘积。

高压涡轮的落压比为 $\pi_{TH} = p_4^*/p_{4B}^*$,低压涡轮的落压比为 $\pi_{TL} = p_{4B}^*/p_5^*$,所以总的落压比为 $\pi_T = \pi_{TH}\pi_{TL}$。

2. 涡轮功

1) 等熵膨胀功

在一定的进口条件下,经过定熵的膨胀过程,将1 kg燃气膨胀至指定落压比时所能输出的功,称为涡轮的等熵膨胀功,用 $l_{T,s}$ 表示,单位是J/kg。

同样,根据能量方程式(1-29)以及定熵过程的参数关系式(1-13),可得

$$l_{T,s} = i_4^* - i_{5s}^* = c_p'(T_4^* - T_{5s}^*) = \frac{\gamma'}{\gamma'-1}R'T_4^*\left(1 - \frac{1}{\pi_T^{\frac{\gamma'-1}{\gamma'}}}\right) \tag{6-4}$$

式中,γ'、R' 和 c_p' 表示燃气的热物理参数,以与空气相区别。

同理可得高、低压涡轮的等熵膨胀功分别为

$$l_{TH,s}=\frac{\gamma'}{\gamma'-1}R'T_4^*\left(1-\frac{1}{\pi_{TH}^{\frac{\gamma'-1}{\gamma'}}}\right) \tag{6-5}$$

$$l_{TL,s}=\frac{\gamma'}{\gamma'-1}R'T_{4B}^*\left(1-\frac{1}{\pi_{TL}^{\frac{\gamma'-1}{\gamma'}}}\right) \tag{6-6}$$

2）涡轮功

在相同的进口条件下，1 kg 燃气膨胀到相同的落压比时，涡轮实际输出的功叫作涡轮功，用符号 l_T 表示，单位是 J/kg。同样，由能量方程得

$$l_T=i_4^*-i_5^*=c_p'(T_4^*-T_5^*) \tag{6-7}$$

与研究压气机压缩过程的方法相同，将燃气在涡轮中的热力过程在焓-熵（$i-s$）图上表示出来，如图 6-11 所示。可见，在达到同样的落压比时，由于实际的膨胀过程存在耗散损失，有熵增，因此实际的涡轮功要小于等熵膨胀功。

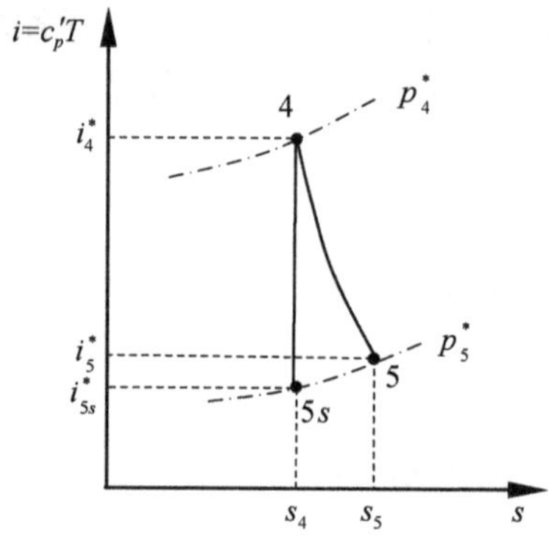

图 6-11　燃气在涡轮中的热力过程

显然，多级涡轮的功就等于各级涡轮功之和。

3. 涡轮的效率

涡轮的效率定义为在相同的进口条件下，燃气膨胀到同一落压比时，涡轮功与涡轮的等熵膨胀功的比值，用 η_T 表示，即

$$\eta_T=\frac{l_T}{l_{T,s}}=\frac{1-\dfrac{T_5^*}{T_4^*}}{1-\dfrac{1}{\pi_T^{\frac{\gamma'-1}{\gamma'}}}} \tag{6-8}$$

涡轮的效率反映了燃气在涡轮中膨胀过程的不可逆程度，在图 6-11 的焓-熵图上，就是过程线 4-5 偏离定熵过程线 4-5s 的程度，实际上也就是熵增量 $\Delta s=s_5-s_4$ 的大小。

在后续的分析中，常常应用以涡轮效率来表示的涡轮功计算式，即

$$l_T=\frac{\gamma'}{\gamma'-1}R'T_4^*\left(1-\frac{1}{\pi_T^{\frac{\gamma'-1}{\gamma'}}}\right)\eta_T \tag{6-9}$$

相应地，高低压涡轮功为

$$l_{TH}=\frac{\gamma'}{\gamma'-1}R'T_4^*\left(1-\frac{1}{\pi_{TH}^{\frac{\gamma'-1}{\gamma'}}}\right)\eta_{TH} \tag{6-10}$$

$$l_{TL}=\frac{\gamma'}{\gamma'-1}R'T_{4B}^*\left(1-\frac{1}{\pi_{TL}^{\frac{\gamma'-1}{\gamma'}}}\right)\eta_{TL} \tag{6-11}$$

其中，$T_{4B}^* = T_4^*\left[1 - \left(1 - \frac{1}{\pi_{TH}^{\frac{\gamma'-1}{\gamma'}}}\right)\eta_{TH}\right]$。

应当说明的是，上述所给出的涡轮效率计算式只适用于不考虑涡轮冷却的情况。对于有冷却气流的情况，如何由气动参数计算输出功以及如何定义定熵过程都尚未达成统一认识。

4. 涡轮的燃气流量与功率

1）涡轮的燃气流量

由图 6－5 对涡轮导向器工作状态的分析可知，在燃气的膨胀程度比较大时，导向器最小截面（喉道）将达到临界状态，成为限制流量的截面。在多级涡轮中，一般是第 1 级导向器首先达到临界状态，所以涡轮的燃气流量通常由第 1 级导向器的最小截面（喉道）来计算，利用与流量相关的气动函数 $q(\lambda)$，由式（1－25）可得

$$W_g = K'_m \frac{p_4^* \sigma_{nb1}}{\sqrt{T_4^*}} A_{nb1} q(\lambda_{nb1}) \tag{6-12}$$

式中，K'_m 是燃气的流量系数，取 $K'_m = 0.0398$，单位为 $\sqrt{kg \cdot K/J}$；σ_{nb1} 是第 1 级导向器的总压恢复系数；A_{nb1} 是第 1 级导向器的喉道面积；$q(\lambda_{nb1})$ 是喉道截面上的气动函数。

2）涡轮功率

在单位时间内所有通过涡轮的燃气膨胀所输出的功，称为涡轮功率。用符号 P_T 表示，单位为 W 或 J/s，即

$$P_T = W_g l_T \tag{6-13}$$

6.2　涡轮特性

在实际应用中，涡轮也常常处于非设计工作状态。与压气机的工作相类似，为全面研究涡轮的流动状况及参数的变化，必须研究涡轮的特性，即表征涡轮性能的参数随着涡轮工作状态的变化规律。

我们已经知道，表征压气机工作条件的参数有转速 n、空气流量 W_a、进口总温 T_2^* 和总压 p_2^*。相应地，表示涡轮工作条件的参数也应是转速 n、燃气流量 W_g、进口总温 T_4^* 和总压 p_4^*。但是，在涡轮的工作中有其特殊性。例如，当燃气的压力比较大时，涡轮导向器会出现临界或超临界工作状态，其最小截面处会形成临界截面，有的可能在工作叶轮中形成临界截面。在这种状态下，燃气流量 W_g 将不受涡轮后反压的影响，因而 W_g 就不能反映涡轮状态的变化。所以在研究涡轮特性时，常用转速 n、进口总温 T_4^*、总压 p_4^* 和涡轮后压力 p_5（或 p_5^*）来表示涡轮的工作状态，也称为涡轮的工作状态参数。

同压气机特性类似，涡轮特性也主要靠涡轮试验来获得，而且由于涡轮进口是高温高压，所以对试验设施的要求更高，试验难度也更大。

为了使涡轮特性的应用范围更加广泛,应用更加方便,同压气机特性一样,也需要将相似原理应用于涡轮特性的研究之中,得到涡轮的通用特性。

6.2.1 涡轮相似参数

对于同一台涡轮,常用的相似参数如下。

1. 转速相似参数

涡轮的转速相似参数为 $n/\sqrt{T_4^*}$。其意义是,对于两个不同的工作条件,当工作状态相似时,有 $(n/\sqrt{T_4^*})_1=(n/\sqrt{T_4^*})_2$。

2. 燃气流量相似参数

涡轮的燃气流量相似参数为 $\dfrac{W_g\sqrt{T_4^*}}{p_4^*}$。其意义是,对于两个不同的工作条件,当工作状态相似时,有 $\left(\dfrac{W_g\sqrt{T_4^*}}{p_4^*}\right)_1=\left(\dfrac{W_g\sqrt{T_4^*}}{p_4^*}\right)_2$。

3. 落压比

如上所述,当涡轮导向器处于临界或超临界工作状态时,燃气流量相似参数 $\dfrac{W_g\sqrt{T_4^*}}{p_4^*}$ 保持为常数,将失去作为判断涡轮流动状态相似的意义,所以又常常采用落压比 $\pi_T=p_4^*/p_5^*$ 来作为相似参数。其意义是对于不同的工作条件,当工作状态相似时,有 $(\pi_T)_1=(\pi_T)_2$。

所以,涡轮工作状态相似的准则可总结如下:对于同一台涡轮,保持 $\pi_T=p_4^*/p_5^*$ 和 $n/\sqrt{T_4^*}$ 分别相等。

6.2.2 涡轮通用特性

根据涡轮工作的特点,涡轮的通用特性一般表示为参数 η_T 和 $\dfrac{W_g\sqrt{T_4^*}}{p_4^*}$ 随着转速相似参数 $n/\sqrt{T_4^*}$ 和 π_T 的变化规律。

典型的涡轮通用特性如图 6-12 所示。其中的纵坐标 $\dfrac{W_g\sqrt{T_4^*}}{p_4^*}\Big/\left(\dfrac{W_g\sqrt{T_4^*}}{p_4^*}\right)_d$ 是相对值,即与设计状态的比值。

可见,涡轮特性的基本规律是,当涡轮落压比增大时,涡轮的效率呈现先增加后减小的变化情形,而流量是先增加然后保持不变(对应于导向器处于临界或超临界状态)的。当转速变化时,涡轮的效率变化不大,在涡轮导向器处于临界或超临界状态时,转速对流量相似参数没有影响。

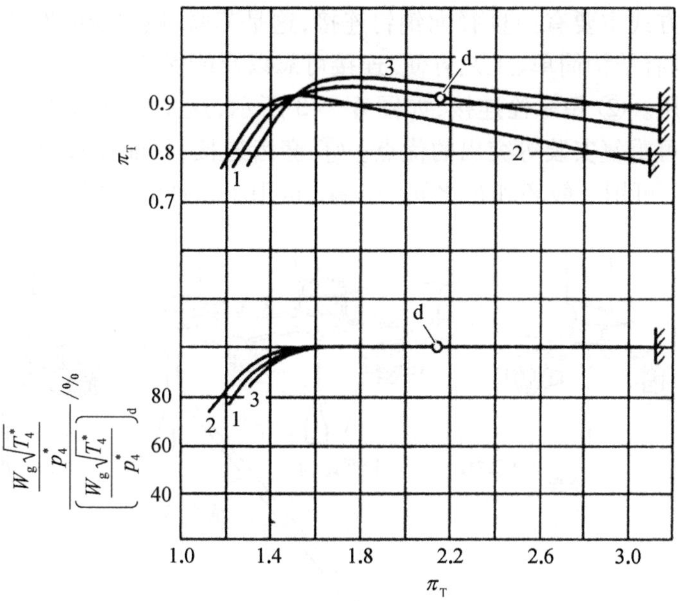

图 6-12　涡轮的通用特性

1-设计转速；2-小于设计转速；3-大于设计转速；d-设计点

6.3 涡 轮 构 造

如前所述，涡轮和压气机均为叶轮机械，涡轮也由转子和静子两大部件组成。其中，转子是旋转部件，又叫作工作叶轮，包括转子叶片（或称为动叶、工作叶片）、轮盘和轮轴等。静子是静止部件，包括导向器叶片（或称为静叶）和机匣。涡轮的结构是静子在前，转子在后。涡轮处于高温条件下，叶片和轮盘均需由耐高温合金制造，质量大，在各种工作状态下零组件温度分布又极不均匀，在零件热膨胀受到限制时会造成极大的热应力，所以涡轮零件所承受的负荷要比压气机大。涡轮还有一个特殊之处就是冷却问题，现代高性能涡轮都设有冷却系统。

6.3.1　涡轮转子

涡轮转子由涡轮盘、涡轮轴、转子叶片及连接零件等组成。对转子的基本要求除了和压气机转子相同，还有零件在高温、高负荷下工作所具有的特点。

6.3.1.1　转子结构形式

由于涡轮转子的转速和工作温度都很高，因此转子的结构形式只有盘式转子和鼓盘混合式转子两种类型。盘式转子主要用于单级涡轮，如高压涡轮。而鼓盘混合式主要用于多级涡轮，如发动机的低压涡轮，特别是大涵道比涡扇发动机的多级低压涡轮。

为适应涡轮大负荷和高温环境，转子的盘与盘、盘与轴的连接结构也非常重要，除了满足强度、刚性、结构简单、质量轻、制造容易及装拆方便等要求，还要减少轮盘向轴的传热量，保证定心可靠。

常见的连接方式主要有：① 径向销钉连接，这是苏联/俄罗斯的发动机中广泛采用的盘轴连接结构，具有结构简单、工艺方便、连接可靠以及能保持良好的热定心性等特点，但不宜多次分解使用。② 短螺栓连接，如图 6-13 所示，这是一种应用十分广泛的结构形式，具有可拆卸、可重复安装等突出的优点。③ 套齿连接，目前在长寿命涡扇发动机上应用。④ 焊接连接，可用于鼓环和盘之间的连接，也用于盘轴的连接。

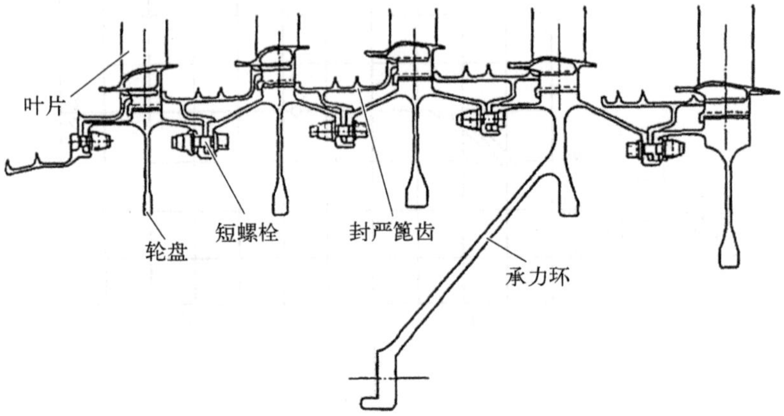

图 6-13　轮盘的短螺栓连接方式

6.3.1.2　转子叶片及其安装

涡轮的转子叶片在高温、高速的恶劣环境下工作，不仅要承受转子高速旋转时叶片自身的离心力、热应力及振动负荷，还受到燃气的腐蚀。当发动机工况不断变化时，叶片还要经受冷热疲劳，所以它是发动机中受力和受热最严重的零件之一，也是决定发动机寿命的主要零件之一。在工艺方法上，早期的转子叶片多由高强度高温合金锻造后经机械加工制成，现在则多由高温合金定向结晶或单晶凝固而成。涡轮转子叶片一般由叶身、叶尖、叶根及榫头组成。

1. 转子叶片的特点

涡轮转子叶片与压气机转子叶片相比，叶身较厚，剖面较弯曲，截面积沿叶高的变化较大。研究表明，涡轮转子叶片的主要失效模式是叶片在高温下的持久寿命、蠕变和高周疲劳，因此在涡轮叶片中常可见一些特殊的结构设计，例如：① 叶尖切角，避免形成很大的交变应力。② 在距叶尖约 1/4 叶高处加环形箍圈，将所有的叶片连接起来，可防止较长的叶片产生共振。③ 叶片带冠，先进的展弦比较大的涡轮转子叶片多采用在叶片顶端带有叶冠，如图 6-14 所示。不仅可以减小叶尖的漏气等二次流动损失，提高涡轮效率，相邻叶片的叶冠抵紧后还可以减小叶片的扭转变形和弯曲变形，增强叶片的刚性，相邻叶冠间产生摩擦，可以吸收振动能量，起到减振作用。

涡轮转子叶片的另一个突出特点是冷却结构。现代发动机中为了加强冷却效果，叶片往往同时采用对流、冲击及气膜冷却等气流冷却形式，如图 6-15 和图 6-16 所示。叶身内部是迷宫式的冷却空气通道，叶片表面设置气膜冷却孔，形成一层冷气薄膜，因而冷却效果较好。冷却气从尾缘排出，还可以吹除叶片后的尾迹涡流及叶尾附近的附面层，使涡轮性能得到改善。

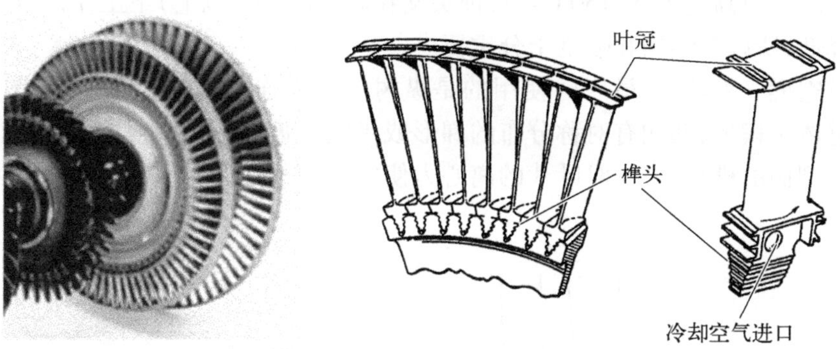

图 6－14 带有叶冠的涡轮叶片

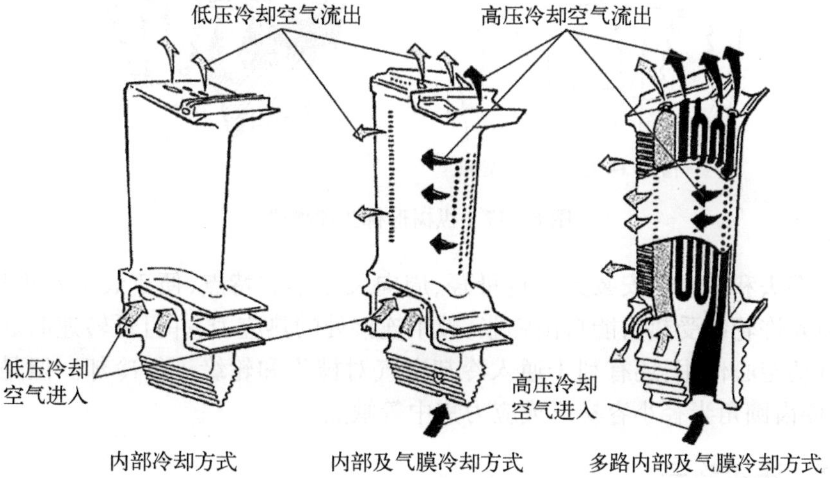

图 6－15 转子叶片的冷却方式

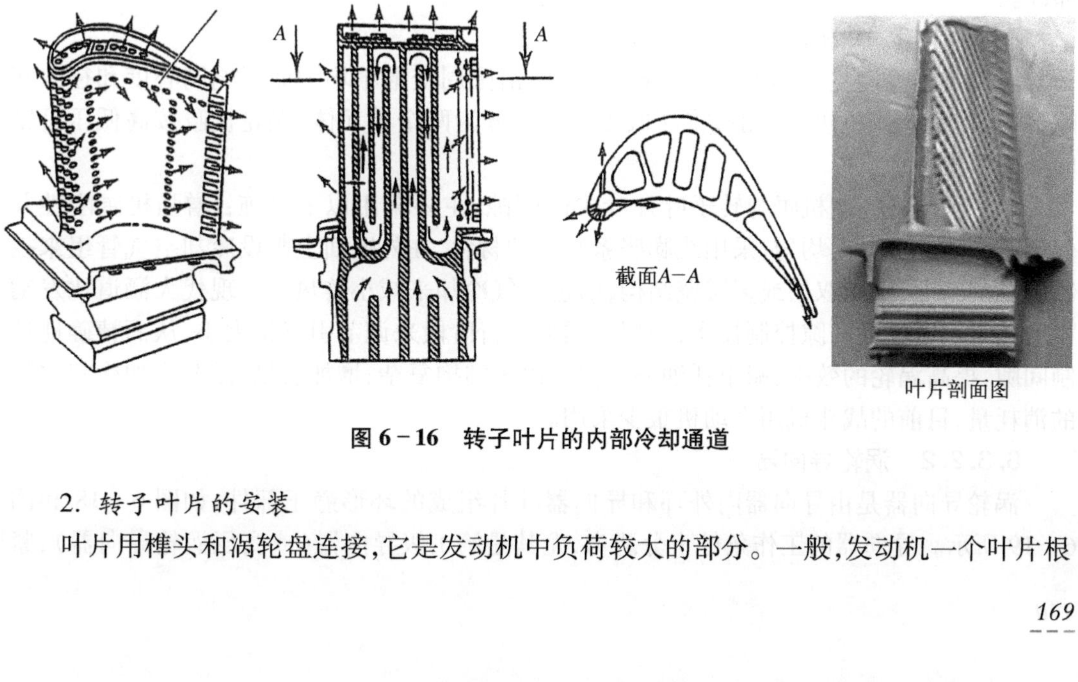

图 6－16 转子叶片的内部冷却通道

2. 转子叶片的安装

叶片用榫头和涡轮盘连接，它是发动机中负荷较大的部分。一般，发动机一个叶片根部所承受的离心力高达100~150 kN,且榫头又在高温(600℃以上)下工作,材料的力学性能将大大降低,所以其结构和强度十分重要。

现代航空燃气涡轮中,最广泛使用的是枞树形榫头连接,如图6-14和图6-17所示。榫头总体呈楔形,两侧有对称分布的梯形或半圆形齿(2~6对)。轮盘的轮缘上相应地做有同样型面的榫槽,工作时叶片的离心力使榫头的所有齿压实在轮盘的榫齿上,受力较均匀。

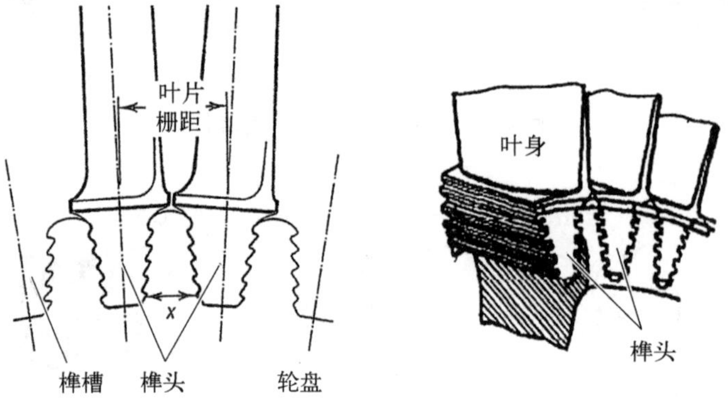

图6-17　枞树形榫头和榫槽

枞树形榫头和榫槽的安装具有重量轻、周向尺寸小的特点,便于装拆及更换叶片,有一定的间隙允许轮缘受热后能自由膨胀,减小连接处的热应力,并且低转速时起到一些阻尼减振和自动定心作用,还有利于通入冷却空气对榫头和轮缘进行冷却。但是也有加工难度较大、榫齿圆角半径小容易形成应力集中等缺点。

6.3.2　涡轮静子

涡轮静子由涡轮机匣、导向器及涡轮的支承传力部件等组成,是涡轮的主要传力部件。

6.3.2.1　涡轮机匣

涡轮机匣温度变化幅度大,为避免受热时沿圆周变形不均匀而影响同心度和径向间隙,都采用整体式机匣。一般,将高低压涡轮划分为两个单元体,涡轮机匣按高低压沿轴向分为两段或多段。

为了保证或控制机匣与转子叶片叶尖的间隙,主要采用以下措施:增强机匣刚性并保证刚度沿周向分布均匀,采用线膨胀系数小的材料,在外壁面上敷设冷却空气管组来控制机匣的温度,采用双层或多层壁结构,引进空气冷却来减小传热等。现代大涵道比发动机上还采用了主动间隙控制技术,根据不同的飞行阶段来调节引气量大小,从而精确地控制间隙,提高涡轮的效率,减小耗油率。但是由于结构复杂,增加质量,需要增加冷却空气的消耗量,目前的战斗机用发动机很少采用。

6.3.2.2　涡轮导向器

涡轮导向器是由导向器内外环和导向器叶片组成的环形静子部件,如图6-18和图6-19所示。导向器的工作条件十分恶劣,尤其是第1级导向器(或高压涡轮导向器),紧接在燃烧室出口,导向器叶片温度高且分布不均,容易烧伤;叶片直接和高温燃气接触,表面受到强烈的氧化、腐蚀作用;工作时导向器叶片又受到由冷热疲劳和气流脉动造成的振动负荷,易产生疲劳裂纹。此外,涡轮导向器(特别是第 1 级导向器)喉道面积的大小直接关系到经过发动机的空气流量,在双转子发动机中还对高、低压转子的转速差有较大的影响。因此,装配导向器时要易于对喉道面积进行测量和调整。

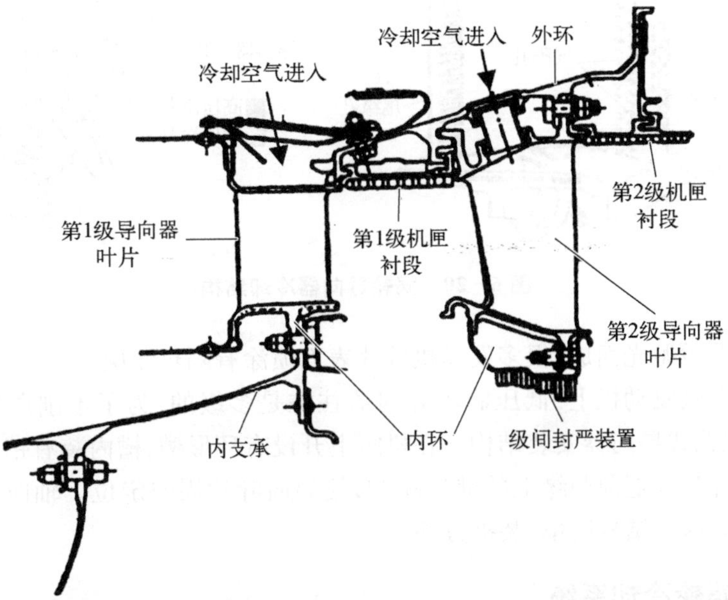

图 6－18　涡轮导向器组成

(a) 高压涡轮导向器　　(b) 低压涡轮导向器

图 6－19　某型发动机涡轮导向器实物图

涡轮导向器叶片多采用空心带冷却的叶片,冷却空气冲击加对流冷却;在叶片表面有气膜冷却孔,形成气膜冷却,如图 6－20 所示。由于高温合金硬度大,机械加工困难,叶片

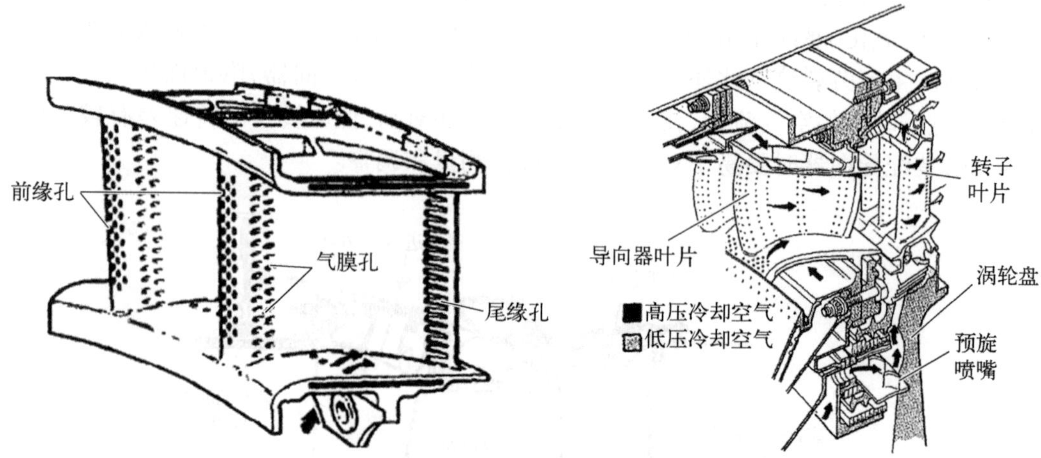

图 6-20　涡轮导向器冷却结构

多采用精密铸造后抛光而成,很多发动机叶片表面喷涂有隔热涂层。

现代大型涡轮发动机上,低压涡轮导向器往往是多级的,为了不削弱机匣并便于装拆,普遍采用挂钩式导向器安装结构。在机匣上开设有环形槽,槽内装有销钉。销钉与焊接成组的导向叶片外冠前凸缘上的缺口相配,使导向叶片周向定位。轴向则和涡轮衬段逐级间隔压紧。这种结构简单,装拆方便。

6.3.3　涡轮冷却系统

涡轮的冷却气流一般多引自燃烧室的二股气流,这是因为该处气体压强最高,这样才能在冷却涡轮叶片等零件后顺利流出。有的冷却气流也引自压气机中间级或风扇的出口,冷却气流量可根据计算及试验确定。根据现有中、小型发动机的情况,对于带冷却叶片的双级涡轮,所用冷却气流量为发动机总空气流量的 2%~4%。随着涡轮前温度的增加,冷却气流量不断增加,如 CF6 大涵道比发动机,涡轮冷却空气总量占内涵空气流量的 14.49%,显然,冷却空气消耗量会影响发动机的性能。

图 6-21 为涡轮冷却系统中的冷却气流路线图。① 对于高压涡轮静子部件的冷却有两路冷却空气:第一路空气为主燃烧室内环腔的二股气流,主要冷却高压涡轮导向叶片前腔和下缘板;第二路空气为主燃烧室外环腔的二股气流,主要冷却高压涡轮导向器叶片的后腔、上缘板以及高压涡轮机匣。② 高压涡轮转子的冷却空气来自高压压气机出口和主燃烧室内环腔,主要冷却高压涡轮转子叶片根部、高压涡轮工作叶片以及高压涡轮盘前表面。③ 低压涡轮部件的冷却空气也有两路,均来自高压压气机:第一路主要用来冷却低压涡轮机匣和导向器、高压涡轮盘后表面、低压涡轮第 1 级轮盘前表面、低压涡轮第 1、2 级工作叶片榫头等;第二路主要冷却低压第 1 级轮盘盘心、第 2 级轮盘心,以及对高压转子后支承座、低压涡轮后支承座进行隔热冷却。

涡轮冷却系统的工作由涡轮冷却控制系统来进行控制,依据发动机的工作状态来控制冷却空气流量的大小。例如,某型混排涡扇发动机的控制规律为,当满足以下 4 个条件

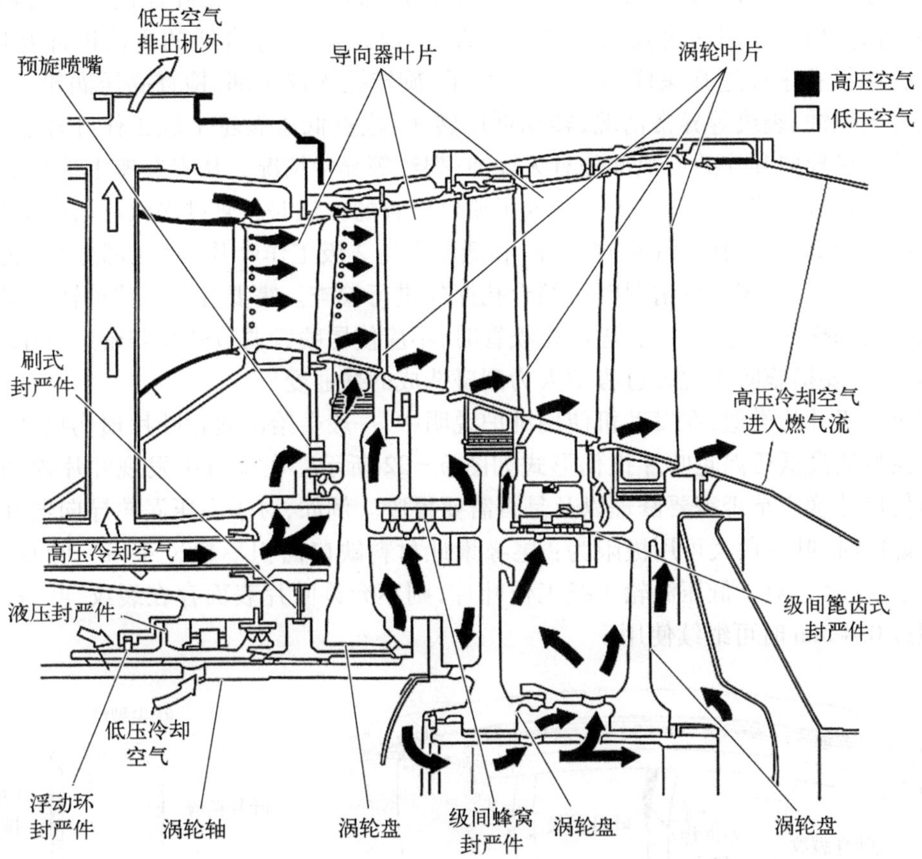

图 6－21　涡轮部件中的冷却空气路线示意图

之一时,涡轮冷却系统开始工作:① 高压转子换算转速大于 91.5%;② 涡轮后燃气温度大于(590±10)℃;③ 油门杆角度大于 62°;④ 高压转子换算转速低于 81%。否则,涡轮冷却系统停止工作。可见,涡轮冷却系统主要是针对发动机的高转速大推力状态(涡轮前温度高)和小油门低转速状态(散热条件较差)进行冷却,保证涡轮部件工作安全可靠。

6.3.4　涡轮叶片损伤的检查维护要求

在发动机周期性工作中,需对涡轮叶片进行检查。下面简要介绍某发动机涡轮叶片的检查内容、检查方法,以及风扇有损伤叶片时检查处理的规定。

用孔探仪检查涡轮叶片时,检查内容包括:通过主燃烧室孔探仪检查高压涡轮导向叶片可视部分和高压涡轮工作叶片进气边;通过涡轮孔探仪检查高压涡轮工作叶片排气边、低压涡轮 1 级工作叶片进气边和低压涡轮 1 级导向叶片的可视部分;从尾喷口进入发动机,通过涡轮后机匣流道目视检查低压涡轮 2 级工作叶片和低压涡轮 2 级导向器叶片的可视部分,如发现可疑处,则对可疑部分进行孔探仪检查。

涡轮叶片的检查应在发动机停车一定时间后进行。通过主燃烧室孔探仪进行检查的方法是:拆卸孔探仪堵盖;旋转孔探仪头部,在可视范围内检查高压涡轮导向叶片;将孔探仪头部穿过导向叶片的流道,转动高压转子,检查高压涡轮工作叶片进气边;检查完毕后安装孔探仪堵盖。用涡轮孔探仪进行检查的方法是:通过合适的方法拆卸孔探仪堵盖。从孔探仪孔中伸进孔探仪,转动高压转子,旋转孔探仪头部,检查高压涡轮工作叶片排气边有无烧蚀、裂纹等异常情况;转动低压转子,检查低压涡轮 1 级工作叶片进气边和低压涡轮 1 级导向叶片的可视部分有无烧蚀、裂纹等异常情况。从安装座上取出孔探仪,通过合适的方法安装孔探仪堵盖。进入尾喷口检查的方法是:通过涡轮后机匣流道目视检查低压涡轮 2 级导向叶片(可视部分)和低压涡轮 2 级工作叶片(可视部分)有无烧蚀、裂纹等异常情况,发现可疑情况时可结合孔探仪进行检查。需要注意:转动转子时,不得将孔探仪头部探入工作叶片间;进出尾喷管时,不应使尾喷管调节叶片和密封片承受机械载荷,采用必要措施防止检查过程中人为刮碰造成的翘曲变形。

与压气机叶片类似,在发动机使用维护说明中,一般会给出涡轮叶片损伤尺寸的定义方法。典型的高低压涡轮叶片损伤形式如图 6-22 所示。在检查中发现叶片损伤后,需根据损伤尺寸确定是否需要修理以及是否需要报废。例如,对于高压涡轮导向器叶片,叶身存在烧蚀时,叶片最大可用极限为:尾缘累计材料缺口面积不超过 4 cm^2,叶身烧穿面积不超过 3 cm^2。对于低压涡轮 1 级工作叶片,则不允许叶片表面存在裂纹,叶身缺口深度不超过 0.4 mm 时可继续使用。

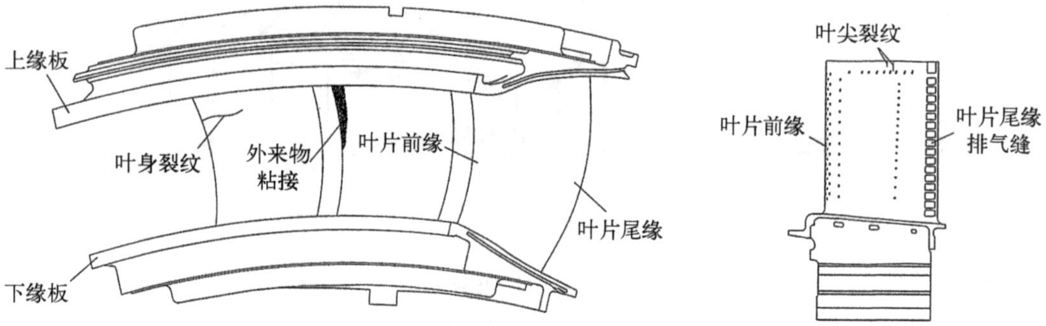

图 6-22　典型的高低压涡轮叶片损伤形式

习　　题

1. 复述涡轮部件的功用和基本组成。

2. 简述涡轮的工作过程,分析并列举影响涡轮工作性能的主要因素。

3. 简述压气机和涡轮的异同。

4. 基于涡轮的基本原理和工作过程,分析说明为什么现代先进发动机的涡轮级数要明显少于压气机的涡轮级数?

5. 涡轮的基元级和级的工作各有何特点?说明沿着叶高的方向,各基元级的几何参数都会产生哪些变化?并解释其原因。

6. 试从气流的运动规律、能量转换规律来解释涡轮中燃气膨胀做功的原理。

7. 试绘制涡轮的速度三角形(以平均半径处的速度三角形代表),并说明其与压气机基元级的不同之处。

8. 涡轮中的二次流动主要有哪几种形式？它们对流动的影响主要是什么？

9. 针对压气机中的二次流动，你是否能提出抑制、减弱或控制其影响的创新性想法？

10. 涡轮的性能参数有哪些？多级的落压比与各级落压比之间是什么关系？多级的效率与各级的效率之间是什么关系？

11. 对于双转子涡轮，若高、低压涡轮的参数为 $\pi_{TH} = 2.42$、$\eta_{TH} = 0.92$，$\pi_{TL} = 2.15$、$\eta_{TL} = 0.90$，则涡轮的总落压比 π_T 和总效率 η_T 分别为多少？

12. 某涡扇发动机的涵道比为 0.62，在地面以最大状态工作时，其参数为：发动机进口的总空气流量为 120 kg/s，低压压气机（风扇）的 $\pi_{CL} = 3.65$、$\eta_{CL} = 0.86$，高压压气机的 $\pi_{CH} = 6.43$、$\eta_{CH} = 0.89$。若其高压涡轮的性能参数为 $\pi_{TH} = 2.42$、$\eta_{TH} = 0.92$，试求高压涡轮前燃气温度 T_4^* 和低压涡轮后的燃气温度 T_5^* 分别为多少？（假设不考虑机械传动损失，可忽略燃油流量。）

13. 仔细观察发动机中涡轮的实物，确定所观察涡轮的类型、级数、流道形式、各级叶片叶尖截面的叶型形状，总结归纳涡轮的主要结构特征。

14. 仔细观察涡轮的实物，确定所观察涡轮的转子的结构形式、各级叶片的安装方式、机匣的结构类型、静子叶片的安装方式。

15. 仔细观察涡轮的实物，指出该涡轮转子叶片和导向器叶片的冷却通道。

16. 收集有关资料，总结现代高性能涡轮有哪些新结构、新材料？

17. 依据所掌握的涡轮工作原理和构造知识，分析并提出使用维护人员应该关注的事项。

第 7 章
喷管工作原理与构造

喷管是涡喷和涡扇发动机排气系统的主要部件，其功用有两个方面：一是使高温、高压燃气的总焓有效地转化为燃气的动能；二是根据需要来改变发动机的工作状态，以及改变推力的方向和大小。混合器是混合排气式涡扇发动机特有的部件，其功能是实现内外涵道气流的高效混合，为后续的加力燃烧室和喷管提供尽可能均匀的进气条件。本章主要研究喷管和混合器的工作原理、性能及构造。

7.1 喷管工作原理

7.1.1 对排气系统的要求及喷管类型

7.1.1.1 对排气系统的要求

为获得良好的发动机整机性能，对排气系统的要求主要有：

(1) 在各种飞行条件和发动机工作状态下，都能以最小的损失将燃气的焓转变为气体的动能；

(2) 根据飞行需要有效地调节发动机的工作状态，并且外部阻力要小；

(3) 有效地控制发动机推力的矢量(方向)，满足垂直/短距起飞和高机动性能要求；

(4) 能有效地抑制噪声和红外线辐射；

(5) 结构简单，可靠性高，维修方便，寿命长。

7.1.1.2 喷管类型

对喷管的分类有多种方法。例如，根据设计状态下燃气在喷管中的膨胀程度，可分为亚声速喷管和超声速喷管两大类。若根据喷管的几何尺寸是否可调，可分为固定式喷管和可调式喷管。若根据喷管的排气方向是否变化，有直喷式、反推式和推力矢量式喷管。

亚声速喷管的流道为收敛形，如图 7－1(a)和 7－1(b)所示。它包括几何固定式和几何可调式(主要是出口截面积可调)两种，分别称为固定式收敛喷管和可调式收敛喷管。超声速喷管的流道为收敛-扩散形，又称为拉瓦尔喷管，如图 7－1(c)和 7－1(d)所示。收敛-扩散形喷管也分为固定式和可调式两种，其中可调式指的是喷管的最小截面积(又称为喉道面积)和出口截面积均可调节。除了收敛-扩散形喷管，超声速喷管还有引射喷管、中心锥体式喷管等，如图 7－1(e)和 7－1(f)所示。

根据发动机各截面的划分规则，喷管的进口为 7－7 截面，最小截面(喉道)为 8－8 截

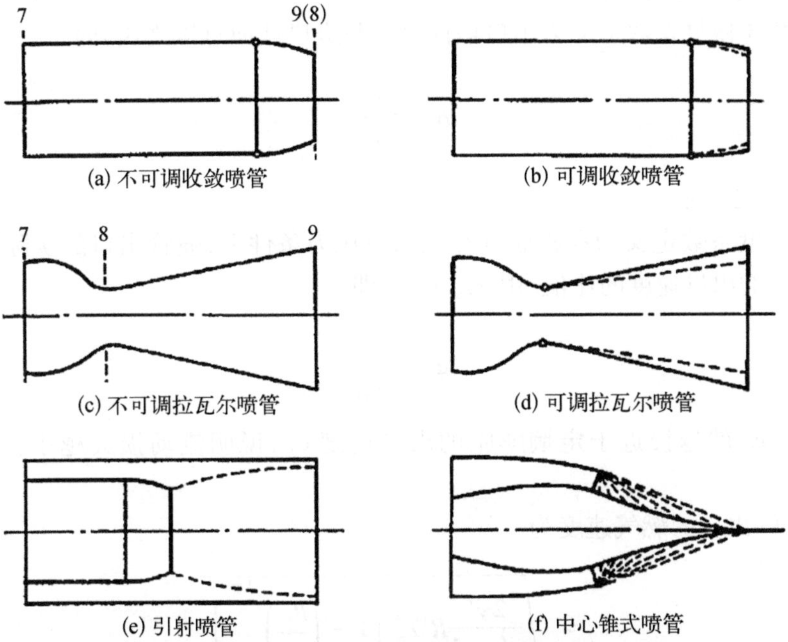

图 7－1　喷管的主要类型简图

面，出口为 9－9 截面。收敛形喷管的最小截面与出口截面相同，以 9－9 截面表示。

收敛形喷管和收敛-扩散形喷管一般都是轴对称的三维结构喷管。但由于未来先进军用战斗机对机动性和隐身性能的需要，也有非轴对称喷管和二维结构喷管得到应用。

7.1.2　喷管工作过程和主要参数

7.1.2.1　喷管的实际工作过程

在气动热力学基础知识相关内容中，已经讨论了如何应用一维流动（或准一维流动）的基本方程和参数关系来处理气体在一维变截面管道中的流动。当时的基本假设是不考虑除激波损失外的流动损失。但是，燃气在喷管中的实际流动过程是有损失的，并且还可能有一定程度的热交换。不过，除了专门研究喷管的传热和冷却等问题，一般仍可认为燃气在喷管中是绝热流动的，所以应重点考虑流动损失问题。

燃气在喷管中产生的流动损失又称为喷管的内损失，它包括以下几个方面：

（1）摩擦损失，即由气流的黏性作用而产生的流动损失。

（2）燃气流动方向偏斜引起的损失，这主要是由燃气流动的三维性所造成的。由于燃气方向偏斜，一部分能量消耗在旋转或径向流动上，不仅使轴向气流速度减小，还带来总压损失。

（3）激波损失，这主要出现在超声速喷管工作中，当在喷管流道内产生激波时会造成显著的总压损失，导致出口气流速度降低。

7.1.2.2　喷管的主要气动参数

一般常用喷管总压恢复系数和速度系数来衡量流动损失的大小。

1. 喷管的总压恢复系数

喷管的总压恢复系数定义为出口截面总压与进口截面总压之比，即

$$\sigma_{nz}=\frac{p_9^*}{p_7^*} \tag{7-1}$$

2. 喷管的速度系数

喷管的速度系数定义为在膨胀到相同出口压力条件下，喷管出口的实际轴向速度与定熵膨胀过程的出口速度的比值，用 φ_{nz} 表示，即

$$\varphi_{nz}=\frac{c_9}{c_{9s}} \tag{7-2}$$

φ_{nz} 越大，c_9 就越接近于定熵膨胀的出口速度 c_{9s}，说明流动损失越小。一般 φ_{nz} 为 0.97~0.99。

其中，喷管出口的燃气速度为

$$c_9=\sqrt{\frac{2\gamma'}{\gamma'-1}R'T_7^*\left[1-\left(\frac{p_9^*}{p_9}\right)^{\frac{1-\gamma'}{\gamma'}}\right]} \tag{7-3}$$

而定熵膨胀过程的喷管出口速度为

$$c_{9s}=\sqrt{\frac{2\gamma'}{\gamma'-1}R'T_7^*\left[1-\left(\frac{p_7^*}{p_9}\right)^{\frac{1-\gamma'}{\gamma'}}\right]} \tag{7-4}$$

需要注意式(7-4)与式(7-3)的区别在于 $p_9^*=\sigma_{nz}p_7^*$，这也说明了 σ_{nz} 与 φ_{nz} 之间是有对应关系的。当给出了其中某个值，就可以求出另外一个参数。

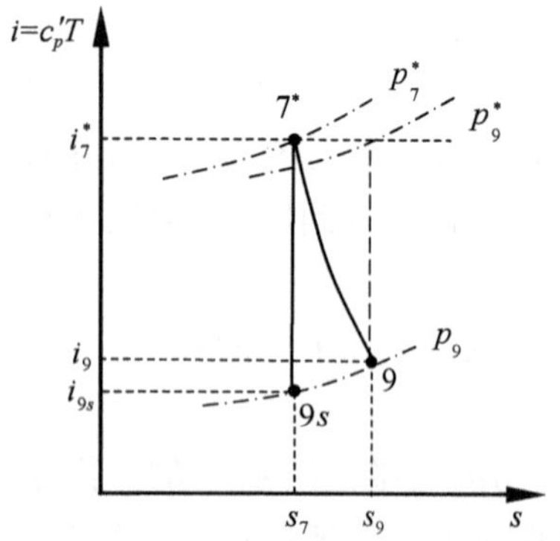

图 7-2 燃气在喷管中的热力过程

实际上，这一损失情形也可以用焓-熵图来进行说明。如图 7-2 所示，流动损失使得喷管中的燃气膨胀过程偏离定熵过程，有熵增量，导致气流速度减小。

7.1.2.3 喷管的压力比

在研究喷管的工作状态时，常用燃气的可用压力比、喷管的最大压力比和喷管的实际压力比这三个压力比的概念。

1. 燃气的可用压力比(或可用膨胀比)

燃气的可用压力比也称为燃气的可用膨胀比，有时也叫作喷管的前后压力比，它是喷管进口燃气的总压与喷管后的外界大气压力 p_0 的比值，用 $\pi_{nz,us}$ 表示，即

$$\pi_{nz,us}=\frac{p_7^*}{p_0} \tag{7-5}$$

它表示燃气所具有的膨胀能力。若能在喷管中完全膨胀，就可获得最大的出口气流

速度。喷管的可用压力比是随着飞行条件和发动机工作状态的变化而变化的，为了在各种条件下获得最大的燃气速度，喷管应使燃气在其中完全膨胀，否则将会造成可用动能的损失。

2. 喷管的最大压力比(或最大膨胀比)

喷管的最大压力比是指喷管所能提供(或所具有)的最大膨胀能力，定义为喷管所具有的最大进出口压力比，即

$$\pi_{\mathrm{nz,\,max}} = \left(\frac{p_7^*}{p_9}\right)_{\mathrm{max}} \tag{7-6}$$

该压力比表示燃气在喷管中所能够达到的最大膨胀程度。对于确定的喷管，$\pi_{\mathrm{nz,\,max}}$ 是一个确定的值。当 $\pi_{\mathrm{nz,\,us}} = \pi_{\mathrm{nz,\,max}}$ 时，说明此时该喷管所提供的最大膨胀能力恰好能满足燃气所具有的膨胀能力，燃气便能在该喷管中得到完全膨胀。若 $\pi_{\mathrm{nz,\,us}} > \pi_{\mathrm{nz,\,max}}$，则说明此时该喷管所提供的最大膨胀能力不能满足燃气所具有的膨胀能力要求，燃气在喷管中不能达到完全膨胀的程度(表现为出口截面的压力大于外界大气压 $p_9 > p_0$)，所以燃气的膨胀能力只得到部分发挥，剩余的则在喷管外的大气中继续自由膨胀。

3. 喷管的实际压力比

喷管的实际压力比是喷管进口截面燃气总压与出口截面静压之比，用 π_{nz} 表示。即

$$\pi_{\mathrm{nz}} = \frac{p_7^*}{p_9} \tag{7-7}$$

该压力比表示的是燃气在喷管中的实际膨胀程度。

7.1.3 亚声速喷管工作原理与性能

收敛形喷管是亚声速喷管的主要形式。燃气进入喷管后，在其收敛形通道内膨胀加速，静压、静温降低，速度增大。但是，因为燃气在收敛形管道中所能达到的最大速度为当地声速(即马赫数为1.0)，所以燃气在收敛形喷管中的膨胀程度是有限的。而在发动机工作中，燃气所具有的膨胀能力是变化的，因此，收敛形喷管会出现不同的工作状态，其参数的计算也随之不同。

7.1.3.1 收敛形喷管的工作状态及参数计算

由收敛形喷管中燃气的膨胀过程可知，收敛形喷管的最大压力比对应于气流在喷管出口截面上达到临界状态时($Ma_9 = 1.0$)的压力比。所以又叫作喷管的临界压力比，即

$$\pi_{\mathrm{nz,\,max}} = \pi_{\mathrm{nz,\,cr}} = \left(\frac{p_7^*}{p_9}\right)_{\mathrm{cr}} = \frac{1}{\sigma_{\mathrm{nz}}}\left(\frac{\gamma' + 1}{2}\right)^{\frac{\gamma'}{\gamma'-1}} \tag{7-8}$$

对于燃气，一般取 $\gamma' = 1.33$，所以 $\pi_{\mathrm{nz,\,max}} = \pi_{\mathrm{nz,\,cr}} = 1.85/\sigma_{\mathrm{nz}}$。

1. 临界工作状态

当 $\pi_{\mathrm{nz,\,us}} = \pi_{\mathrm{nz,\,cr}}$ 时，收敛形喷管处于临界工作状态。此时燃气在喷管中得到完全膨

胀，出口的气流速度为当地声速，即 $Ma_9 = 1.0$，且燃气膨胀至出口时静压恰好与外界大气压力相等，即 $p_9 = p_0$，所以燃气在喷管出口及管外基本上也是平直流动形态的，如图 7-3 所示。

由 $Ma_9 = 1.0, \lambda_9 = 1.0$，可得喷管出口的气流速度为

$$c_9 = c_{9,\,cr} = \sqrt{\frac{2\gamma'}{\gamma' + 1}R'T_7^*} \tag{7-9}$$

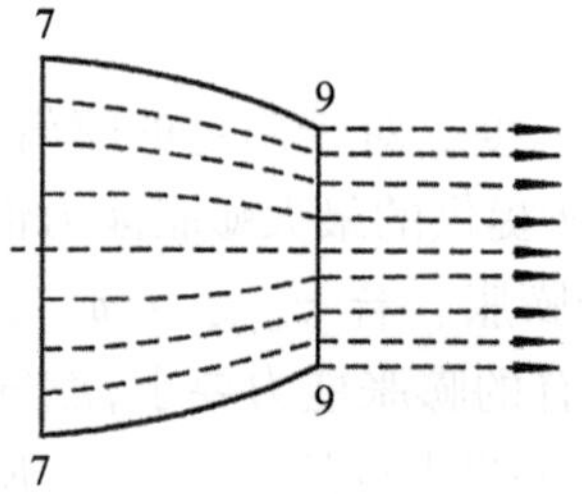

图 7-3　临界和亚临界状态的流动情形

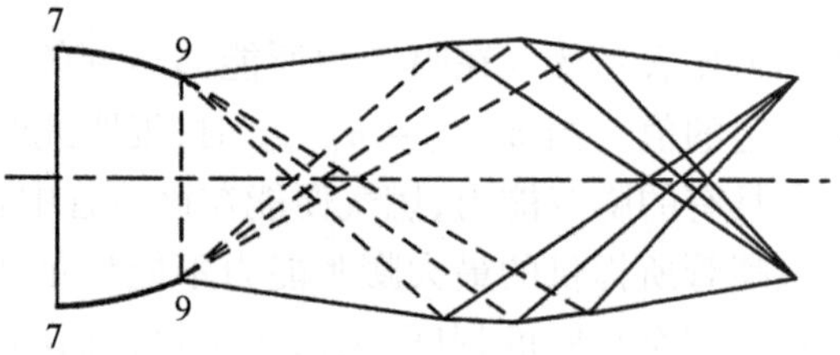

图 7-4　超临界状态的流动情形

2. 超临界工作状态

当 $\pi_{nz,\,us} > \pi_{nz,\,cr}$ 时，收敛形喷管处于超临界工作状态。此时，燃气所具有的膨胀能力大于收敛形喷管所提供的最大膨胀能力，所以燃气在收敛形喷管中不能完全膨胀。燃气出口的速度仍只能达到当地声速，即 $Ma_9 = 1.0$，燃气膨胀至出口时静压要高于外界大气压力，即 $p_9 > p_0$，所以燃气在喷管外继续膨胀，由于出现超声速气流，因此形成了膨胀波和激波交替的波系，流动也不再是平直流动形态的，如图 7-4 所示。

喷管出口的燃气速度同临界工作状态时一样，仍为 $c_9 = c_{9,\,cr} = \sqrt{\frac{2\gamma'}{\gamma' + 1}R'T_7^*}$。

3. 亚临界工作状态

当 $\pi_{nz,\,us} < \pi_{nz,\,cr}$ 时，收敛形喷管处于亚临界工作状态。在此状态下，燃气所具有的膨胀能力低于收敛形喷管的最大膨胀能力，燃气在收敛形喷管中能够得到完全膨胀，所以燃气在喷管出口及管外基本上也是平直流动形态的，如图 7-3 所示。但是，此时的出口速度要小于临界工作状态时的出口速度，所以出口的气流 $Ma_9 < 1.0$。c_9 由式(7-10)确定：

$$c_9 = \sqrt{\frac{2\gamma'}{\gamma' - 1}R'T_7^*\left[1 - \left(\frac{p_9^*}{p_0}\right)^{\frac{1-\gamma'}{\gamma'}}\right]} = \sqrt{\frac{2\gamma'}{\gamma' - 1}R'T_7^*\left[1 - \left(\frac{p_7^*\sigma_{nz}}{p_0}\right)^{\frac{1-\gamma'}{\gamma'}}\right]} \tag{7-10}$$

此时，燃气在出口截面的静压等于外界大气压力。即

$$p_9 = p_0 = p_7^*\sigma_{nz}\Big/\left(1 + \frac{\gamma' - 1}{2}Ma_9^2\right)^{\frac{\gamma'}{\gamma'-1}} \tag{7-11}$$

4. 通过喷管的燃气流量计算

因为收敛形喷管的最小截面是出口截面，所以通常用该截面的燃气流量来计算通过喷管的燃气流量，即

$$W_g = K'_m \frac{p_9^*}{\sqrt{T_9^*}} A_9 q(\lambda_9) = K'_m \frac{p_7^* \sigma_{nz}}{\sqrt{T_7^*}} A_9 q(\lambda_9) \tag{7-12}$$

7.1.3.2　收敛形喷管的推力损失

由于收敛形喷管结构简单，调节方便，因而得到广泛应用，但是只适用于那些燃气可用压力比不大的发动机。这是因为，除了流动损失造成的出口速度损失，当 $\pi_{nz,\,us}$ 比较高时，收敛形喷管也会产生较大的推力损失。

已知发动机的推力计算公式为 $F = W_g c_9 + (p_9 - p_0)A_9 - W_a V$，当 $\pi_{nz,\,us}$ 比较高时，收敛形喷管处于超临界工作状态，燃气不能得到完全膨胀，有 $c_9 = c_{9,\,cr}$，$p_9 > p_0$。从推力计算公式中可以看到，似乎 $p_9 > p_0$ 使得推力有一定的增量 $(p_9 - p_0)A_9$，但应注意到，此时的 c_9 要比气体完全膨胀（假若不受管形限制）时所得到的速度小很多，因此与应该得到的完全膨胀相比，仍会产生推力损失。

在飞行条件下，当低速飞行时，$\pi_{nz,\,us}$ 比较小，收敛形喷管还可以在接近完全膨胀状态下工作，但当飞行马赫数提高时，由于速度冲压的作用，发动机各截面的压力相应提高，而外界的大气压力不变，则在收敛形喷管中就不可能达到完全膨胀，因此产生推力损失。飞行速度越高，收敛形喷管的推力损失就越大。

因此，在 $\pi_{nz,\,us}$ 比较高的情况下，必须采用超声速喷管，以使燃气得到完全膨胀，从而获得更大的排气速度，获得更大的推力。

7.1.4　超声速喷管工作原理与性能

拉瓦尔喷管（收敛-扩散形喷管）是超声速喷管的典型形式。燃气进入喷管后，在其收敛-扩散形通道内膨胀加速，静压、静温降低，速度增大，如图 7－5 所示。虽然从原理上说燃气在拉瓦尔喷管中能够加速至超声速，但是，还必须要满足一定的压力比条件。因此，在发动机工作时，随着燃气可用压力比的变化，拉瓦尔喷管也会出现不同的工作状态，其参数的计算也随之不同。

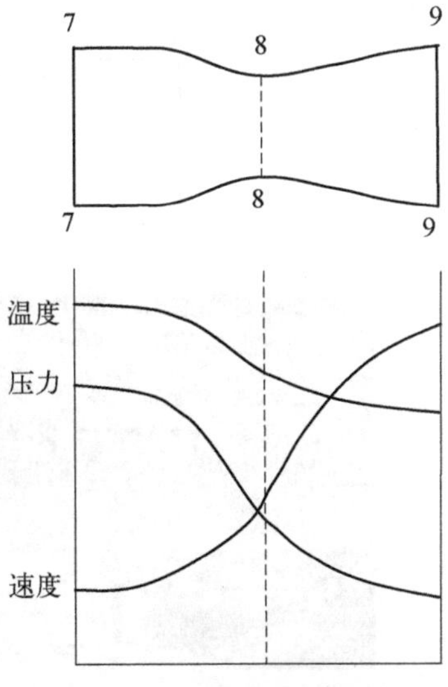

图 7－5　拉瓦尔喷管中气流参数的变化

7.1.4.1　拉瓦尔喷管的工作状态及参数计算

1. 拉瓦尔喷管的设计状态

对于固定几何尺寸的拉瓦尔喷管，其面积比 A_8/A_9 是按燃气的设计膨胀能力确定的，燃气在喷管中完全膨胀，气流在喷管中加速，在喉道 8—8 截面处达到临界状态（即 $Ma_8 = 1.0$），而后在扩散段继续加速成为超声速，出口为设计所需的超声速气流 Ma_{9d}。此时的压力比就是该喷管的最大压力比，又叫作喷管的设计压力比。由气

动参数关系可得

$$\pi_{nz,\,max} = \left(\frac{p_7^*}{p_9}\right)_{max} = \frac{1}{\sigma_{nz,\,d}}\left(\frac{p_9^*}{p_9}\right)_{max} = \frac{1}{\sigma_{nz,\,d}}\left(1 + \frac{\gamma' - 1}{2}Ma_{9d}^2\right)^{\frac{\gamma'}{\gamma'-1}} \tag{7-13}$$

式中，$\sigma_{nz,\,d}$ 是设计状态下的总压恢复系数，包括除激波损失外的所有流动损失。

当飞行条件和发动机工作状态变化时，燃气的可用压力比 $\pi_{nz,\,us}$ 也随之变化，拉瓦尔喷管就会出现三种不同的工作状态，即完全膨胀工作状态、不完全膨胀工作状态和过度膨胀工作状态。

2. 完全膨胀工作状态

当 $\pi_{nz,\,us} = \pi_{nz,\,max}$ 时，称拉瓦尔喷管处于完全膨胀工作状态，也是设计状态。

在此状态下，燃气得到完全膨胀，出口为超声速气流，达到设计马赫数 Ma_{9d}，出口气流静压与外界大气压力相等，即 $p_9 = p_0$。因为是完全膨胀，所以气流在喷管出口及管外都基本上是平直流动的，如图 7－6 所示。

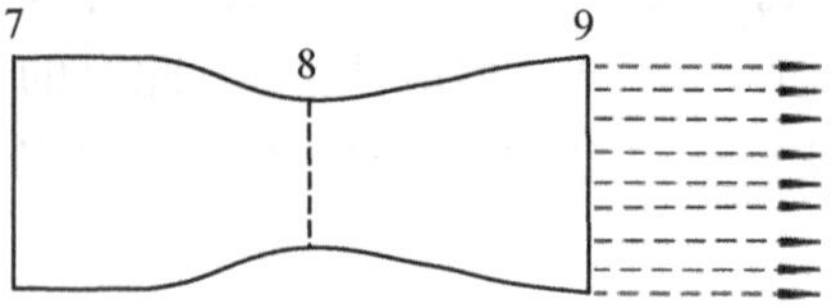

图 7－6　拉瓦尔喷管的完全膨胀状态

出口的速度可由 $c_9 = c_{9d} = \lambda_{9d}\sqrt{\frac{2\gamma'}{\gamma' + 1}R'T_7^*}$ 计算求得，其中 λ_{9d} 是与 Ma_{9d} 对应的速度系数。

3. 不完全膨胀工作状态

当 $\pi_{nz,\,us} > \pi_{nz,\,max}$ 时，拉瓦尔喷管处于不完全膨胀工作状态。

在此状态下，由于燃气的膨胀能力大于喷管所提供的最大膨胀能力，因此燃气不完全膨胀，将在喷管外继续膨胀。因为出口是超声速气流，所以形成膨胀波、激波交替出现的波系，如图 7－7 所示，这也是有时能在发动机加力工作状态下看到喷管外出现喷流明暗变化的原因。

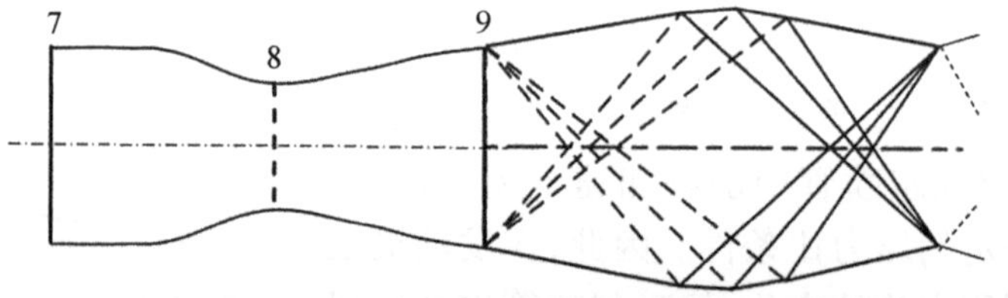

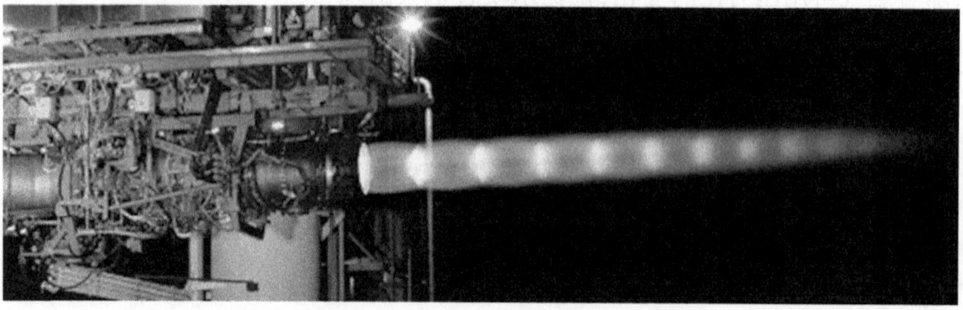

图 7－7　拉瓦尔喷管的不完全膨胀工作状态

不完全膨胀工作状态下的出口气流速度与完全膨胀时相同,但是出口截面上的气流压力要大于外界的大气压力。

4. 过度膨胀工作状态

当 $\pi_{nz,us} < \pi_{nz,max}$ 时,拉瓦尔喷管处于过度膨胀状态。在此状态下,由于燃气的膨胀能力小于拉瓦尔喷管所提供的最大膨胀能力,所以燃气在喷管中流动时必然膨胀过度,也就是说,其出口的气流压力由于过度膨胀而低于外界大气压力(这也是过度膨胀的含义)。在过度膨胀工作状态下,气流在喷管中是典型的超声速气流由低压区流向高压区,因此会在喷管外或者喷管内形成激波,产生较大的流动损失,或给喷管出口外的流场造成较大的影响。关于激波位置的讨论及有关参数的计算,请参看有关资料。

5. 通过喷管的燃气流量的计算

在拉瓦尔喷管中,其喉道截面常处于临界状态,成为控制喷管流量的截面,所以燃气流量通常按喉道处的流量计算,即

$$W_g = K'_m \frac{p_8^*}{\sqrt{T_8^*}} A_8 q(\lambda_8) = K'_m \frac{p_7^* \sigma'_{nz}}{\sqrt{T_7^*}} A_8 q(\lambda_8) \tag{7-14}$$

式中,σ'_{nz} 是喷管收敛段的总压恢复系数。

当喷管为完全膨胀、不完全膨胀和较轻的过度膨胀状态时,喉道截面为临界截面,所以 $q(\lambda_8) = 1.0$,则燃气流量为 $W_g = K'_m \frac{p_8^*}{\sqrt{T_8^*}} A_8 = K'_m \frac{p_7^* \sigma'_{nz}}{\sqrt{T_7^*}} A_8$。

7.1.4.2 拉瓦尔喷管的推力损失

1. 非完全膨胀状态引起的推力损失

对于固定几何的拉瓦尔喷管,当发动机工作状态和飞行条件发生变化时,$\pi_{nz,us}$ 变化使得喷管处于非设计状态(如不完全膨胀和过度膨胀),燃气发生不完全或过度膨胀,都会造成推力损失。

与收敛形喷管产生推力损失的原因相同,当拉瓦尔喷管处于不完全膨胀工作状态时,虽然出口的压力增大了,但是其出口的气流速度 c_9 也要小于同样的燃气可用压力比下完全膨胀时的出口速度,与完全膨胀状态相比,因此仍然造成推力的损失。

当拉瓦尔喷管处于过度膨胀工作状态时,出口的压力减小或者速度减小,造成发动机推力减小,也会形成推力损失。

值得注意的是,在喷管的实际工作过程中,流动是比较复杂的,还要考虑摩擦等流动损失的影响以及喷管的质量等因素,所以喷管的几何尺寸选择是一个综合性问题。例如,选择喷管在轻度的不完全膨胀状态下工作,既可以保持推力最大,还可以减轻质量和减小尺寸,冷却散热面积也可以减小。

2. 评定推力损失的参数

喷管的实际流动过程中存在着内部流动损失和非设计状态损失,这两类损失对发动机的推力都有影响。一般是用喷管推力系数 C_F 来评定推力损失的大小。

在地面静止状态下,发动机的推力为 $F = W_g c_9 + (p_9 - p_0) A_9$。当燃气在喷管中没有

流动损失并且燃气完全膨胀时，设其出口速度为 $c_{9s,\,d}$，则发动机的推力为 $F_{d,\,s} = W_{gs}c_{9s,\,d}$，又叫作发动机的理想推力。

当燃气在喷管中有流动损失但是完全膨胀时，发动机的推力为 $F_d = W_g c_{9d}$，该推力又叫作设计推力。

根据速度系数的定义式(7－2)，有

$$\frac{F_d}{F_{d,\,s}} = \frac{W_g c_{9d}}{W_{gs}c_{9s,\,d}} = \sigma'_{nz}\varphi_{nz} \tag{7-15}$$

引入喷管的非设计状态推力系数 C_{Fd}，定义为

$$C_{Fd} = \frac{F}{F_d} \tag{7-16}$$

当燃气在喷管中完全膨胀时，$C_{Fd} = 1.0$。

喷管的推力系数 C_F 定义为

$$C_F = \frac{F}{F_{d,\,s}} = \frac{F}{F_d}\frac{F_d}{F_{d,\,s}} = \sigma'_{nz}\varphi_{nz}C_{Fd} \tag{7-17}$$

可见，喷管的推力系数综合反映了内部流动损失和非设计状态损失的影响，鉴于流动的复杂性，该系数通常由试验确定。

已知 C_F，即可求得发动机的推力损失，$\Delta F = (1 - C_F)F_{d,\,s}$。在飞行状态下，发动机的推力损失为 $\Delta F = (1 - C_F)F_{d,\,s} + W_a V$。可见，随着飞行速度的提高，相同的 C_F 对发动机推力的影响增大。例如，当飞行速度为 2.5Ma 时，若 $C_F = 0.99$(即在地面推力损失 1%)，则发动机推力减小 2%~2.5%以上。所以，随着飞行速度的提高，对喷管性能的要求也大大提高。这也说明，随着燃气膨胀能力的变化，固定几何尺寸的拉瓦尔喷管显然不能满足多状态及宽广的飞行范围的要求，必须对其进行调节。

7.1.5　其他形式喷管

7.1.5.1　大涵道比发动机用的降噪喷管

民航机用大涵道比发动机为了满足更加严格的对起降噪声的环保要求，采用了新式的降噪喷管。

1. 锯齿型喷管

图 7－8 为分开排气涡扇发动机采用的锯齿型(chevron)喷管。这种喷管是将喷管出口做成锯齿形状，使得内、外涵道气流在排出时产生沿流向的旋涡，加强排出气流与周围大气的快速掺混，改变湍流结构，减小排气噪声。目前这种喷管得到了较广的应用。

2. 整体式喷管

这种喷管首先在 RB211－535E4 发动机上采用，它类似于小涵道比涡扇发动机的混合排气方式，外涵道冷气流先由四周流向中心，与内涵道流出的燃气掺混后，再由喷口流出。内外涵道气流混合采用了梅花瓣式的掺混器，如图 7－9 所示。

图7-8 锯齿型喷管

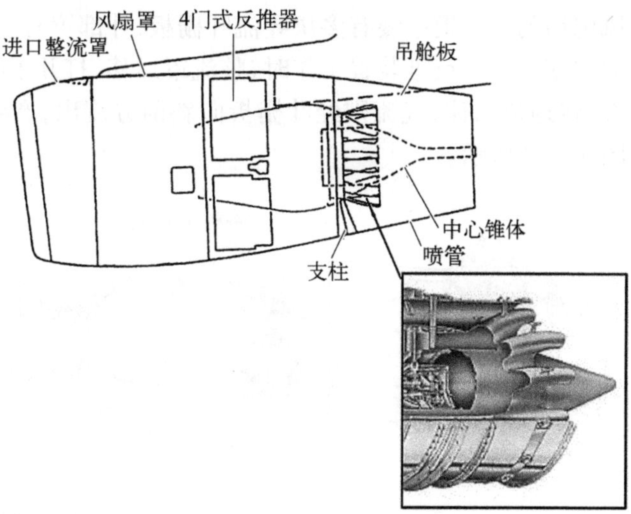

图7-9 整体式喷管

这种整体式喷管又叫作长涵道混合流(long duct mixed flow, LDMF)喷管,具有推进效率高、耗油率低、噪声低,以及开反推装置时反推力大,并能提高风扇效率等优点,因而被后来的一些发动机采用。采用整体式喷管后,虽可降低耗油率,但发动机质量也有增加,因此,在长航程的飞机上才显示出优越性。

7.1.5.2 反推装置

大型民航飞机和军用运输机为了在着陆滑跑过程中缩短滑跑距离,多采用反推装置,为飞机提供一个反向的推力。反推装置的工作原理就是使发动机的排气方向实现反向,并利用发动机自身的动力产生一个减速力。例如,使排气流转向约45°(向前方向),可使约50%的最大正推力实现反向,可使飞机的着陆距离缩短25%~28%,同时降低机轮刹车使用的严酷度,并附带节省刹车系统的维修成本。对于在湿跑道、道面结冰的跑道或积雪的跑道上着陆,使用反推装置也比仅使用刹车要有效和安全得多。目前使用的反推装置主要有内涵道反推和外涵道反推两种形式。

1. 内涵道反推装置

内涵道反推装置主要有蛤壳门式和戽斗式两种,主要用在老式涡喷发动机和低涵道比的涡扇发动机上。由于内涵道的反推装置处于高温燃气的包围中,工作条件恶劣,寿命短,在现代大涵道比涡扇发动机上已很少采用。

蛤壳门式反推装置位于尾喷口之前,由两扇蛤壳式反推力门、壳体、转向出口、出口叶栅和操纵机构组成。反推装置工作时,两扇反推力门关闭,迫使气流折转,分别通过上下转向出口,从出口叶栅向斜前方流出,从而产生反推力,如图7-10所示。

戽斗式反推装置位于喷管之后,当反推装置工作时,液压作动器将上下(或左右)两个戽斗相对旋转,插入排气气流之中,阻止气流向后流动,从而向斜前方转向,产生所需的反向推力,如图7-11所示。

2. 外涵道反推装置

外涵道反推装置是目前大涵道比涡扇发动机中的主要应用形式。该类反推装置是在风扇后的外涵道中装有多块导流叶栅板，外部罩有一个可前后移动的整流罩，内有可折叠的堵塞片。当反推装置工作时，整流罩后移，打开了叶栅的出口，与此同时，堵塞片向后折叠，将通道堵住，气流则经叶栅折向斜前方流出，产生反推力。其工作原理和应用实物如图 7－12 所示。

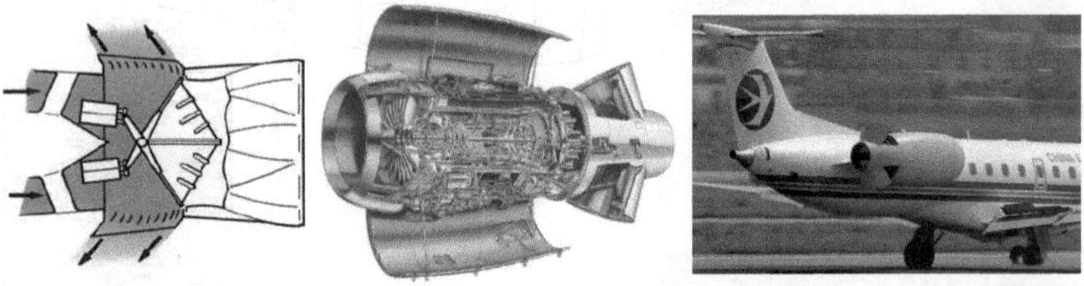

图 7－10　蛤壳门式反推装置

图 7－11　戽斗式反推装置

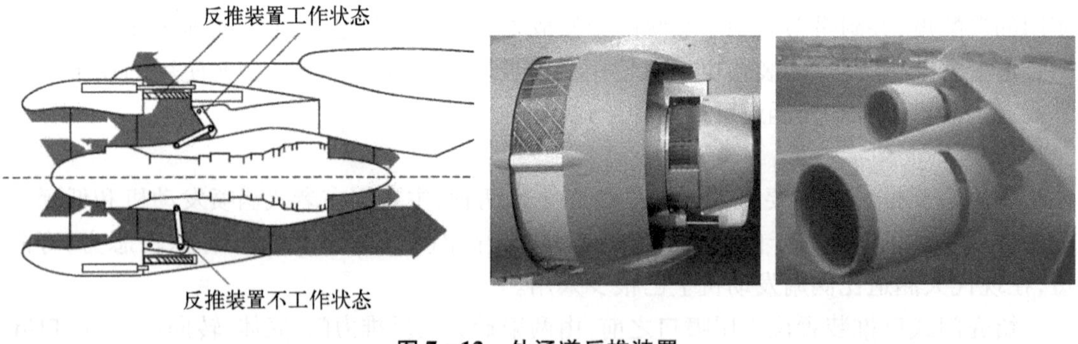

图 7－12　外涵道反推装置

7.1.5.3　推力矢量喷管

现代高性能战斗机的战术技术要求能无限使用迎角，甚至达到 90°或更高，只有在过失速技术范围内，飞机仍能灵活机动地运动，并迅速指向敌机、实施攻击，才能保证战斗机的格斗能力。但是，在过失速范围内，通常的飞机操纵面基本失效，无法控制飞机的运动，因此需要使推力矢量化，以便能直接参与飞机运动的控制。这就需要采用推力矢量喷管。

对于轴对称喷管，推力矢量喷管改变推力方向的主要方式是整体或部分偏转喷管，如图 7－13 所示。

图 7－13　推力矢量喷管

推力矢量喷管的经典应用是鹞式飞机的飞马发动机，如图 7－14 所示。

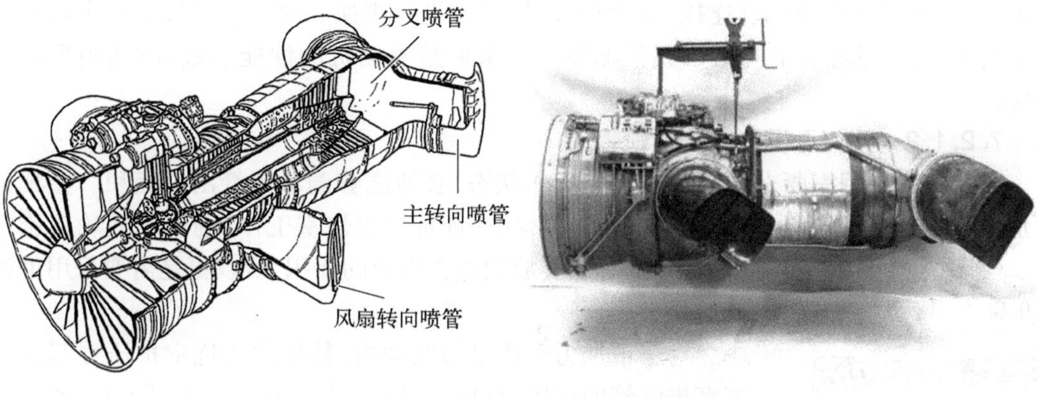

图 7－14　飞马发动机的推力矢量喷管

7.1.5.4　引射喷管

引射喷管是由一个可调的收敛形喷管（称为主喷管）和一个同心的外套管组成的。由主喷管喷出的高压燃气称为主流，由外套管中引入的二股气流称为次流。

如图 7－15 所示，当收敛形主喷管为超临界工作状态时，主流从主喷管流出后，在周围的亚声速次流中继续膨胀，形成了流体壁面（即主流与次流的分界面），这样就形成了一个扩散段为流体壁面的收敛-扩散形喷管，使主流以超声速从外套中排出。因为次流往主流区流动时，对主流起着气垫作用，所以次流对主流的膨胀有约束作用。随着次流流量的不同，主流的膨胀程度也相应变化。因此，控制次流流量就可以控制主流在外套管中的膨胀情况，从而可对喷管起到自动调节作用。引射喷管结构简单，质量轻，性能较好，并且能为发动机提供足够的冷却气流，因而在推进系统中得到了应用。

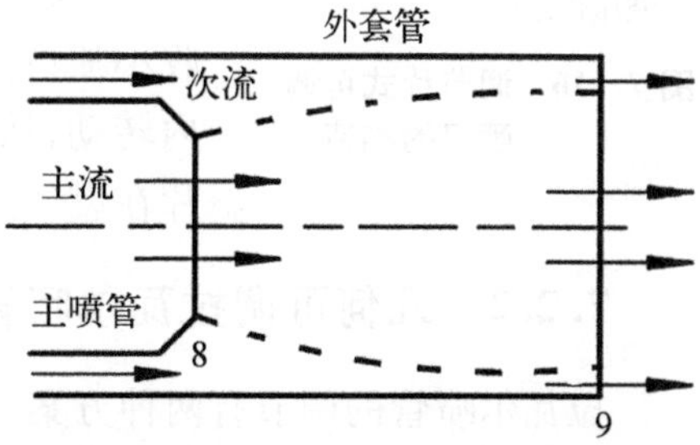

图 7－15　引射喷管工作原理图

7.2 喷管构造

7.2.1 收敛形喷管构造

7.2.1.1 几何不可调的收敛形喷管

亚声速及低超声速飞机所用的不带加力燃烧室的涡喷发动机和高涵道比涡扇发动机,都广泛采用不可调节的收敛形尾喷管。

几何不可调的收敛形尾喷管由等直排气管和收敛喷口段两部分组成。① 等直排气管位于涡轮与喷口之间,一般由外壳、整流锥和整流支板三部分组成。外壳与整流锥形成的气流通道是逐渐扩张的,可使气流速度降低,减少流动损失,外壳与整流锥的连接,可借助整流支板或承力支杆,这些零构件受热后一般可以自由膨胀。② 收敛喷口段一般是薄壁锥筒,前缘与等直排气管连接,易于拆卸,以便于进行更换。喷口段可按不同出口直径分成若干组,通过更换不同出口直径的喷口段来调整发动机的性能参数,以达到规定的指标。

7.2.1.2 几何可调的收敛形喷管

为了根据使用需要来改变发动机的工作状态,必须能够调节喷管出口面积。尤其是带加力燃烧室的发动机,为了保证进入加力状态(即加力燃烧室工作)前后的涡轮落压比基本不变,必须要放大喷管出口的面积,所以更是需要采用可调节的喷管。

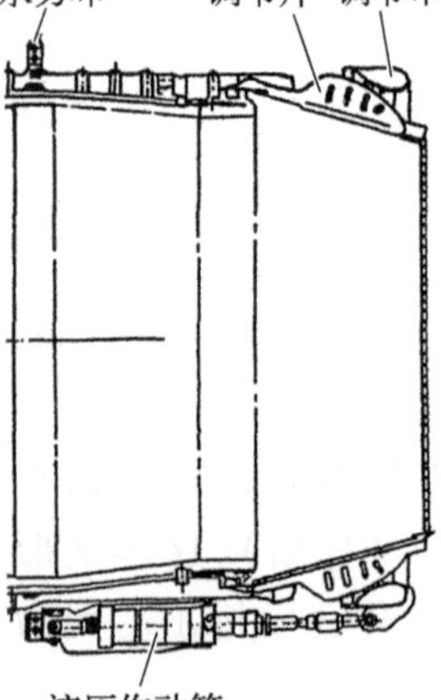

图 7-16 调节片式可调喷口的构造

对于带加力燃烧室的发动机,其加力燃烧室扩压器起到了等直排气管的作用,且加力燃烧室的长度也较长,所以一般直接与收敛喷口段相连。

几何可调的收敛形喷管对出口面积的调节方式中,应用最为广泛的是多调节片搭接式。这种几何可调喷管一般由喷管筒体(与加力燃烧室一体)、调节片、密封片、调节环、承力环和液压作动筒及喷口收放控制装置等组成,其几何调节部分如图 7-16 所示。调节片数量较多,沿周向均布并铰接在筒体上,可沿径向上下转动。相邻调节片间用密封片(也铰接在筒体上)搭接,以防止燃气外泄。调节环与液压作动筒相连,当需要收小喷口面积时,作动筒回收,带动调节环前移,迫使调节片向内转动,从而使面积减小;反之,作动筒外伸,调节环后移,调节片在燃气压力的作用下外张,喷口面积增大。

7.2.2 几何可调拉瓦尔喷管构造

拉瓦尔喷管的调节有两种方案:一种是只调节出口截面面积 A_9,称为单态调节;另一种是同时调节 A_9 和喉道面积 A_8,称为全态调节。对于带加力燃烧室的发动机,A_8 必须要进行调节,所以一般都采用全态调节方案。

图 7－17 为喷管调节系统构造示意图。燃气的膨胀能力使作动筒产生位移，作动筒通过滚轮使收敛段（又称为主喷管）绕转轴转动，同时带动扩散段移动，从而实现对 A_8 和 A_9 的调节。

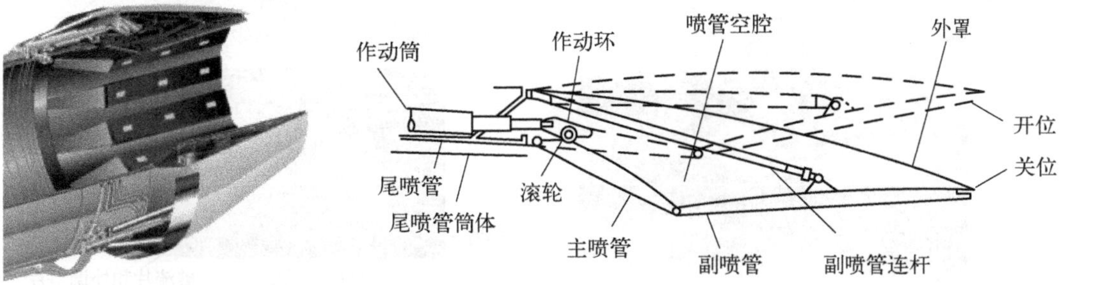

图 7－17　拉瓦尔喷管调节机构构造示意图

图 7－18 和图 7－19 是某涡扇发动机的超声速喷管及其调节机构。① 喷管的收敛段分为前后两段，前段是固定的，后段是可调的，如图 7－18 所示。后段由 16 块调节片、16 块密封片、铰链、A_8 作动筒（以煤油作为介质）和调节片协调传动机构组成，调节片和密封片的安装与 7.2.1.2 节中可调收敛形喷管的情况类似。如图 7－19 所示的实物结构图，调节片的传动由 16 个 A_8 作动筒来实现，筒体用铰链固定到连杆上，连杆刚性地固定在后安装边上。A_8 作动筒的活塞杆和摇臂用铰链连接，每个摇臂用拉杆和相邻的两个调节片铰接，以使它们同步运动。因此 A_8 作动筒往复运动，就实现了喷口临界截面 A_8 的变化。② 扩张段也是由 16 块内调节片、16 块密封片和内调节片传动机构组成。喷管出口面积 A_9 调节机构由 16 个气压作动筒、16 根套筒传动器和 16 个喷管最大出口截面 A_{9max} 限制器组成。其中，气压作动筒的伸缩方向是沿周向的，通有引自高压压气机出口的高压气体，可反映燃气的可用压力比，因而可以根据燃气的膨胀能力对喷管的 A_9 进行适当的调节。③ 由于发动机安装时，喷管有一部分是外伸于机身之外的，所以有弹性整流片和外调节片等，以保证喷管的外形在调节时与机身后体的流场相匹配，减小气动干扰。

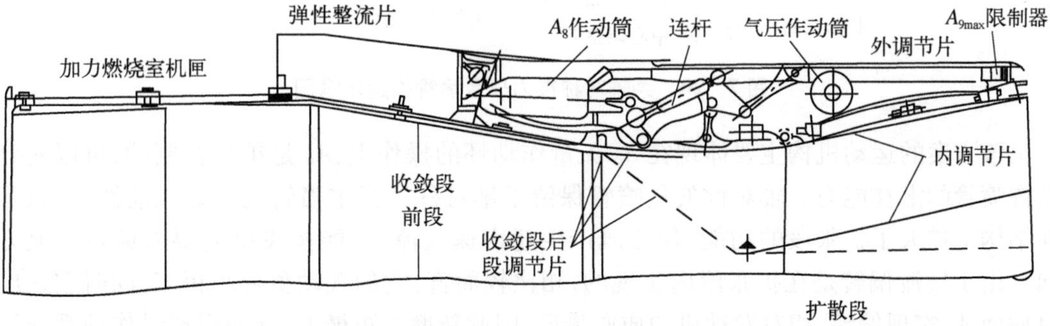

图 7－18　某拉瓦尔喷管调节机构（虚线表示可调状态的收敛段和扩散段调节位置）

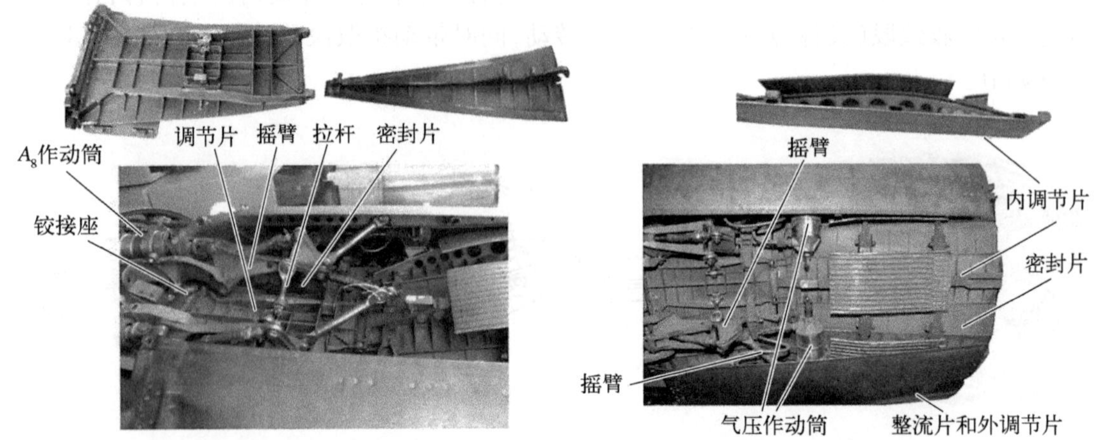

(a) 喷管喉道截面调节机构　　(b) 喷管扩张段调节机构

图 7-19　某型涡扇发动机拉瓦尔喷管调节机构实物图

7.2.3　轴对称推力矢量喷管

某轴对称矢量喷管由 3 个喷口截面调节作动筒、4 个收敛截面面积调节作动筒、3 个调节环支承机构、喷管控制阀以及一组位于调节片之间的涂有耐热涂层的扩散密封片等构成,如图 7-20 所示。

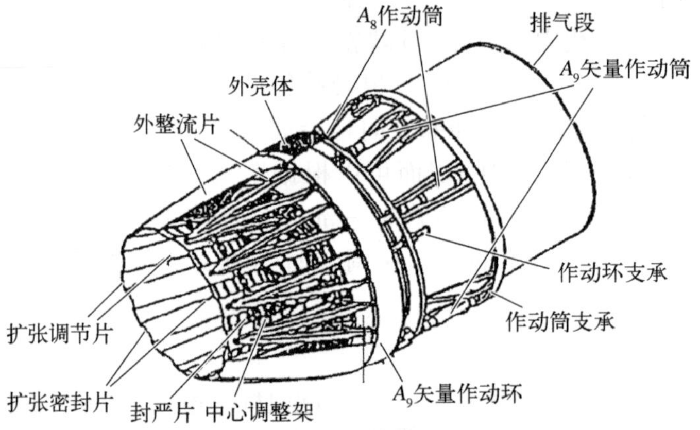

图 7-20　某轴对称推力矢量喷管构造示意图

该方案的运动机构主要体现在 A_9 矢量作动环的操作上,A_9 是单独控制的,可以充分发挥喷管的潜在能力。轴对称矢量喷管保留了轴对称拉瓦尔喷管的良好气动性能,只是在结构上扩大了扩张段的功能,使之既产生超声速气流,又能按飞机需要来偏转气流方向。由于气流偏转是在扩张段内实现的,相比较而言,它的气动负荷小得多,同时它在出口截面 A_9 实现偏转,相对发动机的质心最远,因此新增力矩最大,这使得操纵作动系统可以做得比较轻巧,增重较小;并且由于是在扩张段内转动的,因此在矢量状态工作时所占空间及外围尺寸较小。所以,这种推力矢量喷管不需要对飞机和发动机做很大的改装,便于用在现役飞机和发动机上,应用前景好。

7.2.4　尾喷管结构的检查维护要求

航空发动机外场使用时,需进出尾配管对调节片、密封片、隔热屏以及作动筒和相应管路进行检查。需要注意的是,进出尾喷管时,不应使尾喷管调节片和密封片承受机械载荷,并注意保护尾喷管调节片的隔热屏,采取必要措施来防止检查过程中人为刮碰造成的变形。当尾喷管零件有损坏时,应按照相关规定处理。例如,对于模型发动机,尾喷管外调节片翘曲不大于 8 mm 时,允许继续使用,但存在裂纹和烧蚀时,则不允许继续使用。

7.3　涡扇发动机混合器构型及工作原理

带加力燃烧室的军用涡轮风扇发动机采用混合排气方式,因此设有内外涵道气流混合器。有的大涵道比涡扇发动机为了减小排气噪声,采用了长外涵道混合排气方案,也需要设置相应的内外涵道气流混合器。

7.3.1　混合器构型

因为混合器是内外涵道气流掺混的部件,且后续部件通常为加力燃烧室,所以要求混合器中气流混合的损失小、气流稳定、出口气流流场均匀,同时要求混合器质量轻、结构简单、长度短,以缩短发动机尺寸。

混合器的构型主要有 3 种,即圆筒式、漏斗式和波瓣式,如图 7－21 所示。各种构型的特点如下。

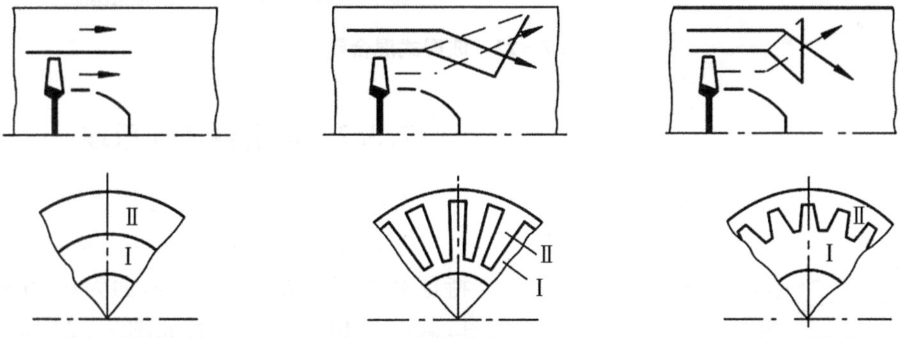

(a) 圆筒式　　(b) 漏斗式　　(c) 波瓣式

图 7－21　混合器的构型简图

1. 圆筒式混合器

这种混合器又叫平行进气式混合器。其特点是内涵道和外涵道气流是平行流动的,主要依靠内外涵道两股同轴平行射流的表面紊流进行混合。下游加力燃烧室的环形火焰稳定器一般设在平行射流表面的紊流区中,有利于强化火焰稳定器后的回流区,增强燃烧的稳定性。这种混合器结构简单,质量较轻,流阻损失较小,目前在高推重比的涡扇发动机中得到采用。但是它的出口流场随飞行状态变化较大,对燃油调节器的要求高。

2. 漏斗式混合器

漏斗式混合器由许多插入内涵道的漏斗形通道组成。外涵道气流通过漏斗以一定的角度流入内涵道气流,依靠射流与内涵道气流强制掺混。这种混合器的混合强度较大,可使内外涵道气流在较短的混合器长度内得到充分混合。但是由于射流速度大,其压力损失比较大,结构上也复杂一些,且质量有所增加。

3. 波瓣式混合器

波瓣式混合器如图 7-22 所示,它也属于同轴流动的表面混合形式,利用沿外涵道气流方向越来越大的波形槽来增大内外涵气流的混合面,同时可以产生沿流向的涡系来加强掺混。与简单的平行进气式混合器相比,气流的混合效率得到提高,混合长度减小。波瓣式混合器的混合强度和总压损失随波形槽的数目和大小而改变,一般情况下,介于漏斗式和圆筒式混合器之间。

图 7-22 波瓣式混合器

7.3.2 混合器工作原理

7.3.2.1 混合器的工作过程

根据发动机各截面的划分规则,混合器的特征截面规定如下:进口截面为 6-6 截面,出口截面为 6B-6B 截面,如图 7-23 所示。

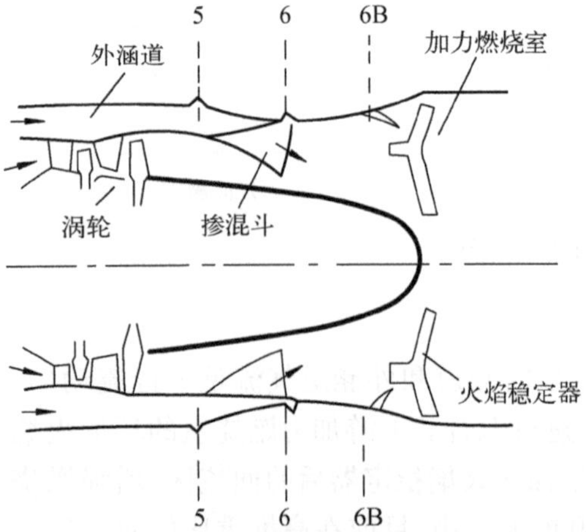

图 7-23 混合器的构型简图

发动机工作时,外涵道空气由掺混斗进入混合器,在混合器中,内涵道的燃气和外涵道的空气进行掺混,二者之间进行能量交换,部分能量由具有较高温度的内涵道燃气传给了外涵道的空气,经混合器掺混后的燃气温度有所降低,同时会产生一定的掺混损失,使得气流总压减小。但是,外涵道气流加入后,又补充了一定量的外涵道新鲜空气,增加了加力燃烧室进口气流的含氧量，非常有利于加力燃烧室的点火和稳定燃烧，也可以提高加力的温度比。

但是，混合器的存在也使得涡扇发动机工作状态的变化更为复杂一些。因为进入混合器的外涵道气流都是亚声速气流，因此在混合器中，气流参数的任何波动都可以通过外涵道前传至风扇的出口，使风扇的工作极易受到加力燃烧室的影响。尤其是在接通或断开加力的过程中，如果加力燃烧室温度与喷管喉道面积的变化不匹配，或出现加力燃烧脉动，或点火时压力突增，都会产生较大的压力波动，这些压力波动前传会使得低压压气机(风扇)的稳定工作裕度有较大损失，甚至导致失速喘振。

7.3.2.2　混合器气流参数估算

混合器气流参数的计算也是涡扇发动机性能计算的一个重要环节。在混合器中，两股能量不同、气体性质不同的气流相互掺混，且这两股气流的总温、总压、速度各不相同。通过混合器后，两股气流也不可能完全掺混均匀。对于各种不同结构形式和设计参数的混合器，气流掺混后的参数分布和总压损失需要进行专门的试验来确定。但是在进行涡扇发动机特性计算时，也可以根据动量方程、能量方程对混合器的性能进行估算，并且具有一定的精度，下面介绍常用的计算方法。

为了简化计算，可假设：① 内、外涵道两股气流平行地进入混合器，并且在进口截面上各自均匀分布；② 两股气流在进入混合器时静压相等，即 $p_{6\mathrm{I}} = p_{6\mathrm{II}}$；③ 气流在混合器出口截面上掺混均匀，气流参数分布均匀；④ 不考虑掺混过程中的散热损失。

由连续方程得混合器出口的燃气流量为 $W_{\mathrm{g}} = W_{\mathrm{gI}} + W_{\mathrm{aII}}$，其中，$W_{\mathrm{gI}}$ 为内涵道燃气流量，W_{aII} 为外涵道空气流量。

再由能量方程可得 $W_{\mathrm{g}} i_{6\mathrm{B}}^* = W_{\mathrm{gI}} i_{6\mathrm{I}}^* + W_{\mathrm{aII}} i_{6\mathrm{II}}^*$，若忽略混合器进出口燃气热力性质的差异，可得到混合器出口的燃气总温为

$$T_{6\mathrm{B}}^* = \frac{T_{6\mathrm{I}}^* + \mu B T_{6\mathrm{II}}^*}{1 + B} \tag{7-18}$$

式中，B 为涵道比；$\mu = c_p / c_p'$。

混合器出口的气流总压应该通过求解动量方程来获得。但是，在近似估算时，可用式(7-19)确定：

$$p_{6\mathrm{B}}^* = \frac{p_{6\mathrm{I}}^* + B p_{6\mathrm{II}}^*}{1 + B} \sigma_{\mathrm{m}} \tag{7-19}$$

式中，σ_{m} 是混合器的总压恢复系数，一般取 0.95~0.96。混合器中的损失主要有动能损失、流动损失和热扩散损失。其中的动能损失是由气流混合前不同速度运动的分子相撞击产生的；流动损失则是由气流与混合器壁面的摩擦造成的，并随燃气运动速度的提高而增大；热扩散损失则是由温度差产生的，温差越大，热扩散损失越大。

习　　题

1. 复述喷管的功用和基本形式。

2. 简述亚声速喷管的工作过程,分析并列举影响喷管性能的主要因素。

3. 简述亚声速喷管和超声速喷管的异同。

4. 如何理解燃气的可用压力比、喷管的最大压力比的物理意义?

5. 收敛形喷管产生流动损失的原因有哪些?

6. 试从气流的运动规律、能量转换规律来解释喷管中燃气膨胀转化为气体动能的原理。

7. 简述收敛形喷管三种工作状态的特点,比较出口气流速度的差异、出口气流压力的差异。

8. 如何理解喷管的流动损失和非设计状态损失?

9. 某涡喷发动机采用了收敛形喷管,其进口总温为 625 K,总压为 2.5 bar,喷管出口面积为 $0.3\ m^2$,外界大气压力为 1.0 bar。设流动过程为定熵绝能过程,求流经喷管的燃气流量以及喷管出口的气流速度、静压和静温?(提示:首先判定收敛形喷管的工作状态。)

10. 对于上述习题 9,如果外界环境压力变为 1.53 bar,则结果应当如何?

11. 对于上述习题 9,如果喷管进口的气流总压减小为 1.634 bar,则结果又应当如何?

12. 某型大推力混合排气式涡扇发动机在地面试车时,已知其喷管进口的燃气总压为 3.596 bar、总温为 800℃,喷管需流经的燃气流量为 120 kg/s,发动机试车时的环境大气压力为 1.013 bar。设不考虑黏性流动损失,试确定:① 若燃气在喷管中完全膨胀,所能达到的出口气流速度是多大?② 与采用收敛形喷管相比,排气速度会增加多少?对发动机试车状态的推力有多大影响?

13. 仔细观察发动机中喷管的实物,确定所观察喷管的类型,总结归纳该喷管的主要结构特征。

14. 仔细观察发动机中混合器的实物,确定所观察混合器的结构形式。

15. 依据所掌握的喷管工作原理和构造知识,分析并提出使用维护人员应该关注的事项。

16. 收集有关资料,总结现代高机动性战斗机所用的推力矢量喷管的特点。

17. 依据一维定常流动的动量方程式(1-27),说明如何计算反推力的大小?需要确定哪些参数和条件?

18. 若某涡扇发动机涡轮出口的气流参数为总温 787 K、总压 2.95 bar、燃气流量 64.3 kg/s,外涵道气流的参数为总温 415.7 K、总压 2.956 bar、空气流量 39.7 kg/s,试估算混合器出口的气流总温和总压。

第8章
涡喷/涡扇发动机整机特性

前面各章分析了压气机、燃烧室和加力燃烧室、涡轮、喷管与混合器等部件的工作原理、特性与构造。把这些部件组合在一起,就组成了涡喷和涡扇发动机整机,再加上进气道,就构成了推进系统或动力装置的主体。航空发动机在设计条件下所能达到的性能为设计点性能,当涡喷和涡扇发动机安装于飞机上工作时,使用条件变化将使发动机的工作偏离设计点,处于非设计状态。通常将发动机性能参数随飞行条件、大气条件和发动机油门位置的变化关系称为发动机的整机特性。其中,整机特性又包括发动机的稳态特性和过渡态特性。

本章首先讨论各主要部件的匹配工作关系和发动机控制规律的基本概念,然后进一步分别讨论发动机稳态特性和过渡态特性的一般规律。

8.1 发动机各部件匹配工作概述

在涡喷和涡扇发动机整机环境中,各部件并不是独立工作的,而是处于相互匹配工作的状态。一方面,它们之间有气动热力参数和性能上的匹配,另一方面,有机械结构上的连接及载荷传递关系。因此,发动机整机的工作和性能与这些部件的匹配工作密切相关。

在发动机整机的工作中,通常将发动机的工作情形分为稳态和过渡态两个大类。其中,稳态是指发动机的有关参数(如发动机转子的转速、空气流量、推力等)不随时间变化而变化的平衡工作状态;而过渡态是发动机的有关参数要随时间变化而变化的工作状态,如发动机的起动、加速或减速等工作过程。这里,先讨论发动机稳态下的匹配工作条件,有关过渡态的条件将在8.4节中讨论。

8.1.1 核心机匹配工作条件

核心机通常由高压压气机、燃烧室和高压涡轮组成。在平衡工作状态下工作时,核心机的三个部件应满足下列条件。

1. 转速平衡

核心机的高压压气机与高压涡轮共轴组成高压转子,所以两者的转速相等,统称为高压转子转速,简称为高压转速,通常用 n_H 表示,有时也用 n_2 来表示。

$$n_{CH} = n_{TH} = n_H \tag{8-1}$$

2. 流量平衡

在核心机中,各部件之间的流量平衡关系为

$$W_{gH} = W_{aH} + W_f - W_{bleed} - W_{cool} \tag{8-2}$$

式中,W_{gH} 是高压涡轮的燃气流量;W_{aH} 是高压压气机进口的空气流量;W_f 是燃烧室中加入的燃油流量;W_{bleed} 是从高压压气机提取的引气量(满足飞机需求)或防喘放气量;W_{cool} 是从高压压气机提取的涡轮冷却空气量。

或者有

$$W_{gH} = W_{aH}(1 + f_b - \nu_{bleed} - \nu_{cool}) \tag{8-3}$$

式中,$f_b = W_f/W_{aH}$,是燃烧室的油气比;$\nu_{bleed} = W_{bleed}/W_{aH}$,是引气系数;$\nu_{cool} = W_{cool}/W_{aH}$,是冷却空气系数。

对于涡扇发动机,通常使用“Ⅰ”来表示内涵道的流量,即 $W_{aI} = W_{aH}$,$W_{gHI} = W_{gH}$。因此有

$$W_{gHI} = W_{aI} + W_f - W_{bleed} - W_{cool} \tag{8-4}$$

或者有

$$W_{gHI} = W_{aI}(1 + f_b - \nu_{bleed} - \nu_{cool})$$

3. 功率平衡

因为是平衡状态,所以高压压气机所需的功率 P_{CH} 与高压涡轮的输出功率 P_{TH} 应满足:

$$P_{CH} + P_{ex} = P_{TH}\eta_{mH} \tag{8-5}$$

式中,η_{mH} 是高压转子机械效率,通常取 0.98~0.99;P_{ex} 是通过高压转子向发动机外提取的功率,用于驱动发电机、燃油泵、液压泵等负载设备。

在不考虑外界提取功率的情况下,还可用压气机功和涡轮功来表示,即

$$l_{CH} = (1 + f_b - \nu_{bleed} - \nu_{cool})l_{TH}\eta_{mH} \tag{8-6}$$

4. 气动热力参数的关系

在核心机中,高压压气机、燃烧室和高压涡轮相互成为上下游部件,上游部件的出口参数成为下游部件的进口参数,且每个部件的出口参数均由该部件在此工作状态下的性能参数和进口参数共同确定。

8.1.2 涡喷发动机匹配工作条件

对于双转子涡喷发动机,其各部件的匹配工作除了核心机,还包括低压压气机与低压涡轮的匹配工作,以及低压涡轮与喷管之间的匹配工作。

8.1.2.1 低压压气机与低压涡轮的匹配工作条件

低压压气机与低压涡轮组成低压转子,所以又可称为低压转子的匹配工作。与高压转子的匹配工作条件类似,也包括以下方面。

1. 转速平衡

低压压气机与低压涡轮共轴组成低压转子，所以两者的转速相等，统称为低压转子转速，简称为低压转速，通常用 n_L 表示，有时也用 n_1 来表示：

$$n_{CL} = n_{TL} = n_L \tag{8-7}$$

2. 流量平衡

低压压气机的流量与低压涡轮的流量之间的平衡关系为

$$W_{gL} = W_{gH} \quad 和 \quad W_{aL} = W_{aH} \tag{8-8}$$

式中，W_{gL} 是低压涡轮的燃气流量；W_{aL} 是低压压气机进口的空气流量。W_{gH} 与 W_{aH} 的关系仍为式(8-2)。

3. 功率平衡

因为是平衡状态，所以低压压气机所需的功率 P_{CL} 与低压涡轮的输出功率 P_{TL} 应满足：

$$P_{CL} = P_{TL}\eta_{mL} \tag{8-9}$$

式中，η_{mL} 是低压转子机械效率，通常取 0.98~0.99。

4. 气动热力参数的关系

在双转子涡喷发动机中，低压压气机、核心机和低压涡轮相互成为上下游部件，上游部件的出口参数即为下游部件的进口参数，且每个部件的出口参数均由该部件在此工作状态下的性能参数和进口参数共同确定。

8.1.2.2　低压涡轮与喷管的匹配工作条件

在双转子涡喷发动机中，低压涡轮与喷管之间存在流量连续的匹配关系，其匹配工作条件为

$$W_{gL} = W_{g8} \tag{8-10}$$

其中，W_{g8} 是喷管的燃气流量，一般用喷管喉道截面来表示。对于收敛形喷管，喷管的出口截面也是喉道截面。

除了流量连续，其气动热力参数仍满足平衡关系。

8.1.3　混合排气式涡扇发动机匹配工作条件

对于混合排气式涡扇发动机，除了核心机，还包括风扇（低压压气机）与低压涡轮的匹配工作，以及低压涡轮与混合器和喷管之间的匹配工作。

8.1.3.1　风扇（低压压气机）与低压涡轮的匹配工作条件

风扇（低压压气机）与低压涡轮组成低压转子，其匹配工作条件如下。

1. 转速平衡

风扇（低压压气机）与低压涡轮共轴组成风扇（低压）转子，所以两者的转速相等，统称为低压转子转速，简称为低压转速，通常用 n_L 表示，有时也用 n_1 来表示：

$$n_{CL} = n_{TL} = n_L \tag{8-11}$$

2. 流量平衡

风扇(低压压气机)的流量与低压涡轮的流量之间的平衡关系为

$$W_{\mathrm{a}} = W_{\mathrm{aI}} + W_{\mathrm{aII}} = W_{\mathrm{aI}}(1 + B), \quad W_{\mathrm{gLI}} = W_{\mathrm{gHI}} \tag{8-12}$$

式中,W_{a} 是风扇(低压压气机)进口的空气流量。W_{gHI} 与 W_{aI} 的关系仍为式(8-4)。

3. 功率平衡

因为是平衡状态,所以风扇(低压压气机)所需的功率 P_{CL} 与低压涡轮的输出功率 P_{TL} 应满足:

$$P_{\mathrm{CL}} = P_{\mathrm{TL}}\eta_{\mathrm{mL}} \tag{8-13}$$

式中,η_{mL} 是低压转子机械效率,通常取 0.98~0.99。

但是应注意的是,此时风扇(低压压气机)的空气流量包括内涵道和外涵道两部分,若以风扇(低压压气机)的功来表示,则为

$$(1 + B)l_{\mathrm{CL}} = (1 + f_{\mathrm{b}} - \nu_{\mathrm{bleed}} - \nu_{\mathrm{cool}})l_{\mathrm{TL}}\eta_{\mathrm{mL}} \tag{8-14}$$

8.1.3.2 低压涡轮与混合器及喷管的匹配工作条件

在混排涡扇发动机中,低压涡轮与混合器以及喷管之间的流量匹配关系为

$$W_{\mathrm{gLI}} + W_{\mathrm{aII}} = W_{\mathrm{g6B}} = W_{\mathrm{g8}} \tag{8-15}$$

式中,W_{g6B} 是混合器出口的燃气流量。

同样,除了流量连续,其气动热力参数仍满足上下游的平衡关系。

8.1.4 分开排气式涡扇发动机匹配工作条件

对于分开排气式涡扇发动机,风扇与低压涡轮的匹配与混合排气的完全一样,由于没有混合器,低压涡轮只与喷管之间存在流量匹配,即 $W_{\mathrm{gLI}} = W_{\mathrm{g8I}}$。

风扇外涵道部分的空气流量与外涵道喷管之间也存在着流量匹配关系。

同样,其气动热力参数也满足上下游的平衡关系。

8.1.5 发动机共同工作线

分析研究发动机各部件匹配工作的目的是在一定的飞行条件和发动机工作状态下,确定各部件相应的气动热力参数,从而进一步分析或计算发动机的性能参数,最终确定发动机的整机特性。以发动机各部件匹配工作的条件为依据,通过推导匹配工作方程(也称为共同工作方程),即可建立起各部件性能参数之间的定量关系,从而为确定各部件的气动热力参数提供基础。在实际应用中,通常是在压气机(风扇)的通用特性图上绘制出发动机的共同工作线,以此来直观地反映整个发动机的主要参数变化。有关发动机共同工作方程的推导及共同工作线的确定方法可参考相关的资料,这里不详述。下面直接给出一些发动机共同工作线的一般形式和分布特征。

8.1.5.1 核心机的共同工作线

在高压压气机通用特性图上表示的核心机共同工作线如图 8-1 所示。可见,共同工

作线实际上就是满足核心机匹配工作条件的高压压气机的所有工作点的连线。例如，在每一个换算转速 $\bar{n}_{\mathrm{Hcor}}$ 下，只有一个工作点是满足流量平衡、功率平衡等匹配工作条件的，也就意味着在此换算转速下，高压压气机不可能在其他的状态下工作。共同工作线上的点叫作共同工作点。当共同工作点确定后，相应的高压压气机性能参数（如增压比、效率）以及换算流量[该图中用的是 $q(\lambda_{2B})$，与换算流量等价]即可随之确定。需要特别注意的是，此时的共同工作点并不仅仅表示的是高压压气机的工作点，它同时表示了燃烧室和高压涡轮所对应的工作状态。

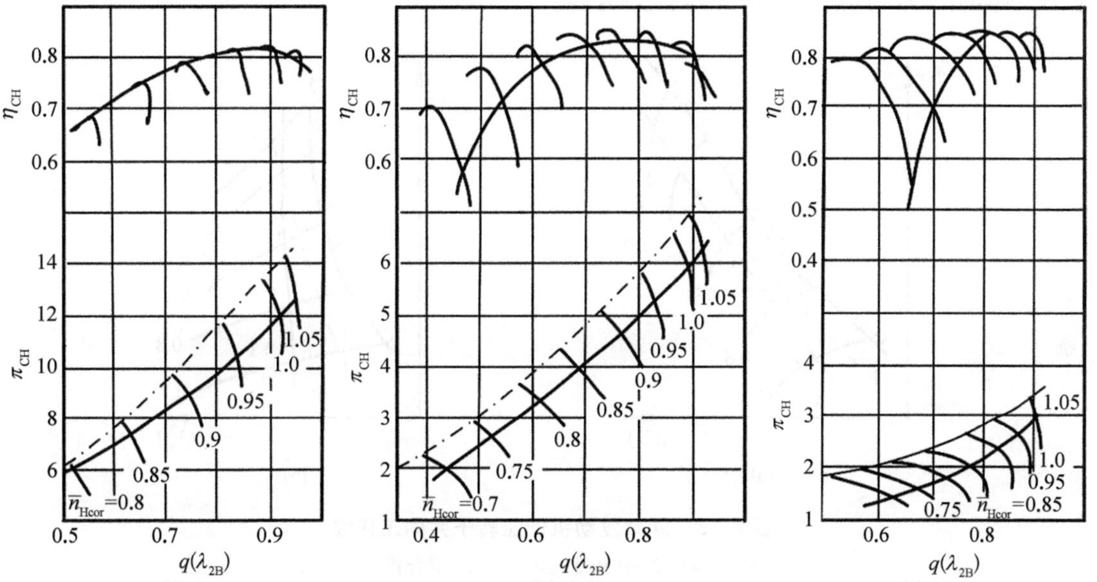

(a) 高π_{CHd}　　(b) 中等π_{CHd}　　(c) 低π_{CHd}

图 8－1　不同设计增压比的核心机共同工作线

8.1.5.2　双转子涡喷发动机的共同工作线

双转子涡喷发动机的高压压气机一般属于低设计增压比 π_{CHd} 范围，所以其高压转子的共同工作线如图 8－1(c)所示。其特点是随着换算转速的减小，共同工作线逐渐远离稳定工作边界，即高压压气机的稳定工作裕度是逐渐增大的。

低压转子的共同工作线如图 8－2 所示。可见，低压转子共同工作线的分布特点是，随着换算转速的减小，共同工作线先靠近然后远离稳定工作边界，即压气机的稳定工作裕度是先减小然后逐渐增大的，这说明低压压气机在中等换算转速范围内的稳定工作裕度较小。

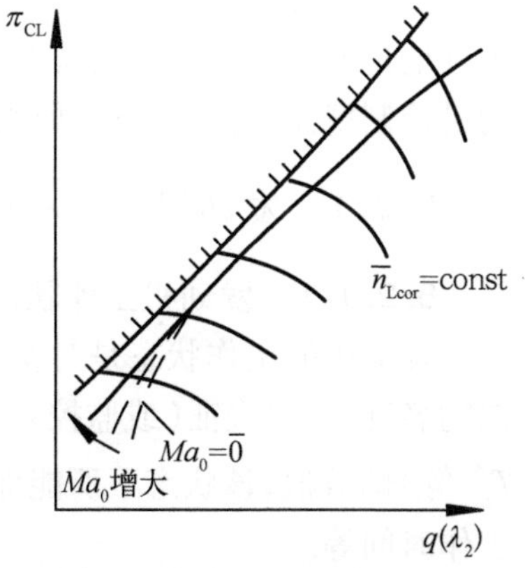

图 8－2　涡喷发动机低压转子共同工作线

8.1.5.3　涡扇发动机的共同工作线

现役的双转子涡扇发动机，其核心机的 π_{CHd} 一般在 6.0 以上，属于高设计增压比范围，所以其高压转子的共同工作线如图 8－1(a)所示。可见，当高压换算转速减小时，压气机的稳定工作裕度是减小的，所以普遍都采用了调节进口导流叶片和前面级静子叶片安装角度的扩稳方案，有的还设置了放气装置。

涡扇发动机的低压转子的共同工作线如图 8－3 所示，图 8－3(a)的横坐标是以风扇(低压压气机)内涵道部分的 $q(\lambda_2)$ 表示的，图 8－3(b)的横坐标则是以外涵道部分的 $q(\lambda_{22})$ 表示的，这二者主要是在大涵道比涡扇发动机中常有一定程度的差异。可见，对于涡扇发动机，与双转子涡喷发动机相比，在低于设计点以下的换算转速范围内，其低压转子的共同工作线要偏右下方一些，而且混排式的偏离程度更大。这主要是由涵道比变化程度的影响所致，具体原因可参考相关资料。

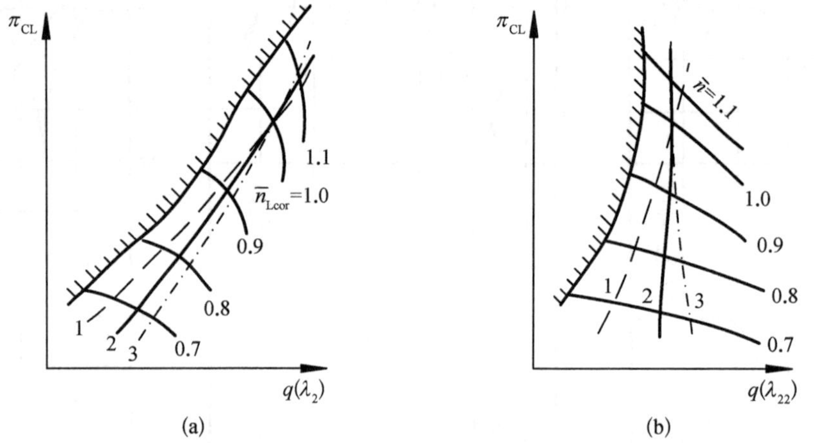

图 8－3　涡扇发动机低压转子共同工作线

1－双转子涡喷；2－分开排气式涡扇；3－混合排气式涡扇

8.2　发动机控制规律简介

在各种工作条件下，发动机的稳态和过渡态工作过程都是在一定的发动机控制规律下进行的，所以发动机的整机性能的变化规律也必然受到发动机控制规律的影响。为了更好地理解发动机的整机特性，下面，先简单介绍有关发动机工作状态的定义，再介绍发动机控制规律的概念、选取原则和涡扇发动机的常用控制规律。

8.2.1　发动机工作状态

8.2.1.1　发动机工作状态的定义

发动机的工作状态是对发动机运行状况的一种参数化描述。其主要内容包括工作状态的名称，主要表征(或监控)参数(如发动机转速、涡轮前燃气温度 T_4^*、涡轮后燃气温度 T_5^* 等)的数值，该状态下所能保证的推力和耗油率的数值，以及在该状态下所容许的连续工作时间等。

在我国，目前发动机的主要工作状态是依据《航空涡轮喷气和涡轮风扇发动机通用规范》(GJB 241A—2010)进行划分的，如表 8－1 所示。

表 8－1　发动机工作状态的规定(稳态)

工作状态名称	状 态 描 述	传 统 用 法
最大状态	在该状态,发动机具有最大的加力推力。该状态下,通常加力燃烧室中的燃油流量最大,燃气温度最高,核心机也处在最大状态,发动机转速和主燃烧室温度最高,所以是发动机受力最大的状态,其连续工作的时间一般要受到限制。 该状态主要用于起飞、飞机加速、追击拦截目标以及机动飞行	全加力状态
最小加力状态	这种状态是最低的加力工作状态,为了使飞机在全部推力范围内获得连续变化的推力值,要求最小加力状态的推力与中间状态的推力相差不大,且加力燃烧室能稳定工作。该状态下的加力燃烧室温度由其熄火特性决定。 该状态主要用于保证发动机进入加力工作时工作平稳,应使推力近似为油门杆位置的单调函数,以简化飞行操纵过程。因为发动机的转速和涡轮前燃气温度均处于最大值,所以其连续工作时间也要受限制	小加力状态
中间状态	这种状态在加力燃烧室不工作时,发动机发挥最大推力的状态。在该状态下,发动机转速、涡轮前燃气温度为最大值,热负荷和动力负荷接近允许的极限值,因此发动机连续工作的时间受到限制(如 5～30 min,这取决于发动机的用途和飞行高度)。当装机发动机在地面试车时,由于冷却条件较差,其连续工作的时间限制得更加严格。 中间状态主要用于起飞、飞机加速及空战机动飞行	最大状态
最大连续状态	这种状态通常定义为中间状态推力的 75%～90%。该状态下的发动机转速一般为最大转速值的 95%～100%。通常,在该状态下的连续工作时间在规定的寿命范围内是没有限制的。 最大连续状态经常在爬升高度时采用	额定状态
最大连续的 90%状态	该状态的发动机推力约为最大连续状态推力值的 90%。发动机的连续工作时间在规定的寿命范围内也不受限制。 该状态下的性能决定了飞机的航程和续航时间,所以要求提高发动机的经济性	巡航状态 或 0.9 额定状态
最大连续的 75%状态	该状态的发动机推力约为最大连续状态推力值的 75%。发动机的连续工作时间在规定的寿命范围内不受限制	0.7 额定状态
慢车状态	慢车状态包括地面慢车和空中慢车状态。 地面慢车状态首先要求推力较小,不超过中间状态推力值的 3%～7%,以保证飞机的着陆滑跑距离较短且容易操纵,减轻刹车装置的磨损。但是在慢车状态时,由于涡轮前燃气温度较高,再加上冷却条件较差,因此其连续工作时间一般会有限制,例如,要求在 10～20 min。另一个重要的要求是,发动机能迅速地从慢车状态加速至中间状态等大推力状态,所以发动机的转速通常为最大转速值的 40%～70%。 空中慢车状态是飞行中发动机推力最小的工作状态。其推力值主要考虑飞机的着陆性能和一定的机动性,包括加速时间,其推力大小取决于飞机的类型和特性	慢车状态

表 8－2 和表 8－3 是发动机在地面标准大气条件下工作时的工作状态及参数举例。

表 8－2　某涡扇发动机工作状态及参数举例 1(地面工作状态,标准大气条件)

发动机工作状态	监 控 参 数	性 能 参 数	允许工作时间
慢车	$\bar{n}_2=(70\pm2)\%$,$\bar{n}_1=(30\pm5)\%$; 涡轮后温度<460℃	推力不大于 245 daN; 耗油量不大于 430 kg/h	不规定

续 表

发动机工作状态	监 控 参 数	性 能 参 数	允许工作时间
最大连续状态 (巡航状态)	$\bar{n}_2$ = 85% ~ 90%; 涡轮后温度<590℃	推力 3430~4410 daN; 耗油率不大于 0.694 kg/(daN·h)	不规定
中间状态 (最大状态)	$\bar{n}_1$ = 99% ~ 100%; 涡轮后温度<740℃	推力 7517 daN; 耗油率不大于 0.775 kg/(daN·h)	不规定
最小加力状态 (小加力状态)	$\bar{n}_1$ = 99% ~ 100%; 涡轮后温度<750℃	推力 8281 daN; 耗油率不大于 0.95 kg/(daN·h)	连续工作 不大于 20 s
最大状态 (全加力状态)	$\bar{n}_1$ = 99% ~ 100%; 涡轮后温度<750℃	推力 12 250 daN; 耗油率不大于 1.96 kg/(daN·h)	连续工作 不大于 20 s

注: $\bar{n}_1$ 和 $\bar{n}_2$ 分别表示发动机的低压转子转速和高压转子转速(相对值)。

表 8-3 某涡喷发动机工作状态及参数举例 2(地面工作状态,标准大气条件)

发动机工作状态	监 控 参 数	性 能 参 数	允许工作时间
慢车	$\bar{n}_1$ = (33.5 ±1.5)%; 涡轮后温度<450℃; 喷口直径 670 mm	推力不大于 170 daN; 耗油量不大于 430 kg/h	10 min
最大连续的 80%状态 (0.8 额定状态)	$\bar{n}_1$ = (89 ±0.5)%; 涡轮后温度不规定; 喷口直径 520 mm	推力不小于 2690 daN; 耗油量不大于 0.994 kg/(daN·h)	不规定
最大连续状态 (额定状态)	$\bar{n}_1$ = (95 ±0.5)%; 涡轮后温度不规定; 喷口直径 520 mm	推力不小于 3390 daN; 耗油率不大于 0.964 kg/(daN·h)	不规定
中间状态 (最大状态)	$\bar{n}_1$ = (100.5 ±0.5)%; 涡轮后温度<800℃; 喷口直径 520 mm	推力不小于 4220 daN; 耗油率不大于 1.01 kg/(daN·h)	15 s(空中不限)
最小加力状态 (小加力状态)	$\bar{n}_1$ = (100.5 ±0.5)%; 涡轮后温度<800℃; 喷口直径 605 mm	推力不小于 5200 daN; 耗油率不大于 1.73 kg/(daN·h)	15 s(空中不限)
最大状态 (全加力状态)	$\bar{n}_1$ = (100.5 ±0.5)%; 涡轮后温度<810℃; 喷口直径 640 mm	推力不小于 6470 daN; 耗油率不大于 2.24 kg/(daN·h)	15 s(空中不限)

注: $\bar{n}_1$ 表示发动机的低压转子转速(相对值)。

8.2.1.2 发动机工作状态的使用限制

现代航空发动机要求既能保证发动机工作状态的稳定性和最优性,又能保证其结构强度。为了达到上述目的,必须对发动机的使用进行特定的限制。所有这些限制可分为两类,第一类是动力装置部件工作过程的气动稳定性条件的限制,第二类是强度限制。

第一类限制与压气机、燃烧室等发动机部件有关。其中,压气机的气动稳定性限制是保证压气机的稳定工作裕度满足最小容许值。在飞行中,为了减弱进气道出口流场畸变的影响,有必要限制飞行中迎角和侧滑角的变化范围。在地面工作改变转速时,当发动机结构在未能预热情况下接近最大状态工作，压气机机匣比转子热得快，各级压气机径向间隙增大，也会导致压气机稳定工作裕度下降，所以也需要规定发动机起动后达到最大状态的最小时间限制。对于燃烧室，燃烧室压力随着飞行高度增加及飞行速度减小而降低。在发动机节流（减小供油量）情况下，为保证燃烧室的稳定工作而采取多种限制。例如，可通过限制发动机工作状态来增加或降低飞行速度，或规定不允许增大加力或不允许发动机接通加力来考虑这些因素。对于加力燃烧室，当其中压力很高时，会出现燃烧振荡，应限制加力比。超声速飞行状态的一些附加限制与进气道的稳定工作有关，引起的限制可使发动机节流范围及节流速度受到限制，有的发动机限制在超声速飞行时禁止切断加力。

第二类限制与发动机结构强度有关。在发动机的所有使用条件下，应该保持必要的强度余量。其中，对于发动机的稳定工作状态，要限制对涡轮叶片强度余量最有影响的转速极限值、燃气温度极限值以及表征转子轴承受扭矩大小的进气压力极限值。为确保涡轮冷却系统和滑油系统的正常工作，可以规定进气温度最高值的限制。

8.2.2　发动机控制规律

航空发动机控制的作用是非常重要的，其主要任务是：① 在给定的工作状态下得到最佳的推力性能和燃油经济性能；② 保证发动机以最快的速度从一种工作状态过渡到另一种工作状态并安全稳定工作；③ 在稳态和过渡过程工作状态时防止发动机进入超温、超转、喘振、失速等各种异常状态，保证发动机始终处于安全稳定的工作状态。

发动机的控制是按照一定的控制规律由具体的控制装置和系统（如主燃油控制器、加力燃油控制器、可变几何部件的位置控制器等）来完成的，控制规律是实现良好控制的基础，也是发挥发动机性能、保证安全稳定工作的重要前提。

8.2.2.1　发动机控制规律的概念

发动机的控制规律，也叫发动机的控制计划，有时还叫作发动机的调节规律。它指的是根据发动机性能和安全稳定工作的要求，当发动机的工作条件和工作状态发生变化时，对发动机的被控参数所规定或计划的变化规律。

控制规律的制定是发动机总体性能设计的重要内容，其一般原则是：

（1）使发动机具有优良稳态性能，推力和耗油率满足飞机飞行任务和战技指标要求。

（2）使发动机具有优良的过渡态性能，能迅速响应油门杆的操纵指令。

（3）保证发动机工作安全，避免超温、超转、推力摆动、转速摆动、风扇和压气机喘振、加力燃烧室振荡燃烧等。

（4）综合考虑控制系统实现的可能性以及控制系统工作的可靠性。

8.2.2.2　发动机被控参数的选择

航空发动机被控参数的选择应使这些参数既能表征发动机工作状况的最优性、稳定性，又能表征其结构应力水平，从而为实现发动机控制的功能奠定基础。

通过发动机部件工作原理和整机工作原理可知，当外部条件不变时，发动机的推力和经济性主要取决于压气机增压比、工质的加热值和空气流量。对于带加力燃烧室的发动机，这些值可由下列三个参数加以完全描述：压气机增压比（π_{CL}、π_{CH}）、涡轮前燃气温度

(T_4^*)和加力燃烧室燃气温度(T_{7af}^*)。对于不加力的发动机,仅用前两个参数即可。这些参数也能判断发动机结构所受的机械负载和热负载。所以,应该以这些参数为基础来确定控制变量。

实际上,航空发动机的控制通常是通过间接表征这些参数的变量来实现的,其主要原因是工程上进行参数的精确测量比较困难。例如,涡轮前燃气温度 T_4^* 很难直接测量得到,根据涡轮工作原理可知,T_4^* 与低压涡轮后温度 T_5^* 成正比,因此可以用 T_5^* 来间接反映。压气机的增压比也是非常难以精准测量的,就可以通过发动机转速来间接反映,同时转速还非常直接地关联发动机机械负荷与热负荷状况,因此,小涵道比混排涡扇发动机大多选择高压转子转速来作为控制变量。对于大涵道比涡轮风扇发动机,大部分推力由外涵道产生,外涵道产生的推力主要取决于流过外涵道的空气流量,而风扇转速可以直接表征外涵道空气流量,以此控制风扇转速对推力的影响更有效。对于加力状态的涡喷和涡扇发动机,加力接通时要保持核心机工作点基本不变,因此一般选择涡轮落压比作为被控对象,通过保持涡轮落压比为常数来保证核心机工作点不变。

当发动机的飞行马赫数、飞行高度、大气温度等工作条件变化时,这些被控参数的最优值也随之变化。外部条件的影响主要以发动机进口气流的总温 T_1^* 和总压 p_1^* 来表征。当 T_1^* 不变时,p_1^* 的变化主要表现在空气流量和发动机流道各截面压力成比例的变化。而进气总温 T_1^* 的变化导致换算参数的值以及部件特性线上工作点的位置发生变化。所以,飞行状态变化的影响,在大部分状态下可通过按总温 T_1^* 来调节的控制计划加以考虑。此外,在很高的高空,还必须考虑进气压力和其他一些因素的变化。

对于几何可以调节的发动机,如可调导流叶片和静子叶片(角度)、放气活门开度、可调的喷管临界截面面积等,还可以将这些几何参数作为被控参数,共同参与对发动机工作状态的控制,实现较为复杂的控制计划。

总之,根据发动机控制系统的主要功能,可能的控制参数和控制变量包括:① 通过控制燃油流量来控制发动机转速;② 通过调节喷管喉道面积控制发动机的压力比,如涡轮出口截面和风扇进口截面气流总压之比;③ 拉瓦尔喷管的面积比 A_9/A_8 控制;④ 发动机加速过程和减速过程控制;⑤ 发动机起动过程控制;⑥ 风扇(低压压气机)导流叶片和高压压气机进口导叶及静子叶片安装角控制;⑦ 涡轮叶尖间隙主动控制;⑧ 压气机级间放气控制;⑨ 内、外涵变涵道面积控制;⑩ 冷却系统控制;⑪ 反推力控制;⑫ 矢量推力喷管控制;⑬ 涡轮叶片温度限制控制;⑭ 火焰探测和自动点火等控制;⑮ 失速/喘振保护控制;⑯ 发动机超温、超转、超压保护控制。

8.2.3 混排加力涡扇发动机常用控制规律

现代军用加力涡扇发动机的稳态性能控制规律包括四种:最大状态(全加力)控制规律、中间状态控制规律、加力节流状态控制规律、节流状态控制规律。被控参数可在 n_L、n_H、T_4^* 或 T_5^*、T_{7af}^*、p_3^*/p_5^*、p_{6B}^*/p_2^*(混合器出口压力和风扇进口压力之比,也称为发动机压力比 engine pressure ratio, EPR)等参数中进行选择。可调几何参数通常包括风扇进口导流叶片角度 α_F 或 α_1、高压压气机静子叶片角度 α_{CH} 或 α_2、尾喷管喉道面积和尾喷管出口面积等。

8.2.3.1　中间状态控制规律

中间状态也是不加力的最大推力状态，其控制规律的确定要保证发动机在各种飞行条件下能产生尽可能大的推力，并安全稳定地工作。

1. 单变量控制规律

对于几何不可调的发动机，由于只能有一个被控参数，可采用下列控制规律中的一种：① $n_L = n_{Lmax} = const$；② $n_H = n_{Hmax} = const$；③ $T_4^* = T_{4max}^* = const$；④ $n_{Lcor} = const$。

为实现上述控制规律，通常以主燃烧室燃油流量作为控制变量，通过调节燃油流量达到使被控参数按给定规律变化的目的。

当选定了上述控制规律之一后，如 $n_L = n_{Lmax} = const$，除 n_L 按给定值保持不变外，其余所有发动机参数将随飞行条件的变化而变化。这样，当飞行条件变化时，就可能会出现涡轮前温度增加，并超过涡轮叶片所能承受的最高温度，或者高压转子转速超过最高允许值，将威胁发动机的工作安全；如果涡轮前温度或高压转子转速降低，发动机的性能潜力未能得到充分发挥。

2. 双变量控制规律

对于喷管喉道面积可调的发动机，增加了一个控制变量，因此可以增加一个被控参数，实现双变量控制规律。例如，可能的控制规律为：① $n_L = n_{Lmax} = const$，$T_4^* = T_{4max}^* = const$；② $n_H = n_{Hmax} = const$，$\pi_T = const$。

在飞行条件变化时，通过调节主燃烧室燃油流量，保持低压转子转速或高压转子转速等于给定值；通过调节尾喷管喉道面积改变低压涡轮落压比，以保证涡轮前燃气温度或者涡轮落压比等于其给定值。双变量控制规律的优势在于，实现对与发动机推力和工作安全密切相关的两个参数的控制。

3. 组合式控制规律

不论是对于几何可调，还是几何不可调的发动机，为适应超声速飞机飞行范围宽的特点，都需要采用组合式控制规律，才能保证在整个飞行包线范围内发挥发动机的最佳性能，同时保证发动机安全稳定工作。

组合式控制规律，就是以发动机进口气流总温 T_1^* 为表征参数，将其划分成若干段，每一段采用一种控制规律，从而组合成为组合式控制规律。例如，图 8－4 为某型混排涡扇发动机的组合式控制规律。由图可见，随着 T_1^* 的增加，共划分成 4 段。

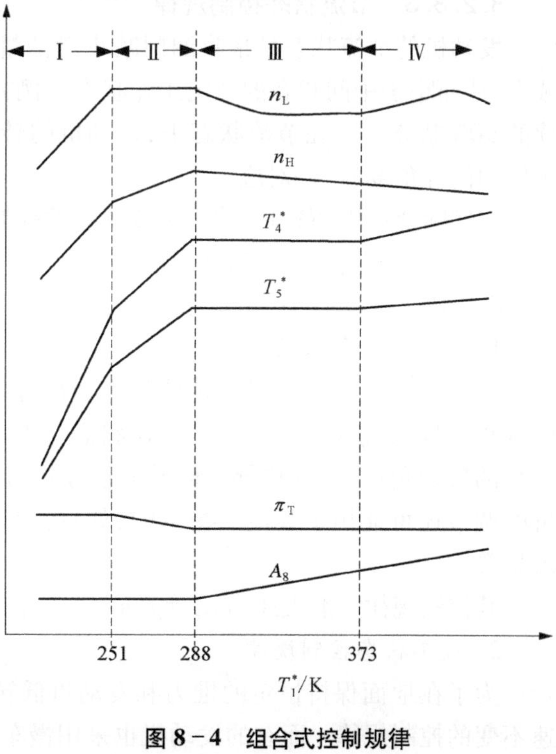

图 8－4　组合式控制规律

第Ⅰ段（$T_1^* \leqslant 251$ K）的控制规律为 $n_{Lcor} = const$ 和 $A_8 = const$。

第Ⅱ段（251 K < $T_1^* \leqslant 288$ K）的控制规律为 $n_L = n_{Lmax} = const$ 和 $A_8 = const$。

第Ⅲ段（288 K < $T_1^* \leqslant 373$ K）的控制规律为 $T_4^* = T_{4max}^* = const$（$T_5^* = T_{5max}^* = const$）和 $\pi_T = const$。

第Ⅳ段（$T_1^* > 373$ K）则是 T_5^* 逐渐增加和 $\pi_T = const$，喷管喉道面积也逐渐增加。

8.2.3.2 最大状态控制规律

最大状态是加力燃烧室工作时混排涡扇发动机产生最大推力的工作状态，也叫作全加力状态。全加力状态是在中间状态基础上进入的，所以其控制规律就在中间状态控制规律的基础上，增加加力燃烧室气流温度 T_{7af}^*（作为被控参数），通过将加力燃烧室的燃油流量作为控制变量，实现对其控制。

因为加力燃烧室温度 T_{7af}^* 不易测量，所以通过发动机的总余气系数 α_Σ 来间接进行控制。这是因为根据发动机整机能量平衡关系可知，二者的关系为 $T_{7af}^* \approx T_1^* + \dfrac{\bar{\xi}_b H_u}{\bar{c}_p L_0 \alpha_\Sigma}$，在飞行条件一定的情况下，保持总余气系数 α_Σ 为最小值，即可获得加力温度的最大值。

因此，发动机的控制规律为中间状态控制规律，即 $\alpha_\Sigma = \alpha_{\Sigma min} = const$。

实际应用表明，这种控制规律可以充分发挥发动机的性能潜力，保证在任何飞行条件下得到最大可能的全加力推力。其中，总余气系数最小值一般取 1.15 左右，太小则难以保持稳定燃烧。

8.2.3.3 节流状态控制规律

发动机的节流状态是指收油门减小燃油量，使得发动机的转速、空气流量、推力等都减小，从而小于中间状态的稳定工作状态。例如，表 8－1 中所列的最大连续状态、最大连续的 90%状态等。在节流状态下，发动机的转速、空气流量、推力等参数与油门位置（也叫作油门杆角度）一一对应。

在实际使用中，涡扇发动机节流状态的控制规律一般与中间状态的控制规律相同，只是具体的参数值要低于中间状态的。

8.2.3.4 其他的控制规律

1. 风扇和压气机的控制

风扇和压气机的控制主要是防止当换算转速减小时，风扇和压气机的稳定工作裕度减小而导致进入气动不稳定工作状态。所以，需要根据换算转速的变化对风扇导流叶片的安装角度、压气机导流叶片和静子叶片的安装角度进行调节。此外，风扇和压气机的调节还可能用于其他一些目的，如提高效率、降低叶片振动应力的水平、增加空气流量等。

其控制规律一般表述为 $\alpha_F = f(n_{Lcor})$，$\alpha_{CH} = f(n_{Hcor})$，或者 $\alpha_{CH} = f(n_{Lcor})$。

2. 慢车状态控制规律

为了在地面保持恒定的推力和发动机低转速的稳定工作，在慢车状态常采用换算转速不变的控制规律。而有的发动机也采用慢车状态供油量不变的控制规律。

3. 过渡态的控制规律

发动机的过渡态主要包括加速、减速和起动过程，其控制规律将在 8.4 节中结合发动机的过渡态特性加以研究。

8.3　涡喷和涡扇发动机稳态特性

航空发动机在稳定工作状态时，推力和耗油率随使用条件的变化称为稳态特性。使用条件包括发动机工作的外部条件（如飞行马赫数、飞行高度、大气温度和大气湿度等）以及油门位置。发动机最基本的稳态特性包括速度特性、高度特性和节流特性，它们分别反映飞行速度、飞行高度和油门位置对推力和耗油率的影响。发动机稳态特性是飞机设计的原始数据之一，对飞机的飞行性能具有决定性影响，也是评价发动机性能优劣的重要依据。由于涡喷发动机稳态特性与小涵道比涡扇发动机稳态特性相类似，因此本节将以涡扇发动机为重点，描述其稳态特性。

8.3.1　速度特性

在给定的飞行高度、发动机工作状态和控制规律条件下，发动机推力和耗油率随飞行马赫数 Ma_0（或飞行速度）的变化规律，叫作发动机的速度特性。因此，发动机每个工作状态都有对应的速度特性。

图 8－5 是某一小涵道比混排涡扇发动机中间状态的速度特性曲线（具体数据略）。发动机的控制规律是 $n_L = n_{Lmax} = \text{const}, T_4^* = T_{4max}^* = \text{const}$。可见，随飞行马赫数 Ma_0 的增加，发动机的推力呈现先增大后减小的变化趋势，如图 8－5(a)所示。而耗油率随着飞行马赫数的变化是单调增加的，如图 8－5(b)所示。

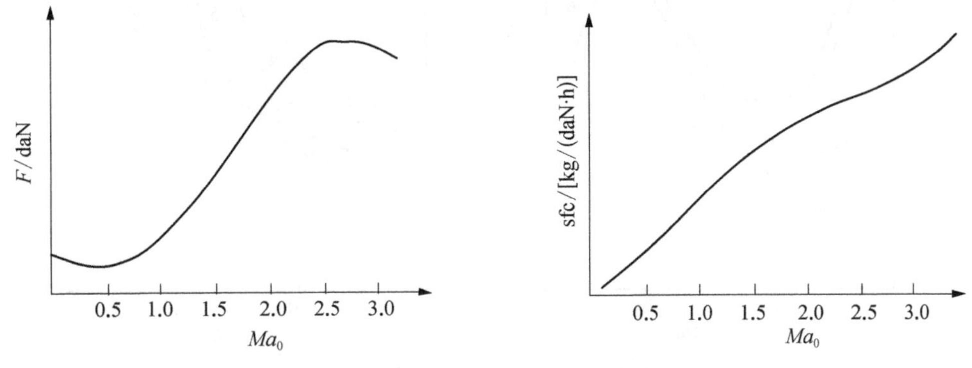

图 8－5　小涵道比涡扇发动机的速度特性

需要注意的是，尽管耗油率随飞行马赫数单调增加，但并不意味着随飞行马赫数增加将导致发动机的经济性变差。这是因为这种情况下飞行速度是变化的，只能用总效率 η_0 来评价发动机的经济性。由式(2－25)可知，耗油率 sfc 与总效率 η_0 之间有如下关系：$\text{sfc} = \dfrac{3600V}{\xi_b H_u \eta_0}$，而发动机的有效效率、推进效率和总效率的变化如图 8－6 所示，可见，当飞

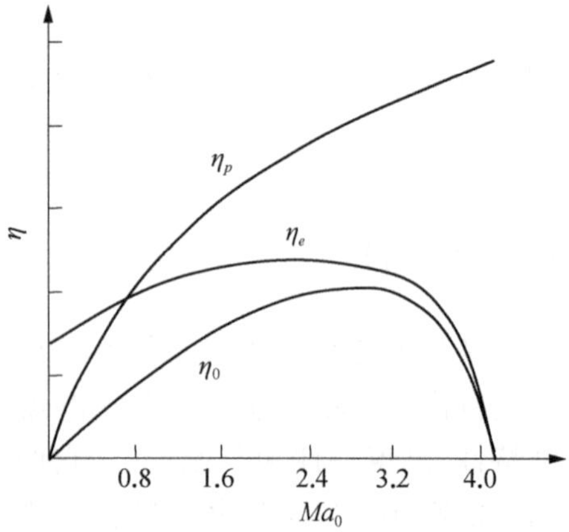

图 8-6 发动机效率随飞行马赫数的变化关系

行马赫数增加时，发动机的总效率是先增大后减小的。在低飞行马赫数时，总效率 η_0 随飞行马赫数增加，使耗油率 sfc 的增大趋势变缓；而在高飞行马赫数时，总效率下降，使得耗油率急剧增大。以总效率 η_0 作为评价发动机经济性的依据，在飞行马赫数为 2.5~3.5 的范围内，小涵道比涡扇发动机总效率高，因此具有良好的经济性。

涡喷发动机速度特性曲线的变化趋势与小涵道比涡扇发动机相类似，但大涵道比涡扇发动机推力随飞行马赫数的变化趋势与小涵道比涡扇发动机有较大差别。图 8-7 呈现了不同设计涵道比涡扇发动机的速度特性。为了便于进行比较，图上还绘出了涡喷发动机的速度特性，即对应于设计涵道比 $B=0$ 的情况。由该图可以看出，随着飞行马赫数的增加（主要在亚、跨声速范围内），大涵道比涡扇发动机推力单调下降。且随飞行马赫数的增加，涵道比设计值越大，其推力下降越快。另外，涵道比设计值越大，排气速度越低，推进效率越高，所以在亚声速范围内，大涵道比涡扇发动机的耗油率低于小涵道比涡扇发动机的耗油率。正是因为大涵道比涡扇发动机在亚声速飞行范围内具有优良的经济性，它成为现代商用客机和亚声速运输机的主要动力装置。而小涵道比涡扇发动机更适合作为先进超声速战斗机的动力装置。

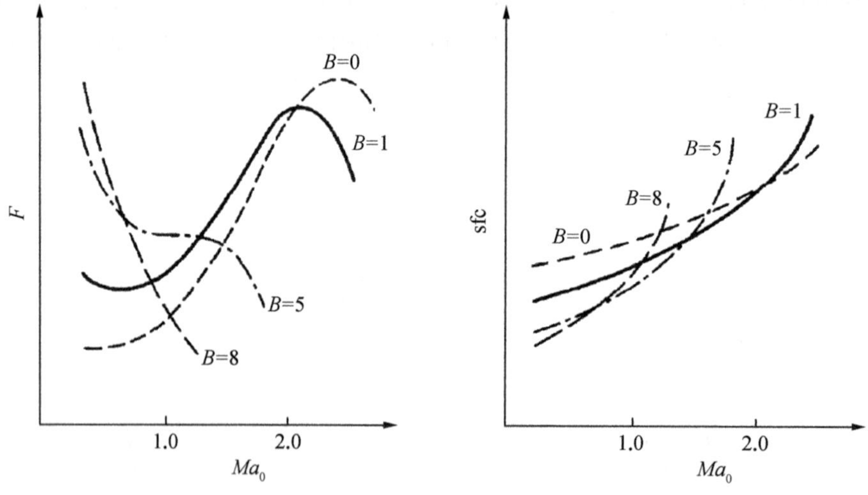

图 8-7 不同设计涵道比涡扇发动机的速度特性

8.3.2 高度特性

发动机的高度特性是指在给定的飞行速度或飞行马赫数、发动机工作状态和控制规律下，发动机推力和耗油率随飞行高度的变化规律。同样，发动机的每种工作状态都有其对应的高度特性。图 8-8 表示发动机在中间状态工作时的典型高度特性（具体数据略），

其控制规律为 $n_L = n_{Lmax} = \text{const}$、$T_4^* = T_{4max}^* = \text{const}$。可见，高度特性的特点是，随着飞行高度 H 增加，发动机的推力下降，耗油率也下降，但当高度 $H \geqslant 11$ km 时，如果不考虑雷诺数的影响，推力下降的程度加大，而耗油率保持不变。实际上，上述参数随飞行高度的变化规律适用于各种类型的涡轮喷气和涡轮风扇发动机。

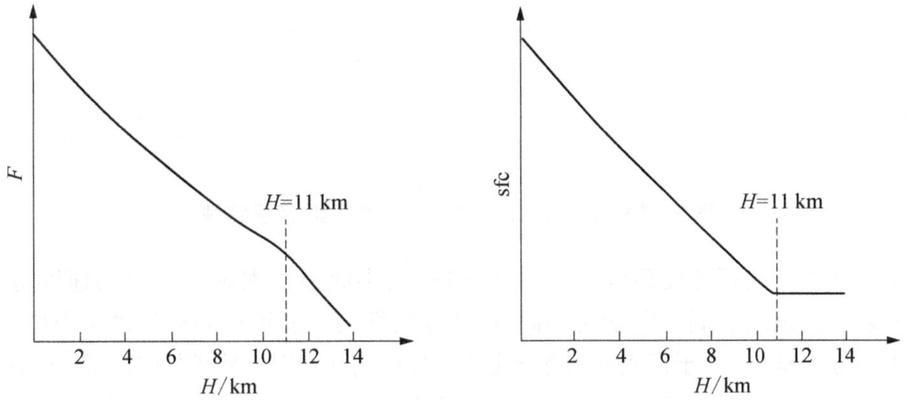

图 8-8　涡扇发动机的高度特性

发动机推力随着高度增加而减小的主要原因是，高度升高使得大气压力减小，从而引起发动机进气总压随之减小，因此发动机的空气流量也减小。虽然单位推力有所增大，但是空气流量起主导作用，最终使得发动机的推力减小。而发动机耗油率随着高度增加而减小，主要归因于单位推力的增大。当高度 $H \geqslant 11$ km 时，大气温度不再降低，而是保持不变，所以发动机的换算转速保持不变，工作点也保持不变，发动机的热力参数也不变。这使得单位推力不变化，所以耗油率也就保持不变。

8.3.3　高度-速度特性

为了对发动机速度特性和高度特性进行综合描述，常常将发动机的速度特性和高度特性绘制在一张图上，整理成为发动机的高度-速度特性，如图 8-9 和图 8-10 所示(具体数据略)。同样，发动机的不同工作状态都有相对应的高度-速度特性。对比可见，大涵

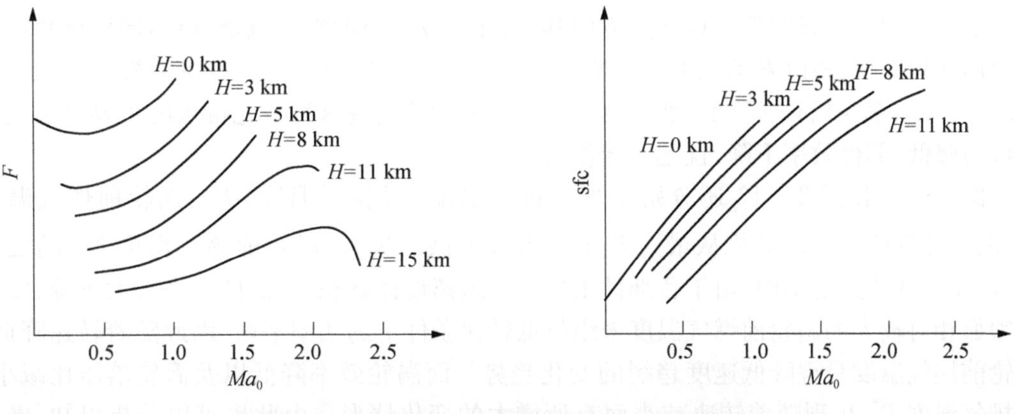

图 8-9　小涵道比涡扇发动机高度-速度特性

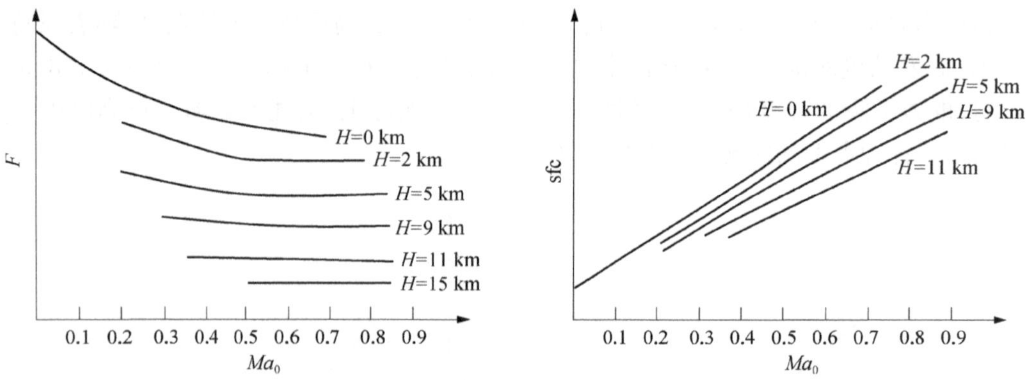

图 8－10　大涵道比涡扇发动机的高度-速度特性

道比涡扇发动机的飞行速度范围主要是亚声速，而小涵道比涡扇发动机的速度范围覆盖亚声速和超声速范围。涡喷发动机的高度-速度特性与小涵道比涡扇发动机类似。

对于型号发动机，关于发动机高度-速度特性的表示方法，国家军用标准《航空涡轮喷气和涡轮风扇发动机通用规范》(GJB 241A—2010)做出了一些规定，例如，高度的选取从海平面起，每隔 1~3 km 直到发动机的最大工作高度并包括 11 km。在上述选定的每一高度上，应列出下列状态下各参数随马赫数变化的情况：最大状态、最小加力状态、另外两个部分加力状态、中间状态、最大连续状态、最大连续的 90%、75%和 60%状态及慢车状态。这些参数主要包括：净推力、空气流量(对涡轮风扇发动机分别示出内、外涵和总的空气流量)、耗油率、发动机转速以及其他参数。

8.3.4　节流特性

节流特性是在给定的飞行条件和控制规律条件下，发动机推力和耗油率随油门位置的变化规律。对于不加力式发动机，以及不处于加力工作状态的发动机，其转速和油门位置往往有一一对应关系，因此，节流特性也常常简称为转速特性。

图 8－11 和图 8－12 给出了一台不加力式双转子涡扇发动机在地面工作条件下的节流特性，也可称为转速特性。可见，当不断缓慢收油门，减小供油量 W_f 时，涡轮前燃气温度 T_4^* 降低，涡轮功减小，使得高、低压转子转速(相对值 $\bar{n}_H$、$\bar{n}_L$)都随之降低，发动机共同工作点沿共同工作线向低换算转速方向移动，导致发动机的空气流量、风扇增压比和压气机增压比均降低，所以发动机推力减小。而耗油率的变化规律是随着发动机转速从最大值减小，耗油率先稍有所降低，然后迅速增加。耗油率出现这种变化特点的主要原因是单位推力降低、部件效率下降，且起主导作用。

图 8－11 和图 8－12 还分别呈现了排气温度(涡轮后温度)T_5^*、涡轮前燃气温度 T_4^* 的变化规律。当发动机从最大转速开始减少供油量时，涡轮前燃气温度 T_4^* 随之下降；但是在低转速范围内，由于各部件工作状态远离设计状态，各部件效率大大下降，要求必须靠相对较大的涡轮前燃气温度来维持低转速条件下的功率平衡，因此随着转速降低，涡轮前燃气温度呈现降低速度趋缓的变化趋势。而涡轮效率降低以及涡轮落压比减小，使排气温度 T_5^* 出现随着转速减小而有所增大的变化情形。由此也可以分析得知，慢车

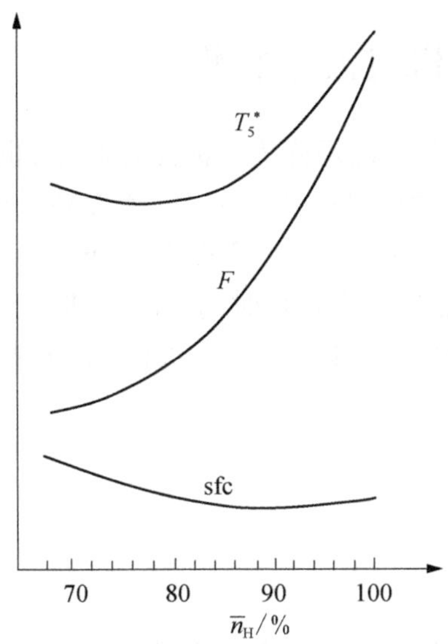

图 8－11　双转子涡扇发动机转速特性图(地面)

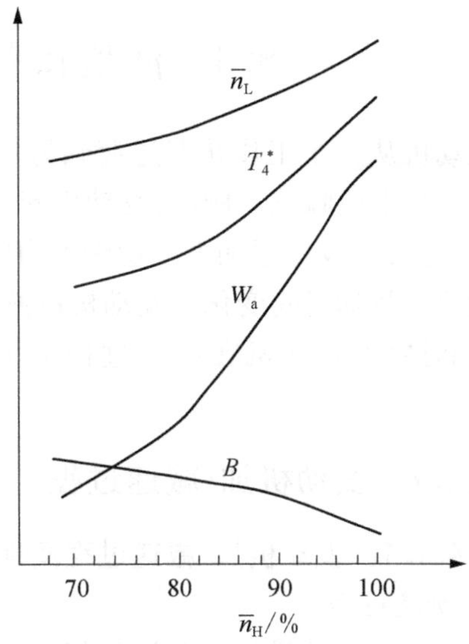

图 8－12　涵道比等参数随转子转速的变化

工作状态时发动机热端部件的工作温度较高,因此有必要对慢车工作状态的连续工作时间加以限制。

图 8－12 还表示了节流过程中发动机涵道比 B 的变化情形。可见,当节流时,内外涵道空气流量均随转速降低而减少,且内涵道的空气流量减少更加严重,导致随着转速降低,发动机涵道比增加。

图 8－13 表示的是涡扇发动机在地面工作条件下加力状态(图中的 1→2 状态)和不加力状态(图中的 3→6 状态)的节流特性(图中的推力和耗油率均为相对于中间状态的比值)。在加力状态下,增大油门,使加力燃烧室的供油量增加,提高加力燃烧室出口的燃气温度 T_{7af}^*,使加力推力和加力耗油率增大(图中的 2→1 状态),但应注意的是,加力节流过程中发动机的转速并不变化,一般都保持中间状态的转速。由加力的控制规律可知,在加力节流时,为保证发动机转速和涡轮前燃气温度不变,发动机喷管临界截面面积 A_8 要随着加力燃烧室温度 T_{7af}^* 的变化而变化。当 T_{7af}^* 增加时,A_8 要相应地放大,反之则收小。另外,从飞行控制考虑,希望中间状态推力与最小加力状态推力之差尽可能小(图中的 3→2 状态),但实现此要求的难点在于加力燃烧室的燃油流量过小时,在加力燃烧室,组织稳定燃烧将变得十分困难。

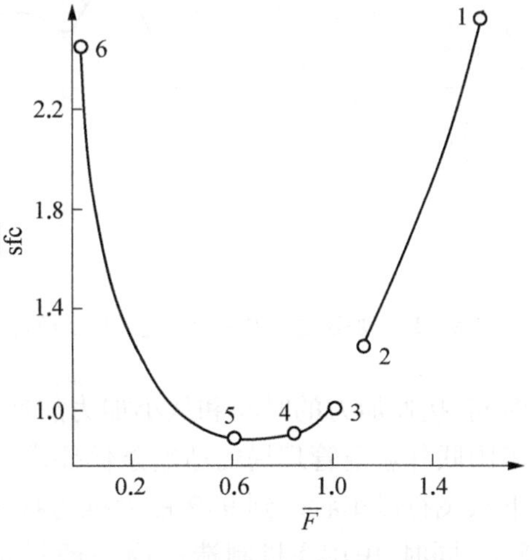

图 8－13　复燃加力发动机的节流特性(地面)

1－最大状态;2－最小加力状态;3－中间状态;4－最大连续状态;5－巡航状态;6－慢车状态

8.4 涡喷和涡扇发动机过渡态特性

发动机从一个工作状态过渡到另一个工作状态的过程称为过渡工作状态，也称为非稳定工作状态或瞬态。例如，发动机起动和停车的过程、推(收)油门杆使发动机加速(或减速)的过程以及接通加力或切断加力的过程等，其特点是发动机的转速、推力、涡轮前燃气温度等参数随时间变化。发动机过渡过程的性能指标主要是时间，如加速时间、起动时间等，同时要求发动机在过渡过程中工作安全稳定，不出现超温、超转、喘振或失速等现象。

8.4.1 发动机加/减速过程

8.4.1.1 发动机加/减速过程及性能要求

1. 加速过程

发动机加速性是指发动机从规定的低推力状态过渡到规定的高推力状态的能力，通常用加速时间来衡量发动机的加速性。加速时间越短，说明发动机改变推力大小的能力越强，飞机的机动性也越好。图 8－14 表示加速过程中发动机转速和涡轮前燃气温度随时间的变化情形。

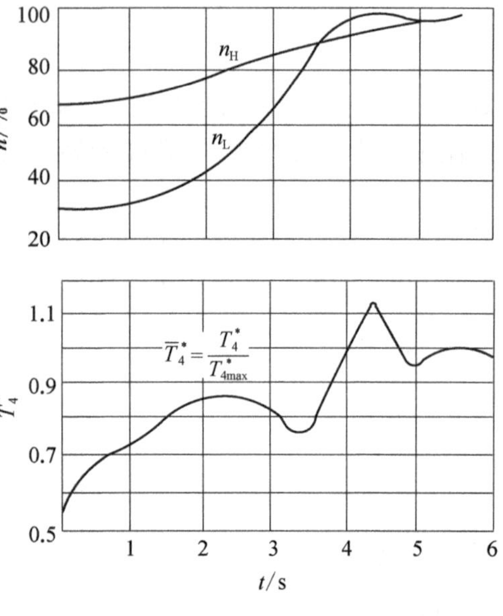

图 8－14 加速过程中的参数变化(地面)

在国家军用标准《航空涡轮喷气和涡轮风扇发动机通用规范》(GJB 241A—2010)中，把加速和减速过程统一叫作“推力瞬变”，要求：在任何状态、以任何顺序和速率移动油门杆时，应不存在超出瞬态极限的超转和超温，也不引起主燃烧室、加力燃烧室、风扇或压气机不稳定工作。对于加速时间，进一步描述为：油门杆以不大于 0.5 s 的时间移动时，到达推力变化 95% 所需的时间。表 8－4 列出了该标准对发动机加速时间的要求。对于加力涡喷或涡扇发动机，从慢车状态加速到最大状态(全加力状态)的加速时间，就要包括转子由慢车加速到中间状态的时间、接通加力的时间和从小加力加速到全加力状态的时间。对于现代民用涡扇发动机，美国联邦航空管理局的适航条例要求：在考虑最大允许的发动机功率提取和引气的前提下从飞行慢车状态到95%最大推力状态的加速时间，在地面约为 5 s，在 4500 m 高空约为 8 s。同时，民用飞机制造厂商一般规定，在整个起飞包线内，发动机从最小慢车加速到98%转速状态的加速时间一般小于 15 s；在极限起飞高度条件下，加速时间不大于 30 s。

需要说明的是，在发动机的实际使用中，特别是外场工作中无法直接测量推力，所以就难以到达推力的95%来判定加速过程的终了状态。因此，一般采用监控发动机转速的变化程度来评判发动机的加速时间。例如，某型涡扇发动机在地面时的加速时间就规定如下：从移动油门杆开始至低压转子转速 n_1 达到低于最大状态（即中间状态）n_1 的 2%的时间，要求为 3~5 s，而且对在飞机座舱内移动油门杆的时间要求为 1~2 s。

表 8-4　GJB 241A—2010 对发动机加速时间和减速时间的要求（部分）

	飞行高度	飞行速度	加速过程描述	时　间
加速过程	海平面至海拔 3 km	飞行表速不大于 280 km/h	从慢车推力到中间推力的时间	不大于 5 s
	海平面至海拔 3 km	飞行表速大于 280 km/h	从慢车推力到中间推力的时间	不大于 4 s
	海平面至海拔 3 km	飞行表速不大于 280 km/h	从 30%慢车推力到中间推力的时间	不大于 4 s
	海平面至海拔 3 km	—	从慢车推力到最大推力的时间	不大于 7 s
	从海拔 3 km 到最大工作高度	—	从慢车推力到中间推力的时间	不大于 12 s
	在所有工作状态下		从中间推力到最大推力的时间	不大于 2 s
减速过程	海平面至海拔 3 km	飞行表速不大于 280 km/h	从中间推力到慢车推力的时间	不大于 5 s
	在所有工作状态下		从最大推力到中间推力的时间	不大于 2 s

注：在整个飞行包线内，遇到非标准大气条件、飞机引气和功率提取、发动机防冰引气、进口畸变或结冰的环境条件等单一的或综合情况时，推力瞬变的变化时间不超过规定时间的 125%。

2. 减速过程

发动机减速性是指发动机从规定的高推力状态过渡到规定的低推力状态的能力，通常用减速时间来衡量发动机减速性的好坏。减速时间越短，发动机改变推力大小的能力越强，飞机的机动性越好。

关于国家军用标准对减速性的规定，可参考加速性中的叙述及表 8-4。对于加力涡喷或涡扇发动机，从最大状态（全加力状态）减速到慢车状态的减速时间，包括从全加力到小加力状态的时间、切断加力的时间和转子减速所需的时间。对于现代典型民用涡扇发动机，为了在飞机出现起飞中断事故后仍能保证在安全的距离内制动停稳，美国联邦航空管理局的适航条例同样对减速时间做出如下规定：当发动机从起飞推力状态减速到最小慢车状态时，推力减少 75%所需的减速时间在 4500 m 高空不超过 7.0 s；在地面上则不超过 4.5 s。

8.4.1.2　发动机加、减速过程的部件匹配工作条件

1. 核心机的匹配工作条件

在发动机的加、减速过程中，根据作用于核心机转子上的力矩关系，可得到高压转子的运动方程为

$$J_{ZH}\frac{d\omega_H}{dt} = M_{TH} - M_{CH} - M_{mH} \tag{8-16}$$

式中，M_{TH} 和 M_{CH} 分别为高压涡轮和高压压气机的扭矩；M_{mH} 为高压转子带动附件和克服摩擦所需的力矩；J_{ZH} 为高压转子转动惯量；$d\omega_H/dt$ 为高压转子的角加速度。

引入高压转子机械效率 $\eta_{mH} = 1 - M_{mH}/M_{TH}$，则式(8-16)可写成

$$J_{ZH}\frac{d\omega_H}{dt} = M_{TH}\eta_{mH} - M_{CH} \tag{8-17}$$

由于功率 $P = M\omega$，转速以 r/min 为单位时的角速度 $\omega = n\pi/30$，则用功率和转速表示的转子运动方程为

$$\left(\frac{\pi}{30}\right)^2 J_{ZH}n_H\frac{dn_H}{dt} = P_{TH}\eta_{mH} - P_{CH} = \Delta P_{TH} \tag{8-18}$$

式中，ΔP_{TH} 为高压涡轮剩余功率。显然，当涡轮剩余功率 $\Delta P_{TH} > 0$ 时，$dn_H/dt > 0$，发动机就处于加速状态。反之，则处于减速状态。若 $\Delta P_{TH} = 0$，发动机转速不变，就处于平衡状态，也就是通常所说的稳态。

由式(8-18)可得出从慢车转速 n_{Hi} 加速到最大转速 n_{Hmax} 的加速时间为

$$t_{Hacc} = \left(\frac{\pi}{30}\right)^2 J_{ZH}\int_{n_{Hi}}^{n_{Hmax}}\frac{n_H dn_H}{\Delta P_{TH}} \tag{8-19}$$

所以，只要能确定涡轮剩余功率与转速之间的关系，即可计算出转子的加速时间。反过来，也可以计算减速的时间。

除了上述的功率匹配关系，一般可不考虑加减速过程中各部件之间的流量积蓄，所以核心机各部件的流量和气动热力参数的匹配关系均与 8.1.1 节中所分析的相同。

2. 低压压气机与低压涡轮的匹配工作条件

对于低压转子，采用与核心机高压转子的相同分析方法，可直接列出低压转子的运动方程为

$$\left(\frac{\pi}{30}\right)^2 J_{ZL}n_L\frac{dn_L}{dt} = P_{TL}\eta_{mL} - P_{CL} = \Delta P_{TL} \tag{8-20}$$

式中，ΔP_{TL} 称为低压涡轮剩余功率。同理，当涡轮剩余功率 $\Delta P_{TL} > 0$ 时，$dn_L/dt > 0$，发动机处于加速状态。反之，则处于减速状态。若 $\Delta P_{TL} = 0$，发动机转速不随时间变化，即处于稳态。

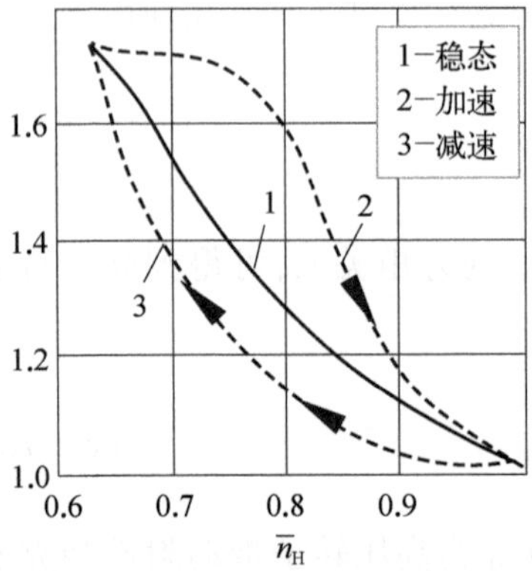

图 8-15　发动机转差率的对比

8.4.1.3　发动机加、减速过程的工作特点

1. 发动机转差率的变化

发动机转差率是指高压转子转速与低压转子转速之比，即 $\bar{S} = n_H/n_L$。

图 8-15 给出了发动机稳态转差率与加、减速过程转差率的对比情形。可见，发动机稳态的转差率是随着发动机节流程度的加深而逐渐增大的(曲线 1)。而加速过程的转差率(曲线 2)要比稳态的转差率(曲线 1)大，减速过程的转差率(曲线 3)要比稳态的转差率小。这主要是因为：第一，高压转子的转动惯量一

般要小于低压转子。第二，当燃烧室供油量变化时，高压涡轮剩余功率的变化要比低压的快，所以高压转子的转速在加、减速过程中的变化更快，导致发动机的转差率要大于或小于稳态的转差率。

2. 发动机共同工作线的变化

在加、减速过程中，为了产生所需的剩余功率，燃烧室供油量要大于或小于稳态供油量，结果会导致涡轮前燃气温度高于或低于稳态的值，这就会使得发动机的工作点偏离稳态的，再加上转差率的变化，会进一步对高、低压转子的共同工作造成影响。

图 8－16 和图 8－17 分别是加、减速过程中双转子涡扇和涡喷发动机高、低压转子共同工作线的走向。由图看出，加速过程中，高压转子共同工作线位于稳态共同工作线的左上方，其主要原因是加速过程中增大供油量，使得涡轮前燃气温度 T_4^* 升高，从而压气机出现节流。而低压转子共同工作线大部分位于稳态共同工作线的右下方，这主要归因于加速过程与稳态相比，具有更大的转差率，高压转速增加快，因而对低压压气机的抽吸作用增强，使其工作点向右移动。

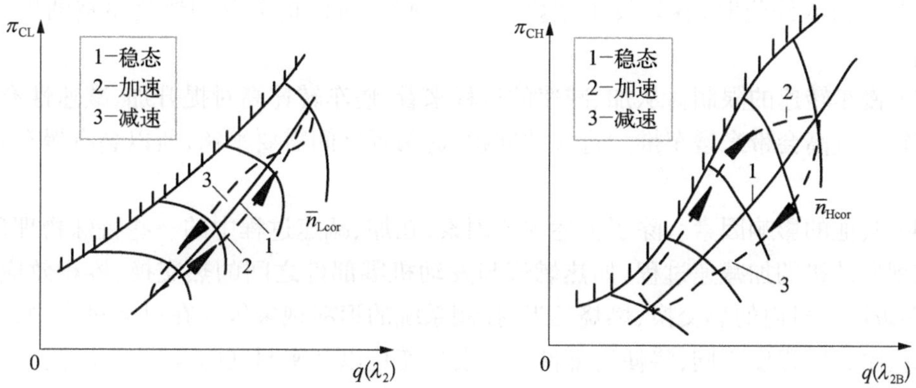

图 8－16　涡扇发动机加、减速过程的共同工作线

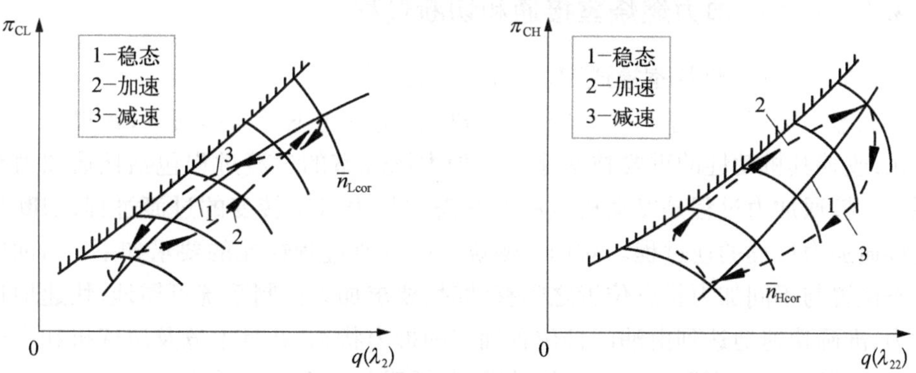

图 8－17　涡喷发动机加、减速过程的共同工作线

对于双转子涡扇发动机，转差率增加的影响与上述相同，但还要考虑涵道比的影响。在加速过程中，其涵道比是减小的，会减弱转差率的影响，所以与双转子涡喷发动机相比，其低压转子加速过程共同工作线向右下方偏离稳态的量小。设计涵道比越大，偏离量就越小。

减速过程的共同工作线则与加速时相反,其影响因素与加速过程相同,但是影响的性质和方向是相反的。

3. 加、减速过程中的限制因素

(1) 压气机稳定工作裕度的限制。通过对共同工作线的比较可知,与稳态工作相比,高压压气机在加速过程中的稳定工作裕度是减小的,而低压压气机的稳定工作裕度则在减速过程中减小。因此,为了避免发动机在加、减速过程中,共同工作线进入风扇或压气机的喘振或失速边界,发动机在稳态工作时要预留一定的喘振裕度,从而对加、减速的供油量的变化速度有一定的限制。

(2) 燃烧室稳定工作的限制。在加速过程中,涡轮前燃气温度要高于稳态的,所以,在大转速下,T_4^* 的升高程度受到 $T_{4\max}^*$ 的限制。此外,供油量增加过多,还可能引起燃烧室富油熄火。而在减速过程中,在相同的换算转速条件下,与稳态相比,发动机在减速过程的供油量减少 20%~50%,供油量减小得过快、过多,容易引起贫油熄火,特别在高空小马赫数快收油门时,容易发生燃烧不稳定现象,所以也会受到燃烧室贫油熄火极限的限制。

(3) 慢车转速的限制。从加、减速的过程来看,慢车转速高对提升加、减速性有利,但是慢车转速过高会带来慢车推力过大的问题,这两者之间需要平衡,所以会有慢车转速的限制。

(4) 其他的影响因素。除了上述主要因素,在加、减速过程中的一些特殊物理现象也将影响到发动机的加减速过程,如热燃气与发动机零部件之间的热交换、容积效应、间隙变化、多级压气机内的热交换、燃烧延迟、控制系统的迟滞现象等。在过渡过程中,发动机转子和机匣膨胀程度不同,将使得部件间隙发生变化以及密封间隙发生变化,这些变化将影响发动机部件性能和稳定工作裕度。

8.4.2 发动机加力燃烧室接通和切断过程

8.4.2.1 对加力燃烧室接通和切断过程的要求

加力状态主要用于快速起飞和爬升、大机动、超声速飞行与作战等,是提高军用飞行器推重比,改善其机动性的重要技术途径。加力燃烧室的过渡过程包括接通加力和切断加力,其中,接通加力过程是发动机从中间状态向加力状态转变的过渡过程,切断加力过程则是接通加力过程的逆过程。对加力燃烧室的过渡过程性能的要求如下:当油门杆在中间状态位置与不同加力状态位置之间移动时,要求加力控制系统可靠地、快速地接通或断开加力,准确快速地达到由油门杆位置确定的推力状态,并且不危及压气机和主燃烧室的稳定工作,即避免出现风扇或压气机的喘振,严重的超温和超转现象。

8.4.2.2 影响发动机加力燃烧室接通、切断过程的因素

1. 加力燃烧室与喷管的匹配关系

当发动机接通加力时,加力燃烧室点火燃烧,加力燃烧室出口温度升高,且加力状态喷管喉道一般都处于临界状态,此时加力燃烧室与下游的喷管之间的流量匹配关系为

$$W_{\text{gaf}} = K'_{\text{m}} \frac{\sigma'_{\text{nz}} p^*_{7\text{af}}}{\sqrt{T^*_{7\text{af}}}} A_{8\text{af}} \tag{8-21}$$

式中，σ'_{nz}是拉瓦尔喷管收敛段的总压恢复系数；$A_{8\text{af}}$ 为加力状态下喷管喉道的面积。

根据对接通加力的要求，不对压气机和主燃烧室工作产生影响，这就必须保证接通加力前后的涡轮落压比不变，所以接通加力前后的燃气流量也须保持不变，且 $p^*_{7\text{af}} = p^*_7$。因此有 $W_{\text{g}} = K'_{\text{m}} \frac{\sigma'_{\text{nz}} p^*_7}{\sqrt{T^*_7}} A_8 = W_{\text{gaf}} = K'_{\text{m}} \frac{\sigma'_{\text{nz}} p^*_{7\text{af}}}{\sqrt{T^*_{7\text{af}}}} A_{8\text{af}}$。代入 $p^*_{7\text{af}} = p^*_7$，且认为 σ'_{nz} 不变，可得

$$A_{8\text{af}} = A_8 \sqrt{\frac{T^*_{7\text{af}}}{T^*_7}} \tag{8-22}$$

该式说明，接通加力时，喷管喉道面积必须要比中间状态放大 $\sqrt{T^*_{7\text{af}}/T^*_7}$ 倍，这也是加力放大喷口面积的缘由。$T^*_{7\text{af}}/T^*_7$ 叫作加力温度比，简称为加力比。

2. 主要影响因素

影响发动机加力燃烧室接通、切断过程以及发动机工作的因素包括：

（1）加力点火之前喷口喉道面积的变化。它需要有一个合理的预开值。预开值过小，会使风扇的喘振裕度减少；喷口面积预开值过大，导致加力燃烧室压力和温度下降的扰动量大，点火可靠性变差，转子转速的变化率过大。

（2）加力过程喷口喉道面积的变化。在所有高度和马赫数条件下，加力状态时需要以喷口喉道面积为控制量，闭环调节涡轮落压比为常数，以保证压气机、主燃烧室等工作状态不受加力的影响。

（3）加力燃烧室的供油方式。在加力接通过程中，按顺序分区供油，可以避免燃烧时压力突升和温度突升，以保证加力推力增量最小，还可以在整个加力范围内平稳地调整加力推力。加力断开过程与接通加力的过渡过程相反，按逆序逐区地断开，最后到中心的火焰熄灭并切断加力。如此操作可避免区与区之间的压力突降和保证推力平稳的变化。

（4）接通加力过程中参数摆动。发动机接通和切断加力过程是很复杂的，在接通加力时，喷口喉道面积是逐渐放大的，而加力燃烧室点燃是在瞬间完成的，极易造成发动机参数（如高低压转子转速、排气温度、推力等）摆动。所以其关键问题是加力燃油流量、点燃时机和喷口喉道面积三者的良好匹配。

（5）加力燃烧室扰动前传。对于加力式混排涡扇发动机，由于风扇通过外涵道和加力燃烧室相通，加力点燃或熄火造成的压力脉动会迅速向前传到风扇，使风扇工作点改变，因此要求加力供油、点燃、喷口面积的匹配更加协调。进一步，接通加力和切断加力过程会通过风扇工作点的变化，又向前影响到超声速进气道的工作状态。所以，为了减少这些影响，需要采取措施减轻风扇出口和涡轮后反压的突变与脉动。

8.4.3　发动机起动过程

发动机的起动过程也是一个非常重要的过渡过程，有关发动机起动过程的部件匹配

关系、过程特点和控制等问题，将在 9.4 节中结合工作系统做专门介绍。

习　题

1. 核心机共同工作线该如何绘制？

2. 影响核心机共同工作线的因素有哪些？试分析其影响规律。

3. 对于双转子涡喷发动机，低压转子共同工作线该如何绘制？

4. 双转子涡喷发动机、分开排气涡扇发动机和混合排气涡扇发动机，其共同工作线的走向有什么区别？

5. 接通加力过程中喷管面积应该有怎样的变化规律？原因是什么？

6. 为什么要对发动机进行控制？

7. 对于双转子涡喷发动机，随着飞行马赫数的增大，为了保持低压转子转速不变，高压转子转速和涡轮前燃气温度如何变化？

8. 什么是航空发动机的稳态特性？

9. 什么是航空发动机的过渡态特性？

第 9 章 发动机总体结构和主要工作系统

本章在发动机总体结构部分主要介绍转子结构、转子支承方案、支承结构、承力系统与传力路线、连接结构与附件传动装置等，以及相关的辅助系统和各部件之间的协调关系。发动机的主要工作系统部分介绍滑油系统、燃油系统、起动系统、控制系统（含燃油控制、几何通道控制、防喘/消喘控制、冷却控制等）、发动机监控系统等，这是发动机安全、正常、可靠、高性能地工作的重要保障。最后简单介绍发动机维护保障工作的相关知识，以利于读者更好地结合装备使用和维护工作来深入理解发动机的工作系统。

9.1 发动机总体结构

发动机的主要部件，如转子、静子（非转动件），在发动机工作时都会承受各种载荷，因此，在这些零部件之间必然存在力的传递。根据载荷的性质，作用在发动机零部件上的载荷可分为三类，分别是气体载荷、质量载荷和温度载荷。

（1）气体载荷。气体在发动机内流动时，由于速度、压力、方向不同而作用在与其接触的零部件上的力和力矩。

（2）质量载荷。零件的重力，转子旋转、振动或飞机做机动飞行时，作用在发动机零部件上的惯性力和惯性力矩。

（3）温度载荷。发动机工作时，各零件因受热不均匀，或相邻零件材料线膨胀系数不同，热膨胀后受约束等产生的载荷。

这些载荷中，有一些力可以在零部件之间相互抵消，而不传出去，如转子旋转的离心力、轮盘的热应力、气体的径向力等；有些力虽然传给相邻零部件，但在发动机内部抵消而不传给飞机，如部分轴向力及扭矩；有些力则通过相邻零件传递，最终传至飞机上，如大部分的气体轴向力、重力及惯性力。以气体轴向力为例，实际中，发动机各个组件上气体轴向力的代数和，就是发动机的推力。对于发动机不同部件或者零件，其轴向力不仅大小不同，而且方向也可能会相反。为了使这些力分布合理，需要合理地布置发动机的支点数目和位置，安排能够承受轴向力的轴承，同时要设计压气机转子和涡轮转子之间适当的连接方式等，通过采取结构措施，从而得到较好的发动机总体结构方案，使发动机有较好的工作性能。

发动机总体结构的内容包括支承方案、支承结构、压气机与涡轮转子间的连接和静子承力系统。这里主要介绍一些典型的支承方案和静子承力系统。

9.1.1 转子承力方案

在燃气涡轮发动机中，涡轮转子通过联轴器带动压气机转子，构成发动机转子。一台发动机有单转子或双转子，甚至三转子。转子上所受的各种负荷，如气动力、重力、惯性力及惯性力矩等，均由转子的支承结构承受，并传至发动机机匣上，最后由机匣通过安装节传至飞机构件。要确定在发动机的每个转子上采用几个支承的支点，如何安排支点的位置，由哪个支点承受轴向力，因此需要考虑多方面的问题。需针对机种的具体情况，找到合理的方案，以满足工作可靠、装拆方便和质量轻等要求。

9.1.1.1 支承结构

发动机支承结构包括轴承，对轴承进行冷却与润滑的滑油供入及回油结构，防止滑油漏入气流通道，以及防止高温气体侵入轴承腔的封严装置等。

1. 轴承

选择轴承考虑的主要因素包括尺寸、精度、游隙、转子支承方式及寿命等。在航空发动机的工作环境中，其主要特点是转速高，而负荷相对较轻，因此都选用轻系列、高精度、滚动体平衡性能好的单列向心推力滚珠轴承和向心滚棒（滚子）轴承，如图 9－1 所示。这些轴承都由内环、外环、滚动体和隔离器（又叫作保持架）组成。滚棒轴承的滚动体为滚棒，而滚珠轴承的滚动体为滚珠。一般来说，轴承的内环装在转子轴上，随轴一起转动；外环以一定间隙装在轴承衬套内；为了减振，外环与衬套之间还装有弹性减振元件。转子转动时，滚棒或滚珠在内环带动下，一方面绕转子轴旋转，一方面又自转。隔离器用来使滚棒或滚珠均匀地分布在内、外环之间，以防止滚棒或滚珠相互挤压和摩擦。为避免轴线偏斜时滚棒轴承的滚棒两端负荷过大引起过度磨损，目前大多数发动机主轴承都采用两端直径稍小的腰鼓形滚棒。

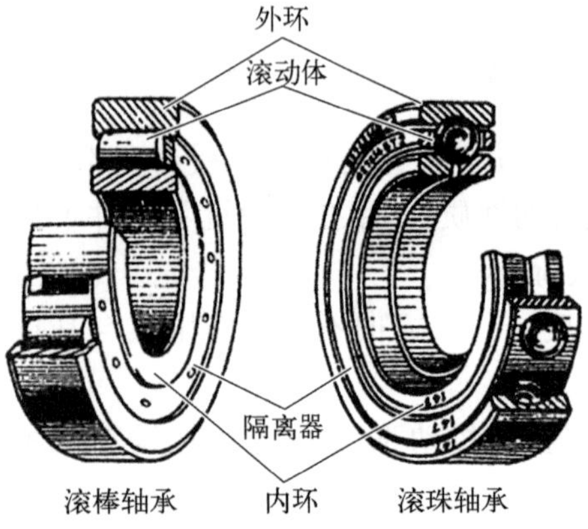

图 9－1 滚珠与滚棒轴承

DN 值是衡量轴承尺寸和工作转速关系的一个准则，其中，*D* 是轴承的内径（单位为 mm），*N* 是轴承的转速（单位为 r/min）。*DN* 值越大，轴承的线速度越高，保持架（或隔离器）的机械强度和引导面的磨损将是主要矛盾，滚珠（子）的离心力越大，外环与滚珠（子）的接触应力也越大，影响轴承的寿命。随着材料、制造工艺水平和润滑冷却技术的发展，航空发动机轴承的 *DN* 值已从 0.8×10^6 提高到 $2.2\times10^6 \sim 2.5\times10^6$。

DN 值的升高还会引起轴承工作温度增高，再加上高的增压比、高的涡轮前燃气温度以及大飞行马赫数等因素，使得轴承的环境温度较高，造成轴承材料的硬度下降，摩擦系数增大，摩擦热增加，导致承载能力下降。所以，热端部件中的轴承要采用耐高温的材料以及耐高温的润滑油。承载轴向高载荷的推力轴承应布置在低温处；当工作环境温度高于 150℃时，轴承座要采用隔热措施，并加强密封，防止高温燃气侵入轴承腔；改进润滑油的供油方式，如环下供油（将在 9.3.1.1 节中讲述），提高润滑和冷却效率。

2. 封严结构

封严结构用于防止滑油从发动机轴承腔漏出，控制冷却空气流，防止主气流的燃气进入涡轮盘空腔。在涡喷、涡扇发动机上可采用多种封严方式，选择何种方式取决于周围的温度和压力、可磨蚀性、发热量、质量、可用空间，以及是否易于制造、安装和拆卸。

篦齿封严结构是最常见的封严方式，广泛用于封挡轴承腔的滑油，以及作为控制内部气流的限流装置。如图 9－2(a) 和图 9－2(b) 所示，它包括一个带篦齿的旋转件和一个静止的安装座，安装座嵌衬一层软的可磨材料衬带，或者装上一个耐高温的蜂窝结构。每个封严篦齿的前后存在一定的压力差，阻止封严空气从篦齿的一侧流到另一侧。当这种封严方式用于轴承腔封严时，它只允许空气从轴承腔的外侧流入内侧，从而防止滑油泄漏。

其他封严结构还有环形（浮动环）封严、石墨封严等，分别如图 9－2(c)、图 9－2(d) 所示。

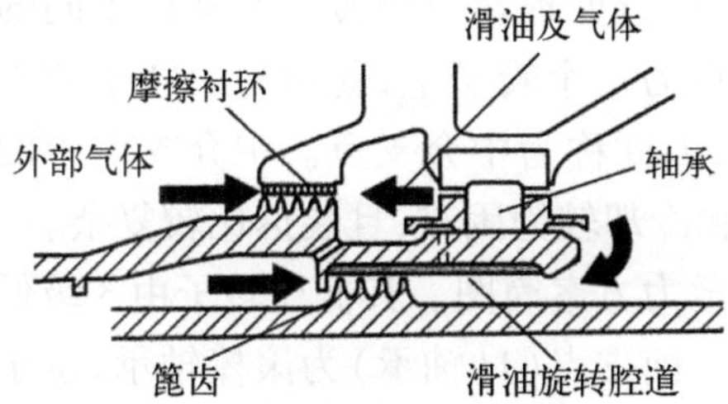

(a) 篦齿封严

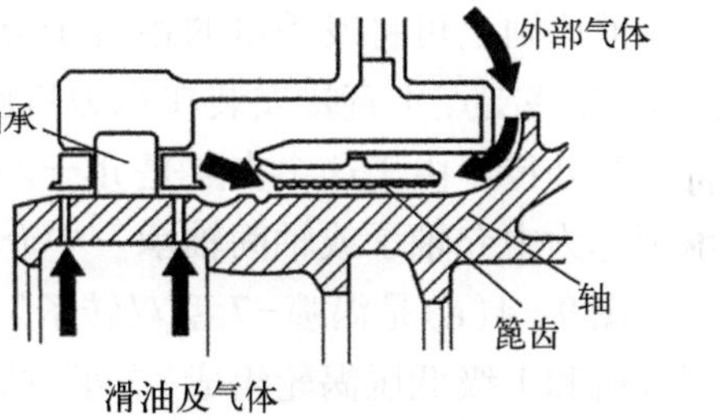

(b) 螺纹式篦齿封严

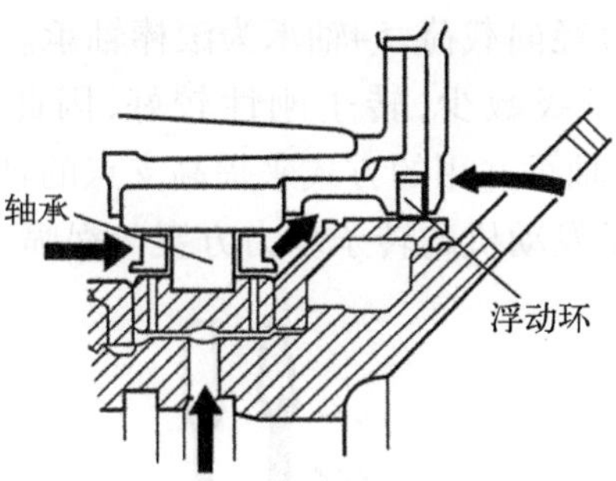

(c) 浮动环封严

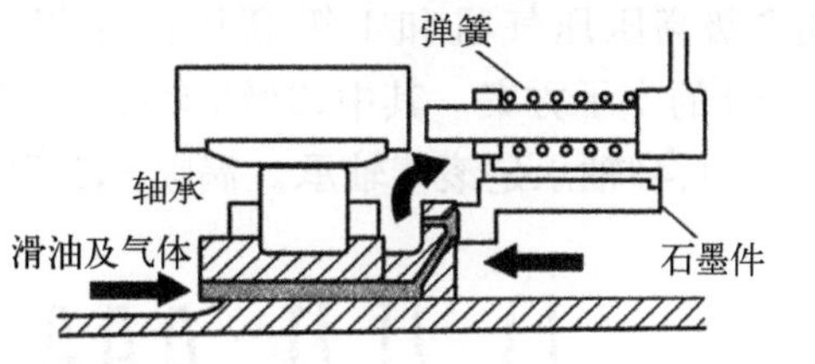

(d) 石墨封严

图 9－2　几种典型的封严结构

9.1.1.2　单转子发动机的支承方案

单转子发动机的支承方案有多种，但在大多数发动机中采用了支点支承，图 9－3 为涡喷-6 型发动机的支承方案，是 1－2－0 方案，即压气机前有一个支点，压气机与涡轮之间有两个支点，涡轮之后没有支点。此时，联轴器不仅传递扭矩和轴向力，而且也作为涡轮转子的前支点。当涡轮支点与前两支点的轴线有偏差时，涡轮轴还能通过联轴器正常地工作。这种方案，只有一个承受轴向负荷的支点，即中支点为止推轴承。压气机向前的轴向力大部分被涡轮向后的轴向力所平衡，所以支点承受的轴向负荷较小。把止推轴系安排在中支点，还有两点考虑，一是压气机后环境温度比较低，对轴承工作有利，二是转子相对于机匣的轴向膨胀分配在压气机与涡轮两端，使两端错移量较小。同时，发动机主安装节位于压气机机匣的后安装边外，中支点为止推轴承，使传力路线最短。此外，这一方案使每个转子均支承在两个支点上，相对刚性较好，所以得到广泛使用。

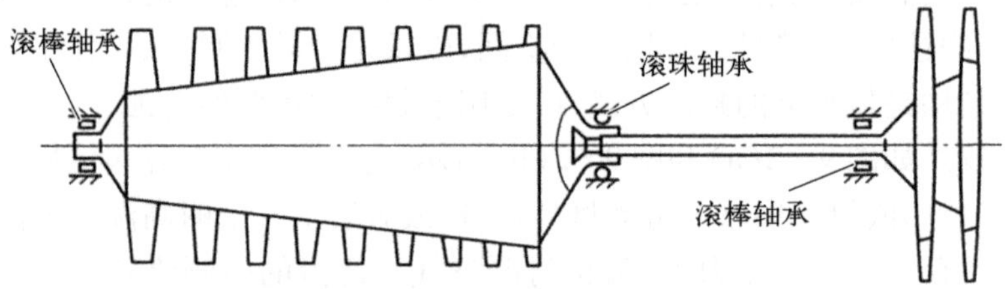

图 9-3　单转子发动机转子支承方案(1-2-0)

9.1.1.3　双转子发动机的支承方案

在双转子发动机中，支承的数目多，且低压转子轴要从高压转子中心穿过，结构较复杂。但原则上可将发动机的各转子分割开来，分别进行处理。与单转子发动机不同的一点是，有些支点不直接安装在承力机匣上，而是装在另一个转子上，通过另一转子的支点将负荷外传。由于这个支点是介于两个转子间的，因此称为中介支点。中介支点中的轴承则称为中介轴承或轴间轴承。中介轴承的润滑和冷却较为困难，且装拆比较复杂。

图 9-4(a)是涡喷-7 型双转子发动机的转子承力方案简图。其低压转子由 3 级低压压气机和 1 级低压涡轮组成，支承方案为 1-2-0。前支点(1#轴承)为滚棒轴承，位于第 1、2 级压气机轮盘间；后支点有两个(2#、5#轴承)，都采用了中介轴承的形式，其中 2#轴承为滚珠轴承，用于承受低压转子的轴向载荷和部分径向载荷，5#轴承为滚棒轴承。高压转子由 3 级高压压气机和 1 级高压涡轮组成，由于级数少，转子刚性较好，因此采用了 0-2-0 的支承方案。其中，3#轴承采用 2 个滚珠轴承并用的方式来提高支点的轴向载荷承载能力，4#轴承是滚棒轴承。涡喷-13 型双转子发动机的转子承力方案与涡喷-7 型发

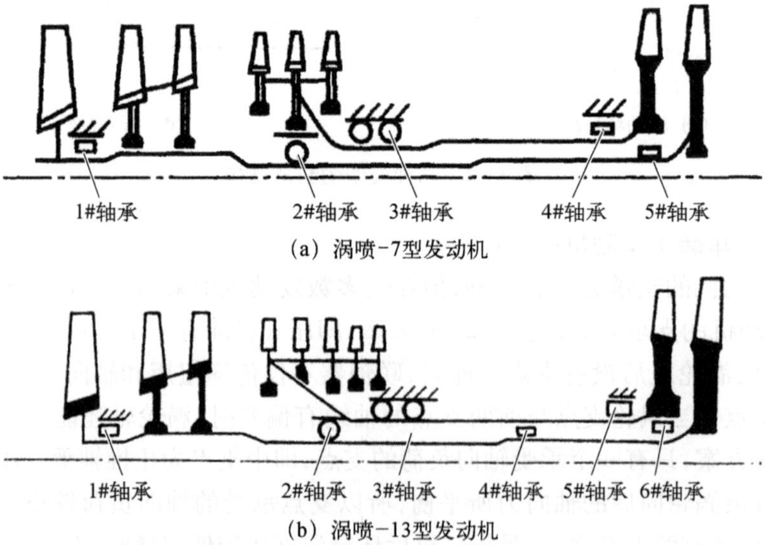

图 9-4　双转子涡喷发动机转子支承方案

动机类似，如图 9-4(b)所示，只是在低压轴中增加了一个轴间轴承。

某型涡扇发动机转子支承结构简图如图 9-5 所示。低压转子采用了 1-2-1 支承方案，而高压转子采用 1-0-1 支承方案，共有 6 个支点。

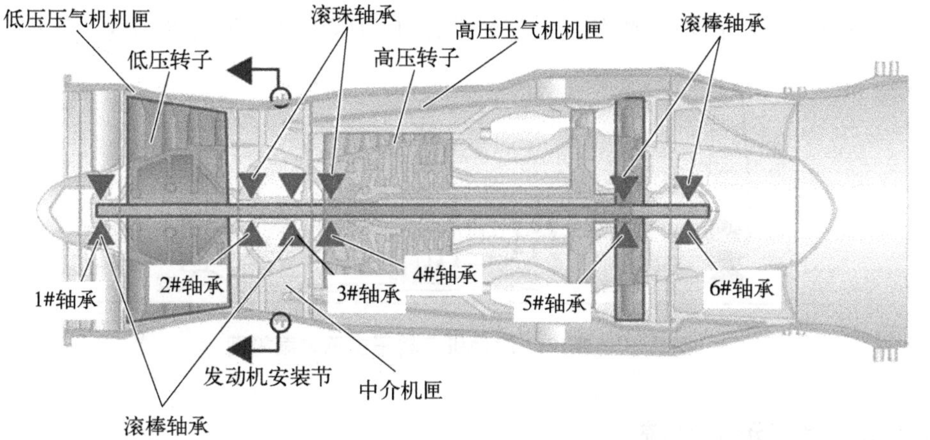

图 9-5 某型涡扇发动机转子支承总体方案简图

该型发动机低压转子由 4 级风扇和 1 级涡轮组成，如图 9-6(a)所示。风扇前端和后端均有支承，前支点(1#轴承)为滚棒轴承，位于低压压气机的前轴承座内；后支点(2#轴承)为滚珠轴承，位于中介机匣轴承座内，该支点是止推支点，承受低压转子的全部轴向载荷以及低压压气机部分的径向载荷，所有的载荷均通过中介机匣传出，在其轴承座后部还装有低压转子转速传感器和减速器传动轴。低压涡轮转子也有两个支点(3#和 6#支点)，均为滚棒轴承，前支点(3#轴承)位于高压转子轴所带的套筒结构内，为中介轴承；后支点位于低压涡轮后轴承座内，从而构成了独特的 1-2-1 四支点转子支承方案。

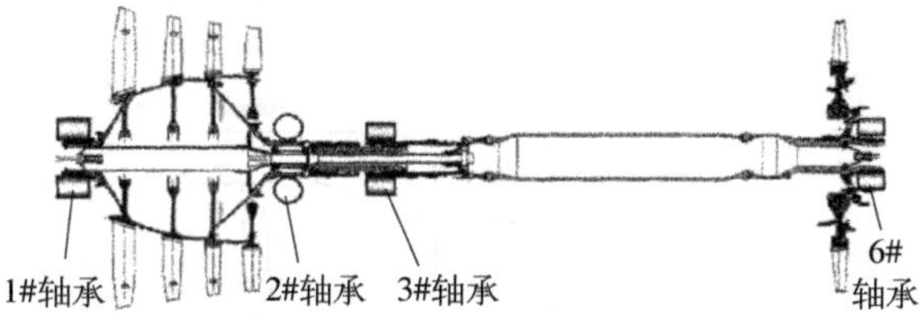

(a) 低压转子支承方案 (1-2-1)

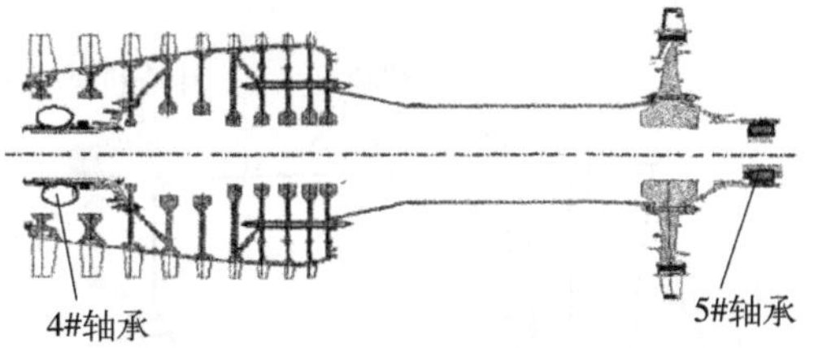

(b) 高压转子支承方案 (1-0-1)

图 9-6 低压转子和高压转子支承方案

高压转子由 9 级压气机、1 级篦齿封严盘和 1 级高压涡轮组成，高压压气机和高压涡轮通过空心轴直接刚性连接，如图 9-6(b)所示。在压气机前和涡轮后各有一个支点，故支承方案为 1-0-1。在该支承方案中，为尽量减小转子支承间的跨度，提高轴的刚性，高压压气机前轴颈从 4 级盘处引出，在 3 级盘处连接，前支承轴承位于 1 级盘和 2 级盘内部，这样可以在减轻发动机质量和降低转子系统的振动影响方面具有较好的效果。高压涡轮后支点采用的是中介滚棒轴承(5#轴承)设计。

9.1.1.4 三转子发动机的支承方案

在三转子发动机中，转子数目多，更增加了支承件的复杂性。图 9－7 为 RB211 发动机的支承方案简图。它的三个转子共有 8 个支点，通过 4 个承力构件向外传递载荷。低、中、高压三个转子的支承方案分别为 0－2－1、1－2－0、1－0－1 形式。其中低压转子的止推支点（3#轴承）为中介支点，将低压转子轴支承于中压压气机的后轴颈内。

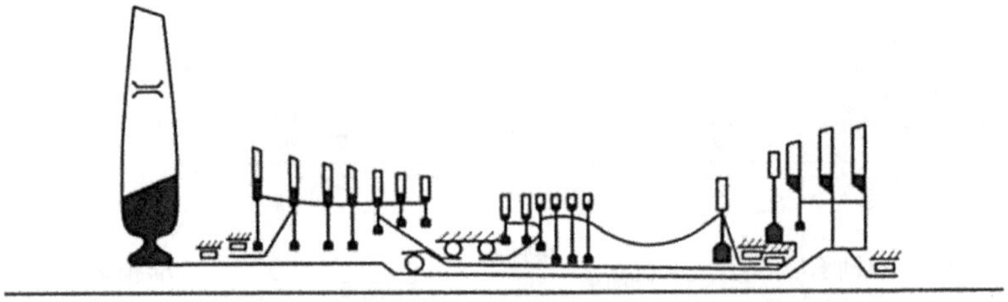

图 9－7 RB211 发动机三转子支承方案简图

9.1.2 静子承力系统

发动机工作时，静子部件上作用的载荷包括以下几部分：一是转子支承点上外传的各种载荷，二是压气机静子叶片传递到压气机机匣上的扭矩和轴向力，三是涡轮导向器叶片传递到后机匣上的扭矩和轴向力。其中，静子叶片和涡轮导向器叶片的扭矩方向相反，大小基本相等。这些负荷通过承力框架和承力壳体相抵消后，剩余的部分传给了发动机安装节。这些承受和传递负荷的构件组成了发动机的承力系统，其中，承力框架是指那些将转子支点的负荷穿过气流通道而传至机匣的构件，是承力系统的主要结构。

下面以某型涡扇发动机为例，说明具体的静子承力系统和主要传力路径，如图 9－8 所示。它包含有三个承力框架：前受力框架、主承力框架和后传力框架。

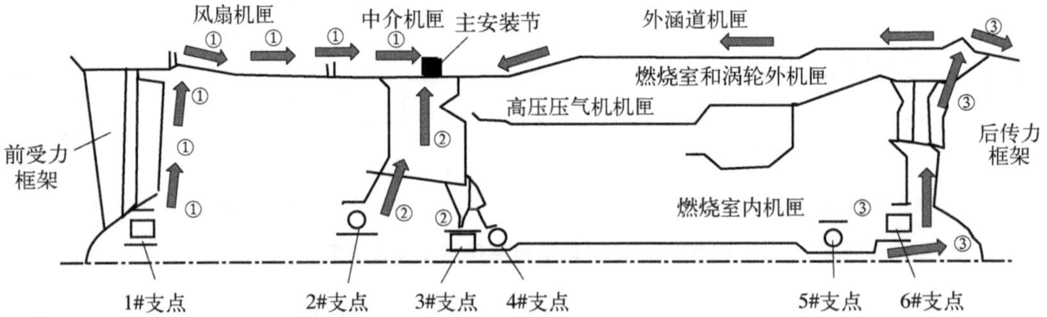

图 9－8 某型涡扇发动机静子承力系统和传力路线简图

（1）前受力框架。在风扇前 1#支点处，将进口导向器叶片的固定部分作为受力框架，将滚棒轴承上的径向负荷外传（传力路线①），同时风扇机匣也将风扇静子叶片的受力由传力路线①传至中介机匣，再传至主安装节。

（2）主承力框架。在风扇和高压压气机之间的中介机匣是发动机主承力框架，风扇后 2#支点、低压涡轮轴前支点(即 3#支点)及高压压气机前 4#支点所承受的轴向载荷和径向载荷,均通过中介机匣由传力路线②传到主安装节上。

(3) 后传力框架。后传力框架由涡轮后支板、内锥和外机匣组成。由于高压涡轮轴后支点(5#支点)是转子间中介轴承,其径向载荷传到低压轴上,连同低压涡轮的径向载荷一起,由低压涡轮后支点(6#支点)传至后传力框架(传力路线③),再经涡轮外机匣等传到辅助安装节上。

除了承力框架,发动机还有承力壳体来承担传递载荷。例如,高压压气机机匣、燃烧室内外机匣、涡轮外机匣、外涵道机匣等,它们将静子部件的受力传递至主安装节。

9.2　附件传动装置

9.2.1　附件传动装置基本结构

发动机各工作系统以及飞机系统中的一些附件需要用发动机的功率输入来驱动运转,这又叫作发动机的功率提取,如滑油系统中的滑油泵、燃油系统中的燃油泵、飞机液压系统中的液压泵、电气系统中的发电机等。另外,发动机在起动过程的初期又需要外部的功率输入来带动压气机涡轮转子,使其达到一定的转速,以保证发动机起动成功。因此,发动机在工作中需要与外界有轴功形式的功率交换,这种功率的输出与输入是通过附件传动装置来完成的。

附件传动装置实际上就是由一系列齿轮轮系和传动小轴组成的组合体,实现将发动机转子的功率和转速传输到附件上,并驱动附件以一定的转速和转向工作。如图 9－9 所示,附件传动装置一般分为中心传动装置和外部传动装置(通常是直接安装在发动机机匣上)两个部分,有的还有扩展传动装置(通常安装在飞机机体上),以传动更多附件或满足

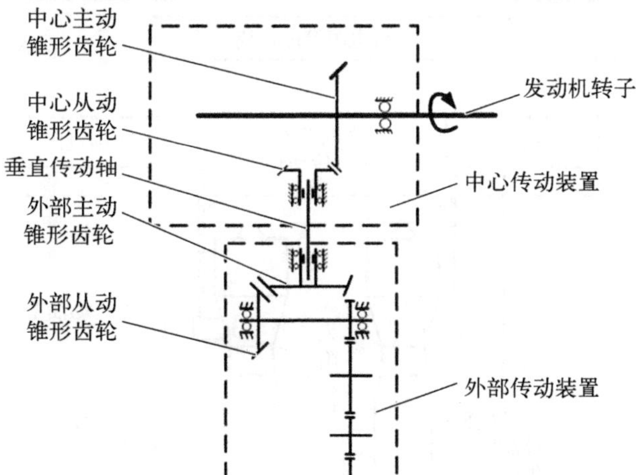

图 9－9　附件传动装置基本结构简图

飞机上的配置需求。中心传动装置中,从动锥形齿轮通过中心与发动机转子轴上的中心主动锥形齿轮相啮合,将发动机转子的转动变为与发动机轴线垂直的转动,从而将发动机转子的功率输出到发动机外部。有些发动机上,中心传动装置还传动为数不多的附件,如滑油泵、转速传感器等。外部传动装置通常又叫作发动机附件机匣,它首先将垂直于发动机轴线的转动,变为与发动机轴线平行的转动,这也是通过一对锥形齿轮来达到的,这对齿轮称为外部锥形齿轮对。中心从动锥形齿轮通过垂直传动轴与外部主动锥形齿轮相连,然后再通过一系列的齿轮轮系和传动轴,按一定转速、功率、转向与安装间距的要求来传动各种附件。

在现代涡扇发动机中,传动发动机附件的功率(功率提取)约占高压涡轮功率的0.2%~0.5%。附件及附件传动系统工作的可靠性,无论是对于发动机,还是飞机,都是极端重要的。因此,附件传动装置的结构必须保证在飞行包线范围内可靠工作,并保证所有附件的转速、转向和需用功率,同时它需要满足小外廓尺寸和质量、容易更换与维护等要求。

9.2.2 附件传动装置传动关系

在多转子发动机中,主要附件均由高压转子传动,低压转子、中压转子只驱动该转子的转速传感器、转速调节器及辅助滑油泵等。高压转子附件的传动装置大部分装于高压压气机前,如 CF6、JT8D、JT3D、JT9D、RB199 等发动机,也有一些发动机装于高压压气机后,如涡喷-7 型、涡喷-13 型发动机等。

在发动机设计时,为了满足传动更多附件、改善发动机舱的配置、减轻维护与更换发动机的工作量、提高效率等要求,设置了扩展传动装置,并安装在飞机机体上。如图9-10 所示,每一台发动机有两个附件传动机匣,一个直接装在发动机上,叫作发动机附

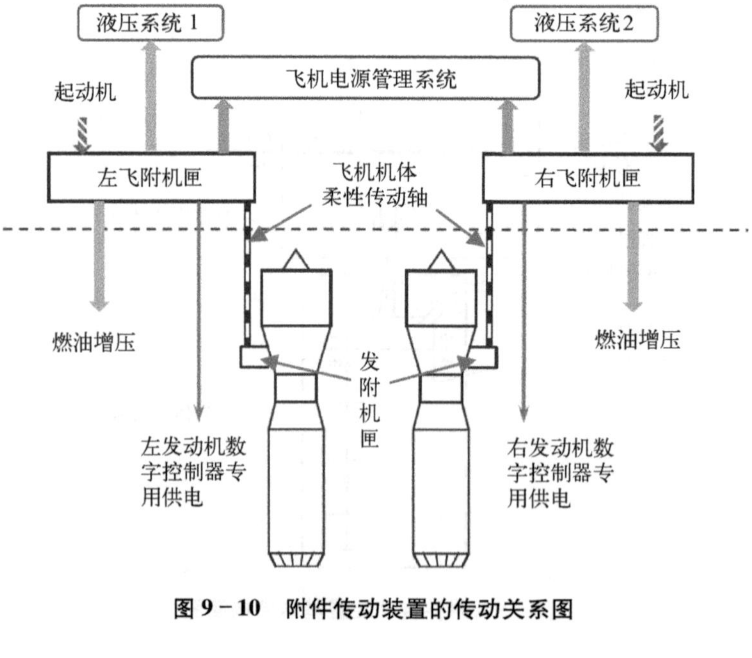

图 9-10　附件传动装置的传动关系图

件机匣,简称为发附机匣;一个安装在飞机机体上,叫作飞机附件机匣,简称为飞附机匣,有时又叫作外置机匣。发附机匣与飞附机匣通过传动轴相连接。

下面以某型涡扇发动机为例,说明附件的具体传动关系。

如图9-11所示,该发动机就是采用了发动机附件机匣和飞机附件机匣的传动方式。其中,飞机附件机匣用于安装并传动飞机及发动机工作系统的有关附件,安装在发动机附件机匣的前部,通过一根柔性轴与发动机附件机匣相连。飞机附件机匣传动的附件主要有飞机燃油系统的离心增压泵、液压系统的液压泵、电源系统的带恒速传动装置的交流发电机、两个附件机匣的滑油回油泵、两个高压转速传感器。飞附机匣上还安装有燃气涡轮起动机、起动机断开机构,在发动机起动时将扭矩由燃气涡轮起动机传给柔性轴,并适时脱开燃气涡轮起动机。

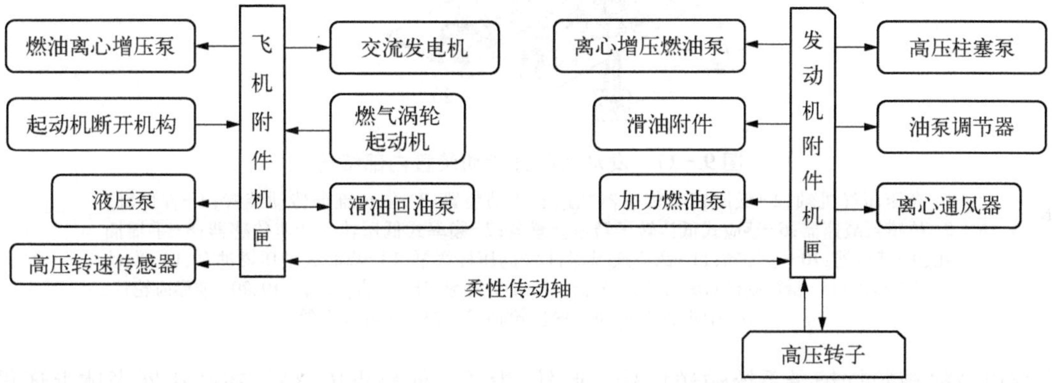

图9-11　附件传动装置的传动关系

发动机附件机匣安装在发动机中介机匣的上方,通过两个水平固定点和一个径向固定点固定。在发动机附件机匣上安装的附件有离心通风器、高压柱塞泵、离心增压燃油泵、滑油附件、油泵调节器、加力燃油泵。

发动机附件机匣的作用如下:一是将中央锥形传动装置的扭矩传给发动机附件和附件机匣;二是当发动机起动时,将起动机扭矩由飞机附件机匣传给发动机附件和高压转子轴;三是固定和配置发动机附件。

发动机附件机匣由壳体、两个锥形齿轮、筒形齿轮、齿轮轴等组成,图9-12是其内部构造关系。中央锥形传动机构用于将高压转子的扭矩传递给发动机和飞机附件机匣。它由壳体、主动锥形齿轮、被动锥形齿轮和传动轴等组成。发动机正常工作状态下,扭矩传动关系是:压气机轴→主动锥形齿轮→被动锥形齿轮→发动机附件机匣→飞机附件机匣。

发动机起动初期,扭矩传动关系刚好相反,即扭矩由涡轮起动机传至飞机附件和柔性轴,通过柔性轴传至发动机附件机匣,经被动锥形齿轮、主动锥形齿轮,最后传至高压转子。低压转子传感器减速器由减速器壳体(固定在中介机匣上)和两对筒形齿轮组成。减速器的润滑为封闭式。低压转子转速传感器共有四个,一个感应式和三个频率式,其中,感应式供地面检测装置使用,三个频率式分别向发动机综合调节器、进气道自动调节

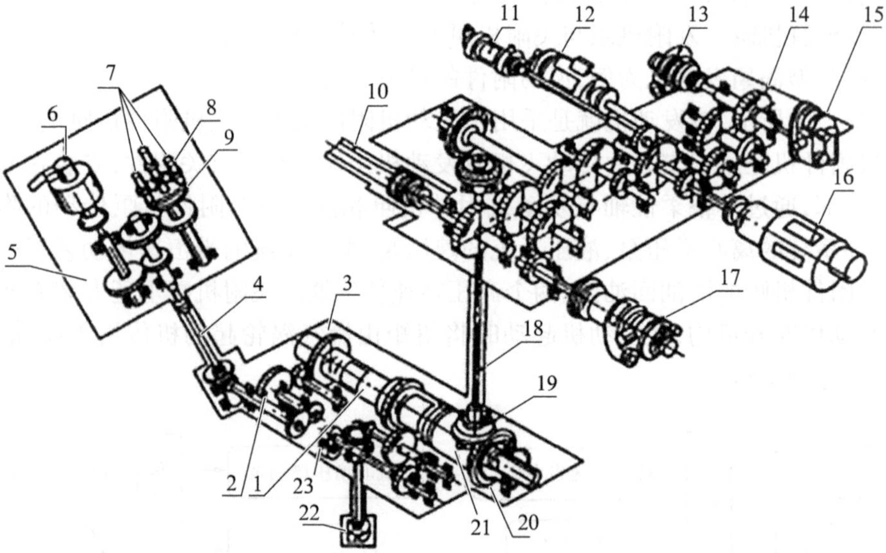

图 9-12　发动机附件传动装置内部结构

1-高压压气机轴;2-低压转子传感器减速器传动装置;3-中央锥形传动装置;4-弹性轴;5-传感器减速器;6-感应式低压转子转速传感器;7-频率式低压转子转速传感器;8-手摇插孔;9-感应器;10-柔性轴;11-离心通风器;12-高压柱塞泵;13-离心式增压燃油泵;14-发动机附件机匣;15-滑油附件;16-油泵调节器;17-加力油泵;18-垂直传动轴;19、20-锥形齿轮;21-中央锥形传动装置齿轮轴;22、23-滑油回油泵

系统以及机载数据记录系统输送信号。此外,为了方便检查传感器,在减速器壳体上还设有一个手摇插孔。

附件机匣在发动机上的安装位置,除应考虑环境温度影响(即不要将附件置于高温区)外,还应考虑发动机装到飞机上后,需使维护人员便于接近附件,即应具有较好的可达性。因此,如果飞机上的发动机距地面较近时,附件机匣最好装在发动机的上方。例如,在大直径的大涵道比涡轮风扇发动机中,最好将附件机匣置于核心机的下方,维护时只需打开发动机短舱罩,维护人员即可直接接近附件。

9.3　滑油系统

滑油系统也称作润滑系统,其功用如下:一是向轴承、齿轮的工作表面输送滑油,带走由高速转动产生的摩擦热以及周围高温零件传来的热量,以维持轴承、齿轮的正常温度状态;二是在轴承的滚道与滚子间、齿轮相啮合的齿面间形成连续的油膜,起到液体润滑的作用,减少这些工作面的磨损和摩擦损失,并防止零件的锈蚀;三是利用滑油系统的有一定压力的滑油,将其作为某些液压装置(如液压调节器、挤压油膜轴承等)和操纵机构(如作动筒)的工质。在涡轮螺旋桨发动机中,由于有传动大功率的齿轮减速器,滑油带走的热量较多,因此还可用作防冰系统的热源。在采用滑油-燃油热交换器进行换热时,滑油的热量还能对燃油加温,能改善燃油系统的高空性能。由此可见,发动机工作的可靠性在很大程度上取决于滑油系统的工作。

对滑油系统提出的基本要求如下：

(1) 发动机在飞行包线内工作时，应能正常工作，保证供给发动机所需的滑油，并能保持滑油在所给定的温度范围内。

(2) 滑油消耗量要小。

(3) 在低温条件下，系统应能迅速而可靠的起动。

(4) 各种附件，特别是油滤、磁堵、调压活门等，应便于接近，从而进行调整、检查、维护，系统故障征候应能及早发现。

9.3.1　滑油润滑基本概念

9.3.1.1　轴承润滑基本原理

目前，大型燃气涡轮发动机均采用滚动轴承作为主轴轴承，其摩擦系数小、轴向尺寸小、需用的滑油流量小、低温下易于起动，且能在短时间无滑油供入的条件下工作，使得滚动轴承成为目前航空发动机主轴轴承的最佳选择。航空发动机主轴轴承需要滑油的润滑和冷却，来减少运动对偶面的摩擦与磨损，防止腐蚀和表面硬化，同时带走摩擦所产生的热量和高温零件传给滑油的热量，带走对偶面间形成的硬夹杂物。随着先进航空发动机增压比、涡轮燃气进口温度、主轴转速的升高，再加上严格的空间限制，主轴轴承的润滑和冷却问题越来越严重。因此必须对轴承进行高效的、精细化的润滑和冷却，确保主轴轴承能够长时间安全、可靠运转。

在航空发动机中，主轴轴承常用的润滑冷却供油方式主要是喷射润滑和环下润滑，以及喷管润滑。

1. *喷射润滑方式*

大推力航空发动机的主轴轴承由于转速高、发热量大，因此不能采用脂润滑或油池飞溅润滑，而需要采用喷射润滑来实现轴承的润滑与冷却。喷射润滑的方法主要有单喷嘴、双向单喷嘴、多喷嘴等。图 9－13 为单喷嘴、双向单喷嘴喷射润滑原理。在喷射润滑中，喷嘴的结构、数目、位置、喷射速度、喷射角度、润滑剂流量等都会对轴承的可靠润滑与高效冷却造成影响。图 9－14 为某型发动机高压转子轴承润滑的滑油供油管路和喷嘴实物图。

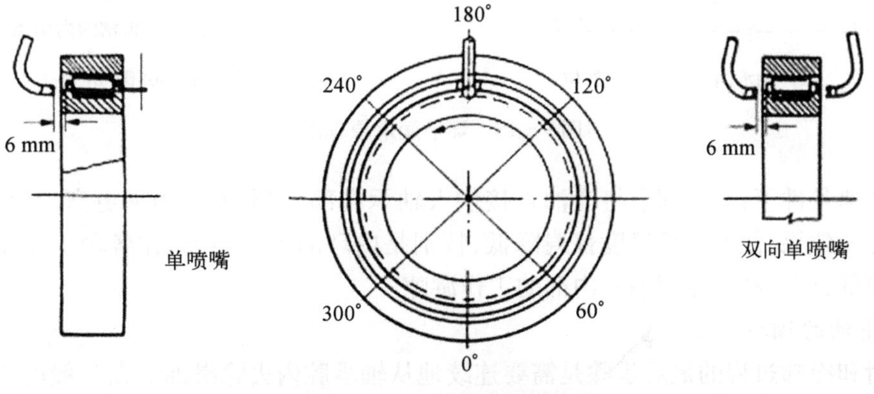

图 9－13　喷射润滑原理图

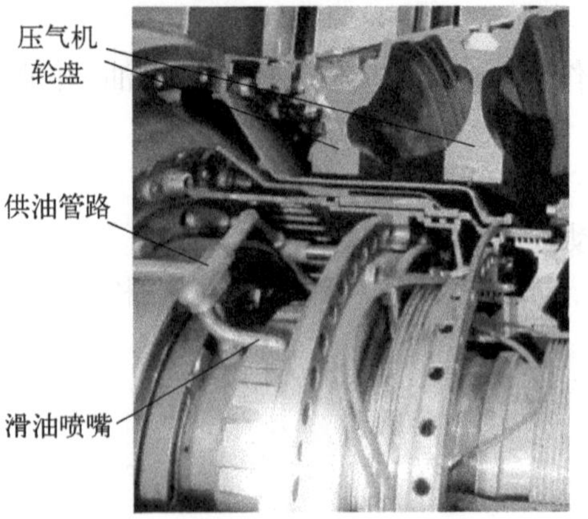

图 9-14　滑油供油管路和喷嘴实物图

对于高转速和大直径的航空发动机主轴轴承，受离心力和运动元件的高速冲击作用，喷射润滑已经很难满足轴承的润滑冷却需求，特别是工作条件更恶劣的内圈。在高速滚动轴承中，内圈接触区的发热量会比外圈接触区的发热量更大，但离心力使滑油更快地从内圈脱离。同时，滚动体高速运动形成的气流会阻止喷射的滑油进入轴承内部，进一步削弱滑油对轴承内圈的润滑冷却效果，使内圈温度明显超出外圈温度，以致轴承内部间隙发生较大变化，严重时甚至会引起"抱轴"的事故。

2. 环下润滑方式

环下润滑是指滑油从轴承内环上开的径向孔、槽进入轴承的一种润滑方式，即从轴承内环下部向轴承供油。在这种供油方式中，滑油先从喷嘴喷到转轴上的引油槽中（或直接用管道引到轴上的油槽中），然后引入轴承内环下方，在离心力的作用下通过内环上的径向孔甩出，如图 9-15 所示。供入的滑油首先冷却温度较高的内环，然后冷却滚动体、外环与保持架，最后从轴承两侧离开。由于滑油会从转轴上的油槽或通道流过，因此还能在一定程度上减少涡轮等高温部件向轴承的传热。

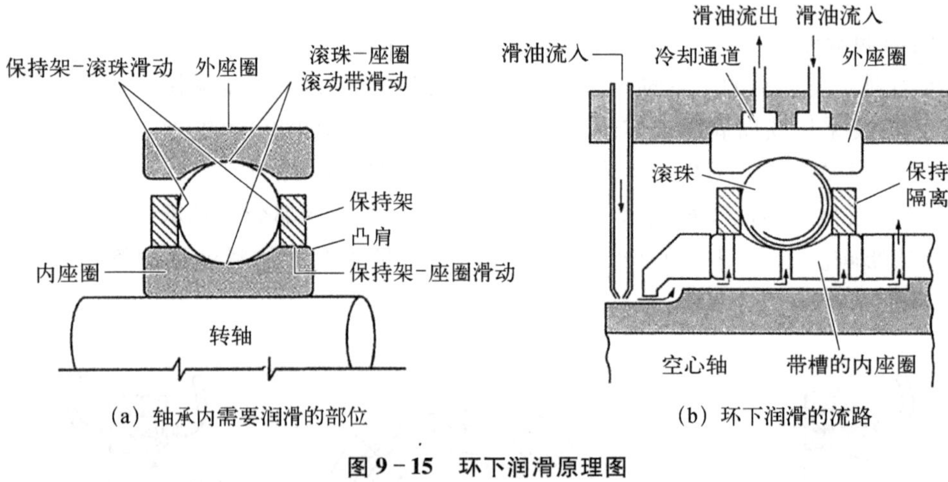

图 9-15　环下润滑原理图

在高速条件下，环下润滑将滑油直接供入轴承内部，使滑油利用率更高，且具有更好的润滑冷却效果，使得轴承温度普遍降低，特别是内环的工作温度，在各种工作条件下都比外环更低，更有利于控制轴承内部的工作游隙。

3. 滑油的循环

润滑和冷却过程的最后步骤是需要连续地从轴承腔内去除滑油。在一般的工业机械中，可以依靠重力来达到此目的，滑油泵设置在机器的底座上或其内部。但是航空发动机要在非常广泛的姿态范围内工作，从稳定的平飞到大机动飞行，例如，战斗机常常遇到横滚和俯冲，在大过载下就不可能依靠重力来使滑油排出。其次，为达到良好的润滑效果，也不能使滑油从轴承腔溢流。最后，为使冷却效果最大化，必须尽可能快地彻底去除滑油。

由于以上的原因，因此需要采用滑油泵（叫作回油泵）将滑油泵出，使得滑油形成循环的工作方式。实际上，由于润滑时滑油飞溅、冲击、换热以及通气的影响，润滑后的滑油往往是含有较高比例空气和蒸汽的滑油混合物，有的条件下空气的含量可达到90%，这对于回油泵的工作效率有很大的影响。

9.3.1.2　滑油系统的循环量和消耗量

1. 滑油系统的循环量

单位时间内供给发动机的滑油量称为滑油系统的循环量。它的大小在一定程度上决定了整个滑油系统的方案，是滑油系统的主要参数之一。循环量的大小取决于滑油对轴承和齿轮等进行冷却和润滑时需要带走的热量、滑油的性质以及发动机操纵系统所需的滑油量。

由滑油带走的热量包括轴承、齿轮等相对运动零件工作表面的摩擦热和相邻高温零件传到轴承上的热量。它们不仅随发动机工作状态和飞行状态变化，而且与部件的结构形式有着密切的关系，所以很难用解析的方法详细计算出滑油系统的循环量。一般是根据统计数据确定的，并在发动机试验过程中修正。单位时间每个主轴承所需的滑油量取决于它们在发动机上的位置、载荷等条件，例如，低温处的发动机前轴承供油量通常为1~2 L/min，高温区的中、后轴承的供油量为2~6 L/min，甚至更高些。一般情况下，平均每个主轴承的供油量为3~5 L/min。用于润滑附件传动装置及用于调节系统和操纵系统的滑油，一般占系统循环量的20%~25%。

为了减轻发动机的质量，滑油箱及管道中的滑油量一般均较少。为满足滑油系统供油量的要求，油箱内的滑油在每分钟要重复循环数次，表9－1列出了几型发动机的供油量及滑油箱的加油量。

表9－1　几型发动机的滑油供油量与滑油箱加油量

发动机	供油量/(L/min)	滑油箱容量/L	加油量/L	每分钟循环次数
涡喷－7	22.5~25.4	15	11	2.04~2.3
涡喷－13	25~29	15	11±0.5	2.27~2.63
JT3D	34.28~39.20	23.09	—	1.48~1.70
斯贝 MK202	32.05~32.96	11.93	—	2.68
AL－31F	—	20	14.5	—

2. 滑油消耗量

滑油消耗量是衡量发动机滑油系统工作性能和可靠性的重要指标，它是指单位时间内滑油的损耗量。损耗的来源主要是滑油蒸汽随通气管逸出到外界大气，滑油在油腔封严装置中发生逸漏。一般，航空燃气涡轮发动机的滑油消耗量不大，为0.3~1.5 L/h。表9－2列出了几型发动机的滑油消耗量。

表 9-2　几型发动机的滑油消耗量(单位: L/h)

发动机	涡喷-7	涡喷-13	斯贝	JT3D	F100	AL-31F
滑油消耗量	≤1.2	≤1.2	0.43	0.473	0.76	0.6

9.3.1.3　滑油

目前使用的滑油主要有矿物油和合成滑油两大类。矿物油又称为石油润滑油,是由天然原油经过减压蒸馏、酸碱精制、溶剂抽提、脱蜡、加氢、精制、白土处理等工艺处理而得到的滑油。合成滑油则是以动、植物油脂或石油为原料,通过有机合成方法,经过一系列化学反应得到的具有一定化学成分的润滑油。在化学组成上,矿物油是以碳氢化合物为主的具有各种不同化学结构的烃类混合物,而合成油的基础油是单一的纯物质或同系混合物。构成合成油的元素,除了碳、氢,还包括氧、硅、磷和卤素等,在碳氢结构中引入这些元素官能团是合成油的特征。由于分子结构远比矿物油中的烃类具有更大的适应性,因此合成滑油能满足一般矿物油达不到的苛刻要求。

涡喷和涡扇发动机所使用的滑油,要求在较低、较高的温度下均能正常工作,具有小的黏度、低的凝固点、高的闪点温度,抗氧化性能良好,结焦沉积少等。因此,现代大多数发动机均采用合成滑油,如国产的 4109#(GJB 135A—98H)、4050#(GJB 1263—91,清洁度 7 级)滑油,用于涡轮喷气和涡轮风扇发动机,4105#滑油用于涡轮螺旋桨和涡轮轴发动机。目前广泛使用的合成滑油工作温度可达 200℃,今后可能达到 350℃。

航空滑油所规定的理化性能非常严格,共有 12 项指标,包括密度,黏度,倾点和凝固点,酸值、水溶性酸、碱和腐蚀性,闪点,残碳,抗乳化度,抗氧化安定性,耐热安定性,抗泡沫性,灰分,水分。

9.3.2　滑油系统组成与工作

典型的航空发动机滑油系统原理如图 9-16 所示,一般由滑油箱、滑油供油泵、油滤、滑油热交换器(燃油冷却和空气冷却)、油气分离器、回油泵、监控参数传感器以及滑油管路等部件组成。

9.3.2.1　滑油系统的分类

航空发动机上的滑油系统主要有两类,一是开环式系统,二是循环式系统。

1. 开环式系统

开环式系统又叫作全耗式滑油系统,通常只由油箱和供往轴承等部位的管路组成。当发动机工作时,在燃油或气体压力作用下,油箱周期性地压出部分滑油,保证轴承等部件在一定时间内的可靠润滑。开环式系统没有回油系统,润滑过的滑油直接排出发动机外。所以开式系统也不需要滑油热交换器、回油泵和滑油滤等结构,因而构造简单、质量轻,一般用在工作时间较短的发动机上。

2. 循环式系统

目前,大推力航空发动机普遍采用带有独立滑油箱的循环式滑油系统,当发动机工作时,通过供油泵将滑油从滑油箱中抽出,供到发动机轴承等部位,完成润滑冷却之后,再通

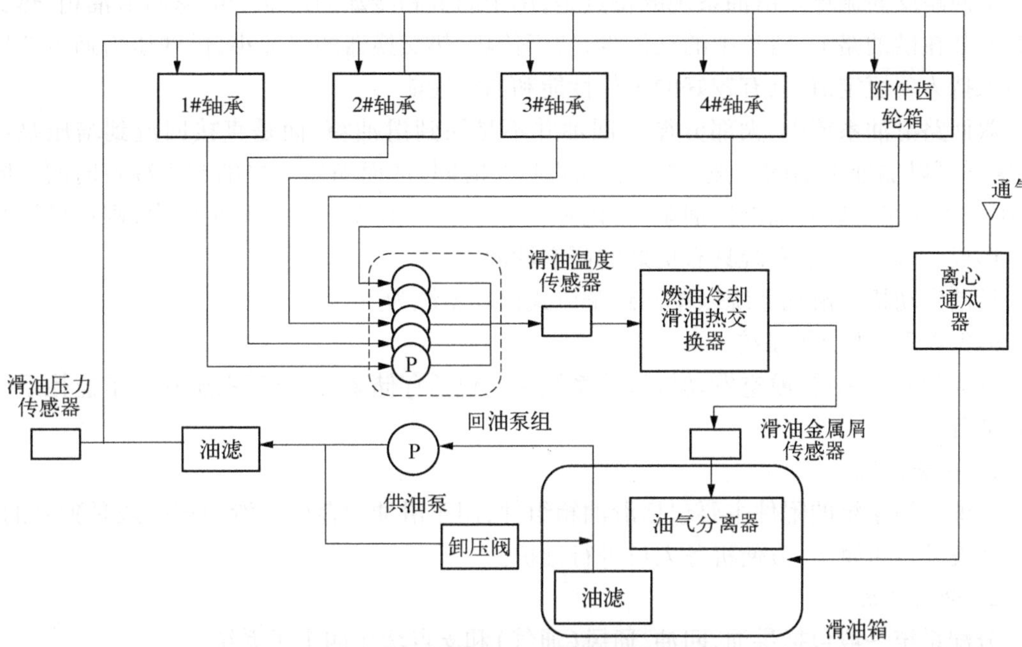

图 9-16　滑油系统(正向循环)组成原理简图

过回油泵将其抽回,最终再返回滑油箱循环使用。

(1) 循环式滑油系统可分为调压式滑油系统和全流式滑油系统两种。其中,调压式滑油系统通过设定并保持供油路中的滑油压力,来控制向轴承等部位供应的滑油流量,滑油压力由调压活门控制,在发动机正常工作转速下,能提供恒定的供油压力。而全流式滑油系统不使用调压活门,滑油压力由增压泵转速、滑油喷嘴尺寸、轴承腔压力共同决定,并随工作状态变化而改变,从而保证发动机在各个状态下的滑油压力和流量要求,特别是高功率状态的要求。滑油系统中设置有卸压阀,如图 9-16 所示,以防滑油压力过高而损坏管路和机件。

(2) 循环式滑油系统还可以分为单回路系统和双回路系统。在单回路系统中,增压泵前没有辅助增压泵。根据滑油热交换器在循环系统中所处的位置不同,单回路系统又包括单回路正向循环式和单回路反向循环式两类。其中,将滑油热交换器安装在回油路上的滑油系统称为正向循环式滑油系统,如图 9-17(a)所示,这时滑油箱中的滑油温度较低,称为冷油箱。与此相反的是反向循环式滑油系统,它是将滑油热交换器安装在供油路上,如图 9-17(b)所示,这时滑油箱中的滑油温度较高,称为热油箱。

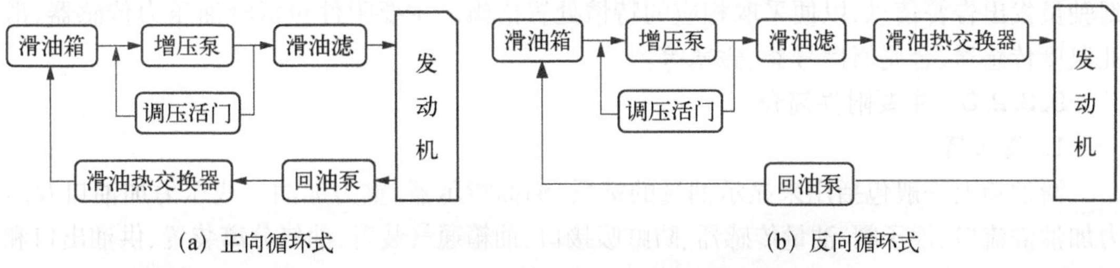

图 9-17　循环式滑油系统原理简图

单回路反向循环式滑油系统的特点是，用于润滑和冷却的滑油全部返回滑油箱，热交换器安装在供油路上，滑油中的气体少，便于传热，热交换器的尺寸小，供油压力通过调压活门保持为一恒定值，具有较好的工作性能和高空性能。

双回路滑油系统中，大部分循环回油并不是回到滑油箱，而是直接回流到增压泵进口，这样可以加速滑油的预热，减少发动机暖车时间，从而缩短飞机的起飞准备时间。同时，由于供油路中装有辅助供油泵，可以在增压泵进口形成一定的剩余压力，避免增压泵进口形成气塞，使滑油系统具有更好的高空性能。

目前发动机的滑油系统以单回路全流式循环系统为主。

9.3.2.2 主要子系统

从大的方面来看，航空发动机滑油系统主要包括存储系统、分配系统和指示监控系统三大部分。

1. 存储系统

滑油存储系统的附件主要包括滑油箱组件，用于滑油的存储。滑油箱一般是独立的，固定在发动机机匣上，方便机务人员进行维护。

2. 分配系统

分配系统一般包括供油、回油、通风(通气)和支点增压四个子系统。

(1) 供油子系统。其功用是将一定压力、流量的滑油送到需要润滑的区域，如轴承腔、附件齿轮箱等。主要附件包括供油增压泵、调压活门或卸压活门、滑油滤以及控制不同区域供油量的限流装置和喷油嘴等，对于反向循环式滑油系统，还有滑油热交换器。

(2) 回油子系统。它的作用是将润滑后的滑油尽可能快地输送回滑油箱，这样既可充分利用油箱中的滑油，又可以减少滑油在轴承腔等高温部位的停留时间。主要附件包括回油泵、滑油热交换器等。

(3) 通风(通气)子系统。它则是将轴承腔、滑油箱和附件齿轮箱等连通在一起，经过油气分离后，与外界大气连通，将多余的空气从发动机内部排出，保证轴承腔、齿轮箱和滑油箱内部的压力维持在一定范围内。主要附件有油气分离器、安全活门等。

(4) 支点增压子系统。其功用是为发动机轴承腔的空气挡油装置输送具有一定压力的空气，阻挡滑油泄漏。此外，它还维持滑油腔与滑油腔之间保持一定的压力梯度。主要附件有增压空气转换活门、转换活门工作信号器、导管等。

3. 指示监控系统

指示监控系统主要用于指示和监控滑油系统的工作情况，监控的参数主要包括滑油压力、滑油量、滑油温度和金属屑含量等。当压力、温度或金属屑含量超过警戒值时，会向驾驶员发出告警信息，以便采取相应的特情处置措施。主要附件包括滑油压力传感器、滑油温度传感器、金属屑信号器、磁塞等。

9.3.2.3 主要附件简介

1. 滑油箱

滑油箱上一般包括用来显示油量的标尺、油面指示器、重力加油口或压力加油口及压力加油溢流口、浮子阀、油量传感器、防虹吸接口、油箱通气装置、油气分离装置、供油出口和回油进口以及放油塞等。油箱内都留有一定的膨胀空间，以满足润滑后滑油膨胀和混有气体的影响。对于战斗机，为保证特技飞行时能正常地供油和通气，油箱内设有倒飞机构。

图9-18为某型发动机滑油箱的外观和主要构件。

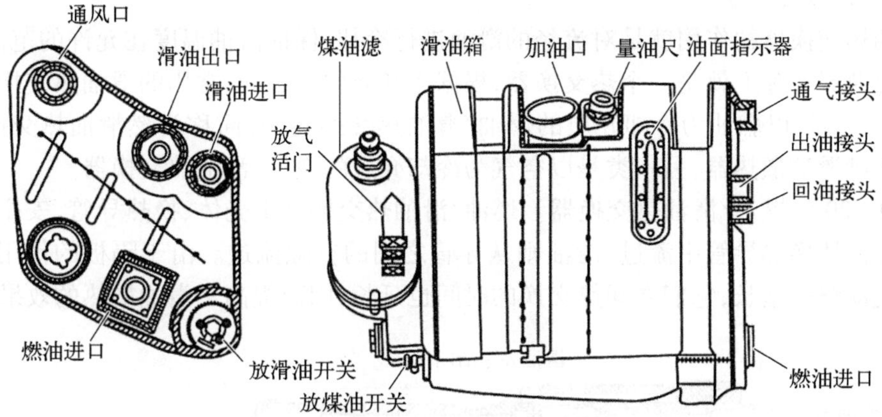

图9-18　滑油箱

2. 滑油泵

滑油泵包括供油系统中的供油增压泵和回油系统中的回油泵。在工作时，回油温度高，且有泡沫，使得回油滑油的容积大于供油滑油的容积，通常回油泵的能力要大于增压泵能力约两倍。

常用的泵有齿轮泵、转子泵和旋转泵等类型，以齿轮泵为主。一般来说，因为润滑点多，为了提高回油效率，通常要设置多个回油泵。而供油增压泵一般就设置一个。在有些发动机上，将供油增压泵和多个回油泵组装在一个组件之中，称为滑油泵组件。还有的发动机将滑油滤、调压活门等也组合在一起，组成为滑油附件。

齿轮泵主要由两个相互齿合的齿轮（主动齿轮和随动齿轮）以及泵壳体和端盖组成，如图9-19所示。齿轮与壳体间隙很小，工作时驱动轴带动主齿轮旋转，从动齿轮被带动，沿反向旋转，有助于工作容积发生变化，从而实现吸油和排油。

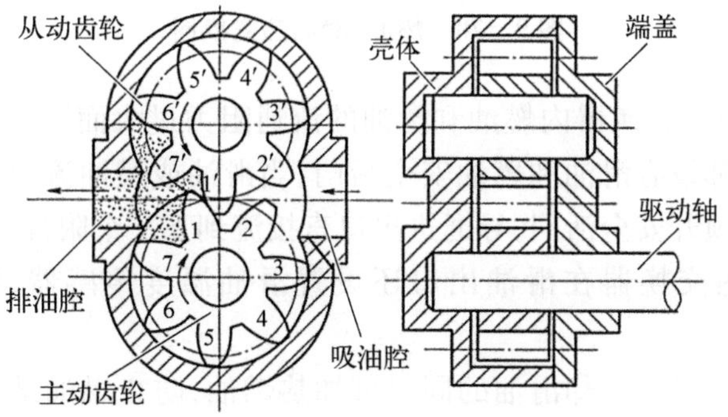

图9-19　齿轮泵结构原理图

为了防止回油泵开始工作时产生气塞现象，壳体内有一管路将增压后的滑油输送到每个回油泵的出口，使得滑油充满齿轮和壳体的间隙，以便迅速将管路内的气体排掉，增大回油泵的吸油能力。为了防止发动机不工作时，滑油箱内的滑油流至附件机匣，在此管路进口处设有单向活门。回油泵正常工作后，活门在回油压力与弹簧力作用下关闭。

3. 滑油热交换器

滑油热交换器的作用就是对流经的滑油进行冷却，保证滑油温度在允许的范围之内。滑油热交换器实际上就是一个热交换器，根据冷却介质的不同，常用的滑油热交换器可分为两类：一类是以燃油为冷却介质的燃油/滑油热交换器，常简称为燃滑油热交换器，有时也叫作燃滑油散热器；另一类是以空气为冷却介质的空气/滑油热交换器。

图 9－20 为燃油/滑油热交换器。燃油/滑油热交换器由壳体、换热导管、安全活门等组成。燃油从换热导管中流过，滑油则从导管之间的空隙流过。由于隔板的作用，燃油、滑油的流动路线增长，它们之间热交换的时间也延长，因而提高了滑油散热的效果。

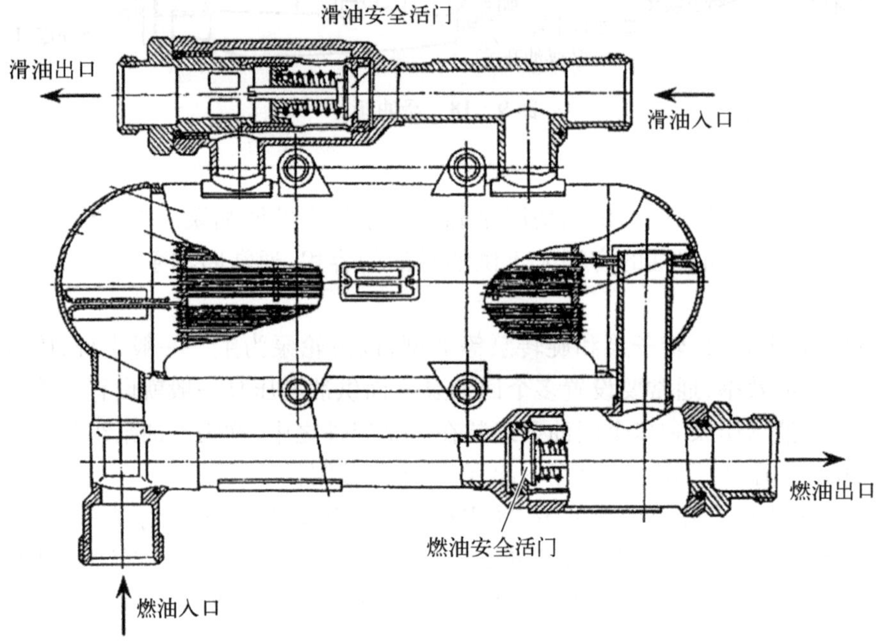

图 9－20　燃油/滑油热交换器

为了防止燃滑油热交换器内燃油和滑油的流通阻力过大而影响其通油能力，在滑油和燃油管路的侧旁，都设有滑油和燃油安全活门，当滑油或燃油流通阻力过大时，进口滑油或燃油压力升高，顶开安全活门，导通进出口直接流到下一个附件。

有些发动机的热交换器在滑油出口还设置滑油温度传感器，测量出口处的滑油温度。

燃油/滑油热交换器在冷却滑油的同时可加热燃油，防止燃油结冰，所以这种热交换器在现代航空发动机上被广泛采用。

4. 滑油滤

滑油滤用来清洁滑油，去掉滑油中的金属屑和其他杂质，防止进入零部件的摩擦表面而加剧零部件的磨损，同时防止油路堵塞。供油、回油系统一般装有油滤，但过滤能力有所不同。油滤的过滤能力常用微米(μm)或目来表示,叫作过滤精度,例如,常用的为70 μm。

当油滤中聚集杂质时会造成油滤堵塞,影响滑油正常流动。所以油滤都设有旁通安全活门,当油滤进、出口压差达到预定值时,安全活门打开,未经过滤的滑油通过,以防止滑油系统处于缺油状态。一般还设置有压差开关和油滤堵塞弹出式指示器,安装在油滤进、出口之间,用于指示油滤堵塞状态并及时告警。在滑油滤的出口处有单向活门,以防发动机不工作时,滑油箱内的滑油流入附件机匣。

5. 油气分离器

在通风(通气)子系统工作时,通风(通气)管路中的气体为空气、滑油蒸汽和油滴的混合物,若直接排出发动机,会增加滑油消耗量。因此,需要把通风管路连通到油气分离装置上,把其中的滑油分离出来。分离出来的滑油留在滑油系统内部,将空气排出发动机。油气分离装置中的核心部分是油气分离器,最常采用的是离心式油气分离器,靠离心力分离油和气,其组成与结构如图9-21所示。

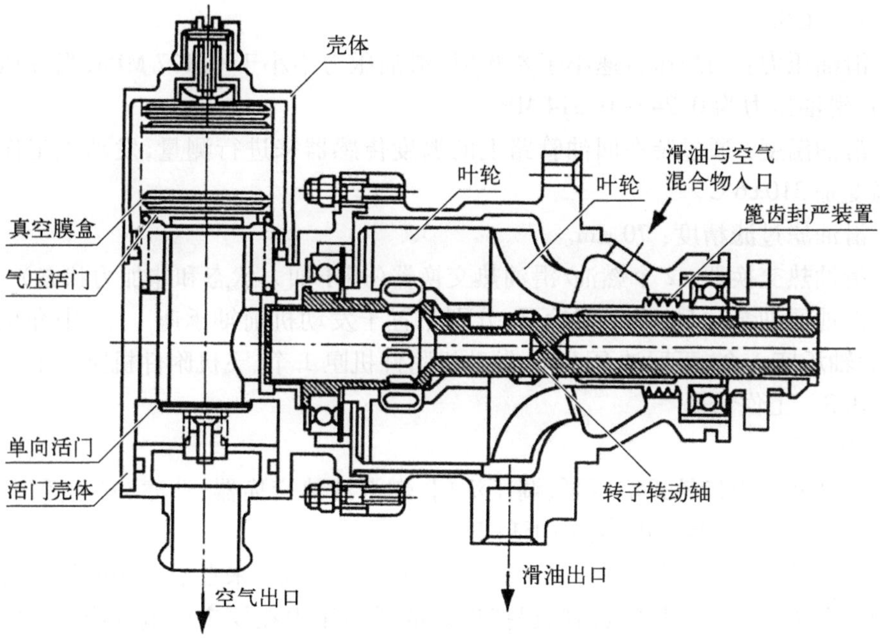

图9-21 离心式油气分离器(离心通风器)

该装置由油气分离器(右半部分)和通气活门(左半部分)两部分组成,又叫作离心通风器。它由叶轮、篦齿封严装置、轴、活门壳体、单向活门、气压活门和真空膜盒等组成。

当发动机工作时,来自各润滑部位的滑油蒸汽由滑油空气混合物入口进入离心通风器,被叶轮带动旋转,由于油液与气体的比重不同,在离心力作用下,滑油油珠被甩向四周,沿着壳体内壁流至滑油出口,进而通往滑油箱的导管中。而被分离出的气体从轴上的椭圆孔进入转子中央,再经通气活门的空气出口排出机外。

通气活门的功用是根据飞行高度控制通风(通气)系统与外界大气的连通和关闭。

在设定高度(如 9 km)以下,由于真空膜盒被压缩,气压活门始终打开,因此通风(通气)系统与大气连通。并且随着飞行高度的升高,膜盒外部压力逐渐减小,膜盒逐渐膨胀,通气系统出气面积逐渐关小。当达到设定高度后,膜盒膨胀使气压活门完全关闭,之后由单向活门保持滑油腔、机匣及滑油箱内的气压与外界大气压力的压差。

9.3.3 发动机滑油系统实例

下面,以某型涡扇发动机为例,介绍发动机滑油系统的实例。

9.3.3.1 系统概况

该发动机的滑油系统是独立的、调压式、反向循环式、单回路循环系统,由供油系统、回油系统、通气系统和支点增压系统四个子系统组成,滑油热交换器位于供油管路上。在 8 km 以下,离心通风器上的气压活门打开,滑油系统与大气相通,所以为开式系统;而在 8 km 以上,离心通风器气压活门关闭,滑油系统此时为闭式系统。

滑油系统的基本参数如下。

(1) 滑油量:滑油箱的容积为 20 L,正常加油量不大于 14.5 L;正常情况下,滑油消耗量不大于 0.6 L/h。

(2) 滑油压力:当高压转速小于 85%时,滑油压力不小于 0.177 MPa,当高压转速高于 85%时,滑油压力为 0.245~0.314 MPa。

(3) 滑油温度:通过装在回油管路上的温度传感器来进行测量,发动机工作时回油的告警温度是 210±6℃。

(4) 滑油滤过滤精度:70 μm。

(5) 滑油热交换器:2 个燃油/滑油热交换器(用于加力状态和非加力状态)。

(6) 滑油回油泵数量:7 个齿轮泵,分别布置于发动机前轴承座 1 个、中介机匣轴承座 1 个、后轴承座 1 个、下回油泵 1 个、发动机附件机匣 1 个、飞机附件机匣 2 个。

9.3.3.2 工作情形

1. 供油系统

滑油供油系统由齿轮式增压泵、调压活门、燃滑油热交换器、油滤、安全活门、转换活门、加力燃滑油热交换器、喷嘴及单向活门组成。

滑油系统的供油路线如图 9-22 所示。其工作情形为:来自滑油箱的滑油经滑油附件内的增压泵增压,并通过调压活门保持出口的滑油压力在规定值范围内。从滑油增压泵出来的滑油经燃滑油热交换器,进入滑油箱内的油滤进行过滤,然后输往转换活门。转换活门根据发动机是否处于加力工作状态来接通加力燃滑油热交换器。当发动机不加力时,从转换活门出来的高压滑油,分成六路输往各润滑部位,一路输往高、低压涡轮后轴承;一路输往高压转子前轴承、低压涡轮前轴承及低压压气机后轴承;一路输往发动机附件机匣;一路输往中介机匣的下回油泵,用于油泵的润滑散热;一路输往低压压气机的前轴承;再有一路通过飞机附件机匣,输往涡轮起动机供油系统单向活门,以及飞机附件机匣的滑油喷嘴,用于给外置机匣滑油散热。当发动机在加力状态工作时(油门杆角度大于 72°),转换活门接通加力燃滑油热交换器,滑油在其中进行进一步散热,然后再输往上述各润滑散热部位。

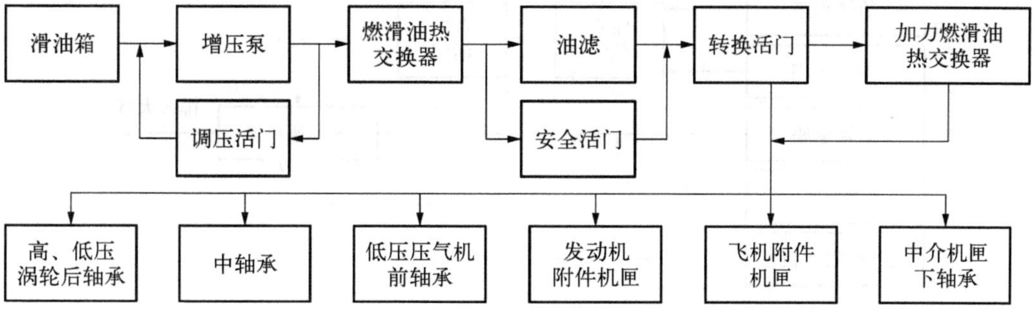

图 9－22　滑油系统供油路线框图

2. 回油系统

滑油回油系统由齿轮式回油泵、单向活门、金属屑信号器、滑油箱、带活门的磁塞、活门组合等组成。

滑油系统的回油路线如图 9－23 所示。可见,回油路线大致有三条,一路是从前、中、后轴承座的三个回油泵和下回油泵,以及发动机附件机匣回油泵抽回的高温滑油,顶开单向活门,流经滑油箱上的金属屑信号器后输往油气分离器。另一路是从飞机附件机匣回油泵抽回的滑油,经带活门的磁塞,直接通过单向活门壳体上的管路,输到滑油箱上的金属屑信号器,再经过油气分离器分离。分离出的滑油流入滑油箱,而分离出的空气顶开通气活门,进入滑油系统的通气管路。再有一路是在发动机起动时,对涡轮起动机轴承和机匣润滑过的滑油,进入活门组合,顶开单向活门流入飞机附件机匣,如果涡轮起动机回油系统流量大,部分回油可顶开活门组合内的安全活门,流入飞机附件机匣。

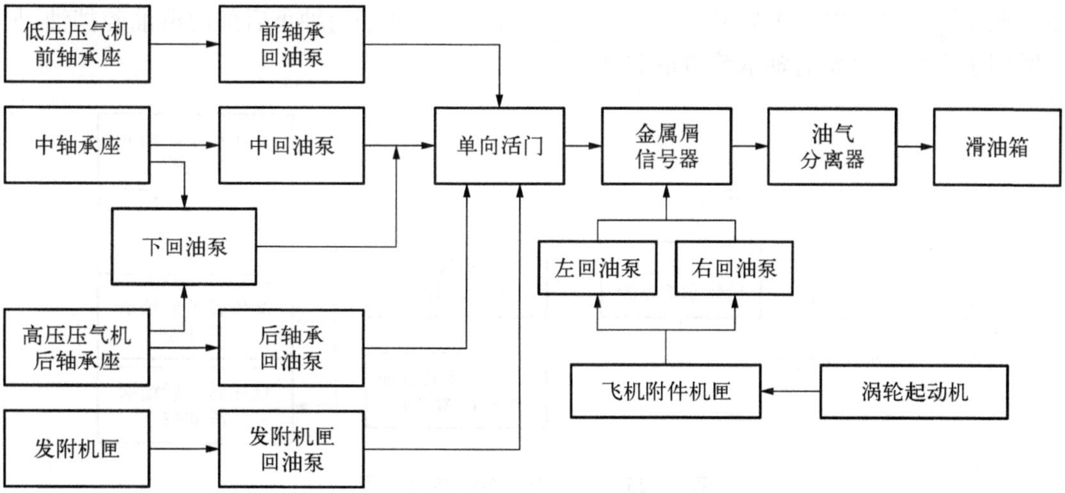

图 9－23　滑油系统回油路线

3. 通气系统

滑油通气系统由保险活门、单向活门及离心通风器组成。其工作原理如图 9－24 所示。

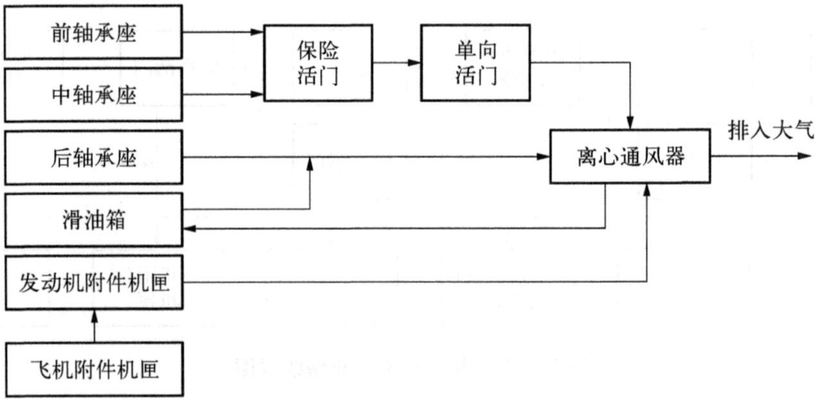

图 9-24　通气系统路线框图

通气路线是前、中轴承滑油腔内的滑油蒸汽，经保险活门和单向活门到离心通风器，进行油气分离；后轴承滑油腔的滑油蒸汽与滑油箱的蒸汽一起引到离心通风器；飞机附件机匣的滑油蒸汽则先被引到发动机附件机匣，再输往离心通风器。经过离心通风器后，分离出的滑油流入滑油箱，而气体排出机外。

4. 支点增压系统

支点增压系统由外涵道和高压压气机第 7 级引气装置、增压空气转换活门和转换活门工作信号器、导管等组成。

其工作路线如图 9-25 所示。从外涵道或高压压气机第 7 级引气装置的引气，首先经过增压空气转换活门进行选择，一小部分直接对低压压气机后轴承前滑油腔提供挡油空气，另一部分经过低压转子轴内腔分为两路。一路用于对低压压气机前轴承挡油，另一路从低压转子轴内腔出来后又分为两股，一股用于高压转子前轴承后部前滑油腔挡油，另一股用于高低压涡轮后轴承前滑油腔挡油。

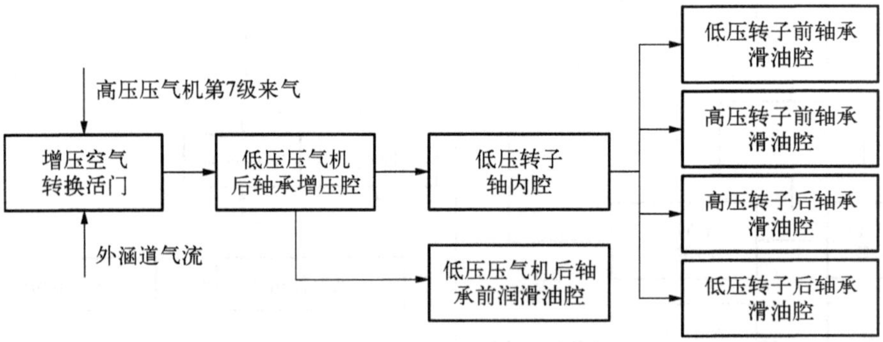

图 9-25　支点增压系统路线框图

增压空气转换活门根据外涵道引气压力的大小进行空气通道的转换。当发动机起动时，主要通过高压压气机引气；随着转速增加，当外涵道气体压力与大气压力之差达到 0.049 MPa 时，关闭高压压气机第 7 级引气通路，打开外涵道引气通路。这样既可避免滑油腔压力过大，也可减小发动机的推力损失。

9.3.4　滑油系统状态监控与试验简介

滑油系统是航空发动机的重要工作系统，其工作性能和可靠性对于确保发动机可靠工作和飞行安全至关重要，因此在使用中需要对其工作状态进行及时有效的监控，在研制和生产过程中需要针对滑油系统开展充分的试验。下面简单介绍滑油系统状态监控和试验的情况。

9.3.4.1　滑油系统状态监控

航空发动机滑油系统状态监控可分成三类：滑油系统工作参数监控，以反映系统自身是否正常工作；滑油中屑末监控，以反映使用中轴承、齿轮等的磨损和故障状况；滑油理化特性状况监控，以反映滑油随着使用条件的变化情况。

滑油系统状态监控是发动机状态监控的重要组成部分，滑油系统状态监控数据与发动机状态监控系统得到的信息有关，尤其与振动监测关联性更大。

1. 滑油系统工作参数监控

1）滑油压力监控

发动机滑油压力监控可提供滑油系统正常工作的指示，并用来监测意外的情况。滑油压力有一个规定的范围，如果滑油压力高，超过了规定值，可能是由滑油喷嘴堵塞、油滤堵塞或调压活门故障而引起的；滑油压力低于规定值，则可能是由泄漏、管路破裂、增压泵破坏、油箱油面低或调压活门破坏而导致的。在大多数发动机中，滑油压力是用装在滑油系统供油路中的压力传感器连续监测的，传感器与飞机座舱仪表和飞参数据系统相连，有的发动机还备有低压告警灯，有的发动机还可发出语音告警等警示信息。

2）滑油温度监控

为了不超过滑油使用的工作限制，必须监控滑油工作温度。监控滑油系统的回油温度，可反映极端的轴承问题、热端封严的泄漏或系统工作是否正常。如果传感器位于回油热交换器下游，还可反映热交换器是否堵塞。滑油温度通常用热电偶来感受。

3）滑油消耗量监控

滑油消耗量包含了滑油系统所有形式的滑油损耗，是监控滑油系统工作性能的重要参数。对滑油消耗量进行准确监控，可以及时发现系统机件出现的严重渗漏油故障、回油泵故障、回油泵回油效率下降，发动机内部封严装置失效，压气机通气活门、涡轮通气活门、离心通风器、油气分离器故障或效率降低。发动机滑油箱都有目视指示或简单的量油尺，供机务人员在飞行前、后检查滑油消耗程度，例如，在发动机停车后的 15～20 min 内检查发动机热态滑油量，每个飞行日评估滑油消耗量。有的发动机还装备有油量传感器，可连续测量滑油储油量。

2. 滑油中屑末监控

在轴承、齿轮等构件的工作中，无论是正常磨损、加速磨损，还是初期破坏，都会产生各种尺度的金属或非金属屑末，这些屑末的屑末量、屑末产生率、材料性质、质点形状与尺寸、尺寸分布及颜色等信息，可以很好地反映出磨损与破坏的性质。滑油系统是一个循环工作系统，借助于滑油对金属或非金属屑末的输运作用，在滑油系统的特定位置上获取滑油中金属或非金属屑末含量和成分的相关信息，对于及时检测出破坏的形式和部位（特别是短时会产生重大继发性破坏的早期破坏信息）具有非常重要的意义。滑油中屑末的监控可以在线或离线进行，利用金属屑信号器实现在线检测，利用磁屑采集器（磁塞）、滑油滤等也可以较方便地开展外场离线屑末检测工作。还可进一步针对滑油取样，应用光学显微镜、扫描电子显微镜、透射电子显微镜等形貌分析仪器，X 射线光电子能谱分析仪、俄歇电子能谱分析仪等成分分析仪器，开展对比分析、形貌分析、合金成分分析，为准确确定磨损情况提供翔实依据。此外，铁谱分析技术、自动磨粒分析技术、光谱分析技术等技术，相应的 LNF－C 系列自动磨粒检测仪、EIDCS－1A 系列油液磨粒智能检测仪、转盘电极式原子发射光谱仪（rotating disk electrode atomic emission spectrometer, RDE－AES）、电感耦合等离子体原子发射光谱仪（inductively coupled plasma-optical emission spectrometry, ICP－OES）等仪器设备，都已在外场得到应用。

3. 滑油理化特性状况监控

在航空燃气涡轮发动机中，滑油变质的程度和速度，与空气量、温度、滑油消耗量、滑油系统容量及滑油组成有关。正常工作的发动机，滑油变质的速度和程度较低，且因补加滑油消耗而被补偿。发动机工作不正常时（如密封装置磨损），所引起的较高空气量泄入轴承腔，或较高的油温都可造成滑油变质率的增加。对滑油进行酸值、黏度等理化性能分析，可反映滑油状况的信息，是发动机油液分析技术的一个重要方面。

外场一般只检查滑油的外观、酸值和黏度，并根据检验得出的指标来判断滑油是否变质。例如，滑油外观变得混浊不透明，黏度变化超过－5%～15%，矿物油酸值（KOH）变化超过 0.3 mg/g，合成油酸值（KOH）变化超过 3.0 mg/g，均表示滑油已经变质，应予以更换。

红外光谱分析是研究滑油变质和使用期间滑油状况监测最重要的分析工具之一。近年来，鉴于色谱法有较高的分离效能，用两者结合的方法可更完美地完成复杂样品的分析工作。但由于设备和工作量的缘故，红外光谱法很少在外场进行。

9.3.4.2 滑油系统试验

在发动机研发过程中，根据国军标的要求，在技术验证试验、飞行前规定试验和定型试验中都需要针对滑油系统开展针对性试验，以充分验证滑油系统的功能和可靠性。

1. 滑油放热和冷却试验

通过试验验证发动机型号规范规定的滑油系统性能及有关的冷却装置与冷却要求，包括典型状态的滑油系统热平衡实例计算，以及最高极限温度确定的滑油流量、放热数据及通风空气量。

当使用空气/滑油热交换器时，应对飞行器所有的空速、高度与环境状态规定的空气流量和压降进行试验。

当使用燃油/滑油热交换器时，热平衡数据应在发动机燃油进口接头处的温度为 15℃，海平面热大气温度及在发动机具有最佳燃油耗油率的每一工作状态下的最小燃油流量的基础上得到。在型号规范中应采用最高极限温度和采用 15℃、海平面热大气温度及型号规范规定的滑油冷却器冷却介质的最高温度，来表示整个滑油系统的热平衡。热平衡还应考虑附件齿轮箱最大载荷、发动机内部冷却要求的变化、引气的分出和对系统施加最大冷却要求的状态等影响。在型号规范中规定出滑油系统性能的测量仪表要求和传感器位置。

试验方法是在与飞行前规定持久试车发动机零组件目录的结构基本相同的发动机上，获得发动机放热率，包括滑油系统在内的冷却要求数据及发动机各附件测点的表面温度。

放热率和冷却要求所必需的数据，在发动机整个包线内的不同工作状态、功率分出和引气条件下测得。在定型试验持久试车前，提供包括实例计算在内的上述冷却要求的报告。

2. 滑油中断供油试车

该试验的目的是验证发动机在滑油供油中断时发动机的工作情况，以保证在意外情况下或飞机在机动飞行时发动机能正常工作。

将发动机安装在试车台上，当以中间推力状态工作时，切换电磁阀，中断滑油供油 30 s，之后切换电磁阀，恢复供油，在滑油中断和恢复供油后连续工作 30 min，发动机应无损坏地运行。试验后应分解并检查发动机，证实无损坏。

3. 滑油系统姿态试验

验证发动机滑油系统是否满足各飞行状态点的要求，例如，要求在负过载工作条件下满意工作 60 s，在零过载条件下至少满意工作 30 s。同时检查发动机在各飞行状态点系统供油、回油、通风等工作情况，审视发动机滑油系统热区轴承腔中由轴承、密封装置润滑冷却不足，轴承腔隔热冷却不好，以及滑油-空气混合物在轴承腔停留时间过长，或存在隐匿滑油等造成的轴承腔过热，从而产生滑油结焦与着火的可能性。

本试验的试验件由滑油系统的所有零组件及发动机的基本构件组成，近似模拟轴承腔的真实工作条件，附件传动机匣和所有滑油系统组件均呈发动机安装状态。要求的滑油系统参数包括滑油供油和回油的温度、压力，燃/滑油热交换器燃油进出口的温度、压力，各轴承腔内压力，附件机匣内压力，轴承腔壁温等。试验后，分解检查发动机主轴承腔及滑油系统各零组件工作情况，应无异常的机械损坏。

4. 热区轴承腔温度和气流特性对滑油结焦与着火影响试验

应以轴承腔内气温和腔壁温度为依据，较真实地模拟热区轴承腔的工作与环境条件。为检查发动机对滑油结焦的影响和能否发生轴承腔着火，应根据滑油放热和冷却要求的恶劣条件确定试验状态，对于轴承腔着火试验，应特别关注姿态试验中允许中断滑油供给的各试验点。

5. 滑油系统低温试验

验证滑油系统在低温条件下的工作是否正常，检查滑油箱加油口盖及所有其他注油装置的功能。使用低黏度滑油在−54℃下，或用中黏度滑油在 13 Pa·s 相应的温度下，发动机在起动和初始工作期间的最高滑油供油压力不得超过型号规范规定的极限压力，且该值的工作时间不应持续超过 2.5 min。在这个温度下，滑油箱加油口盖及其他注油装置功能正常。

使用型号规范规定的滑油进行工作的发动机，应在环境温度等于海平面冷大气温度(−54℃或黏度 13 Pa·s 相应温度)至少保持 10 h。之后，对滑油箱加油口盖及其他注油装置进行功能检查，以证明在低温条件下能正常工作。在达到保温时间后，将发动机油门杆置于慢车位置,进行一次发动机起动,当发动机达到慢车转速后应在 1.5 s 内把油门杆从慢车推向中间推力位置,完成达到中间推力的加速过程,然后发动机返回慢车并停车。试验证明发动机在起动过程中不超过滑油压力极限值,加速到中间推力状态不漏滑油,即认为完成低温试验。

6. *滑油系统着火试验*

滑油系统的外部管路、接头及附件应是防火的,即在发动机整个工作包线和环境条件内,遇到最低流量、最高压力和最高温度同时作用下,在明火 1090℃下烧 15 min,管路、接头及其附件应能正常输油。试件经受火焰作用的一端同时经受振动,振幅±1.59 mm,频率 33 Hz。

9.3.5 使用维护中滑油系统状态检查试车

某发动机滑油消耗量检查操作程序如下: 先起动发动机进行滑油位标定开车,停车后 15 min 观察并记录油位,接着进行滑油消耗量检查开车,停车后 15 min 观察油位,通过与标定油位开车之后的滑油位进行对比来计算消耗量。

当滑油光谱结果超标更换滑油后,先起动发动机进行初始光谱集成评定开车,停车后 15±5 min 从滑油箱、附件机匣、外置飞机附件传动机匣(左右各 1 处)、中腔和后腔接取油样,进行光谱分析。接着进行检查开车,停车后 15±5 min 从滑油箱、附件机匣、外置飞机附件机匣(左右各 1 处)、中腔和后腔接取油样,进行滑油光谱分析,通过对比两次光谱结果来判断发动机是否可以继续使用。

9.4 起动系统

发动机的起动过程是指发动机从静止状态(对于空中起动是风车状态)过渡到稳定的慢车工作状态的过程。在地面工作时,由于发动机一开始是处于静止状态的,因此起动过程就涉及发动机转子的初始驱动加速、燃烧室中的供油与点火、燃烧室中的稳定燃烧、压气机的稳定工作、涡轮的安全工作等问题。在空中飞行条件下需要起动时,发动机则从风车状态开始,仍然要解决燃烧室中的供油、点火与稳定燃烧,压气机稳定工作和涡轮安全工作等问题。因此,不论是何种工作条件,都需要有发动机起动系统来保证发动机不仅具有良好的起动性能,还要安全可靠地完成起动过程。

9.4.1 发动机起动过程

9.4.1.1 对起动过程的要求

发动机的起动过程实质上也是一种过渡过程。与加速性类似,发动机的起动性能是指发动机完成起动过程的能力,通常用起动时间来衡量。起动时间越短,说明发动机完成起动过程的能力越强。发动机的起动性能对于缩短战机出动时间、保障空中飞行安全、提高空中生存能力等具有重要意义。此外,对起动过程的要求还应包括: ① 起动过程平稳,无压气机失速和喘振、振动超限、转速悬挂(热悬挂和冷悬挂)等现象;② 涡轮前燃气温度低于最大限制值,保证涡轮工作安全;③ 起动程序简单,能自动完成;④ 具有较强的环境适应性，地面起动高度满足高原机场条件要求（如 4500 m），环境温度满足高低温范围要求。

9.4.1.2　起动过程的三个阶段

涡扇发动机和双转子涡喷发动机在起动时，为了保证燃烧室正常点火燃烧，都是首先驱动高压转子（核心机转子）运转。为此，需要分析发动机起动过程中高压转子的力矩关系。如图 9－26 所示，力矩 M_{TH}、M_{CH}、M_{mH} 分别表示高压涡轮的作用力矩、高压压气机的作用力矩和高压转子运转时的摩擦及功率提取输出力矩。可见，对于高压转子，$(M_{CH}+M_{mH})$ 是阻力力矩，M_{TH} 是驱动力矩。其中，阻力力矩 $(M_{CH}+M_{mH})$ 随着转速的增加增大，但是高压涡轮的力矩却只有在有了一定的转速 (n_{H1}) 时才可能由燃烧室中的燃烧实现，而且由于燃烧室稳定燃烧后涡轮前燃气温度 (T_4^*) 快速升高，高压涡轮的驱动力矩也快速增大，从而才可能驱动高压转子加速。这样，就存在着两个问题，一是在最小平衡转速 n_{Hp} 以下的极低转速范围内，有 $M_{TH}<M_{CH}+M_{mH}$；二是即使在转速稍大于 n_{Hp} 时，由于高压涡轮的落压比很小且效率较低，涡轮的驱动力矩也不大。显然，必须要有外界的输入力矩，才能较快地加速转子，这个输入力矩就是由起动机来提供的。所以，发动机都需要配置起动机，起动机的输入力矩为 M_S。这样，根据转子上的力矩作用关系，将发动机的起动过程划分为三个阶段。

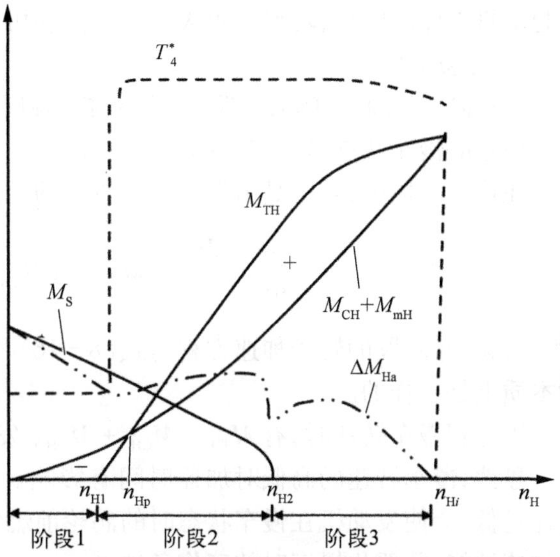

图 9－26　起动过程中各种力矩的变化

1. 起动阶段 1

起动阶段 1（起动的第一阶段）是由起动机开始带动发动机转子转动起，到高压涡轮开始发出功率时为止，转速范围为 0 ~ n_{H1}。

在此阶段，转子仅由起动机带转，转子上的力矩关系为

$$\frac{\pi}{30}J_{ZH}\frac{dn_H}{dt}=M_S-(M_{CH}+M_{mH})=\Delta M_{Ha} \tag{9-1}$$

其中，ΔM_{Ha} 是高压转子的剩余力矩，其变化情形如图 9－26 中的点划线所示。

一般在 $n_H=n_{H1}$ 时，起动机的扭矩比转子的阻力矩大 1~1.5 倍。如果提高 n_{H1}，对燃烧室的点燃与稳定燃烧有利，但对起动机的功率要求较高；反之，起动机功率可能小一些，但不利于燃烧室的点燃与稳定燃烧。

2. 起动阶段 2

起动阶段 2（起动的第二阶段）是由涡轮开始发出功率起，到起动机脱开为止，转速范

围为 $n_{H1} \sim n_{H2}$。

在此阶段中，转子由起动机与高压涡轮共同带动，即

$$\frac{\pi}{30} J_{ZH} \frac{\mathrm{d}n_H}{\mathrm{d}t} = M_S + M_{TH} - (M_{CH} + M_{mH}) = \Delta M_{Ha} \tag{9-2}$$

起动机的脱开时机对于起动性能和起动系统都是非常重要的，脱开过早或过晚都不适宜。过早脱开，会由于加速力矩小而延迟起动时间，严重时甚至使起动失败；过晚脱开，则起动机工作时间长，功率要求大。一般起动机脱开转速 $n_{H2} = (1.2 \sim 2) n_{Hp}$。

3. 起动阶段 3

起动阶段 3(起动的第三阶段)是从起动机脱开时起，直到发动机达到慢车转速 n_{Hi}，进入稳定的慢车状态，转速范围为 $n_{H2} \sim n_{Hi}$。

在这个阶段中，转子是由涡轮单独带动的，转子上的力矩关系为

$$\frac{\pi}{30} J_{ZH} \frac{\mathrm{d}n_H}{\mathrm{d}t} = M_{TH} - (M_{CH} + M_{mH}) = \Delta M_{Ha} \tag{9-3}$$

可见，此阶段的转子加速方程与式(8-16)所表示的发动机高压转子的加速过程方程的本质上是一样的。

当达到慢车转速时，有 $M_{TH} = M_{CH} + M_{mH}$，发动机处于稳定的慢车状态。

显然，慢车转速的高低对加速时间有影响。降低慢车转速，可缩短起动时间，但慢车转速过低，会使发动机在慢车状态时的涡轮前燃气温度接近最大允许值，从而影响发动机的加速性能，并恶化慢车时的工作条件。

上述这些特征转速 n_{H1}、n_{Hp}、n_{H2}、n_{Hi} 的数值，取决于起动状态下涡轮与压气机的共同工作特性、起动机特性、燃烧室的工作以及结构与使用因素等，一般很难用计算方法确定，可根据现有同类型的发动机数据来选取，然后在发动机调试中予以修正。

4. 起动时间

与加速过程类似，可以计算出总的起动时间 t_S 为

$$t_S = t_{S1} + t_{S2} + t_{S3} = \frac{\pi}{30} J_{ZH} \int_0^{n_{Hi}} \frac{\mathrm{d}n_H}{\Delta M_{Ha}} \tag{9-4}$$

可见，转子的质量极惯性矩越大，慢车转速越大，剩余力矩越小，则起动时间越长。为了缩短起动时间，必须正确选择起动机的类型、功率、特性曲线、脱开转速以及发动机的结构因素，如减少旋转零件的质量，起动机只带动高压转子等。同时，在起动过程中还可以通过打开放气活门、关小导叶角度等方式减少压气机所需的扭矩，通过放大喷管面积来增大涡轮落压比，从而提高涡轮的功率。

9.4.1.3 空中起动的特点

由于某些偶然因素，如过大的机动动作、吸入发射武器废气以及部件或系统故障的影响，发动机可能空中停车。因此起动系统应保证在一定的飞行高度和速度下仍能可靠起动。

发动机空中起动有以下两个特点。

(1) 由于惯性和迎面气流的吹动，发动机转子处于自转状态，又叫作风车状态，此时的转速称为风车转速。因此空中起动时不需要起动机带转。试验证明，发动机风车转速主要与飞行速度成正比关系。在风车状态下，压气机出口气流的压力低、速度比较大，使得起动点火条件恶化。

(2) 燃烧室工作条件比较差。除上述发动机内气流速度较大这一原因之外，还因为：

① 高度增加，大气温度和压力降低，燃料黏性增加，雾化不良，燃烧效率降低；

② 飞行高度增加，使得电嘴间隙放电能量大大降低，又由于较大速度的气流通过电嘴所有区域，因此降低了火舌形成的可靠性；

③ 飞行高度增加，保证喷嘴有良好雾化质量的喷嘴前最低燃油压力的油泵转速增加，以及燃烧室稳定燃烧条件变坏，因此，发动机最小稳定可靠工作的慢车转速增大。同时，高度增加，空气流量减小，使得剩余功率减小。这样，将发动机进入慢车状态就比较困难。

因此，发动机在高空起动的可靠性要由燃烧室内点火可靠性来保证。为此，要有强大的点火源和可靠的起动点火系统，以提高可靠起动的飞行高度。而且，发动机空中起动的高度和速度也都有一定的限制。

9.4.2　起动机

在涡喷和涡扇发动机中，常采用的起动机主要有三类，即电起动机、燃气涡轮起动机和空气涡轮起动机。

1. 电起动机

一般采用直流电动机作为电起动机，通过减速器与棘爪离合器及发动机转子连接。发动机起动时，由机上电瓶或地面电瓶车向起动机供给 24 V 的直流电源，电动机带转发动机转子。当达到起动机脱开转速时，起动机由棘爪离合器自动地与发动机转子断开。目前广泛使用的是起动-发电机。起动时，作为直流电动机使用，起动结束后则转作为直流发电机，由发动机转子带转发电，向飞机供给直流电源。

涡喷-7 型、涡喷-13 型、涡桨-6 型等发动机均采用此类起动机。例如，涡喷-13 型发动机，它采用 QF－12D 型起动-发电机，起动时输出功率 12～16.4 kW，最大扭矩为 440 Nm；发电时，输出功率为 12 000 W，质量 31.5 kg。在中型发动机上采用起动-发电机时，需采用双速传动装置来传动，但在一些小流量的发动机中，为简化结构，也有不采用双速传动装置的，如 J69、JT15D 等。

电起动机的主要优点是使用、维护方便，结构简单，尺寸小，便于起动过程自动化。主要缺点是起动扭矩不够大，不适于中、大型发动机，供它所需的机载蓄电瓶较重，起动机的功率对外界气温与电压的变化比较敏感。

2. 燃气涡轮起动机

燃气涡轮起动机实际上就是一台完整的小型涡轮轴发动机，如图 9－27 所示的 WQ－66 型起动机和 WQJ－1A 型起动机(解剖图片)。一般由单级离心压气机、回流式燃烧室、涡轮(有的还有自由涡轮，如 WQ－66 型)、减速器和离合器等组成，除此之外，还有它自己的燃油控制系统、润滑系统、起动系统等。有些燃气涡轮起动机采用定轴式的涡轮轴发动机，如 PⅡ-3M 型发动机采用的 C300-75 型燃气涡轮起动机。而军用斯贝发动机采用的 DQ-23 型燃气涡轮起动机则属自由涡轮式的。DQ-23 型燃气涡轮起动机输出功率为 59.6 kW，质量 30.4 kg，燃气发生器转速为 65 000 r/min，自由涡轮转速为 62 885 r/min。起动发动机时，首先通过起动机的起动系统，使 DQ-23 型的电起动机带转起动机的转子并供入燃油，点燃并驱动燃气涡轮发生器涡轮工作，当达到工作转速时，自由涡轮通过减速器带动发动机转子转动，当起动机输出转速达到 5700 r/min 时，起动机停止工作，整个起动时间约 30 s。

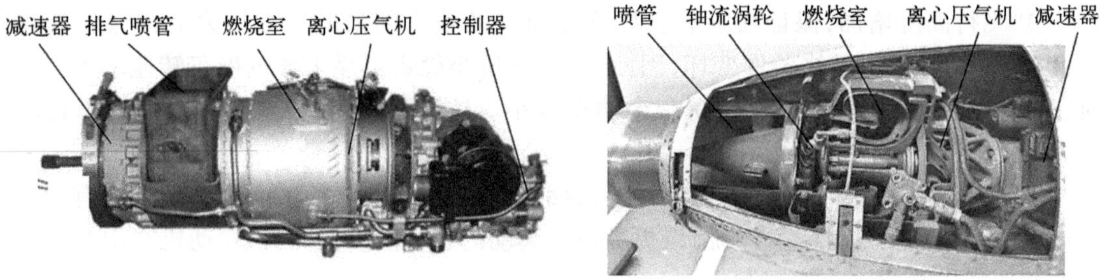

(a) WQ-66型起动机　　(b) WQJ-1A型起动机

图 9-27　燃气涡轮起动机

3. 空气涡轮起动机

空气涡轮起动机，如图 9-28 所示，属于无压气机的涡轮起动机，广泛地用于民航旅客机、大型运输机的发动机上，它是利用地面气源、机载储气瓶、飞机辅助动力装置或由已工作的发动机引来的高压空气[$(2.94\sim3.92)\times10^5$ Pa]，来驱动涡轮转子，通过减速器带转发动机转子。这种起动机结构简单，使用方便，但需有外来气源，不能独立地起动发动机，适用于装有辅助动力装置的大型飞机的发动机。

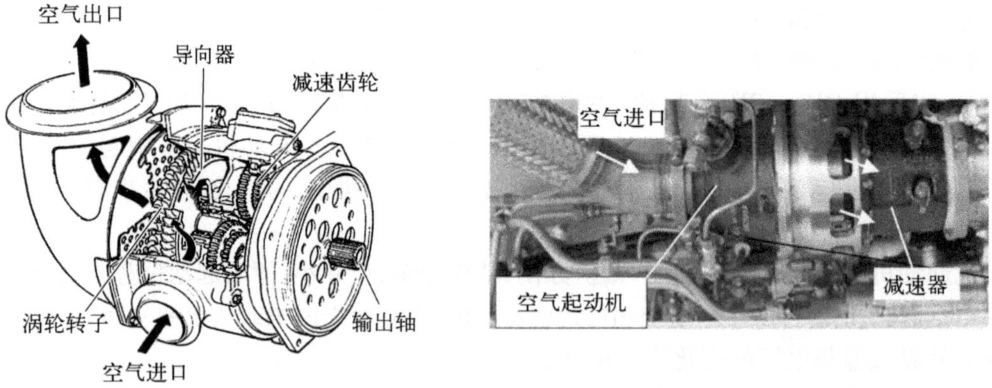

(a) 空气涡轮起动机1　　(b) 空气涡轮起动机2

图 9-28　空气涡轮起动机

若以起动机输出的单位功率所需质量为相对质量，那么，三种类型起动机的相对质量分别如下：起动-发电机为 5.36~10.72 kg/kW，燃气涡轮起动机为 1.47~4.02 kg/kW，空气涡轮起动机为 0.94~2.01 kg/kW。

9.4.3　其他附件/系统

发动机起动系统还包括主燃烧室点火系统、起动燃油控制系统、补氧系统和自动起动装置(起动时序控制器)。

1. 主燃烧室点火系统

主燃烧室点火系统用于在地面和空中发动机起动时,点燃主燃烧室油气混合气。主要由点火附件、点火装置、点火电嘴等部分组成。点火系统能量由发动机主电源供给,无须外部电源来保证地面和空中点火。

点火装置主要元件是半导体电嘴。发动机在地面工作时,半导体电嘴根据点火附件的指令产生电火花。在空中起动时,补氧系统还向点火附件输送氧气。

为保证发动机点火的可靠性,对点火系统还有以下要求: ① 冗余要求。需要至少两套独立的点火系统。② 连续点火要求。在飞行包线内燃烧室最易发生熄火的区域,点火系统应能连续工作。③ 自动再点火要求。应具有自动快速再点火功能,在空中熄火后能使燃烧室立即恢复工作。

2. 起动燃油控制系统

起动燃油控制系统的功用是在发动机起动时,供给并控制主燃烧室的供油量。它主要由起动控制器、加速控制器、转速控制器、起动装置、喷嘴和导管等组成。

当发动机起动时,根据起动控制的逻辑和时序,按照起动时间或发动机转速来控制向主燃烧室输出起动燃油。为了保证控制的精度以及防止出现压气机喘振和起动超温,在不同的转速范围内,分别采用起动控制器、加速控制器、转速控制器来实施燃油量控制。

3. 补氧系统

补氧系统的功用是在地面起动发动机时,向涡轮起动机燃烧室供氧;在空中起动发动机时,向主燃烧室供氧,以提高发动机起动的可靠性。

补氧系统一般由氧气瓶、充氧接头、放氧接头、高压压力表、低压压力表、减压器、电动气压活门及连接导管组成。

4. 自动起动装置(起动时序控制器)

发动机自动起动装置实际上是一个时序控制器,其功用是通过定时机构或转速信息来控制发动机起动过程中各附件或系统工作的时序。例如,点火的时机、起动机脱开的时机、燃烧室开始供油的时机等。在有的发动机上又叫作起动控制箱。对于采用电子控制器和数字控制器的发动机,一般是由电子控制器和数字控制器来完成的。

9.4.4　发动机起动系统实例

某型涡扇发动机的起动系统是独立、自动的起动系统,可完成在地面和空中自动起动发动机、在地面冷运转涡轮起动机和发动机、在起动的任意时刻中断起动等功能。

9.4.4.1　系统组成

起动系统的组成如图 9－29 所示,由燃气涡轮起动机及其控制系统、扭矩传递装置、燃烧室点火系统、燃烧室及涡轮起动机补氧系统、发动机起动燃油系统、自动起动控制器等组成。其中,燃气涡轮起动机是起动系统的主要部件,它本身就是一台涡轴式燃气涡轮发动机,用于在发动机起动时转动发动机高压转子、飞机和发动机附件。

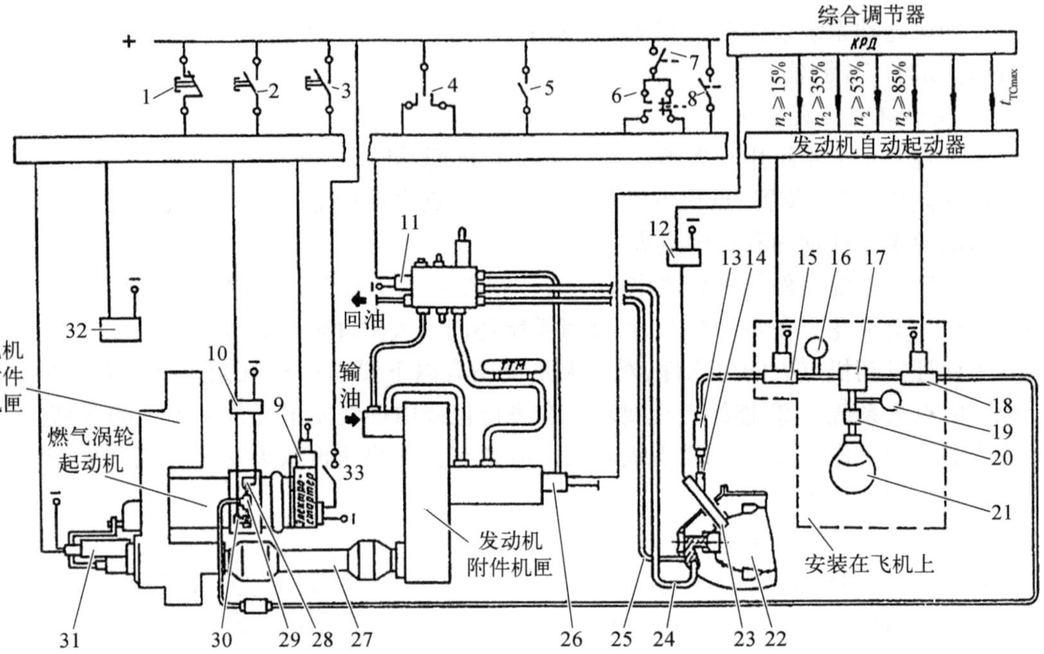

图 9-29　发动机起动系统组成简图

1-停车按钮;2-起动按钮;3、4-控制转换开关;5-空中起动开关;6-油门杆微动电门;7-起落架位置微动电门;8-起动机排气风门微动电门;9-起动机停车电磁活门;10-起动机点火线圈;11-起动装置补油电磁活门;12-燃烧室点火线圈;13、14、15-燃烧室补氧控制附件;16、17、18、19、20-补氧系统附件与压力表;21-氧气瓶;22-燃烧室;23-燃烧室点火装置;24-燃烧室副输油圈;25-燃烧室主输油圈;26-发动机停车活门;27-柔性轴;28-起动机点火器;29-起动机补氧单向活门;30-起动电动机;31-飞机附件机传动机匣离合器电动机构;32-起动电起动机接触器;33-控制电门

9.4.4.2　地面起动

将飞机座舱右后方操纵台上的发动机工作转换电门放在"起动"位置,油门杆放在"慢车"位置。按下起动按钮 1~2 s,发动机起动过程开始。

起动过程中的转速和排气温度等参数的变化情形如图 9-30 所示。首先是燃气涡轮起动机的工作。涡轮起动机排气风门电动机构开始工作,飞机上表面燃气涡轮起动机的排气风门打开到规定位置,并触压微动电门,发动机自动起动装置接通并开始计时,座舱里的"起动"信号灯开始燃亮,燃气涡轮起动机开始点火,在自动起动装置工作 1 s 后,电动起动机接通,带动涡轮起动机的压气机-涡轮转子转动。如图 9-30(a)所示,随着起动机的压气机-涡轮转子转速增大,开始向起动机的燃烧室供油,燃烧室很快开始工作,压气机-涡轮转子转速迅速增大。当起动到第 10 s,或者涡轮起动机燃油喷嘴前油压达到一定值时,或者压气机-涡轮转子转速达到设计转速时,表明涡轮起动机已起动成功,此时切断电动起动机和涡轮起动机燃烧室点火与补氧附件。

发动机起动过程中转速和排气温度的变化情形如图 9-30(b)所示。当起动进行到

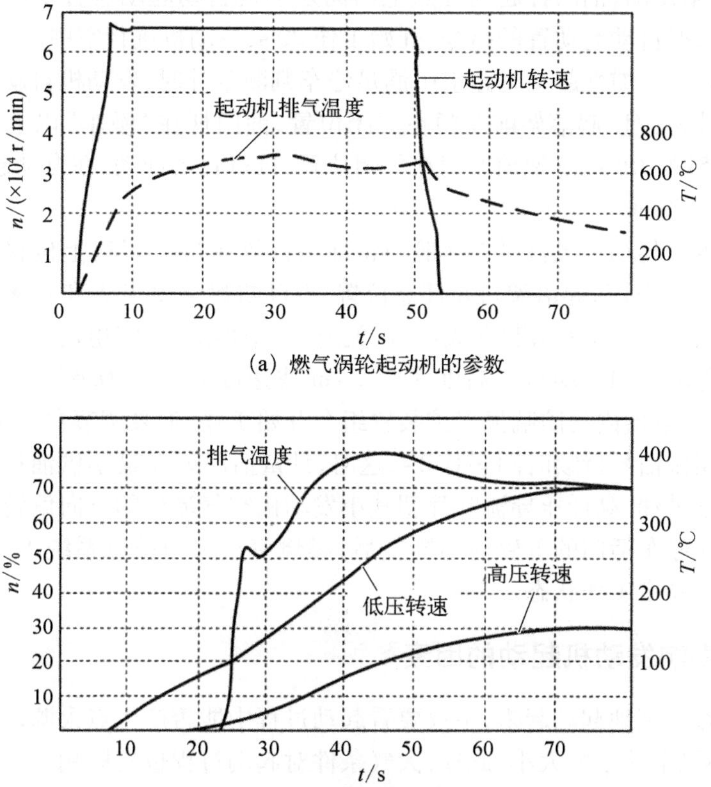

(a) 燃气涡轮起动机的参数

(b) 发动机的参数

图 9－30　起动过程中的参数变化

5 s 左右时，发动机高压转子已开始转动。起动到第 10 s，燃烧室点火系统开始工作并形成稳定点火源。当高压转子转速达到 15%或起动到第 22 s 时，开始向燃烧室供油（燃油突增）。由于点火源早已形成，当向燃烧室喷油时，燃烧室立即开始工作，开始进入起动的第二阶段。此后，在燃气涡轮起动机和高压涡轮共同带动下，发动机高压转子转速迅速增大。起动到第 25 s 或者转速达到 15%延时 3 s 后，燃烧室的燃油量由起动控制器控制，以保证不超温、压气机不失速喘振。当高压转子转速达到 35%时，燃烧室点火系统退出工作。当高压转速达到 40%以后，燃烧室的燃油量由加速控制器进行控制，以保证不超温、压气机不失速喘振。当高压转子转速达到 53%时，燃气涡轮起动机燃烧室断油，起动机脱开，“起动”信号指示灯熄灭。此后，进入起动的第三阶段，由发动机涡轮单独带动发动机转子加速到慢车转速。起动过程结束后，自动起动装置和发动机综合调节器发出指令，使排气风门关闭。

发动机地面起动时，可以双发同时起动，也可以单发独立起动。起动系统由发动机自动起动装置和发动机综合调节器来控制，前者按时间程序发出指令，后者根据涡轮起动机和发动机的工作参数发出指令，控制燃气涡轮起动机和发动机的起动过程。

9.4.4.3　空中起动

（1）自动起动。飞行员发现停车后，将油门杆先收到“停车”位置，再推到“慢车”位置，这时通过钢索传动，油门杆起动终点电门向发动机自动起动装置发出信号，燃烧室点火和补氧系统根据自动起动置的指令，开始工作 20 s，发动机进行空中起动。

(2) 惯性起动。惯性起动是指空中满足停车判断条件时，发动机自动进入起动状态。惯性起动的条件为：① 起落架前舱门在关闭位置，油门杆在“慢车”以上位置，但高压转速低于 53%或 57%；② 起落架前舱门在关闭位置，进行自动起动，在自动起动点火装置工作的 20 s 后，高压转速仍小于 53%或 57%。

(3) 空中再次起动。飞行员在座舱内将油门杆放在“慢车”以上位置，接通左操纵台上“空中再次起动”电门，起落架可在任意位置，发动机燃烧室点火和补氧附件开始工作，但工作最长时间不超过 180 s，起动成功后，关掉“空中再次起动”电门。

(4) 遭遇起动。当发动机在高度大于 2 km 或速度 $Ma_0 > 0.65$ 的条件下出现喘振时，发动机综合调节器内的防喘振保护装置组合开始工作，油泵调节器停车活门的电磁活门通电时间比喘振信号持续时间多 0.2 s，这时，计量活门处在最小供油量位置，燃油分配器停止向燃烧室供油，高低压导流叶片朝减小发动机空气流量的方向偏转，而喷管临界截面面积调大。在停车活门的电磁活门断电后，燃烧室点火与补氧系统工作 8 s，使发动机恢复到喘振前的稳定工作状态。

9.4.5 影响发动机起动的因素

发动机能否顺利地起动起来，不仅要看起动过程中能否产生点火源，还要看起动过程第一、二阶段中剩余功率的大小，此外，大气条件对起动过程也有影响。

9.4.5.1 起动过程中能否产生点火源的影响

起动过程中产生点火源的目的是：点燃燃烧室内的油气混合气，以便在燃烧室内形成稳定的火焰，从而使涡轮开始工作。如果在起动过程中，不能产生点火源，则燃烧室内的混合气就不能被点燃，涡轮无法发出功率，发动机也就无法起动。

在起动时，燃烧室内能否产生点火源，主要取决于起动点火装置的工作是否正常。如果起动电嘴积炭或电压过低而不跳火或火花太弱，都会影响点火源的形成。此外，能否可靠点火还与燃烧室内空气的温度、压力和燃油喷嘴前的油压有关。燃烧室内空气的压力和喷嘴前的油压越大，起动燃料喷嘴喷出的燃料的雾化质量便越好；空气的温度越高，燃料汽化就越快，也越完全。

9.4.5.2 起动过程中剩余力矩(功率)的影响

由起动过程的分析可以看出，起动时间的长短取决于剩余力矩(功率)的大小。剩余力矩(功率)越大，起动时间越短；反之，剩余力矩(功率)越小，起动时间越长。

如果起动过程剩余功率过小，发动机转子的角加速度就会过小，就可能出现在发动机转子转速还未上升到足以使涡轮单独带动压气机的转速以前，起动机就已停止工作的情况。这时，涡轮发出的功率比压气机需要的功率大得不多，如果再出现外界的不利于起动的因素(例如，风向发生变化，风从逆着喷气的方向吹来，起动时喷管内的燃气排出困难，引起涡轮落压比减小，涡轮功率随之减小)便可能造成涡轮功率小于压气机需要功率的情况，发动机也就起动不起来。

涡轮功率影响第二、三阶段的剩余力矩(功率)。涡轮功率越大，第二、三阶段的剩余功率越大,起动越容易,起动时间越短;相反,涡轮功率越小,第二、三阶段的剩余功率越小,起动越困难,起动时间越长。而涡轮功率的大小与涡轮前燃气温度 T_4^* 的高低和涡轮落压比的大小有关。提高 T_4^*,可以增大涡轮功率,但是,T_4^* 的提高要受到涡轮叶片材料强度和压气机喘振的限制。

由于在起动过程中,发动机的转速都较小,因此涡轮叶片的离心应力比最大转速时的离心应力要小很多,所以起动时,T_4^* 的"急增"(短时间的)允许超过最大限制值。但是,第二阶段开始时,T_4^* 增大会对压气机起到节流作用,不仅使压气机的稳定工作裕度减小,还使得压气机需要的功增加。若 T_4^* 过大,超过允许值,则压气机需要的功增加较多,造成起动的剩余功率大大减小,以至于等于零,将会出现发动机排气温度增加较多而转速却停止上升的现象,被形象地称为转速悬挂,那么这种排气温度高的转速悬挂叫作热悬挂现象。反过来,若起动过程中的供油量不足,T_4^* 过小,导致涡轮发出的功率较小,也会在某一转速出现剩余功率等于零的情况,结果出现转速悬挂。此种情况的特点是排气温度低,这种排气温度低的转速悬挂叫作冷悬挂现象。不论是热悬挂还是冷悬挂,都会导致起动失败。因此,第二、三阶段中若要保证燃油控制系统各控制器的正常工作,准确控制供油量是非常重要的,这也是外场机务工作的重点之一。

此外,涡轮参加工作的时间早晚对第二、三阶段的剩余功率也有影响,过早和过晚都是不利于发动机正常起动的。

9.4.5.3　大气温度的影响

在严寒季节里,大气温度很低,燃料的黏度增大,挥发性不好,雾化和汽化的质量也变差,因而在燃烧室内产生点火源和形成稳定火焰的条件都变差。一般来说,大气温度降低到-30℃时,起动点火装置尚能产生稳定的点火源,但是,对于燃料系统喷出的燃料所形成的混合气,被点火源点燃和形成稳定火焰所需的时间,随着大气温度的降低而增长。这会使涡轮参加工作的时间推迟,起动时间增长。同时,由于大气温度降低,大气密度增大,发动机空气流量增大,压气机功率随之增大;大气温度降低,又使滑油变稠,摩擦功率也随之增大。在起动机发出的功率不变的条件下,起动过程第一、二阶段的剩余功率将会减小,这又会进一步使起动时间增长。

在炎热季节里,大气温度较高,一般来说,发动机比较容易起动。但是,大气温度升高时,大气密度减小,会使发动机空气流量减小,因而起动过程中,容易造成混合气过分富油而使燃气温度过高。此外,在大气温度较高的条件下(如 30℃以上)进行再次起动时,由于发动机停车不久,燃烧室的温度仍然较高,流经燃烧室的空气受热膨胀,密度较小,这时,起动的燃油偏多,使得混合气过于富油,不易形成稳定燃烧,发动机也就起动不起来。因此,在大气温度较高的情况下,发动机停车后,应对发动机进行充分冷却,以利于发动机再次起动。

9.4.5.4　机场海拔高度的影响

在地面起动时,随着机场高度增加,尤其是高原机场,大气压力降低,空气密度减小,发动机空气流量比平原地区显著减小。这种变化会引起两个方面的影响。一方面是常常导致起动过程发动机排气温度偏高，这是因为在空气流量减小的同时，燃油控制器的静差往往使起动供油量并不能精准地同步减小，于是容易在燃烧室内形成富油燃烧，使排气温度指示早（即涡轮参与工作早）、上升快、数值高。机场标高越高（即大气压力越低），这种影响越大，即混合气越富油，起动温度也越高。另一方面，起动过程中的空气流量减小，也使得涡轮的功率减小，而发动机需要传动的附件功率并不减小，所以造成起动的剩余功率减小较多，导致起动时间明显延长，甚至起动失败。

因此，在高原机场起动时，需要对燃油控制系统进行针对性地调整，准确地调整燃油流量，增强其适应性。

9.4.5.5 其他因素的影响

1. 发动机进、排气系统的流动损失的影响

进气系统流动损失增加，气流的总压下降，在其他条件一定的情况下，发动机起动时的空气流量减小，使剩余功率降低，对起动过程第二、三阶段不利。不仅如此，在流动损失增加的同时，通常伴随着压气机进口总压畸变，减小了压气机的稳定工作裕度，也限制了起动时的涡轮前燃气温度。

排气系统流动阻力增加，会使涡轮落压比下降，起动困难。所以，发动机起动时，都将喷管最小截面放至最大位置，以改善起动条件。

2. 低压转子对高压转子的节流作用

双转子发动机起动时，起动机通常只带动高压转子。在起动过程第一、二阶段，转差率迅速增大，低压转子转速的升高远远落后于高压转子转速的升高，其结果是低压压气机对高压压气机起到很强的节流作用，容易造成高压压气机叶片冲角过大而出现气流分离，这进一步增加了高压压气机所需的功率，同时限制了涡轮前燃气温度的提高。

9.4.6 使用维护中发动机的起动

对于某型发动机，将工作方式转换开关扳到起动位置，将发动机油门杆置于慢车位置，将起动按钮按下 1~2 s，发动机起动并自动升速到慢车状态。当出现下列情况时，自动起动箱自动切断起动程序，发动机起动和燃气涡轮起动机工作自动停止：当燃气涡轮起动机燃气温度超过允许温度时，数字调节器发出指令；起动 10 s 后，燃气涡轮起动机增压油路的滑油压力小于 0.1 MPa，最小滑压信号发出指令；起动 10 s 后，燃气涡轮起动机燃油压力小于 0.5 MPa，切断电起动机信号器发出指令。当发生上述三种情况后，为了保证下次起动，必须将停车按钮按下。

该发动机的起动过程和要求如下：按下起动按钮，起动指示灯应亮；燃气涡轮起动机的工作声音应正常；转速 n_2 增加、温度 T_6 升高，飞机座舱指示 T_6 不大于 800℃，瞬时可以不大于 820℃，但大于 800℃的时间不大于 3 s；当 n_2 超过(63±1)%，但起动时间达到 70 s，则燃气涡轮起动机自动停车，且起动指示灯自动熄灭。

该发动机起动过程中有以下注意事项：倘若按下起动按钮以后，经过 5~7 s 燃气涡轮起动机还未起动，则要停止发动机的起动，同时将停车按钮按下 1~2 s，并将油门杆拉停到停车止动位置；倘若按下起动按钮以后，经过 10 s，当燃气涡轮起动机运转时，发动机高压

转子没有转动,则按下停车按钮1~2 s,将发动机油门杆拉到停车止动位置,停止起动;倘若按下起动按钮后,经过25~30 s,转速 n_2 还未超过21%并且 T_6 也未升高,则应停止发动机的起动,并将发动机油门杆拉到停车止动位置,这时,为了给发动机冷却,燃气涡轮起动机不要停车;倘若按下起动按钮后,在规定的起动时间范围内,n_2 未达到慢车转速,并且停留某转速不增加,则应停止发动机的起动,将发动机油门杆拉到停车止动位置;倘若 T_6 升高超过允许温度时,则将发动机油门杆拉到停车止动位置,停止起动发动机,这时,允许"综调故障"信号灯发亮,关闭数字调节器电源,待座舱显示 T_6 温度低于425℃,再接通数字电子调节器电源;倘若当 $n_2 \geq 64\%$ 时燃气涡轮起动机还未切断,则按下停车按钮1~2 s,使它断开;倘若当 n_2 已经达到22.5%,n_1 无变化,应将发动机油门杆拉到停车止动位置,停止起动发动机;在起动过程中,有可能出现 T_6 限制系统协动的现象,有可能同时出现 T_6 摆动、发动机声音变化,这时如果 n_2 继续上升,则发动机能起动成功,如果 n_2 不变或下降,应立即停车。

9.5 发动机控制系统

飞机要在不同的高度和速度下飞行,为了在飞行中保持发动机的给定工作状态,或者按照所要求的规律改变工作状态,必须对发动机进行控制。这些只能依靠自动控制系统来完成。随着航空技术的发展,要求不断提高,控制系统也由最初活塞式发动机改变螺旋桨桨距的转速自动调节器发展到燃气涡轮发动机的转速、温度、油量、起动、加速等控制系统,以及保证发动机安全工作的防喘装置,超温、超转限制器等。而且发动机性能提高,对控制系统也提出更多、更严格的要求。比起过去,今天需要对更多的被控参数进行更精确的控制,需要进行推力管理、系统控制、故障监视等,这些都使发动机的控制系统成为一个复杂的、多回路的控制和管理系统。

发动机自动控制的意义十分重要,发动机的各种特性要靠它来实现,发动机的可靠性要由它来保证,而且发动机试车及外场维护工作中遇到的问题及性能故障大部分与它有关。因此控制系统对保证发动机性能和安全都起着关键性的作用。

9.5.1 对发动机控制系统的要求

由于飞行包线的扩展,发动机的特性变化很大。在此范围内,要高性能地满足飞机在各种飞行条件下的需要,可控变量就要多,控制系统也很复杂,不同类型、不同用途的发动机对控制系统的要求也不尽相同。而下述几个方面是最基本的要求。

1. 保证最有效地使用发动机

在各种工作状态及飞行条件下,最有效地使用发动机,最大限度地发挥其潜力。例如,在起飞状态下,能发出最大推力,以满足起飞、爬升的要求;在巡航状态下,耗油率最小,以满足经济性要求;慢车状态时,保证工作状态稳定且推力最小;当发动机在过渡工作状态下,如发动机在起动、加减速、接通与断开加力时,能快速操纵,过渡时间短并且不喘振、不熄火。控制系统应保证航空发动机在整个飞行包线内,在各种严重恶劣的机动飞行条件下均能正常工作。

2. 工作稳定且控制精度高

任何控制系统都必须是稳定的，即在外界干扰作用下，始终能按预定的规律保持稳定的工作状态，这也是对控制系统的基本要求。现代发动机大都工作在极限性能状态，控制的准确度要高，控制系统应能使误差减少到允许的最小值。在装有多台发动机的飞机上，应保证所有发动机的工作协调性，即各台发动机应能输出同样的推力或功率。操纵的重复性要好，当油门杆的位置相同时，发动机参数应保持良好的一致性。

3. 良好的动态品质

控制系统的动态过程应有良好的品质，要求发动机能快速而平稳地从一个状态过渡到另一状态，油门杆的使用不受任何限制，推力响应迅速、可靠。同时不超出所规定的各种限制，如喘振、超温、超转、熄火等。

4. 可靠性高且维护性好

可靠性是控制系统的基本要求。液压机械式控制系统使用经验比较丰富，系统可靠性较好。电子控制系统除提高元器件的可靠性外，在设计中也采取许多措施，保证其工作可靠。例如，采用余度技术，即当一套系统出现故障时，可自动切换到另一套系统工作。在发动机维护保障工作中，控制系统也占有相当大的比重。所以，要改善控制系统的维护性，要求便于维护和调整，便于故障检测，更换部附件的时间要短，且可达性要好。

此外，还要求控制系统结构简单，质量轻，体积小，安装方便等。

9.5.2 发动机控制系统的任务

随着飞行条件(飞行高度、速度和大气条件)的变化，以及飞机战术技术要求的提高，航空发动机的使用范围不断扩大，状态变化也更加频繁和迅速。航空发动机的工作过程既是一个极其复杂的气动热力过程，也是一个应力载荷和温度载荷剧烈变化的过程。因此，要保证发动机工作的安全和性能发挥，发动机控制系统所要完成的任务也越来越多，主要包括以下方面。

9.5.2.1 燃油流量控制

燃油流量控制是航空发动机控制系统的核心任务。根据发动机起动、加速、稳态、减速、进入加力、退出加力等不同工作状态和过程对燃油流量的需求，将清洁的、经过增压和准确计量的燃油输送至燃烧室和加力燃烧室，在燃烧室和加力燃烧室形成稳定燃烧，并且满足压气机不失速喘振、涡轮进口温度不超温、高低压转子不超转的要求。具体来说包括以下三种控制方式。

(1) 推力控制。根据发动机的油门杆位置和飞机的飞行条件变化，准确计量供给燃烧室的燃油流量，获得所需的推力。由于在飞行中很难直接测量推力，因此推力控制一般都是间接地通过转速控制、压比控制等方式实现的。

(2) 过渡控制。过渡控制的目的是使发动机状态转换过程能迅速、稳定和可靠地进行。一般包括起动、加速和减速过程的控制、接通和断开加力的控制及压气机的防喘和消喘控制。过渡控制一般都直接对燃油流量进行控制，同时在起动和接通加力时需对燃烧室的点火时机进行控制。

(3) 安全限制。安全限制的目的是保证发动机安全正常地工作，防止超温、超压、超转和超功率安全限制。控制系统只在出现上述超限情况时才起作用而工作。有的发动机的加速、减速过程中的燃油流量控制就是采用安全限制的控制方式。

图9－31显示了发动机在地面条件下工作时受到最大转速、贫油熄火、涡轮前燃气总温的最高值及压气机喘振边界的限制情况。发动机在空中飞行条件下工作时受到的限制如下：高空低速时，受燃烧室高空熄火的限制，这是因为高空空气稀薄，燃油雾化质量差，难以稳定燃烧。低空高速时，受压气机超压限制。

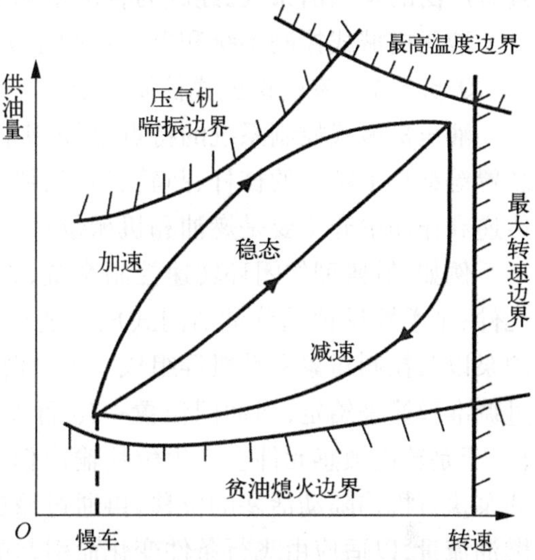

图9－31　发动机的安全限制范围

9.5.2.2　空气流量控制

对流经发动机的空气流量进行控制，以保证压气机工作的稳定性。它包括风扇和压气机的可调静子叶片角度控制、中间级放气活门开关控制、起动放气活门控制等。此外，还需要根据飞机系统的引气需求进行引气量控制，以及为改善进气道的性能进行进气道辅助进气和防喘放气流量控制等。

9.5.2.3　涡轮间隙控制

控制高压涡轮（甚至包括低压涡轮）的转子叶片和机匣之间的间隙，以保证在各个工作状态下间隙为最佳，减少漏气损失，提高发动机性能。

9.5.2.4　冷却控制

发动机中的冷却控制主要包括两个方面：一是对燃油和滑油温度的管理，确定各个热交换器的工作方式，保证滑油的充分散热，以及燃油既不结冰又不过热；二是涡轮的冷却控制，根据涡轮的工作状态来控制冷却引气量，在保证涡轮安全工作的同时提高发动机的性能。此外，还有喷管外壁和加力燃烧室筒体外壁的冷却控制问题。

9.5.2.5　风扇或压气机进口防冰控制

为防止低温进气条件下在风扇或压气机进口整流罩和导流叶片上结冰，需要从高压压气机后面级引出适量的热空气，对易结冰部位进行加热，因此，需要对引气流量和引气时机进行自动或人工手动控制，以保证安全并提高发动机的性能。

9.2.5.6　进气道和喷管的几何参数控制

为保证超声速进气道高总压恢复、低外部阻力和宽稳定裕度的性能要求，需要根据飞行条件和发动机的工作状态，对进气道激波阻滞面的位置、喉道面积进行控制，以保证进气道与发动机的流量匹配和流场匹配。喷管的临界截面面积是保持和改变发动机工作状态的重要控制变量，喷管出口面积也是影响发动机推力的重要因素，所以也需要有喷管几何参数的控制任务。

9.5.3　发动机控制系统基本类型

航空发动机控制系统按其采用控制器的类型是液压机械式控制器还是电子控制器，

分为液压机械式控制系统和电子控制系统。而电子控制系统又可按照是连续信号还是数字信号，划分为模拟式和数字式两类，即模拟式电子控制系统和数字式电子控制系统。由于数字式电子控制系统具有高速运算和存储能力、控制精度高、设计可更改性好等优点，具有广泛的发展前景，已经成为各国争相发展的发动机控制系统。

液压机械式控制系统和电子控制系统是航空发动机控制中的两种最基本的类型。

9.5.3.1 液压机械式控制系统

液压机械式控制系统的特点是控制系统的测量元件、放大元件、比较元件、指令设定装置等都是由精密的杠杆、凸轮、活门、弹簧、活塞、膜盒等机械零件组成的，而控制信息的传递和作动中介主要是燃油和机械位移。

例如，最典型的闭环转速控制系统，如图 9－32 所示，就主要由机械离心式转速敏感元件、带柔性反馈的分油活门式放大随动装置、定压活门、分油活门、随动活塞、柱塞式燃油泵以及控制对象发动机等组成。工作时，由油门操纵杆的位置设定需要控制的转速，通过调准弹簧来给定，当油门位置一定而飞行条件变化时，会引起发动机实际转速发生变化，于是转速敏感元件会产生位移输出信号，经分油活门式放大随动装置放大后，变为燃油泵执行机构随动活塞的位移，再通过该位移来改变柱塞式燃油泵的斜盘角度，从而改变燃油流量，以适应由飞行条件变化而引起的需油量变化，调整发动机转速保持为油门操纵杆所设定的转速。当推收油门时，通过改变调准弹簧的作用力来改变转速给定值，转速控

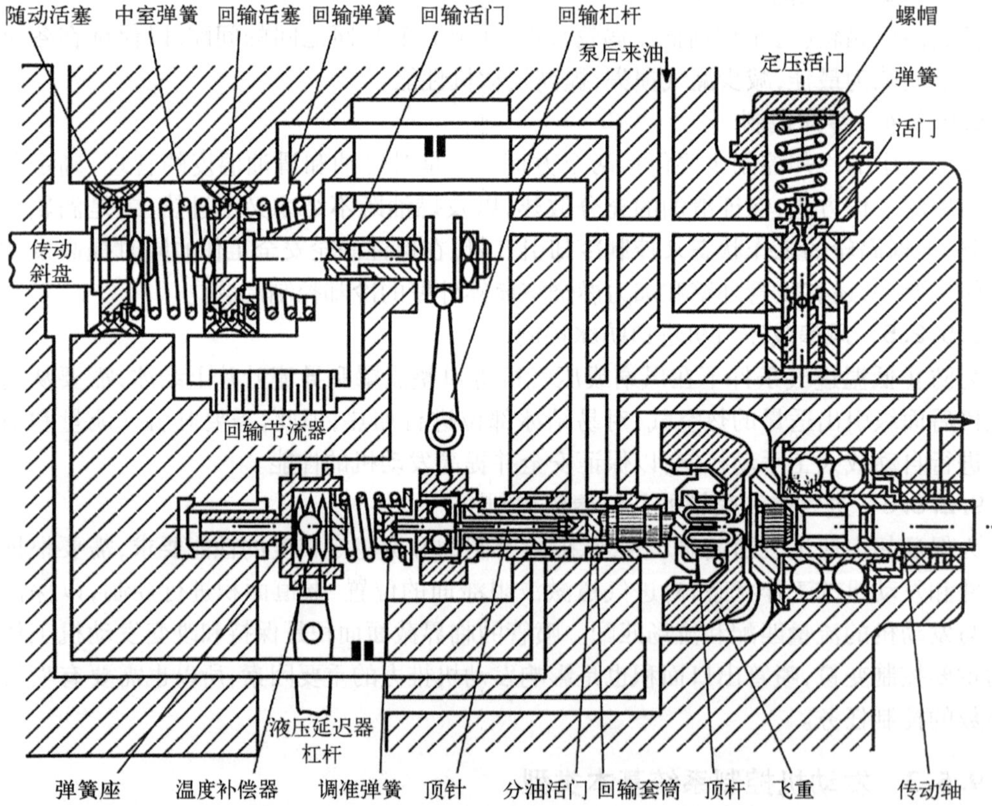

图 9－32 发动机转速控制系统原理图(部分调节器)

制器相应地控制供油量，使发动机实际转速达到给定值。

9.5.3.2　电子控制系统

图 9－33 是发动机燃油电子控制系统的关系框图，它通过对发动机燃油流量的计量来控制发动机的工作状态。

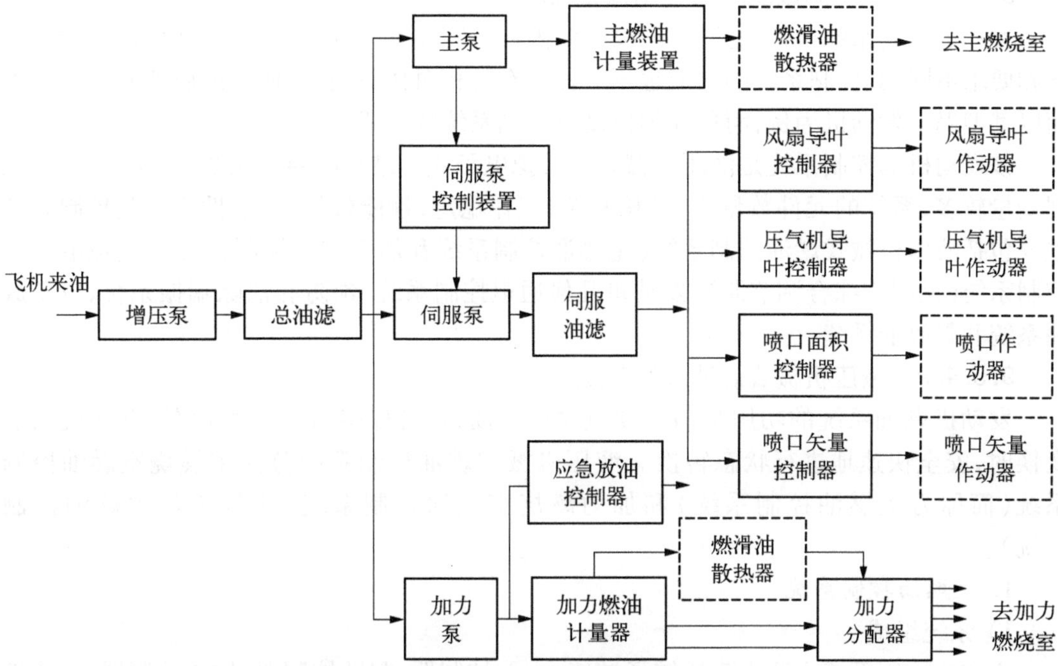

图 9－33　燃油电子控制系统控制关系框图

1. 模拟式电子控制系统

模拟式电子控制系统的控制元件大多由一些模拟电路元器件组成，如电源组件、继电器组件、脉宽调制器组件、无线电滤波器、印刷电路板以及各类功能模块插件等，这是与机械液压式控制系统以及数字式电子控制系统显著不同的地方。在工作时，通过测量低压和高压转子转速、进气温度等参数，与程序给定装置形成的信号进行比较，然后通过脉宽调制，最后通过电磁活门的开关量对执行机构进行作用，来控制发动机供油量。

2. 数字式电子控制系统

数字式电子控制系统由传感器、机载数字控制计算机、执行器和控制对象发动机组成。以转速控制系统为例，除了预编程序及计算机输入规定数据，计算机的输入量主要有六个，即转速给定值、发动机进气压力、发动机进气温度、发动机实际转速、供油量以及涡轮后燃气温度。系统有三条回路，即转速、燃油流量和涡轮后温度控制回路。该系统工作时，各个输入量经过各传感器测量后，再经过采样和编码的模-数转换过程输入计算机 CPU，计算机根据预先给定的程序进行计算后，输出离散的数字信号，经零阶保持器、解码网络和惯性滤波变成模拟量信号。再经过执行器转换成供油装置（计量油门）的机械位移。在稳态、加速、减速状态工作时，发动机根据预先编排的计算机程序工作，实现预定的控制方案。

从结构上来看,机载数字控制计算机是数字式电子控制系统的核心设备,而模拟量与数字量的相互转换又是该控制系统的特点,这是与模拟式电子控制系统不同的地方。

9.5.4 发动机控制系统实例

9.5.4.1 某型涡扇发动机控制系统简况

发动机控制系统执行的控制任务较多,因此不同类型、不同型号的发动机由于控制任务和要求不同,其控制系统的组成也不一样。有的相对比较简单,而有的就非常复杂。下面以某型涡扇发动机为例,简单介绍发动机控制系统的组成。

该发动机的控制系统是液压机械式和模拟电子式相结合的控制系统,控制任务多,控制变量较多,系统的元件数量多,结构复杂,工作稳定,性能较好,可靠性高。其控制系统主要包括液压机械式燃油控制系统(主燃油控制系统和加力燃油控制系统)、模拟电子式控制系统(又叫作综合调节器)、发动机几何通道控制系统、预防和消除喘振系统、应急放油系统和漏放油系统。

9.5.4.2 液压机械式燃油控制系统

发动机燃油系统的功用是向发动机输送燃油,自动保持给定工作状态;发动机状态变换时,安全快速地进行状态转换。液压机械式燃油控制系统分为主燃烧室燃油控制系统(简称为主燃油控制系统)和加力燃烧室燃油控制系统(简称为加力燃油控制系统)。

1. 主燃油控制系统

1)系统组成

主燃油控制系统主要由高压转子转速(n_2)控制器、起动控制器、加速控制器、减速控制器、压气机出口最大压力限制器和最小燃油流量限制器等组成。

对发动机状态的调节由 n_2 转速控制器完成,同时 n_2 转速控制器也参与所有的过渡态和超控保护调节。发动机过渡态的燃油量调节由起动控制器及加、减速控制器负责;而发动机的超控保护由压气机出口最大压力限制器和最小燃油流量限制器完成。

2)控制任务

主燃油控制系统主要完成以下的控制任务:

(1)保证发动机在地面和空中的自动、安全起动,不出现压气机失速/喘振、超温、超转等现象。

(2)保证在加速、减速状态,对发动机加速和减速过程实施最佳控制,不出现压气机失速/喘振、超温、超转等现象。

(3)在节流状态,根据油门杆的位置和发动机进气温度 T_1^*,控制调节 n_2 转速按照设定控制计划的规律变化。

(4)在中间状态(外场常称为最大状态)和加力状态,当 $T_1^* \leqslant 288$ K 时,通过控制主燃烧室供油量来调节低压转子转速 n_1 按照设定控制计划的规律变化;当 $T_1^* > 288$ K 时,通过控制主燃烧室供油量来调节涡轮后燃气温度按照设定控制计划的规律变化。

(5)根据外界大气压力 p_0,限制主燃烧室的燃油流量不低于最小供油量,从而限制发动机空中慢车转速。

(6) 根据高压压气机出口压力的大小,通过控制燃油量改变转速来限制压气机最大出口压力,防止发动机负荷过大。

(7) 根据飞行员指令,对飞机油箱进行应急放油。

2. *加力燃油控制系统*

1) 系统组成

发动机加力状态控制系统包括由加力燃油流量控制加力燃烧室燃气温度的开环控制系统,以及喷口临界截面积控制涡轮落压比的闭环控制系统。

其中,加力燃油系统由供油系统和控制系统两部分组成。供油系统由加力燃油泵和加力燃油分配器组成,加力燃油控制系统由加力燃油控制器、加力点火控制器和带加力的发动机组成。

2) 控制任务

加力燃油控制系统主要完成以下的控制任务:

(1) 保证安全、可靠地起动加力燃烧室工作(接通加力),不出现压气机失速/喘振、超温、超转等现象。

(2) 保证安全、可靠地关闭加力燃烧室工作(断开加力),不出现压气机失速/喘振、超温、超转等现象。

(3) 在加力状态,按照设定的加力状态控制计划,根据油门杆的位置指令、高压压气机出口压力和发动机进气温度 T_1^* 调节加力燃烧室的供油量。

9.5.4.3　模拟电子式控制系统(综合调节器)

该型发动机的模拟电子式控制系统的核心部件是综合调节器,所以常常把模拟电子式控制系统简称为综合调节器,如图 9－34 所示。该系统用于控制调节发动机参数,向发动机控制附件、监控告警系统和机载记录系统发出指令。与液压机械式控制系统相比,综合调节器具有感受信号全面、响应速度快、动态品质好、调节精度高和调节器体积较小等优点。

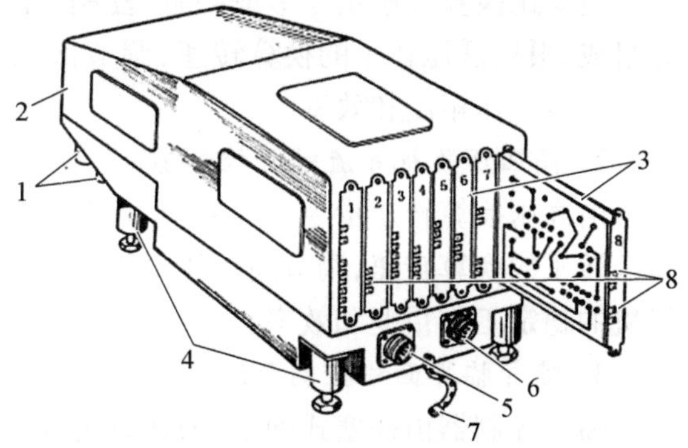

图 9－34　综合调节器

注: 图中的 1~8 与下文中的①~⑧对应。

1. 组成

综合调节器壳体为铸造机箱,其底部装有 4 个减震器,它的上部有 8 个功能模块插件,每个功能模块插件由两个用支架彼此相连的复合组件组成,每个复合组件由焊装的无线电元件、插座和带定位销的印刷电路板组成。

综合调节器的 8 个功能模块插件根据任务的不同,又可以分成 11 个通道和组件: ① 低压压气机进口导流叶片调节通道; ② 低压转子转速调节(限制)通道; ③ 高压转子转速调节(限制)通道; ④ 低压涡轮后燃气温度调节(限制)和涡轮冷却控制通道; ⑤ 防喘保护和惯性运转自动起动通道以及燃气涡轮起动机检查组件; ⑥ 综合调节器自检(故障检测)组件; ⑦ 加力控制与信号模块; ⑧ 离散指令组件。除了第 6 和第 7 组件,其他组件在外场可以进行调整。

2. 控制任务

综合调节器与发动机控制附件联合作用,主要完成下述控制任务:

(1) 根据发动机进口气流温度,调节(限制)最大状态和加力状态的低压转子转速、高压转子转速和涡轮后燃气温度(排气温度)。

(2) 根据战斗-训练状态指令,降低最大状态和加力状态的低压转子转速、高压转子转速和涡轮后燃气温度。

(3) 根据低压转子转速和发动机进口气流温度,调节低压压气机进口导流叶片角度。

(4) 根据发射武器按钮产生的信号,对发动机进行防喘控制;根据喘振信号器产生的信号,对发动机进行消喘控制。

(5) 对发动机接通加力的过程进行控制。

(6) 根据高压转子转速和排气温度控制涡轮冷却系统的接通和断开。

(7) 空中停车时,对发动机进行自动起动。

(8) 起动过程中,根据燃气涡轮起动机的排气温度和自由涡轮转速,对涡轮起动机进行控制;限制发动机的涡轮后燃气温度(排气温度)。

(9) 在发动机工作过程中,向发动机和飞机系统发出发动机工作状态的离散指令;当 $n_2 \leqslant 57\%$ 或接通加力时,锁闭应急放油系统。

(10) 对综合调节器各模块和通道进行飞行前检查;向机载参数记录系统、监控和告警系统、自动信号系统、语言信息组件和自动记录组件发出发动机状态和故障信号。

9.5.4.4 几何通道控制系统

发动机几何通道控制系统的主要作用是保证发动机的稳定性,由低压压气机导流叶片控制器、高压压气机导流叶片控制器、喷管临界面积控制系统组成。

1. 低压压气机导流叶片控制器

由低压换算转速指令形成装置、控制活门、杠杆机构、反馈机构、电子控制器执行机构等组成,根据低压转子的换算转速,调节低压压气机进口导流叶片的角度,提高低压压气机的稳定工作裕度和效率。

2. 高压压气机导流叶片控制器

由高压换算转速指令形成装置、控制活门、杠杆机构、作动筒、反馈凸轮等组成。根据高压转子的换算转速,调节高压压气机进口可调导流叶片和静子叶片的角度,提高高压压气机的稳定工作裕度和效率。

3. 喷管临界面积控制系统

喷口控制器由柱塞式油泵、液压延迟器、温度信号转换器、喷口控制器程序机构、落压比控制器、落压比重调活门、飞机着陆关喷口电磁活门、喷口临界截面积重调机构、节流状态喷口控制活门等组成。

根据油门杆位置和发动机进气温度,以及综合调节器离散指令组合发出的指令,来控制喷管临界截面积,以保证发动机的性能和安全可靠地工作。其控制任务有:① 在节流和最大状态,根据高压换算转速控制喷管临界截面积;② 在加力状态,根据油门杆位置,改变喷管临界截面面积,以保持涡轮落压比为给定的常数;③ 根据油泵调节器的指令,开大或收小喷管临界截面积;④ 飞机着陆时,根据飞机电子系统的电信号,关小喷管临界截面面积,以防止喷管尾部擦地。

4. 喷管临界截面积的控制规律

喷管临界截面积的控制规律分为四段,如图 9 - 35 所示。

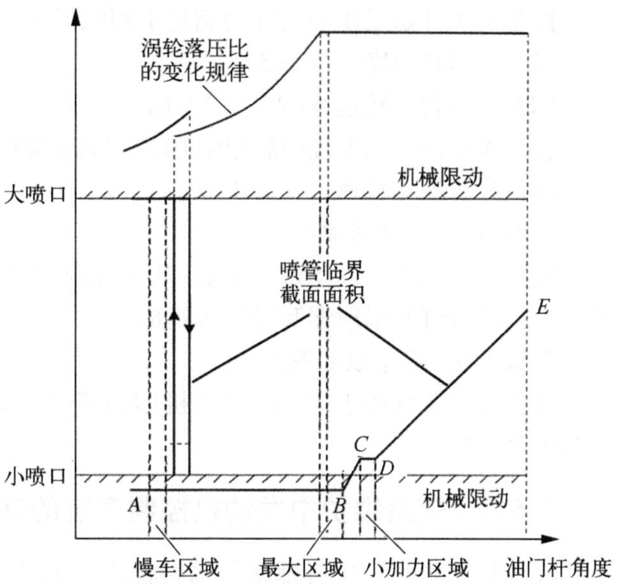

图 9 - 35　喷管临界截面积控制规律

第一段：高压换算转速为 0~(79±2)%,喷管临界截面积为最大值,即大喷口。目的是增大涡轮落压比,以利于发动机起动和低转速段的加速,减小起动温度。

第二段：高压换算转速为 79%~100%,喷管临界截面积为最小值,即小喷口(此时喷口处于机械最小限动位置),主要是为了增大发动机推力。

第三段：油门杆从最大位置移至小加力位置时,发动机进入接通加力过程,此时喷管临界截面积按一定规律增大(*B*→*C* 或限动位置→*C*),保证加力接通及被控参数波动最小;反之,当油门杆从加力位置减小至最大状态时,发动机进入断开加力过程,此时喷管临界截面收小至最大状态对应位置,保证发动机的参数波动最小。

第四段：加力状态下,油门杆在小加力位置至全加力位置时,喷管临界截面面积随油门杆在加力域的移动而变化(*C*→*D*→*E*),以改变加力供油量,控制加力状态的推力大小;油门杆角度增大时,喷管临界截面面积增大(*D*→*E*),加力状态的推力增大,反之则减小。

此外,为了防止喷管在大喷口与小喷口转换转速附近产生交替收放现象,设定了推油门和收油门时的喷口转换转速差。当推油门增加转速时,喷管由大喷口收小到小喷口的高压换算转速为(79±2)%;当收油门减小转速时,喷管由小喷口放大到大喷口的高压换算转速为(75±1)%。

9.5.4.5　预防和消除喘振系统

整个系统由预防和消除喘振两个分系统组成。

1. 预防喘振系统

预防喘振系统用于发射导弹、火箭等武器时,防止由尾气吸入发动机造成的喘振。它是通过改变几何通道面积,提高发动机喘振裕度来预防发动机喘振的。

2. 消除喘振系统

消除喘振系统通过监测高压压气机后的空气压力脉动信号和涡轮后的燃气温度,向系统发出工作指令。当发动机出现喘振信号或超温信号时,系统通过主燃油控制系统和几何通道控制系统的联合作用来消除喘振。

9.5.4.6　涡轮冷却控制系统

涡轮冷却控制系统,根据发动机的工作状态,控制经过外涵道中空气热交换器的冷却空气的流量,从而在保证涡轮冷却效果的条件下,保持发动机的推力性能,降低油耗。

控制系统开始工作的条件为满足下列情形之一：

(1) 油门杆角度≥(62±3)°；

(2) 高压转子转速≥(91.5±1)%；

(3) 涡轮后燃气温度(排气温度)≥(599±10)℃；

(4) 高压换算转速≤(81±1)%。

9.5.4.7 漏放油系统

漏放油系统用于发动机停车后，从系统附件、燃烧室和加力燃烧室放油，它由漏放油箱、三个放油活门、引射器和导管等组成。

9.5.4.8 应急放油系统

应急放油系统用于应急时从飞机燃油箱向加力燃烧室放油。它由加力燃油泵、应急放油附件等组成。

9.5.5 使用维护中发动机控制系统的参数调整

发动机服役过程中各部附件的特性会逐渐偏离设计值，此时就需要对发动机控制系统的参数进行调整。这里以某型发动机为例，介绍使用维护中发动机控制系统参数的典型调整过程。

9.5.5.1 慢车转速调整

准备工作：检查油门操纵手柄在慢车限动钉上时对应的主燃油泵调节器刻度盘上的刻度，应符合规范。

调整部位：主燃油泵调节器慢车调整螺钉。

调整效果：螺钉拧入，慢车转速增大；螺钉拧出，慢车转速减小；每调整 1 圈，转速变化约为 0.2%。

调整结束后应检查调整效果：起动发动机，检查起动时间和慢车转速，若有参数不符合规定，要进行调整。

9.5.5.2 加速性调整

分析加速时间的变化特点，通常情况下慢车至中间的加速时间前后段的时间分配比例为 3∶2，如果加速前段偏慢，用螺钉 P44 进行调整比较有效，如果加速后段偏慢，用螺钉 P30 进行调整比较有效。

(1) 调整标准：加速时间为 3.75~6.25+1 s。

(2) 调整部位：加速性调整螺钉 P30、P44。

(3) 调整效果：

1) 螺钉 P30 里拧，加速时间增长；螺钉外拧，加速时间减少。每调整 1 圈，加速时间变化 1~2 s。

2) 螺钉 P44 里拧，加速时间减少；螺钉外拧，加速时间增长。每调整 1~2 响，加速时间变化 0.5 s。

(4) 调整范围：

1) P30 从原始位置开始，允许往里拧 5 圈，往外拧 5 圈。

2) P44 向里拧不允许超过 18 响，向外拧时不允许大于 5 响。

（5）调整注意事项：

1）调整后要检查发动机起动性能。特别是P30外拧或P44里拧后，要检查同发动机冷起动的兼容性。

2）里拧螺钉P44偏离出厂位置18响，必须用螺钉P35进行P31限制器的相应调整。里拧P44总量为18响（0.5圈）时，相应地拧入螺钉P35为0.25圈（9响）。

3）P30的最终调整方向应为逆时针（外拧）。若需要逆时针调整P30，直接逆时针调整。

若需顺时针调整P30 X 圈，则首先顺时针调整P30（X+1）圈，再逆时针调整P30 1圈，从而保证最后一次的调整为逆时针。如需确认螺钉调整量值，可量取螺钉深度。

9.5.5.3　n_2 转速摆动过大调整

1. 通过加速层板限制器P23或主层板限制器P25来减小转速摆动

（1）调整部位：主燃油泵调节器上的加速层板限制器P23或主层板限制器P25。

（2）调整效果：当 n_2 产生周期为小于1 s的谐波摆动时，更换更小通流能力的主层板限制器P25。当转速摆动的周期超过1 s时，更换更大通流能力的主层板限制器P25；当主层板限制器P25的调整效果不足时，可以更换更小通流能力的加速层板限制器P23补充调整。

（3）调整范围：对于主层板限制器P25，$Q=70\sim250\ \text{cm}^3/\text{min}$；对于加速层板限制器P23，$Q=500\sim800\ \text{cm}^3/\text{min}$。

2. 更换调节器摆锤活门（单摆）进口油嘴来减小转速摆动

当用层板限制器P25、P23仍无法调整高压转子转速摆动量达到合格时，可采用此方法进行排除。

（1）调整部位：主燃油泵调节器单摆腔进油油嘴。

（2）调整效果：对于摆动周期为小于1 s的快摆，将油嘴更换为 $\Phi1.1$，对于摆动周期为大于1 s的慢摆，则将油嘴更换为 $\Phi0.9$。

（3）注意事项：更换油嘴后需要检查慢车转速和大车转速。

习　　题

1. 结合图9－8，说出发动机静子结构的承力特点和传力路线。
2. 发动机附件包含什么？
3. 附件传动装置的基本工作原理是什么？
4. 滑油系统的功用和基本要求是什么？
5. 航空发动机工作过程中，滑油压力是否会变化？滑油温度为什么会升高？滑油油量为什么会减小？
6. 简述燃气涡轮发动机起动过程。
7. 航空发动机空中起动时为什么需要补氧？
8. 发动机在高原机场起动时，为什么容易超温？
9. 为什么需要对航空发动机进行控制？控制的内容是什么？

10. 加力状态下为什么需要对喷管面积进行调节?
11. 进口导叶角度调节改变压气机工作状态的原理是什么?
12. 调节燃油供给量,改变发动机转速的原理是什么?
13. 简述某型涡扇发动机控制系统的特点和主要控制任务。

第 10 章
发动机的使用与维护

10.1　发动机使用维护工作简介

10.1.1　发动机使用限制

为使发动机在宽广的飞行范围内处于良好的工作状态，除了应在设计状态具有最有利的工作特性，还应在非设计状态能承受不损伤发动机的各种热力载荷和机械载荷。因此，需要对发动机工作状态实行使用限制，虽然这种做法在某些情况下会使发动机性能变差，但这又是完全必要的。一般情况下，工作状态的使用限制是通过控制系统来实施的，但有些时候还得由飞行员或机务人员按照规定的指令操纵实施。发动机工作状态的使用限制有两种基本类型，一类是稳定工作所要求的限制，另一类是构件强度或可靠性、寿命等所要求的限制。

10.1.1.1　稳定工作所要求的限制

1. 压气机(风扇)稳定工作所要求的限制

在飞行使用中，飞机进气道出口气流流场的均匀程度和紊流度对压气机(风扇)的气动稳定性有很大的影响。所以，对于飞行马赫数变化大、迎角和侧滑角变化大的超声速飞机，还要对飞行员的操纵或者飞控系统进行必要的限制。例如，飞机的最大过载，飞机静升限、动升限上的最大迎角，飞机操纵舵面的操作，飞行马赫数大于 1.5 时的最低油门状态，高空状态下接通和断开加力的限制，按照规定起动发动机的程序限制等。

2. 燃烧室和加力燃烧室稳定工作所要求的限制

影响燃烧室稳定工作的主要因素是燃烧室进口的空气或燃气压力，所以对燃烧室应提出压气机出口最低的 p_{3min}^* 值，对加力燃烧室应提出涡轮出口 p_{5min}^* 或混合器出口最低的 p_{6min}^* 值。发动机的最小飞行表速和最大飞行高度一般就是根据这两个限制值来确定的，在工程应用中常用图 10－1 来表示。

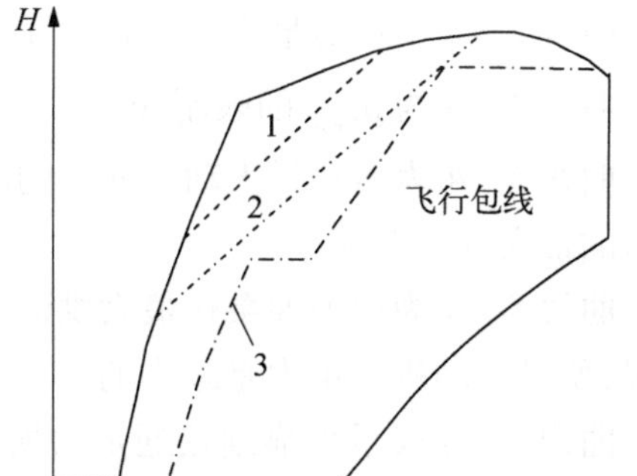

图 10－1　限制边界在包线中的分布位置

1－主燃烧室稳定工作边界；2－可靠接通加力边界；3－操纵限制边界

在实际飞行过程中，还有其他因素影响燃烧室的稳定工作。例如，发动机吸入飞机或武器排出的废气；高空慢车状态或慢车状态下滑；

高空低速切断加力动作过猛，油门位置低于规定值；加力节流状态（尤其是低加力比）的脉动燃烧；低空大速度时加力燃烧室振荡燃烧等。

10.1.1.2　构件强度所要求的限制

在强度上所要求的限制是为了使发动机全部构件的强度储备在飞行状态及发动机状态变化时，都能保持容许值。对影响构件强度的发动机工作参数所提出的限制一般有：发动机转子最高转速和最高燃气温度，以及出现最高转速和最高燃气温度所允许的工作时间；压气机后最高允许压力；发动机进口压力及温度的最高允许值；发动机的最大供油量（包括主燃烧室和加力燃烧室）。

图 10－2 表示某加力涡喷发动机可能有的使用限制。

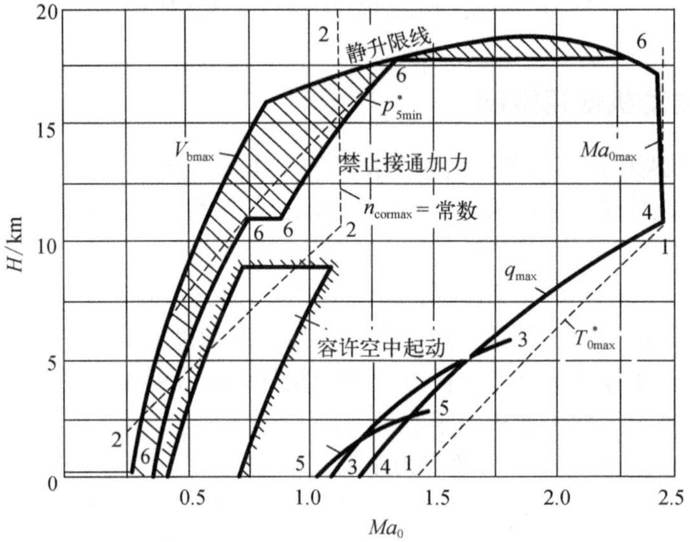

图 10－2　发动机工作状态的可能限制范围

曲线 1－1 表示对进口温度最大值 T_{0max}^* 的限制。当飞行高度大于 11 km 时，大气温度不再变化，1－1 线转成垂直，成为最大飞行马赫数 Ma_{0max} 的限制线。

曲线 2－2 表示对最大换算转速 n_{cormax} 的限制，以保证最低的压气机稳定工作裕度。

曲线 3－3 为 p_{3max}^* 的限制线。

曲线 4－4 表示对最大动压 q_{max} 的限制，$q_{max} = (\rho_0 V_0^2/2)_{max}$ 代表飞机构件及超声速进气道的最大气动载荷。

曲线 5－5 为加力油泵达最大供油量 $(W_{f,\ af})_{max}$ 的限制，在此曲线的右边，由于供油量受限，所以发动机的推力是减小的。

曲线 6－6 表示可靠地接通加力所要求的边界限制，其左边画有斜线的范围内，不仅禁止接通加力，而且也禁止加力节流。

最左边的包线是最小飞行表速 V_{bmin} 的限制，加力燃烧室稳定工作准则线 p_{5min}^*（点划线）也靠近这条最小飞行表速线。

中间部分还有容许空中起动的范围，在无补氧的条件下，点火装置可靠起动的高度为

6~8 km;在补氧的条件下为 10~15 km。

10.1.1.3　其他的参数限制

1. 转速限制

(1) 对规定状态下发动机稳定工作的转速应给出转速变化的公差带,如±0.2%~±0.5%。

(2) 对发动机稳态和瞬态工作时不允许超过的最大转速,应给出最大转速限制值,一般为 103%~105%。

(3) 完全从转子结构强度考虑出发,转子转速的极限值一般为 115%。

2. 燃气温度限制

(1) 对规定状态下发动机稳定工作的燃气温度(如排气温度)应给出温度变化的公差带,如(±3~±5)℃。

(2) 对发动机稳态工作时不允许超过的最高温度应给出极限限制值,极限值一般是在最高稳态温度的基础上至少再加 28℃。

(3) 为确保发动机在短时间内能承受应急情况下出现的高温,应给出最高温度的超温值,一般是在最高稳态温度的基础上至少再加 42℃。

(4) 发动机过渡态燃气温度限制的特点是允许温度短时急增,但持续时间短,例如:起动过程中,燃气温度急增,应取峰值最大的温度作为急增限制值,且急增时的持续时间以不大于 5 s 为合适;加速过程中的温度急增持续时间也是以不大于 5 s 为合适,并在不超过 2 min 的时间内,温度恢复到稳态工作的温度;接通加力状态过程中,燃气温度有急增或急降。

3. 振动限制

发动机振动特性是衡量发动机机械强度是否合格的标志之一。从设计角度出发,要求发动机在工作包线内,在发动机的所有转速和推力水平上,发动机(包括外部调节器、附件、管路等)不存在有害的振动。因此,一般要对装在压气机机匣、涡轮机匣、附件传动机匣以及重要的内部构件上的振动传感器的测量值提出最大允许极限值,不仅要包括稳态和瞬态的最大振动值,而且应分别规定水平、垂直、径向和轴向四个方向上的限制值。一般来说,瞬态峰值限制值是稳态峰值的 1.8~2.0 倍。

在实际使用中,对发动机在试车台架上的振动限制和在飞机上的振动限制分别提出要求,由于飞机机体刚性不如试车台架强,因此在相同位置的振动限制值都要比试车台上的大,一般为 2.0~2.5 倍。

4. 发动机工作时间限制

发动机的工作时间包括飞行小时数、地面运转小时数、等于或大于中间状态的工作时间、加力(燃烧室)工作时间以及在飞行包线关键区域中的工作时间。每一型发动机都对这些工作时间提出具体的要求,其中地面运转小时数为总飞行小时数的 5%~10%,等于或大于中间状态的工作时间约为总飞行小时数的 20%,加力(燃烧室)工作时间应不少于总飞行小时数的 5%。

10.1.2　发动机试车

发动机起动和试车过程中,必须准确地观察和记录各种参数,以便对比分析,掌握变化规律,从而确定发动机的性能是否符合规定要求。试车检查的项目可根据具体情况而定,但必须遵守试车的程序和规定。

10.1.2.1　准备工作

试车前应做好各种准备工作,切实防止失火、伤人和打坏发动机等情况的发生。

(1) 将飞机迎风停放,打扫试车场地。

(2) 必须在机轮下面挡好轮挡,拉出座舱应急刹车手柄,并用专用卡具卡牢,绑好驾驶杆上的刹车手柄,使机轮刹住,并按规定进行飞机系留,以防试车时飞机滑动。如果要接通暖机以上状态,应当在专用的试车场上,用钢索系住。

(3) 装好辅助进气门网罩;取下各部位堵塞、护套,并断开减速板快卸接头,减速板及襟翼周围应无障碍物;取下主液压系统卸压的串通开关夹子和其他堵塞、护套。

(4) 检查进气道和加力燃烧室内不应有多余物;可调喷口应在“大喷口”位置。

(5) 复查拆装过的机件;打开断油开关;检查各系统的外部密封性;擦净机件上的油迹;燃油、滑油和液压油油量应当符合要求。

(6) 准备好灭火设备,指定专人警戒。

(7) 检查刹车手柄是否良好,起落架收放手柄放到“放下”位置。

(8) 准备好起动电源,通常用地面电源起动发动机。

10.1.2.2　起动发动机

1. 接通座舱内相关的开关

2. 起动发动机

把油门杆放在慢车位置,随即(最迟不超过 10 s)按下起动按钮,起动点火信号灯亮,经 2 s 后(小于 1.4 s 不能起动)松开起动按钮,起动点火信号灯亮后按秒表计时,起动过程中应检查:

(1) 滑油压力表应开始指示,“滑压低”信号灯应灭或无警告。

(2) 飞机主液压系统压力指示,液压警告灯应熄灭或无警告。

(3) 涡轮后温度(排气温度),不得超过规定值或限定值。

(4) 起动机脱开转速。

(5) 转速指示正常,记录起动时间——从按下起动按钮到进入慢车状态的时间。起动时间应该符合要求。

3. 起动结束后的检查

(1) 发动机应当稳定在慢车状态,检查发动机的相关参数,例如,低压转子转速、高压转子转速、排气温度、滑油压力等。

(2) 检视发动机,确定没有燃油、滑油、液压油漏油现象。在慢车状态连续工作时间不超过规定(有的发动机规定 10 min,有的无时间规定)。

4. 起动注意事项

(1) 在发动机起动不成功的情况下,再次起动或冷开车时,必须在高压转子停止转动后进行。如果发现发动机中的燃油尚未燃尽,则必须在定时机构循环结束 2 min 后,才能再次起动发动机。

(2) 起动不成功后,如果发现发动机中的燃油补燃,在高压转子停止转动后立即进行冷开车吹除。

(3) 在弄清并排除起动不成功的原因后方可重新起动。

10.1.2.3　试车检查

根据试车目的和检查内容的不同,发动机试车有两种类型:一种是全面试车;另一种是非全面试车,或专项试车,或局部试车。全面试车是按照飞机维护规程规定的试车曲线进行的试车,一般在完成发动机定期工作、更换发动机或更换影响发动机性能的附件以后,应进行全面试车。而如果只需要检查飞机或发动机某一系统、某些附件设备的工作情况,则可根据具体需要,合理安排检查内容和顺序,制定试车程序,进行局部试车。所有试车项目必须遵守暖机和冷机的规定。

不同型号的发动机都有针对本型号所规定的试车程序和检查内容要求,但一般都包含以下的试车内容及检查要求。

(1) 暖机及其检查。以 15 ~20 s 的时间从慢车状态柔和地推油门至暖机转速,按照要求进行规定项目的检查,例如,检查发动机的操纵性,发动机转速应跟随油门杆移动而变化,喷口要正常转换,发动机转差,转速摆动量等。

(2) 最大状态(或中间状态)的检查。将油门杆柔和地推到“最大(或中间)”限动位置,发动机转速应跟随油门杆移动而变化,在最大状态保持 8~10 s,按照要求进行规定项目的检查,例如,发动机转速值、滑油压力、排气温度等。需要注意的是,地面最大状态(或中间状态)的连续工作时间不得超过规定的时间。

(3) 加力状态的检查。将油门杆推到“全加力”限动位置。加力信号灯亮,应感觉到推力突增和声音变化,但不应有爆声,接通加力的瞬间,转速的急增、排气温度急降不超过规定值。按照要求进行规定项目的检查,例如,发动机转速值、滑油压力、排气温度等。需要注意的是,地面最大状态(或中间状态)的连续工作时间不得超过规定的时间。将油门杆收到“小加力”位置,加力工作应稳定,参数应符合规定。然后将油门杆收到“最大”状态位置,关断加力,加力信号灯应灭,喷口打开信号灯应灭,发动机声音有变化。

(4) 检查收油门的操纵性。以 15~20 s 的时间柔和地将油门杆由“最大”状态位置收到“慢车”位置时,转速的变化不应落后于油门杆的移动。

(5) 检查暖机后的慢车状态。

(6) 检查加速性。将油门杆以 1.5~2 s 的速度从“慢车”状态推到“最大”状态位置,检查加速时间、排气温度、转速瞬时最大值等,不超过规定值或限制值。有的发动机还有半程加速性检查。

(7) 检查空中起动功能。

(8) 冷机及检查。

(9) 停车。将油门杆收到“停车”位置,发动机停车。发动机停车过程中,需要检查发动机转子运转时有无异常声音,检查转子旋转灵活性(高压转子和低压转子旋转时间应不少于规定值)等。

10.1.2.4　试车注意事项

(1) 严格执行维护规程,按章操作,认真细致。

(2) 发生下列任意一种情况时必须拉油门杆到停车位置,紧急停车:发动机有爆声,并有转速急降和排气温度急剧上升;滑油压力急剧下降;发动机系统或输油管路漏燃油、滑油和液压油,并有失火的危险;排气温度急剧升高;喷口喷出异常火花和火舌;发动机工作声音不正常;发动机振动大或出现抖动。

10.1.3 机务准备

10.1.3.1 预先机务准备

发动机预先机务准备是飞机预先机务准备的重要内容,主要有:

(1) 检视飞机进气道,不允许有油污、裂纹、铆钉脱落和机械损伤。

(2) 通过飞机观察窗口在目视所及的范围内检视压气机和涡轮叶片,不允许有裂纹、烧伤、机械损伤等。

(3) 检视加力燃烧室内表面、可调喷口调节片、喷嘴等。

(4) 检视发动机附件及其管路、屏蔽软管的固定保险情况,并注意检查各漏油管的漏油是否正常。

(5) 检查燃油系统、滑油系统和液压系统的管路有无漏油,必要时排除。

(6) 检查发动机油门操纵系统行程的平稳性,往返移动操纵杆应平稳而无滞涩。

(7) 检查发动机滑油油位。

(8) 检查发动机空中起动氧气系统的充氧情况,必要时给氧气系统充气,并检查管路的密封性。

(9) 检查发动机上蓄电瓶充电情况,必要时补充充电;检查仪表、电器线路、热电偶导线的固定情况。

(10) 按规定,添加必要的燃油、液压油,所加的油料必须具有符合标准的合格证。

10.1.3.2 直接机务准备

发动机飞行前准备是飞机直接机务准备的重要内容,主要工作有:

(1) 取下堵盖,检查飞机进气道。

(2) 检查涡轮叶片和加力燃烧室的内表面。

(3) 检查有无燃油、滑油和液压油的漏油现象。

(4) 检查发动机操纵系统行程的平稳性。

(5) 检查发动机滑油量。

(6) 机上蓄电瓶充电良好。

(7) 氧气系统充气良好。

(8) 进行发动机地面开车检查。

10.1.3.3 再次出动机务准备

在飞机再次出动机务准备中,发动机再次飞行前准备的主要工作有:

(1) 在上次飞机降落后,发动机停车的过程中,要注意倾听发动机转子旋转是否均匀和有无杂声,燃烧室内有无余火(若有余火,则必须进行发动机冷开车)。

(2) 听取飞行员对发动机工作的意见,必要时应采取措施,消除飞行中发现的缺陷。

(3) 检查飞机进气道,在大气温度低和湿度大的条件下,必须确信进气道内没有结冰。

(4) 检查加力燃烧室内壁、火焰稳定器和涡轮叶片等有无烧伤和损伤。

(5) 从发动机舱外查看有无燃油、滑油和液压油的漏油现象。

(6) 检查滑油箱中的油位,只有当发动机滑油量符合规定时,才允许起飞。

(7) 检查发动机空中起动氧气系统的充气,必要时应根据飞机维护规程定量充填氧气系统。

10.1.3.4　发动机飞行后检查

在发动机停车过程中检查发动机转子的灵活性并判断有无杂声;按照"飞行日前夕发动机的准备"条目的内容完成工作。

10.1.4　周期性工作

10.1.4.1　周期性工作的概念

周期性工作是指航空发动机使用到规定的时限所进行的维修保养工作,是保障飞机处于良好状态的重要手段。这是因为,飞机在使用过程中,由于受到各种载荷和自然条件的影响,零部件的状况会不断变化,如产生磨损、松动、损伤和润滑脂(油)变质等。这些变化发展到一定程度,就会造成工作不正常,甚至发生故障,影响飞行安全和飞行任务的顺利完成。因此,为了预防故障和延长飞机及发动机的使用寿命,每隔一定时间要深入检查发动机的技术状况,彻底排除发现的故障缺陷,实施性能参数调整和清洗润滑等预防性维修工作。

飞机和发动机定期检修的周期,一律从开始使用起(或者从大修后开始使用起),按照飞机的飞行时间计算。例如,某型混排涡扇发动机定期检修分为每工作(25±5) h、(50±5) h、(100±10) h 定期检修。有的发动机还有(200±20) h、(300±10) h 周期性工作,某些轰炸、运输飞机涡扇发动机还有 900 h、1800 h 定期检修,还有的是按照每飞行 300 次、900 次、1800 次起落的定期检修时限,与飞机定期检修结合进行。

10.1.4.2　发动机周期性工作举例

下面以某型混排涡扇发动机为例,简单介绍发动机的几项周期性工作内容。

1. 每(25±5) h 发动机的工作

主要工作有:① 新发动机(包括翻修后出厂)第 1 个(25±5) h,检查并清洗发动机滑油滤,更换滑油并清洗滑油系统;② 检查发动机低压压气机第 1~4 级转子叶片;③ 进行高压压气机 9 级篦齿盘涡流探伤;④ 检查高压压气机第 1 级、6 级和 9 级工作叶片;⑤ 检查发动机轴承工作状况、噪声值、脱开力矩和跳动量;⑥ 清洗发动机喷口控制系统油滤;⑦ 查看飞机附件机匣磁塞上的金属屑情况;⑧ 目视检查低压进口导流叶片和高压导流及静子叶片调节作动筒摇臂、啮合齿板;⑨ 不连接地面检测设备试车,检查发动机滑油和燃油系统的密封性。

2. 每(50±10) h 发动机的工作

主要工作有:① 完成发动机(25±5)h 的工作;② 检查高、低压压气机工作叶片;③ 检查高、低压涡轮工作叶片;④ 检查发动机轴承工作状况;⑤ 使用时间达到 300 h 的发动机及其以后每(50±10) h,检查起动油压差;⑥ 检查并清洗发动机滑油滤;⑦ 检查燃烧室火焰筒、燃油喷嘴的防积炭帽罩;⑧ 在发动机试车过程中,慢车状态下检查涡轮冷却控制附件的密封性。

3. 每(100±10) h 发动机的工作

主要工作有：① 完成发动机(50±10) h 的工作；② 检查并清洗滑油金属屑信号器敏感元件；③ 清洗发动机喷口控制系统油滤；④ 清洗发动机低压燃油滤；⑤ 检查发动机空中起动系统的工作；⑥ 检查飞机附件机匣上附件固定卡箍的拧紧力矩；⑦ 检查涡轮冷却控制附件的密封性；⑧ 连接地面检测设备试车，将检测的发动机各项数据与飞参数据逐项对比。

10.1.5 发动机油封和启封

1. 油封

油封是对暂不使用的发动机用油封油液进行封存，防止发动机内部和外部锈蚀所开展的工作。当预计发动机在飞机上存放超过 30 天，且不使用时，必须对发动机进行内部油封；更换下来的旧发动机也要进行内部和外部油封，以保证发动机在存放、运输过程中不发生锈蚀。发动机油封分为内部油封和外部油封，内部油封又分为转子运转和转子不运转两种条件下的油封。

发动机的油封油液应使用维护规程规定的滑油。在油封和启封的过程中，不允许把滑油滴落到电气设备附件、导线和补氧系统管路上。当滑油滴落到上述部件时，要立即用蘸有汽油的擦布擦掉滑油，然后吹干。

发动机的油封要使用一些专用的油封设备，按照规定的油封程序和方法，冷运转发动机以及涡轮起动机。

2. 启封

经过油封的发动机，在使用前必须进行启封。启封就是清除油封时留存于发动机内部和外部的油封油液(脂)，使发动机能正常使用。

发动机的启封也要按照规定的启封程序和方法进行。

10.1.6 发动机寿命及管理

10.1.6.1 发动机寿命的概念

航空发动机寿命是指发动机能在飞机上正常运转的持续时间，实质是指其主要结构件在工作中的磨损、蠕变变形过大，发生应力断裂或高、低循环疲劳裂纹造成机件失效之前，整机能够安全可靠地工作的时间或工作循环次数。

在现役航空发动机寿命管理中，对整机寿命采用总工作寿命、翻修寿命和发动机日历寿命三个指标实施控制。

1. 总工作寿命

发动机总工作寿命是指发动机在规定条件下，从开始使用到最终报废所规定的总工作时数，它主要可由总工作时间、循环寿命(低循环疲劳次数)、大状态工作时间来规定。目前我国军用发动机总工作寿命一般用小时给定，后期研制的发动机也有用低循环疲劳次数给定的。对于在总工作寿命期内允许大修的发动机，由于其所有的零部件几乎均可以得到更换，故整机总工作寿命是可以得到持续发展的。因此，在寿命管理中，采用总寿命指标并非基于对发动机使用安全性和可靠性的考虑，而更多的是基于经济性、管理和技术更新的需要。

2. 翻修寿命

翻修寿命是指在规定条件下，发动机两次翻修之间的工作时间。发动机翻修寿命是基于发动机在外场使用的安全和可靠性要求而给定的。翻修寿命是一个动态指标，可随着部件结构的改进、外场维护技术和手段的提高而调整或延长。目前我国军用发动机翻修寿命的制定主要是沿用苏联的做法，先给出初始的翻修寿命，然后视发动机外场使用情况进行逐步延长。

3. 日历寿命

发动机日历寿命，是指发动机制造出来后的累积日历时间，就像树木的年轮。在寿命控制中，它通常与工作小时指标并用，以先到者为准进行翻修。由于通常在设计时已经考虑了主体材料的腐蚀防护和控制问题，到了日历寿命期，仅需对发动机易腐蚀件进行维护或更换，因此日历寿命通常较少制约发动机总工作寿命的发挥。

10.1.6.2 常用定寿方法

航空发动机定寿和延寿是发动机寿命研究中经常使用的概念。定寿是指在设计定型阶段，按其上报的技术状态，通过零部件试验、整机试车、外场试用进行综合分析和评估，确定发动机首翻期的工作。延寿是指发动机达到给定的翻修期或暂定的总寿命后，继续延长使用期限，重新给定翻修期或总寿命。

我国军用航空发动机定寿方法随发动机和定寿技术的不断发展而演变。在国军标和新机型号规范中，总寿命的概念已被设计使用寿命所取代。设计使用寿命通常是根据发动机研制技术要求和技术经济可行性确定的，并以该指标作为发动机主要零部件安全寿命的设计基准。整机设计使用寿命虽然是发动机在设计时所固有的，但由于在实际中的使用要求和使用环境等存在差异，发动机工作载荷与基准载荷（设计任务循环）差别较大，因此各型号发动机的使用寿命在设计时很难固化，通常在使用中结合实际载荷谱，才能较准确地给出。对于一些引进机种，由于对发动机主要零部件寿命难以彻底摸底，故在发动机总寿命的给定中，保证主要零部件的使用安全可靠已成为主要的考虑因素，其定寿过程类似于对主要零部件目标寿命的考核验证，这是现役机种定延寿的主要特点。

目前常用的定寿方法为：

(1) 台架试车和领先使用综合定寿法。这是现役机种定延寿最直接、最简明有效的方法，以在台架上进行长期试车考核为基础，通过小批量领先飞行使用验证定延寿目标的可实现性。其实质是通过加强领先使用发动机的状态监控，验证发动机是否可延寿到既定寿命。

(2) 安全寿命控制法。在该方法中，所给定的主要零部件寿命指标对应的是构件在工作中不出现裂纹（称为无限寿命设计）或出现工程可检裂纹的概率低于千分之一（称为有限寿命设计），然后将最差构件的最低寿命作为构件机群寿命的控制值。通常认为，采用这种方法确定发动机寿命时，一旦关键寿命件出现可检裂纹，就要考虑重新评估该型发动机使用寿命，是一种较严苛的寿命控制办法。

(3) 因故退役控制法。这种方法是定时翻修维护体制下确定发动机关键件寿命的一种行之有效的方法。它首先要能够给定发动机每个关键构件的初始寿命,在寿命期内的使用中,一经发现裂纹就报废,从而实现整个发动机的寿命控制。但它不适合于对寿命关键件不能够实施有效监测的发动机。

(4) 损伤容限法。以每个构件的损伤容限寿命(即裂纹扩展到一定程度后报废)作为寿命控制的准则。其优点是,在同样保证使用安全的前提下,实施损伤容限控制的构件允许带裂纹构件继续使用,从而充分挖掘出每个构件的寿命潜力。

(5) 按单机技术状态定寿法。这种方法也叫作单机定寿,就是要确定出每一台发动机的使用寿命。其技术思路是发动机个体之间存在制造、使用和维护的差异,即使发动机用法相同,其实际承受的载荷大小和承受的能力也存在一定差异,这种差异会在发动机到达预期寿命前,以某种故障形态表现出来而提前退役。因此,在确定了发动机个体累积载荷强度寿命后,纳入个体制造和使用维护差异对使用寿命的影响,综合两种因素确定发动机单机使用寿命。这是一种比较先进的寿命管理方法,自 20 世纪 80 年代通过增强发动机的使用载荷监控和分析等手段,在部分三代机上已逐步将发动机的寿命由机群定时翻修转变为采用使用载荷为寿命限制的单机寿命控制。这种方法确定出的是发动机单机的实际服役使用寿命值,既有助于延长使用寿命,又可保证使用安全。

整机定延寿工作是一项复杂的系统工程,仅仅采用其中一种技术是不够的。上述定寿方法各有所长,也各有其局限性。在发动机定延寿中,要根据发动机具体技术特点,综合运用相关方法,才能最大限度地延长发动机寿命且保障发动机延寿期内的可靠性。

10.2 发动机监控技术

10.2.1 发动机状态监控的基本概念

早期的发动机健康管理系统也称为发动机监控系统,为了提高发动机的使用可靠性和维修性,现代发动机普遍加装了健康管理系统,以实现对发动机的使用维修进行持续监控。

现代航空发动机的状态监控和故障诊断手段主要有三类:一是性能状态监视,或称为气路参数分析技术,即根据测得的发动机主要截面上的气动热力参数、发动机转速和燃油流量,精确地分析和诊断发动机气动部件故障。二是机械状态监视,常用的有滑油监视和振动监视,低周疲劳和热疲劳监视,叶片动应力检测和声谱检测等。三是无损探测,一般只在地面检测时使用,常用的有孔探仪检测、涡流检测、同位素照相检查、超声波检查、磁力探伤、声发射探测、X 射线照相检查、荧光检查、着色检查、流体渗透检查等。

发动机监控系统通过改善安全性、降低费用支出、增加可用度和可靠性等产生效益。例如,在改善安全性方面,及时的告警可以使空勤和地勤人员注意到影响任务完成或引起发动机故障的一些问题,避免等级事故的发生;在节省费用方面,应用发动机监控系统能较好地确定和管理发动机的使用、状态、使用寿命和剩余寿命,可以在零部件、劳动力、燃油、使用和后勤保障五个方面节省费用的支出;在改善使用方面,发动机监控系统能改善发动机与飞机的可用率和任务完成率。准确和连续的发动机监控有利于对发动机/零部件允许极限和使用极限进行重新评估,或适时修正用于维修零部件的准则。

国外在 20 世纪 60 年代末开始研究开发状态监视和故障诊断综合系统,70 年代开始在民用发动机上应用,70 年代后期战斗机发动机也开始装备。到了 20 世纪 80 年代,国外服役的军用发动机无一例外地装有独立的发动机监控系统(engine monitoring system, EMS),或者将发动机状态信号提供给飞机的综合监测系统,对发动机实施监控。

最新趋势是机载与地面系统相结合的发动机健康管理(engine health management system, EHM)系统,或称为预测与健康管理(prognostics and health management, PHM)系统,这也是现代先进航空发动机的主要标志之一。发动机 PHM 系统是当前飞机上使用的机内测试(built-in test, BIT)和状态监控能力的进一步拓展,实现了从状态监控向状态管理的转变,这种转变引入了故障预测能力,借助这种能力可以预测、识别和管理故障的发生,可减少维修人力、增加出动架次率、实现自主式保障。

10.2.2　典型发动机状态监控内容

某型发动机的状态监控包括综合监控、振动监控、滑油压力监控、滑油消耗量监控、发动机磨损碎屑监视、油液分析、无损检测以及性能监控。其中,发动机性能监控又划分为起动性能监控、慢车性能监控、节流状态监控、最大状态性能监控、加力状态性能监控、加减速状态性能监控、惯性运转时间监控以及使用限制的监控。下面选取几个典型的监控内容进行介绍。

10.2.2.1　振动监控

安装在飞机上的航空发动机,是一个无限多自由度的振动系统,发动机的整机振动,就是这一系统在各种激振力作用下的响应。为了保证发动机和外部调节器、附件和硬件(如管路)处于飞行和地面包线范围内的所有发动机转速和推力状态时(包括稳态和瞬态),在设计使用寿命内都没有破坏性振动,应在发动机压气机和涡轮机匣、附件传动机匣(如果可能)的内部结构上安装速度或加速度传感器,测量并规定最大许用振动限制值。如果整机振动过大,可能造成转子与静子在小间隙处(如密封、叶尖)的碰摩,轴承载荷过大,附件振动应力过大,驾驶员及乘员的不适,飞机仪表板上指针晃动等。

许多发动机故障会产生独特的发动机整机振动,其特征也不相同。因此,可借助整机振动信号分析与处理,诊断发动机的故障(种类、严重程度及发生部位),这种技术称为发动机的振动故障诊断。航空发动机的振动故障诊断主要用于识别发动机结构系统,特别是转子系统的机械状态和故障。通常认为,振动信息所包含的结构系统的机械状态信息最丰富(包含幅值、频率和相位等多种信息),能最全面地反映结构系统的机械状态。同时,对于高速旋转机械,振动现象本身往往是最常见的问题和症结之一。因此,一般均把发动机的振动监控与故障诊断放在最重要的、不可缺少的地位。

某型发动机振动监控的时机和内容要求如下。

(1) 发机首次装机后应当严格按照规定绘制发动机振动特性曲线,分析容差边界。拆装或更换发动更换振动传感器或振动传感器安装座后,应当重新录取振动特性曲线。

(2) 利用飞参和振动图谱检查:

① 每次地面试车或每个飞行架次，检查地面试车或飞行中振动值是否大于规定值。

② 每个飞行架次，检查起飞振动值（起飞过程中，从油门杆处于“最大”或“加力”位置开始，经 10~15 s 所记录的振动值）是否超出对应 n_2 转速下的振动特性曲线容差上边界，且与之前 5 个飞行架次相比，是否存在明显增长趋势。

③ 每次地面试车或每个飞行架次，检查地面试车或飞行中的最大振动值是否超出对应 n_2转速下的振动特性曲线容差上边界，且与之前 5 次地面试车或 5 个飞行架次相比，是否存在明显增长趋势。

④ 每次地面试车或每个飞行架次，绘制振动图谱，与之前 5 次地面试车或 5 个飞行架次的连续图谱对比，有无明显增长或发散趋势。

⑤ 每次地面试车或每个飞行架次，绘制振动图谱，与之前 5 次地面试车或 5 个飞行架次的连续图谱对比，有无明显下降趋势。

（3）每工作 100 h 周检工作，结合全程试车，利用地面检测设备录取发动机全加力状态、最大状态、$n_2 = 90\%$、$n_2 = 80\%$ 和慢车状态振动值，并与飞参记录的对应状态振动值进行对比，飞参记录值应不超过地面检测设备录取值的规定范围。

10.2.2.2 滑油压力监控

发动机滑油压力监控提供润滑系统正常工作的指示，并用来监测意外的情况。过高的滑油压力可能是由喷嘴堵塞、油滤堵塞或调压活门破坏而引起；过低的滑油压力可能是由泄露、管路破裂、泵局部或完全破坏、油面低或调压活门破坏而引起的。在大多数航空发动机中，滑油压力是用装在供油管路上的压力传感器来连续监控的，传感器与座舱仪表相连，可在机上监测润滑系统工作。

某型发动机滑油压力监控的时机和内容要求如下。

（1）发动机装机后测量发动机慢车、最大、加力状态的滑油压力，并做好登记。

（2）每次地面试车和每个飞行架次，利用飞参检查以下内容：

① 地面试车时，在 $n_2 \geqslant 85\%$ 的所有状态下，滑油压力应当在规定的范围之内；在慢车状态至 $n_2 < 85\%$ 时，滑油压力应不小于规定值。

② 飞行中，$1\ g <$ 飞行过载 $< 2\ g$ 时，发动机最大和加力状态滑油压力是否在规定的范围之间，且无明显下降趋势。

③ 飞机着陆后、发动机停车前的慢车状态，滑油压力应不小于规定值，且无明显的下降趋势。

④ 飞行或地面试车过程中的滑油压力摆动应不超过规定值。

⑤ 从最大状态接通加力时，滑油压力应有突降，稳定后滑油压力通常应当比最大状态下降约 0.2 kgf/cm^2（千克力每平方厘米，$1\ kgf/cm^2 = 9.806\ 65 \times 10^4$ Pa）。

（3）每 100 h 周检工作时，用地面检测设备检测出的滑油压力与飞参数据对比分析，飞参记录值应不超过地面检测设备录取值的±5%。

10.2.2.3 滑油消耗量监控

到目前为止，航空发动机中的动力传输系统仍以机械传动为基础，其可靠工作在很大程度上取决于润滑系统的好坏。滑油消耗量是发动机的重要特性指标之一。监控滑油消耗量的目的是：① 避免滑油系统机件出现严重渗漏油故障；② 及时发现回油泵故障或回油泵回油效率下降，发动机回油能力下降，滑油不能及时回油到油箱；③ 及时发现发动机内部封严装置失效或压气机通气活门、涡轮通气活门、离心通风器、油气分离器故障及效率低。

某型发动机滑油消耗量监控的时机和内容要求如下。

（1）发动机停车后 15~20 min 内检查发动机热态滑油量，每个飞行日评估发动机滑油消耗量，滑油消耗量应不超过规定值。

（2）发动机滑油消耗量计算方法为：（本架次前的一次飞行或试车后 15~20 min 内滑油量-本次飞行或试车后 15~20 min 内滑油量-滑油取油量+滑油添加量）/其间发动机的未折算工作时间。

10.3 发动机的使用性能

当发动机出厂后，装机使用过程中，实际上还存在性能问题。例如，发动机性能衰退及性能恢复；如何使用发动机能使燃油消耗最少或延长发动机寿命；如何监视和评估发动机性能水平；监视发动机气路部件及其相关系统的健康状况，并诊断这些部件和系统的故障等。计算和处理发动机在使用过程中的性能问题，这一直是一个技术难题。近年来，寿命期费用受到高度关注，而影响它的重要因素是发动机在使用过程中的燃气温度和转速，因此发动机使用过程中的性能问题更加受到重视。

10.3.1 航空发动机使用性能的概念

为区别航空发动机的设计性能，将航空发动机装机使用的性能统称为使用性能。具体来讲，航空发动机使用性能是指能够描述航空发动机使用状况（或设计性能参数构建）的参数、工作参数的数据体系。发动机使用状况参数是指反映发动机使用情况的气动热力参数、机械状态参数、燃油控制参数和发动机使用参数等；气动热力参数有进口温度、进口压力、压气机进口温度、压气机出口压力、涡轮后温度等；机械状态参数有压气机机匣振动、涡轮机匣振动和附件传动装置机匣振动、滑油压力、滑油温度等；燃油控制参数有供油量、供油压力、计量活门流量等；发动机使用参数有加速时间、起动时间、接通（或断开）加力时间、惯性运转时间、尾喷口面积等。设计性能参数构建的参数，是指利用发动机设计性能参数，通过一定的技术原理和方法构建的参数，如排气温度裕度、控制拐点温度等。

1. 安装性能

前面所论述的高度-速度特性、节流特性及过渡态特性等，都是航空发动机的理想性能，并没有考虑发动机安装在飞机上以后所受的许多影响因素。例如，发动机的推力都是在假设其外部作用着均匀的压力条件下获得的，而且没有考虑未受扰动截面至进气道进口之间的附加阻力，因此，需要考虑发动机的安装性能。

发动机的安装性能是发动机安装到飞机上后，考虑了各种流动损失和功率损失之后的性能，即发动机配装进气道所产生的流动损失和发动机飞机机身匹配所产生的膨胀损失，以及传动飞机附件和飞机系统从发动机引气等所产生的功率损失，甚至还有发动机舱环境温度、压力等对控制系统性能的影响。

对于大涵道比涡扇发动机，其安装方式一般是在飞机翼下吊挂发动机短舱，所以和推力损失相关的因素与机体内安装的涡喷及小涵道比涡扇发动机不一样，确定其安装性能一般需要考虑进口附加阻力，风扇外罩摩擦阻力，核心机外罩的冲刷摩擦阻力，吊舱挂架的摩擦阻力，以及尾部阻力和尾塞的摩擦阻力等。

2. 使用性能

发动机的使用性能是除了上述的安装性能，还综合考虑了使用维修因素（如发动机周期性维修工作、参数调整、气流通道清洗等）、使用环境因素（如腐蚀、扬尘、沙尘和大气污染物等）和使用方法等因素之后的性能。用于根据使用条件研究发动机的性能能否满足使用要求，以及使用维修对发动机性能的影响规律和使用过程中发动机性能的变化规律。

发动机的设计性能和安装性能一般是在型号论证和研制阶段，根据相关设计理论计算和数值仿真，结合台架试车（含高空台试车）结果来最终确定的，而使用性能是根据飞机实测参数（如飞行参数记录系统记录的参数）构建模型，结合相关技术理论和方法进行统计研究来最终确定的。

10.3.2 发动机性能参数的换算方法

在发动机使用中，经常要用到发动机性能参数的换算问题。例如，当对发动机进行性能检验时，可能会在不同的大气温度、压力和湿度条件下进行发动机地面试车，就涉及参数的换算与性能评判问题。

发动机性能参数换算的理论依据是流动相似原理，通过分析不同外界环境条件下发动机几何相似和内部流动相似条件，提炼整理出发动机性能参数的换算公式。

对于同一台发动机或同一型号发动机，在保证几何不变的条件下，以标准大气条件（温度为 288 K、压力为 101 325 Pa）为参考，当大气温度和压力分别为 T_0(K)、p_0(Pa)时，发动机在地面工作时常用的性能参数主要有如下换算公式。

（1）换算转速 n_{cor} 和 $\bar{n}_{cor}$：

$$n_{cor} = n\sqrt{\frac{288}{T_0}}, \quad \bar{n}_{cor} = \bar{n}\sqrt{\frac{288}{T_0}} \tag{10-1}$$

高、低压转子的换算转速也与式(10-1)相同。

（2）换算推力 F_{cor}：

$$F_{cor} = F\frac{101\ 325}{p_0} \tag{10-2}$$

（3）换算耗油率：

$$\mathrm{sfc}_{cor} = \mathrm{sfc}\sqrt{\frac{288}{T_0}} \tag{10-3}$$

（4）换算单位推力：

$$F_{scor}=F_s\sqrt{\frac{288}{T_0}} \tag{10-4}$$

（5）换算燃油流量：

$$W_{fcor}=W_f\frac{101\ 325}{p_0}\sqrt{\frac{288}{T_0}} \tag{10-5}$$

（6）换算空气流量：

$$W_{acor}=W_a\frac{101\ 325}{p_0}\sqrt{\frac{T_0}{288}} \tag{10-6}$$

上述这些常用换算公式并未考虑大气湿度、燃油低热值等的影响，关于湿度和燃油热值对性能参数的修正方法，请阅读相应的国家军用标准（如 GJB 722—89）。

10.3.3　发动机使用性能监控技术简介

发动机使用性能的一个重要方面就是发动机性能衰退问题，需要给予充分的关注，并采取适当的方法实施有效的监控，以保证发动机的正常使用，进而保证飞行的安全和战斗力的发挥。

10.3.3.1　性能衰退

发动机在长期运行过程中，出现部件的效率和流通能力降低，导致排气温度增加，推力减小和耗油率增加，这种现象称为发动机性能衰退。实际上，性能衰退是不可避免的，发动机装上飞机后，特别是民航飞机的发动机，在翼时间可达 10 000 h 以上，性能衰退是一个性能逐渐降低的过程，发动机仍能正常工作。衰退程度通常与发动机工作时间或循环数，以及所使用的发动机工作状态有关，也受发动机自身工作特性、使用环境（如地域）和飞行员个人使用习惯等因素的影响。

造成发动机性能衰退的主要原因有：

（1）旋转零、部件的磨损、变形，导致压气机和涡轮叶片的尖部间隙增大，二次流损失增加，效率下降。

（2）密封件间隙增大，使得漏气损失增加。

（3）空气中的粒子堆积在叶型表面上，形成污垢，这些污垢增加了叶型损失，降低了流通能力和效率，甚至影响压缩部件的稳定性。

（4）外来物打伤、热端零部件的变形或掉块等，也造成流动损失增加。

对于上述各种原因，可以采取针对性的维修措施来尽可能恢复或改善发动机性能。例如，对航空发动机进行定期或不定期的检修，及时调整一些参数偏差；民航用长寿命涡扇发动机常用压气机水洗的方法来清洗压气机污垢，以恢复发动机性能。对于从飞机上拆下送修的发动机，按单元体分解后，对单元体中的受损伤零件进行修理，如矫正变形，修补缺损，更换严重受损的叶片和零部件，恢复叶片尖部间隙和密封间隙等。

GJB 241A—2010 中明确规定：在达到一个冷件寿命或在此寿命期间，发动机推力不应降至最低推力要求。在达到任何一个热件寿命或在此期间，发动机推力不应低于规定涡轮进口温度下热件寿命开始时实际推力的95%~100%；单位油耗不应大于热件寿命开始时相同推力状态下实际的单位耗油率的100%~105%。这是因为，对于军用飞机，增加油耗意味着执行任务的能力下降，导致在同样的载油量下，原来可以完成的作训任务，对于性能衰退的发动机，由于油耗增大，航程变短，甚至不可能完成一些要求高的任务，因此同样是不可接受的。另外，装机发动机性能衰退导致推力降低和油耗增加，意味着在执行某些作训任务前，还需要结合任务对发动机装机的飞机进行遴选。例如，美空军对F-18装机的F404-GE-400发动机性能衰退影响开展了计算机模拟研究，采用污染指数、腐蚀指数、发动机性能衰退指数3个性能参数，在飞机的任务剖面内，预测并描述发动机性能衰退的飞机作战效能及其燃油消耗和寿命等因素的不利影响。测试结果表明，与没有性能衰退的发动机相比，当其衰退程度为6%时，飞机的任务作战效能、高压涡轮叶片蠕变寿命和低循环疲劳寿命消耗分别减少了75%、86%和40%，发动机燃油消耗和高压涡轮叶片热疲劳的相对严重性分别增加了14%和120%。

所以，必须要对发动机的性能衰退状态进行有效的监控，研究掌握发动机性能衰退的规律，进而能够做出科学准确的预测，才能保证发动机的安全使用。

10.3.3.2 使用性能衰退监控技术

1. 使用过程中发动机的重要性能数据

推力、耗油率和燃油流量是发动机的重要性能参数。除了专用的飞行试验台，在军用、民用飞机上一般不能直接测量推力和耗油率，但可以测量燃油流量。由于发动机推力和耗油率的大小是由发动机工作过程参数决定的，如排气温度和压力、喷口面积、发动机压力比等，因此在发动机使用中，可以通过测量这些参数来推算起飞和飞行中的推力和耗油率。有些国外的军用发动机将起飞推力作为监视参数，并在座舱设置指示，用来检查起飞推力是否正常，指示发动机能否再次出动。有些将推力监视参数用于发动机健康监视，可增加发动机故障隔离的效果。对于民用飞机的发动机，则重点关注巡航状态工作时的耗油率水平。在主要的巡航飞行航段，耗油率直接影响飞机燃油利用率，所以评估使用过程中的耗油率变化是非常重要的。

2. 外场性能试车

大型航空公司和空、海军基地都建有发动机试车台，用来检验制造商或维修厂家所交付的发动机，以验证发动机整机的功能和性能是否符合性能指标要求。通过台架试车可评估待装机发动机的健康状况，并给出监控基线值和监控注意事项。此外，对使用中发生故障的发动机进行专项试车，以重现故障和分析故障。为了诊断发动机在使用中的性能，可以安排专门的性能试车，并使用专门的测量设备，以增加健康监视和故障分析的测量参数。

3. 飞行参数趋势监控

飞行参数趋势监控技术是进行发动机使用性能监控最常用、最基本的数据分析技术。该方法又称为飞行参数趋势分析技术，建立在对发动机可测量参数的长期观察、研究，以及分析参数异常变化的基础上，对发动机当前和未来工作状况进行判断和预测。

飞行参数趋势分析方法主要是以记录数据的曲线图来表述问题，也称为参数趋势图分析法。参数趋势图分析就是对发动机某些参数进行长期观察，作出参数变化趋势分析图，以监视发动机工作状况，判断发动机工作能力，预报发动机性能和可靠性变化趋势，提供维护的信息。例如，民用航空发动机 CFM56 监控的参数包括高低压转子转速、起飞状态最高排气温度、起飞最大燃油流量、滑油压力、滑油温度、滑油消耗量和发动机振动值等；Trent800 发动机通过分布在风扇、中间和高压压气机，以及高、中级和低压涡轮的 25 个传感器获取发动机运行参数，包括温度、压力、速度、转速和振动信号等。

4. *飞机起飞推力监控*

起飞滑跑是飞机每次飞行必经的阶段。在起飞滑跑阶段，飞机所受外力主要有机翼产生的升力、飞机受到的气动阻力、发动机产生的推力、地面对起落架的支反力，以及机轮受到的地面摩擦力等。起飞滑跑时，装机航空发动机产生的推力方向与跑道基本平行，且发动机基本不受其他因素的影响，能较好地体现装机航空发动机的使用性能。装机航空发动机在起飞滑跑阶段经过计算所得到的发动机推力，称为滑跑起飞推力。使用滑跑起飞推力来监控发动机的使用性能，可以对发动机使用性能进行初步的估算，该方法原理简单，计算参数获取容易，计算简便易行。

5. *航空发动机排气温度裕度监控*

国际民航业界广泛采用了发动机排气温度裕度的性能衰退指标。航空发动机排气温度裕度（exhaust gas temperature margin，EGTM）是指航空发动机在海平面条件下、全功率状态起飞时，发动机排气温度实际值与排气温度红线值之间的差值。

发动机排气温度的限制值是根据发动机材料试验、零部件试验和数值研究后确定的允许值，对于某一具体的发动机型号，其值是固定的。但是对于某个具体的发动机，其温度值是不同的，但一般也相差不大。为了使用方便，把某一型号发动机出厂排气温度的限制值称为该型发动机的红线值，将工作过程中发动机排气温度值称为实际值。随着发动机的使用，发动机性能出现衰退时，排气温度的实际值会出现不同程度的变化（一般是升高），并且性能衰退越多，这个温度升高得越多，直至达到发动机所规定的红线温度。

6. *发动机综合监控*

发动机综合监控是综合运用各种检测手段和方法来综合分析、评估发动机技术状况，科学地提出针对性检查措施，以保证发动机使用安全的一系列工作的统称。目的是全面掌握发动机使用保障情况和技术状态，及时检查并发现故障征兆，研究并提出处置意见，确保发动机安全可靠使用；同时，深入分析技术质量问题，积极探索故障规律，不断完善监控内容和检测手段，并为发动机可靠增长和改进提供依据。

我国针对某型发动机因备发数少、国外送修理周期长导致的外场缺发动机现象严重的问题，于 2003 年开始，认真总结部队维护经验，按照故障发生总有一个过程、相关参数必有所反映的原理，探索了单机状态监控的方法，依靠载荷分析、飞参数据判读、油液分析、孔探检查等手段，综合判断发动机是否可以适当延长使用寿命。在不断的实践中，逐步规范了发动机监控检查的程序、内容、方法和标准，形成了发动机综合监控体系，大大提高了部队预防发动机故障的能力，为保障飞行安全做出了突出贡献，实践成果也为我国航空发动机的自主研制提供了有力的支撑。

习　题

1. 发动机的外场维护保障工作主要有哪些内容？
2. 在外场开展发动机试车时，要注意哪些问题？
3. 发动机试车时，如何保障人员、装备和辅助装设备的安全？
4. 列举发动机性能监视与故障诊断方法。
5. 典型发动机状态监控的内容有哪些？
6. 发动机振动监控的目的是什么？
7. 发动机滑油压力监控的目的是什么？
8. 发动机滑油消耗量监控的目的是什么？
9. 列举航空发动机典型性能故障及其可能的原因。
10. 造成航空发动机性能衰退的主要原因有哪些？

第 11 章 新概念航空发动机及技术简介

自从航空发动机问世以来,航空界一直在为提高发动机性能、拓展发动机使用范围而不懈努力。研究人员在不断挖掘常规燃气涡轮发动机潜能的同时,提出了各种各样新的航空发动机构型。本章就几种典型的新概念航空发动机进行介绍。

11.1 超燃冲压发动机

11.1.1 超燃冲压发动机的概念

随着科技的迅猛发展,临近空间已逐渐成为各国军事装备竞争的新领域。一般将距离地面 20~100 km 的空域称为临近空间。这段空域介于空间轨道飞行器最低飞行高度和飞机最高飞行高度之间,比下层空域具有高度优势,同时能对外层空间的空间站和卫星等航天器形成近距离的威胁。高超声速飞行器技术的发展是人类继发明飞机、突破声障、进入太空之后,又一个重要的发展阶段,其飞行空域主要在临近空间,巡航飞行速度为 6.0~15.0 *Ma*。为占据临近空间,各航空大国都将高超声速飞行器技术的发展作为一条重要途径,而其中的高性能推进技术是高超声速飞行器等武器装备发展的核心关键技术之一。

超声速燃烧冲压式喷气发动机(简称为超燃冲压发动机,scramjet engine)是大气层内以高超声速飞行的最佳动力装置,它无转动部件,经济性好,已经成为 21 世纪国防研究的重点项目之一。一般的冲压发动机主要组成部分有超声速进气道、主动冷却燃烧室、尾喷管、燃油与控制系统、点火系统、测量系统等。根据设计条件下燃烧室中气流的流动速度范围,冲压发动机又可分为亚燃冲压发动机和超燃冲压发动机。

顾名思义,亚燃冲压发动机燃烧室入口的气流速度为亚声速,是较为成熟的一种高速飞行器推进装置。采用亚燃冲压发动机,飞行器的最佳飞行速度范围为 3.0~5.0 *Ma*。当飞行速度超过 5.0 *Ma* 而进入高超声速范围时,对于亚燃冲压发动机,进口滞止气流温度将超过 1250 K,进气总压损失也急剧增大,发动机的性能严重下降,如图 11－1 所示,尤其是当飞行速度>6.0 *Ma* 之后,亚燃冲压发动机的比冲(比冲是与单位推力成正比的性能参数,定义为单位质量推进剂所产生的冲量,如果用重量描述推进剂的量,比冲拥有时间量纲,单位为 s;如果用质量描述推进剂的量,比冲以速度量纲表现,单位为 m/s)减小很快,而且热防护问题更加突出,已不再适用,必须要采用新概念或新技术的推进装置。

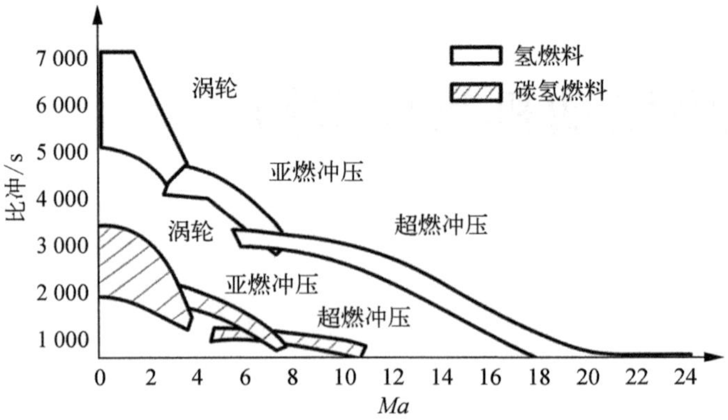

图 11－1 吸气式发动机比冲随飞行马赫数的变化

超燃冲压发动机的燃烧室入口气流为超声速，并且后续的燃烧也是在超声速气流中进行的（这也是“超燃”一词的来由），从而使发动机热力循环可以在较低的静温和静压下进行。超燃冲压发动机在 4.5 *Ma* 左右开始投入运行，采用氢燃料时的飞行速度可高达 16 *Ma*，理论上最大飞行速度可达 25 *Ma* 左右，推重比可达 20 以上，如图 11－1 所示。

初期的高超声速推进技术研究主要是概念和原理的探索，而现阶段对高超声速技术的研究已经以某种高超声速飞行器为应用背景，进行先期技术开发。从 20 世纪 50 年代末开始，到 90 年代初，经过几十年不懈探索，美国、俄罗斯、法国、德国、日本、印度、澳大利亚等国先后取得了超燃冲压发动机技术上的重大突破，并陆续进行了地面试验和飞行试验。各国对高超声速技术开发的主要应用目标如下：近期目标为高超声速巡航导弹，中期目标为高超声速飞机，远期目标为吸气式推进的跨大气层飞行器、空天飞机。

11.1.2 超燃冲压发动机关键技术

由于超燃冲压发动机既要在范围很宽的飞行状态下工作，又要在超声速气流中组织有效的燃烧，其技术实施涉及很多重大关键技术问题，难度非常大。从目前国内外的发展经验看，必须达到成熟化的关键性技术包括推进系统技术、热防护以及材料技术、空气动力学技术、先进控制技术以及飞/发一体化技术。

11.1.2.1 推进系统技术

在超燃冲压发动机的研制中，首要的具有挑战性的技术难题是推进技术。对于常规冲压发动机，气流在燃烧室内为亚声速，而对于超燃冲压发动机（结构简图见图 11－2），气流在燃烧室内为超声速，气流来流速度快，在整个宽广的运行速度范围内流动，燃料在燃烧室内驻留时间短，燃烧与流动耦合强，燃料的喷雾、混合和有效燃烧必须在极短的时间内完成，难度很大。此外，燃烧室内存在着激波和附面层的相互干扰，使得燃烧过程相当复杂，需要对燃烧稳定性与过程进行优化。同时，

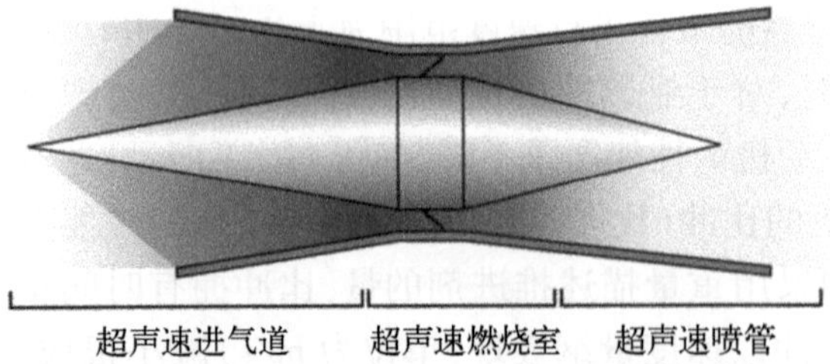

图 11－2 超燃冲压发动机结构示意图

超声速燃烧过程的总压损失也比亚声速燃烧过程大得多,需要研究新的冲压发动机技术,验证发动机在大马赫数下的性能。

11.1.2.2　热防护和材料技术

面对复杂的大气环境,发动机要具有很强的适应能力,特别是受到气动热载荷效应的影响时,高超声速飞行器的机头、控制面及机翼前缘在高速飞行中都具有较高温度,同时推进系统的燃烧室、喷管的温度也很高,如果不做热防护处理,势必会影响发动机的性能及稳定性,因此热防护技术的研究势在必行。热防护重点从系统结构和材料方面进行改进,并不断优化主动式放热系统和超低温推进剂储箱的材料,从而拥有轻并且耐用的结构和有效的防热系统。针对大气中臭氧、紫外线、高能粒子的腐蚀和辐射,需要不断研究抗氧化和电磁防护技术。目前国内外正在研究使用快速固化粉末冶金工艺制造高纯度、轻质量的耐高温合金,耐高温的陶瓷基复合材料,以及碳/碳复合材料,以满足超燃冲压发动机防热和抗氧化要求。

11.1.2.3　空气动力学技术

由于临近空间纵跨非电离层和电离层,故其内部大气现象极其复杂,当高超声速飞行器在此环境飞行时,超燃冲压发动机内部会产生很强的激波,并且激波和边界层之间的干扰会随着马赫数的增大而增加,同时产生高温,这使得发动机内部气体电离、分解,并且发生化学反应,所以在超燃冲压发动机研制过程中必须考虑真实的高温气体以及其非平衡流动问题。对此,目前虽然进行了很多研究,但是在各种复杂因素耦合情况下的气流运动情况,还存在很多认识上的不足。美国在总结 X-43A(如图 11-3 所示,采用双模态超燃冲压发动机作为推进系统的高超声速飞行器)经验时曾提出,要重点研究超燃冲压发动机以下空气动力学问题的影响:边界层从层流转变为湍流的转换;湍流边界层的流动和剪切层的流动;激波与边界层之间的相互作用;燃料喷注入气流,燃料与空气的混合,燃料与空气之间的化学反应;机身与推进系统一体化设计的飞行器性能和可运行范围等。以中国目前的计算水平以及设备能力,还不能较好地模拟临近空间的复杂飞行环境。为此,应当充分利用和发挥高超声速空气动力学相关的基础理论、建模计算、高速数值计算技术及试验验证手段的优势。

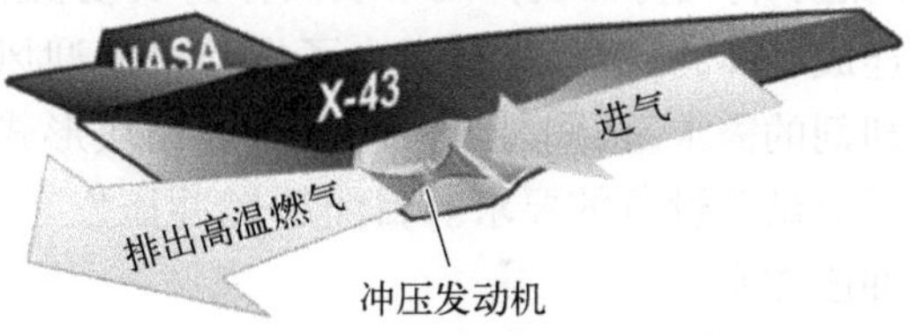

图 11-3　X-43A 高超声速飞行器概念

11.1.2.4　先进控制技术

临近空间跨越大气平流层、中间层以及小部分增温层,大气稀薄,而且随高度变化的大气参数变化复杂,导致高超声速飞行器(尤其是对大气参数非常敏感的超燃冲压发动机)的控制技术面临很多技术难点,超燃冲压发动机先进控制技术的研究也迫在眉睫。超燃冲压发动机的工作状态与高超声速飞行器姿态紧密关联,在很宽的飞行马赫数范围内,超燃冲压发动机都呈现出复杂的控制机理。控制问题的研究直接与发动机内部物理和化学过程相关,需要掌握对气体流动以及燃烧过程起主导作用的物理化学效应,及相互耦合关系对发动机控制特性的影响,从而提炼出准确地控制需求和控制问题。当前,超燃冲压发动机的技术难点之一就是实现超声速燃烧,燃料的控制是其关键。超燃冲压发动机为了在宽广的范围内工作,实际上要经过亚燃区,过渡到超燃区,由于超燃和亚燃在燃烧特性上的差异很大,以及超声速燃烧需要在燃烧过程中改变面积比,因此超燃冲压发动机呈现出很强的非线性,难以控制。同时,燃料量的小范围内变化就可能导致发动机工作不稳定,控制系统要承担起改变发动机内部燃烧状态、控制发动机推力和施加保护控制的任务,从而提高发动机的效率、增大推力。在超燃冲压发动机工作过程中,由于发动机的飞行条件变化大,稳定燃烧边界狭窄,对于各种扰动非常敏感,存在多种安全边界,包括进气道不起动、进气道喘振、燃烧室贫富油熄火边界等,这就要求必须进行进气道以及喷口的变几何主动控制研究,在很大范围内进行调节进气道以及喷管,从而保证超燃冲压发动机在各种飞行条件下工作,使发动机时刻处于最佳的工作状态。

11.1.2.5 飞/发一体化技术

美国在 20 世纪 60 年代就开展了早期的超燃冲压发动机研究。NASA 制订了高超声速发动机研究计划,在该计划中,发动机性能、结构和系统等方面的重要研究工作已经完成,但同时也发现了结构方面亟待解决的问题。超燃冲压发动机采用的是轴对称、吊舱式的结构形式,使得发动机外形呈现中间细、两头粗的形态,这使发动机面临很大的迎风面积和外部阻力。同时,由于发动机内外表面都要与高温热气流接触,冷却壁面需要大量的冷却剂。这就导致超燃冲压发动机工作寿命过短,在高马赫数飞行时对液氢冷却剂需求量急剧上升,发动机外阻力过大。为此,需要采用飞/发一体化超燃冲压方案来解决以上问题:将飞行器机体的下表面作为发动机进气道与尾喷管的一部分,使得发动机与机身连成一体,从而极大地减少了发动机的迎风面积、外部阻力和质量,也大幅度地减少了冷却剂的需求量;同时将发动机做成模块形式,可以只取若干个模块进行发动机试验,降低了对试验设备的要求。目前超燃冲压发动机研制的基本形式就是这种飞/发一体化超燃冲压方案。

11.2 爆震发动机

11.2.1 爆震发动机概述

爆震燃烧具有释放速度快、自增压、热循环效率高、熵增小等优点。采用爆震燃烧方式的发动机有脉冲爆震发动机(pulse detonation engine, PDE)和旋转爆震发动机(rotating detonation engine, RDE)。

脉冲爆震发动机(PDE)作为一种非稳态新概念发动机,是利用间歇式或脉冲式爆震波产生的高温高压燃气来产生推力的,具有热循环效率高(约 49%)、燃料消耗率低、结构简单(无涡轮等旋转部件)、尺寸小、推重比高(可大于 20)、比冲大(大于 2100 s)、适用范围广等优点,具有很好的工程应用前景。脉冲爆震发动机的工作原理如图 11 - 4 所示,其工作过程包括充气、点火、爆震波传播、膨胀、排气及扫气段。其基本工作原理是在推进管中充填可燃混合气,点火起爆后,利用爆震波产生高压作用力,从而产生推力。脉冲推进技术是 20 世纪 30 年代由德国的科学家开发出来的,第二次世界大战中曾装配臭名昭著的V-1飞弹，空袭英国。经过几十年的探索，这项技术已经取得了可喜的进展，因其卓越的性能优势，在将来既可用作导弹、靶机、诱饵机和无人机的动力，也可用作喷气旋翼机的动力，未来还有可能用作军民用飞机(甚至太空飞行器)的推进装置。

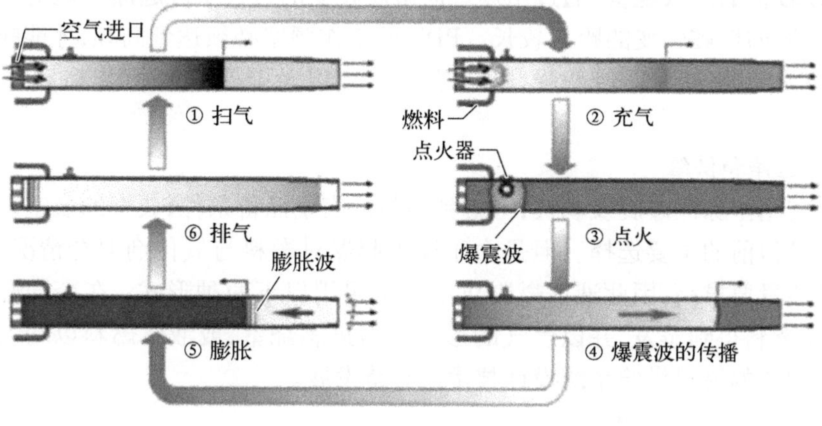

图 11-4　脉冲爆震发动机工作原理

与 PDE 不同的是，旋转爆震发动机(RDE)只需一次点火起爆，爆震波在环形燃烧室内自循环，连续传播，持续产生高压力，气体膨胀加速产生推力，如图 11-5 所示。与脉冲爆震发动机相比，旋转爆震发动机只需要一次起爆，推进剂就可以连续爆震燃烧，解决了高频率重复起爆的难题。另外，与脉冲爆震发动机的频率相比，旋转爆震波在发动机内部的传播频率更高，达数千赫兹，推力更加稳定，作为动力系统，可以为飞行器其他部件创造更好的工作环境。试验研究表明，旋转爆震发动机也可以在冲压模态下工作。目前已得到一些推进剂组合在冲压模态下，旋转爆震波稳定存在的情况范围，即使在来流速度较低的情况下，发动机也可以正常工作。

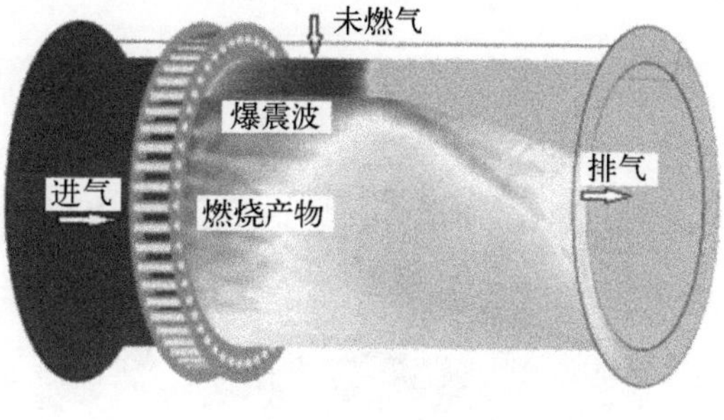

图 11-5　旋转爆震发动机工作原理

11.2.2　爆震发动机关键技术

11.2.2.1　脉冲爆震发动机

1. 进气系统

爆震燃烧室的进气系统直接影响 PDE 的工作和起爆系统的性能，爆震燃烧室重新填注混合均匀的反应物所需的时间将直接决定推进系统的最大工作频率。脉冲爆震发动机在进气口吸入空气，混合燃料，此时，与一般的喷气发动机最大的不同是存在吸气阀门。在产生爆震波、喷出高温高压气体期间，从进气口流入的空气不能流入爆震管，由阀门暂时堵住，在高温高压燃气排出后，再由阀门进气与燃料混合。所以在脉冲爆震发动机研究中，进气阀门的开发很重要。

2. 起爆与控制

爆震起爆装置是重要的关键技术。一方面，脉冲爆震需要高频点火；另一方面，直接起爆爆震所要求的临界能量非常高，且与飞行状态有关。因此，脉冲爆震发动机通常采用间接起爆，以较低的点火能量，通过由爆燃向爆震转变的过程实现起爆。但对于活性较低的混合气，爆燃向爆震转变的距离较长。PDE 的工作频率必须达到高频，才能投入实际应用中，必须解决爆燃向爆震转变强化、爆震波起爆以及非受限环境传播和过渡等技术问题。

3. 燃料选择和供给

为发展实用型脉冲爆震发动机，考虑到燃料的安全储备条件，典型的航空燃料及碳氢化合物燃料是目前的主要选择。但是由于爆震起爆对燃料与氧化剂混合情况敏感，液体燃料对临界能量要求高，因此液体燃料供给通常采用以下两种形式：在冷却燃烧室壁面的同时，液体燃料得到蒸发，并以燃气的形式喷射进燃烧室，或液体燃料以均匀的喷雾进入燃烧室。相应的燃料供给系统设计技术还有待发展。

4. 多管并联及辅助系统

脉冲爆震发动机投入实际应用中，需要多个爆震室并联，产生强大的推力，如图 11－6 所示。多个爆震室使用共同的进气道和喷管，而爆震过程对来流条件敏感，因此进气道设计存在较大的困难，需要研究进气道与多管爆震室高效一体化的方法。实际应用中，还需要完善燃料存储与增压、喷注和起爆、阀门控制和燃烧控制等系统，形成一体化综合设计方案。

图 11－6　多管并联的 PDE 试验机

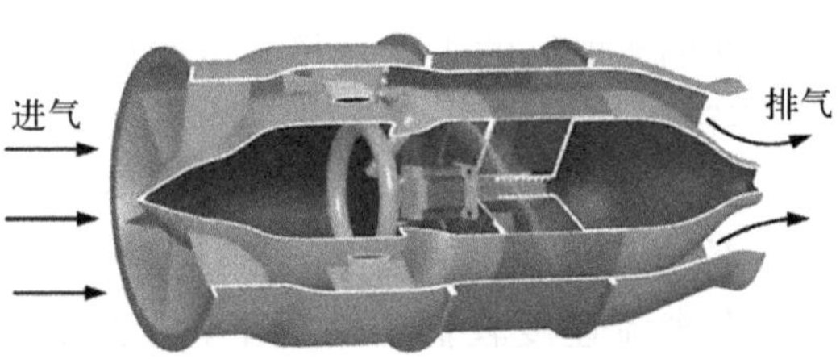

图 11－7　旋转爆震发动机结构

11.2.2.2　旋转爆震发动机

1. 进气道和隔离段设计

如图 11－7 所示，旋转爆震冲压发动机的隔离段有两个显著特点：一是发动机独特的结构设计使得其隔离段通常为环形结构，且内外壁间宽度较小，激波与边界层相互作用更加剧烈，流场关系更加复杂；二是隔离段出口的反压分布表现出空间不均匀性，爆震波扫过的区域压力高，其他环面区域则保持相对较低的恢复区压力，且每一位置的压力还随时间变化。爆震波稳定传播时，通过运动的螺旋激波对上游来流产生剧烈压缩作用。所以，燃烧室背压越大，运动激波影响区域越大，对上游的影响越剧烈。综合其独特的构型以及更加恶劣的反压环境，旋转爆震发动机隔离段可能会展现不同于常规隔离段的新的流动特性，有必要对其开展相关研究。

2. 液体燃料雾化和气液两相旋转爆震

冲压式工作模态和火箭式工作模态下的旋转爆震本质上均是爆震波的持续传播，其工作原理相同、过程类似，但火箭式工作模态下发动机利用携带的氧化剂与燃料混合，冲压式工作模态吸入大气中的空气，影响可燃混合气的形成，进而影响旋转爆震的自持传播过程。因此，需对液体燃料雾化和气液两相旋转爆震展开研究。

3. 稳定可靠的起爆方法

火箭式工作模态下旋转爆震发动机试验大多以氧气作为氧化剂，以提高混合气的活性。当旋转爆震发动机工作在冲压式工作模态时，只能以空气作为氧化剂。相对于纯氧，以空气作为氧化剂时，爆震发动机初始时直接起爆的难度较大，有必要对以空气作为氧化剂的冲压式工作模态下的旋转爆震的起爆特性进行研究。冲压式旋转爆震发动机在超声速飞行过程中可能需要重新点火，因此需研究超声速来流中爆震的起爆问题。

4. 超声速来流中旋转爆震波的自持传播

爆震波的传播过程本身是非稳定的，其速度会出现周期性的波动。此外，燃料和氧化剂掺混以及超声速来流不均匀，也可能导致爆震波不稳定传播，如传播过程中波头数目、传播方向发生变化，爆震波熄灭和再起爆。同时，真实燃烧室构型复杂多变，在复杂燃烧室型面条件下，旋转爆震波的传播特性和模态均有待研究。

11.3　预冷发动机

11.3.1　预冷发动机概述

若要降低航天器发射成本或实现高超声速飞行器水平起降，首先要考虑航空涡轮发动机，在低马赫数（0~3）飞行时，它是理想的动力，技术成熟、可靠性很高，其比冲是各类发动机中最高的，但在高马赫数（大于 3.0）时航空涡轮发动机性能急剧恶化，且可靠性降低。

在高超声速飞行器动力的探索过程中，预冷成为主攻方向之一。预冷是指将进入发动机的高温空气进行预先冷却，使温度降低到航空涡轮发动机能正常工作的温度。各航空强国都提出过自己的预冷方案，并进行了大量研究。例如，美国提出射流预冷却技术方案，日本和俄罗斯提出预冷器技术方案，英国提出强预冷器与闭式循环组合的技术方案。

在这些方案中，最值得关注的是英国的方案。英国反应动力发动机有限公司（Reaction Engine Limited, REL）在 20 世纪 80 年代提出了强预冷技术方案，30 多年的沉寂之后，于 2012 年 11 月宣布，该方案地面试验取得成功，实现了强预冷，可将以 5.0 *Ma* 飞行的发动机进口气流滞止温度降低到发动机能正常工作的进气温度。以这种强预冷方案为基础，REL 公司先后研发了两种发动机，即弯刀（Scimitar）和军刀（Sabre，或译为佩刀）。弯刀发动机采用常规的涡扇发动机技术，见图 11 - 8，加上强预冷系统，用于 Ma = 5.0 —

级的高超声速飞机。军刀发动机从原理方案看，则是弯刀发动机与火箭发动机的组合，用于“云霄塔”航天飞行器，采用吸气式发动机，可将飞行器加速到 5.5 *Ma*，再用火箭进一步推进飞行器，实现单级入轨。将每千克有效载荷送入地球低轨道的成本可从 15 000 英镑降至 650 英镑，与常规入轨方案相比，具有水平起降、重复使用、单级入轨、低酬载成本、两次运行间隔时间短等一系列技术优势。

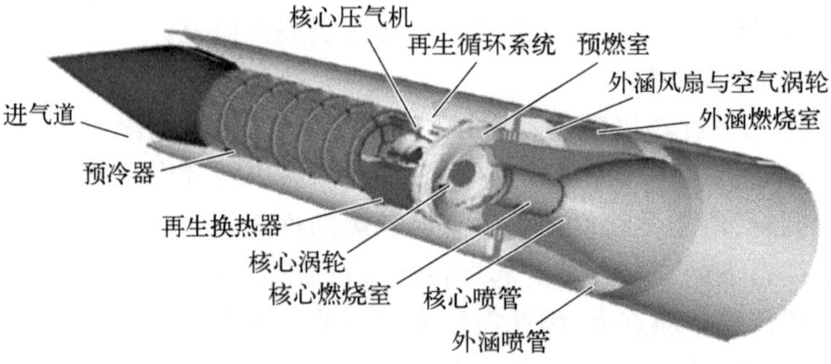

图 11－8 “弯刀”发动机结构

国际上对于此强预冷航空发动机技术给予了很高评价，认为是喷气推进发明以来的第二次革命，会彻底改变未来的空中和太空旅行。可见，强预冷航空发动机技术可使整个航空发动机面貌发生根本性变化，具有巨大的潜在技术优势，可以把它看成航空发动机领域的颠覆性技术。

11.3.2 预冷发动机关键技术

11.3.2.1 紧凑快速强换热机理及换热器设计技术研究

强预冷航空发动机优异性能的核心支撑是紧凑快速强换热技术，该创新性技术的核心是超临界换热介质和微小尺度换热单元的结合。处于超临界状态的流体，其黏性系数和扩散系数接近气态，而传热系数和密度等接近液态。因此，用超临界状态流体作为换热介质，可得到流动损失低、换热量大的换热效果。再结合几何尺度为毫米或亚毫米级的基本换热单元，可实现换热器单位质量换热能力远超现有换热技术的强换热器。但是将超临界与微小尺度二者相结合，导致换热器内部流动换热机制更为复杂，必须对相关机理进行研究，弄清楚超高热流密度情况下微小尺度流动与换热耦合机制及参数之间的关联、超大的微通道长径比对超临界流动换热的影响机制、超强温度梯度引起的流动结构变化及其与换热的耦合机制等问题。

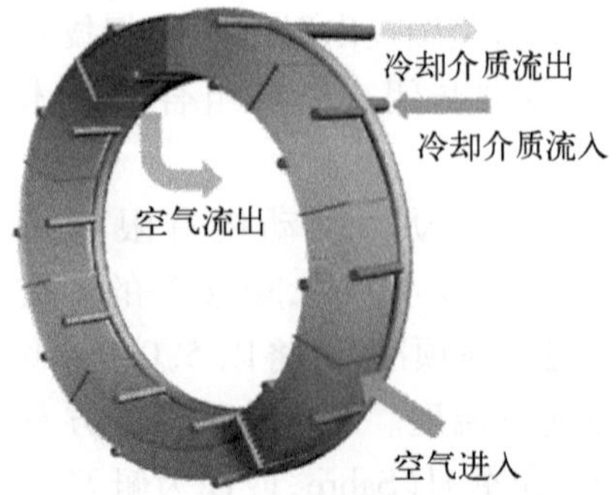

图 11－9 毛细管式紧凑换热器

11.3.2.2 紧凑快速强换热器先进加工及检测技术

薄壁毛细管的制造是紧凑换热器的关键，如图 11－9 所示。其壁厚和均匀度严重影响到后续的换热能力、换热效率和结构可靠性。此外，薄壁毛细管后续的定位装配过程要求两端端口具有很高的同心度，以保证钎料均匀分布在待焊接头处。这些都对薄壁毛细管的制造提出了非常苛刻的要求，为了成功制造薄壁毛细管，必须深入掌握其流动变形机理，包括微尺度变形中的晶粒尺寸效应、几何尺寸效应关系，以及温度对其尺寸效应的影响等问题。

薄壁毛细管的组合焊接，直接关系到最终产品的质量。在一般钎料的制备方法上，进行适合工况的钎料研发，掌握钎料成分对焊接强度的作用规律；找出钎焊接头的组织、性能随温度、钎缝间隙等焊接参数的演变规律；探明不同焊接热循环过程中接头内部残余内应力的分布规律；组合钎焊还要求掌握密集毛细管的定位装配方法，探究多个焊接接头间热力学影响规律；最后还需制定大量薄壁毛细管钎焊接头焊接质量表征方法，合理评价焊接质量。

11.4　开式转子发动机

11.4.1　开式转子发动机概述

开式转子发动机兼具涡桨发动机耗油率低与涡扇发动机适于高速飞行的特点，相比同等推力等级的常规涡扇发动机，开式转子发动机耗油率和 CO_2 排放可降低 20%～30%，可用作最大马赫数为 0.80～0.85 的民用客机、军用运输机的动力。近年来，随着对发动机经济性与国际民用航空组织(International Civil Aviation Organization，ICAO)对环保性要求的进一步提高，以及更严格的适航条例的出台，开式转子发动机以高推进效率、低燃油消耗率和低污染物排放的“一高两低”优势，成为经济友好型航空发动机的典型代表，是下一代民用飞机潜在的动力备选方案之一。

开式转子发动机，又称为无涵道风扇发动机，或桨扇发动机，可看作没有外涵道的超大涵道比涡扇发动机，又可视为安装有高性能螺旋桨的桨扇发动机，主要由燃气发生器(核心机)、动力涡轮、传动装置以及对转桨扇四大构件组成。其中，对转桨扇由多个宽弦、掠型、薄叶片组成。开式转子发动机若按桨扇位置分类，可分为拉进式与推进式两种类型，如图 11－10 所示；若按驱动方式分类，可分为齿轮传动与直接驱动两种类型。另外，与常规涡扇发动机不同，开式转子发动机不需要安装进气道和反推装置。

(a) 拉进式

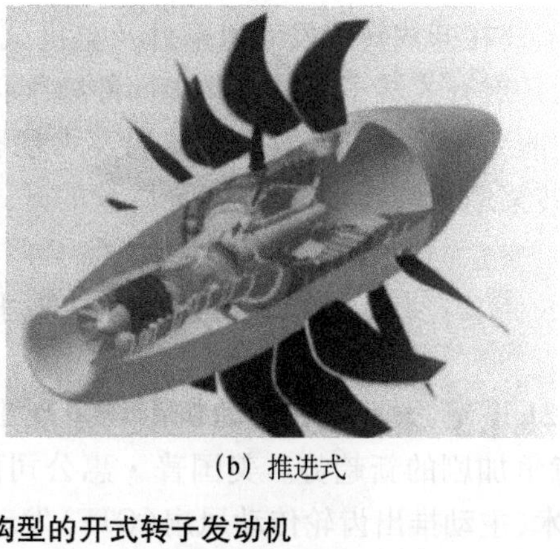

(b) 推进式

图 11－10　不同构型的开式转子发动机

11.4.2 开式转子发动机关键技术

11.4.2.1 开式转子发动机总体设计技术

为满足 ICAO 的要求及多约束条件,开式转子发动机总体方向的研究可从分析其工作原理和热力循环特征着手,研究部件参数变化对整机性能的影响。在掌握自由能的最佳分配、工作过程参数选取、齿轮传动与直接驱动开式转子发动机的参数对比、控制规律的选取、设计点性能计算、非设计点稳态/动态性能计算、反推力特性的基础上,获取影响开式转子发动机总体性能的关键影响因素。解决对转桨扇桨距调节规律与开式转子发动机总体性能耦合技术问题,保证对转桨扇桨距调节方案满足开式转子发动机主发动机稳定工作及不同工作任务的需求。在厘清开式转子发动机稳/动态性能的基础上,综合考虑噪声、污染物排放以及飞机的一体化设计等因素,建立开式转子发动机多学科设计优化平台。

11.4.2.2 高性能/低噪声桨扇气动设计技术

对转桨扇的设计可从气动和声学设计的基本概念入手,深入研究桨扇基本结构特征,基于螺旋桨设计的桨扇设计方法,基于压气机设计的桨扇设计方法,对转桨扇定常和非定常三维数值模拟中网格生成/边界条件/流场计算方法,对转桨扇几何及气动参数对其气动性能的影响,对转桨扇桨叶声学预测方法,对转桨扇噪声源、噪声特性及降噪技术等内容,提取对转桨扇的设计特征,获取对转桨扇气动和声学设计中所涉及的可能影响桨扇气动性能和噪声水平的关键因素,发展出高气动性能/低噪声的对转桨扇设计体系。

11.4.2.3 高能效齿轮传动系统设计技术

在传动系统设计上,可采用有限元法等手段对齿轮箱的传动布局和箱体结构进行强度、效率、质量等因素的多目标优化,开发齿轮箱运行监测、寿命预测和故障诊断分析软件,突破齿轮式开式转子发动机的传动功率限制,进一步挖掘开式转子发动机的节能减排的性能优势。

11.4.2.4 精细化对转桨扇试验技术

在开式转子发动机与飞机匹配方面,需要研究发动机短舱的结构设计特点及设计准则、发动机短舱气动设计特点、气动/结构安装一体化设计等问题,系统地论证分析最适合以开式转子发动机作为推进系统的飞机结构形式和发动机安装方式。在试验技术方面,则可根据国外在开式转子发动机部件及整机试验方面的研究成果,综合考虑安装效应、气动及噪声,开展开式转子发动机桨扇部件精细化流场和声场测试,进行安装环境下的试验测量,研究前后排桨扇干涉效应对流场及声场影响等,综合考虑安装效应、气动及噪声的精细化对转桨扇试验技术,用以指导后续的开式转子发动机研制。

11.5 齿轮驱动风扇发动机

进入 21 世纪,大型客机发动机市场呈现出行业集中度加快、三足鼎立、寡头垄断严峻、市场竞争加剧的新趋势。美国普·惠公司面对强大的竞争压力,积极探索、研究航空动力新技术,主动推出齿轮传动风扇(GTF)发动机技术,期待在酝酿中的新一代单通道客机市场竞争中向国际发动机公司(CFM 国际公司)的统治地位挑战,并希望成为低推力级别强有力的竞争者,抢占窄体客机发动机市场的制高点。

2008 年 7 月范堡罗国际航空航天展览会期间,普·惠公司将 GTF 命名为“洁净动力 PW 1000 G(Pure Power 1000 GTM)”,涵盖了推力级别为 66.7~133.5 kN 的新型齿轮传动风扇发动机。2010 年,《时代》周刊揭晓年度“50 大最佳发明”,多项航空科技成果入选,其中就包括 PW1 000 G 齿轮传动风扇发动机、波音 787 客机、太阳能飞机,足见 GTF 发动机在航空科技发展历程中的重要地位。

GTF 发动机是普惠公司为赢回民用发动机市场而研发的大推力高涵道比涡扇发动机,被誉为是先进的洁净动力(pure power),将为下一代民用飞机的环保、性能和运营成本建立新的标准。普惠公司为 GTF 设定的目标是,与目前发动机(如 V2500 或 CFM56)相比,维修成本降低 40%,噪声水平比 ICAO 第 4 章中的规定低约 15 dB,排放比 CAEP Ⅱ限制低 70%。从世界民用航空动力发展趋势看,GTF 发动机与其他正在发展中的技术相比,成熟度高,具有较大的优势,是未来最具潜力的发展方向,并呈现出巨大的市场应用前景。

GTF 发动机的结构如图 11－11 所示,相对于传统的双转子涡轮风扇发动机,核心机没有根本变化,仅仅是增加了一个减速箱。在双转子涡扇发动机的风扇和低压压气机之间引入减速齿轮箱,目的是使低压转子在效率较高的高转速下工作,以匹配高压转子的最佳转速;同时,让风扇在气动损失和噪声都较小的较低转速下工作,从而通过增大发动机涵道比,实现发动机更加节能、减排、降噪和环保的优化设计目标。

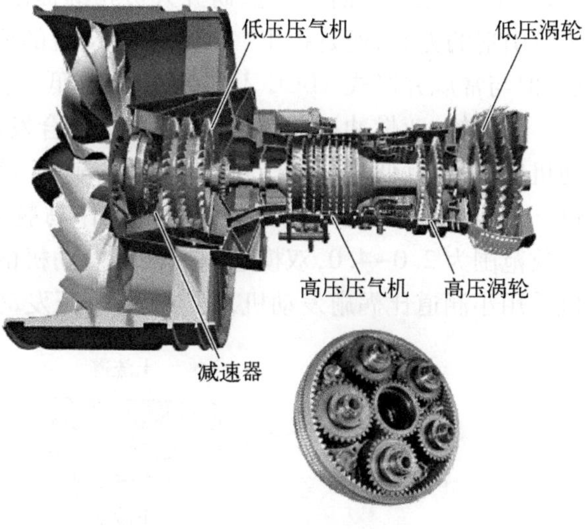

图 11－11　齿轮传动发动机结构与减速箱

11.6　燃气涡轮发动机与新概念发动机组合

11.6.1　涡轮发动机与冲压发动机组合

为了兼顾安全、经济性和作战效能的综合要求,高超声速飞行器的飞行包线十分宽广(高度更高,飞行马赫数从亚声速、跨声速、超声速扩展到高超声速),这就要求其动力装置必须在如此宽广的飞行包线内能够稳定可靠地工作,并具有高的单位推力和比冲,同时要满足一定的环保(噪声、排放等)要求。显然,目前任何一种单一类型的发动机都不能满足上述要求,必须积极发展组合动力。可以说,如果没有先进的组合动力装置,要研制成功高超声速飞行器是不可能的。

组合动力的方案和类型很多，从性能、费用、安全和技术可行性等方面考虑，吸气式发动机的火箭基组合循环（RBCC）和涡轮基组合循环（TBCC）是目前最有希望的高超声速飞行器组合动力，其中，由于涡轮发动机在马赫数为0~3范围内具有高比冲的特殊优势，尤其得到了广泛的关注和重视。

从20世纪50年代TBCC的概念提出开始，它就受到高度关注。20世纪80年代，其经历了第一轮研究高潮，以美国NASP计划为代表的一系列空天飞机研究计划试图利用TBCC作为大气飞行过程中的动力，实现跨大气层飞行。但是，由于技术过于激进，尤其是超燃冲压技术没有取得突破，TBCC在空天飞机上的应用受到搁浅。进入到21世纪后，尤其是2010年X-51A利用超燃发动机实现长达100 s以上的高超声速飞行以来，TBCC的曙光再度显现。

TBCC从结构布局上可以分为串联式和并联式两类。其中，并联式又可以分为内并联和外并联。由于现货涡轮发动机的工作马赫数仍然不能很好地与冲压发动机进行接力工作，产生了"推力陷阱"问题，研究人员相继提出了利用火箭引射的方案。不过，也有不用火箭引射的方案，而是提出"三组合"发动机的概念，它在整体上是一台并联式TBCC发动机，但与常规并联式TBCC不同的是，其在低速流道实际上是一台串联式TBCC。

在涡轮/亚燃冲压/双模态超燃冲压组合发动机方案中，将涡轮发动机与亚燃冲压发动机串联作为低速通道，再与作为高速通道的双模态超燃冲压发动机并联，如图11-12所示。该方案中，涡轮发动机工作马赫数范围为0~2.3，亚燃冲压发动机工作马赫数范围为2.0~4.0，双模态超燃冲压发动机的工作马赫数范围是4.0~6.5。涡轮发动机采用小涵道比涡扇发动机，其与亚燃冲压发动机在马赫数2.0~2.3时进行模态转换。

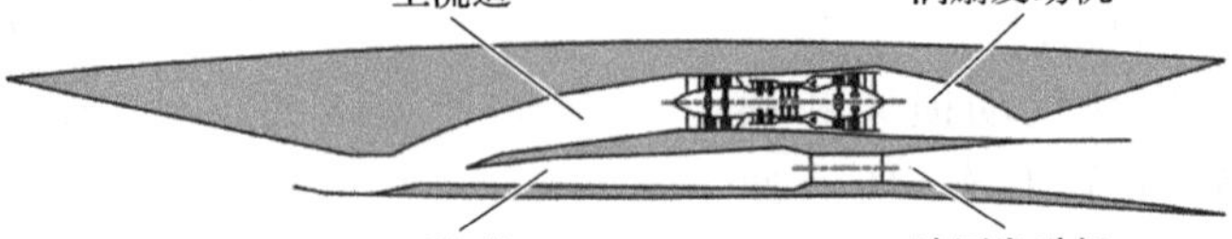

图11-12　涡轮/亚燃冲压/双模态超燃冲压组合发动机

11.6.2　涡轮发动机与脉冲爆震燃烧室组合

混合式脉冲爆震发动机(hybrid pulsed detonation engine, HPDE)是一种用脉冲爆震燃烧室(pulse detonation chamber, PDC)来代替传统涡轮喷气发动机燃烧室的发动机，也称为脉冲爆震涡轮发动机(pulsed detonation turbine engine, PDTE)。

脉冲爆震涡轮发动机的主要优点有：

(1) 热力循环的热效率高（等压循环的热效率为0.27，等容循环的热效率为0.47，爆震循环的热效率为0.49）。

(2) 结构相对简单，质量轻，发动机的推重比高。爆震燃烧具有自增压作用（爆震燃烧后的PDC出口燃气的平均总压能增加6倍左右），用PDC代替传统发动机的主燃烧室后，高压部件的级数可大大减少，甚至直接替代核心机，从而大大减轻发动机质量，提高发动机的推重比。

(3) 单位燃油消耗率低。用 PDC 替代高涵道比涡扇发动机的主燃烧室后，在飞行高度为 10 668 m、飞行马赫数为 0. 85 时，发动机的单位燃油消耗率能降低 8%~10%。

(4) 增推效果好。与传统加力相比，采用脉冲爆震外涵加力燃烧室的涡扇发动机，发动机推力可提高 1 倍。

(5) 排气污染少。爆震波是超声速传播的，所以爆震燃烧快，效率高，产物在高温区停留时间短，污染物(尤其是氮氧化物)的排放能大大减少。

(6) 与纯脉冲爆震发动机相比，功率提取更加方便. 脉冲爆震涡轮发动机充分利用燃气涡轮发动机机械功率提取高的优势，扩展了脉冲爆震发动机的应用范围。

(7) 与纯脉冲爆震发动机相比，脉冲爆震涡轮发动机能真正实现地面起动。PDC 可替代传统涡扇发动机、地面燃机、涡轴发动机的主燃烧室或加力燃烧室，脉冲爆震涡轮发动机可用作无人驾驶飞机、超声速远程导弹、直升机、舰船、超声速战术飞机、民用客机、战略飞机、空天飞机等的动力装置。

根据 PDC 位置的不同，可以将脉冲爆震涡轮发动机分为三种。

一是带 PDC 加力燃烧室的涡轮喷气或涡扇发动机，其基本结构如图 11－13 所示。这种结构下，传统涡轮喷气发动机的加力燃烧室被脉冲爆震燃烧室所替代。

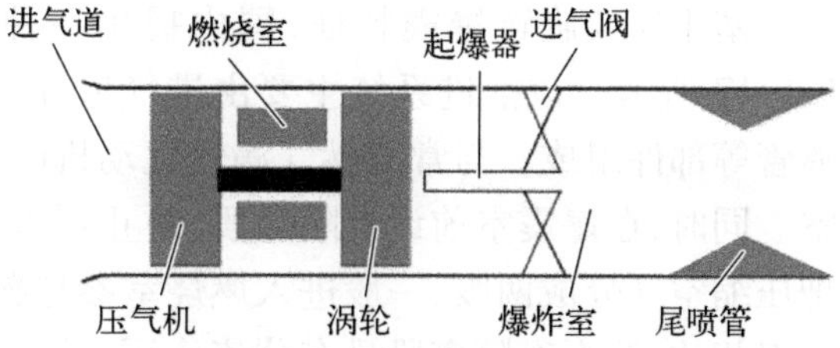

图 11－13　带 PDC 加力燃烧室的涡轮喷气发动机

二是带 PDC 主燃烧室的涡轮喷气或涡扇发动机，其基本结构如图 11－14 所示。这种结构下，传统发动机的主燃烧室被 PDC 替代。爆震燃烧产物驱动涡轮后，经过加力燃烧室从尾喷管高速排出产生推力。

三是带 PDC 外涵道加力燃烧室的涡扇发动机，其基本结构如图 11－15 所示。这种结构下，发动机的外涵道安装有脉冲爆震加力燃烧室。

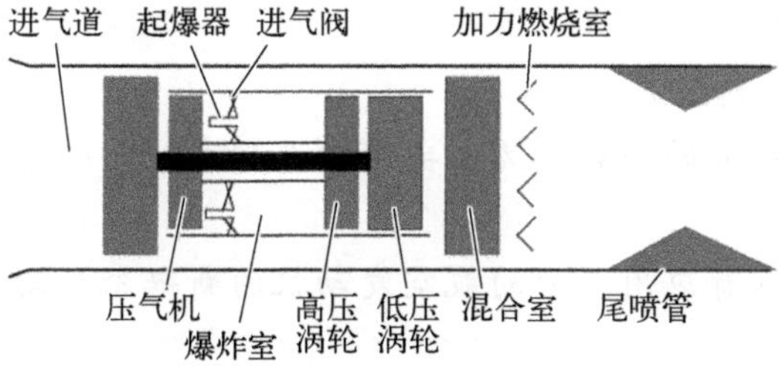

图 11－14　带 PDC 主燃烧室的涡轮喷气发动机

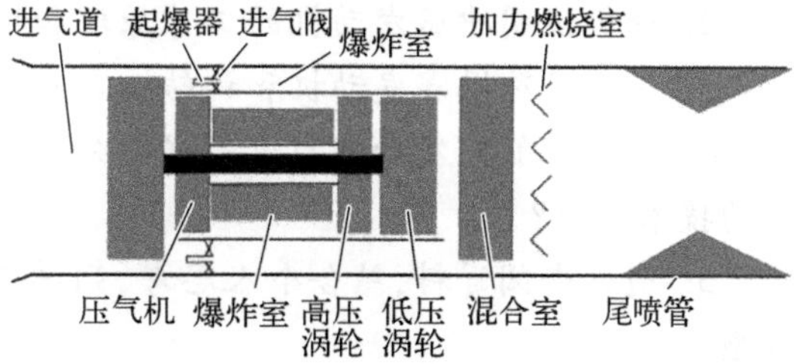

图 11－15　带 PDC 外涵道加力燃烧室的涡扇发动机

11.6.3　涡轮发动机与旋转爆震燃烧室组合

用连续旋转爆震燃烧室替换传统燃气涡轮发动机的等压燃烧室，有望显著提升燃气涡轮发动机性能。这种新型推进方式的发动机称为连续旋转爆震涡轮发动机(continuous rotating detonation turbine engine，CRDTE)。图 11－16 为涡轮增强连续旋转爆震发动机

(turbine-augmented continuous rotating detonation engine, TACRDE),这种推进方式具有效率高、结构简单等优点。研究人员将T63型涡轴发动机与旋转爆震燃烧室进行组合,开展了涡轮与爆震燃烧室的相互作用特性研究。试验结果表明,将传统的GTDG350型涡轴发动机的燃烧室换成连续旋转爆震燃烧室,循环热效率可提升5%~7%。

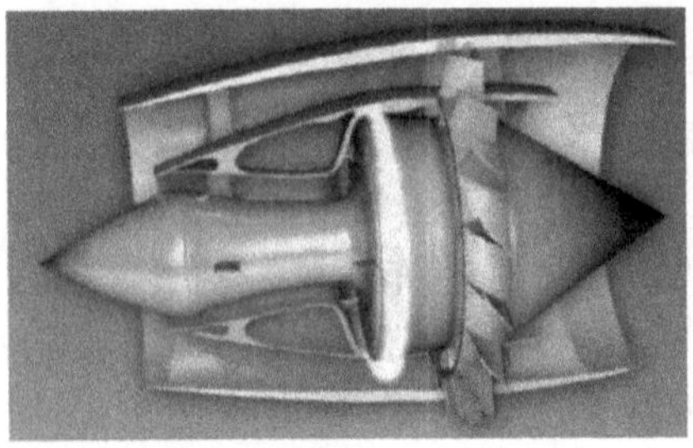

图11-16 TACRDE

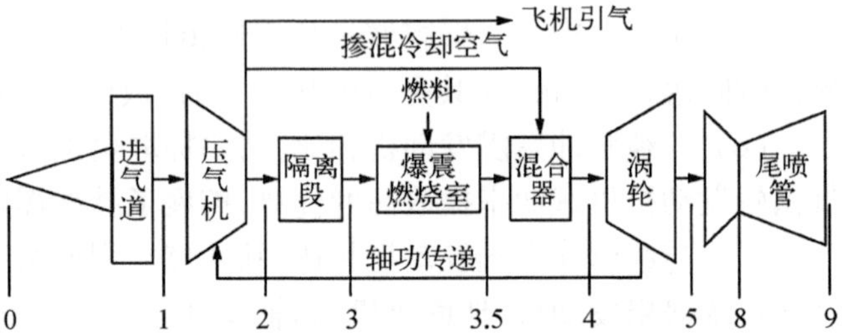

图11-17 连续旋转爆震涡轮发动机系统方案

基于连续旋转爆震特征,国内提出一种连续旋转爆震涡轮发动机系统方案,如图11-17所示。该推进系统主要由进气道、压气机、隔离段、爆震燃烧室、混合室、涡轮、尾喷管等部件组成。与常规燃气涡轮发动机的区别在于,用爆震燃烧室替代传统等压燃烧室。同时,在爆震室前设置隔离段,防止爆震波前传,从而影响压气机的稳定工作,另外,把压缩空气分成两股,一股进入燃烧室参与燃烧,另一股进入混合室用于掺混。与已有的方案相比,该方案隔离段具有分流作用,并增加了冷却空气与燃气掺混的混合室,使发动机既能获得良好的起爆特性和爆震特性,又能调节涡轮前温度,通过掺混解决爆震燃烧室出口温度分布不均匀的问题。

习　题

1. 分析燃气涡轮发动机在高马赫数条件下性能衰退的原因。

2. 分析说明冲压发动机的工作原理和特点。

3. 说明脉冲爆震发动机和旋转爆震发动机的区别。

4. 新概念航空发动机与燃气涡轮发动机形成的组合动力主要有哪些形式? 面临怎样的技术难题?

5. 通过查阅资料,结合个人思考,列举其他有应用潜力的航空发动机的新概念和新构型。

主要参考文献

陈光,2014. 航空发动机结构设计分析[M]. 2 版. 北京：北京航空航天大学出版社.

方昌德,2017. 航空发动机的发展历程[M]. 北京：航空工业出版社.

甘晓华,薛洪涛,雷友锋,2021. 航空发动机工程通论[M]. 北京：北京理工大学出版社.

何小民,张净玉,李建中,2015. 航空发动机燃烧室原理[M]. 北京：北京航空航天大学出版社.

黄春峰,姚艳玲,蒋明夫,2012. GTF 发动机技术性能和应用前景分析[J]. 航空制造技术,55(13)：44-48.

黄燕晓,翟红春,2015. 航空发动机原理与结构[M]. 北京：航空工业出版社.

李军,华建国,1999. 飞机推进系统原理[M]. 西安：空军工程大学工程学院.

林基恕,2025. 航空燃气涡轮发动机机械系统设计[M]. 北京：航空工业出版社.

刘永泉,2016. 国外战斗机发动机的发展与研究[M]. 北京：航空工业出版社.

吕雅,杨旸,郑思行,等,2018. "弯刀"发动机：高超声速客机新型动力装置[J]. 航空动力,(4)：17-20.

尚守堂,田方超,扈鹏飞,2018. 涡轮发动机射流预冷关键技术分析[J]. 航空科学技术,29(1)：1-3.

宋文艳,张冬青,吕重阳,2018. 多种组合动力方案性能对比研究[J]. 实验流体力学,32(5)：19-28.

谢峤峰,王兵,董琨,2020. 基于连续旋转爆震的推进技术研究进展[J]. 气体物理,5(1)：1-23.

闫晓军,2011. 典型航空发动机结构对比与分析[M]. 北京：北京航空航天大学出版社.

严传俊,范玮,2005. 脉冲爆震发动机原理及关键技术[M]. 西安：西北工业大学出版社.

杨晓冬,2022. 阿勒-31F/FN 发动机构造与维护[Z]. 空军装备部.

张逸民,1985. 航空涡轮风扇发动机[M]. 北京：国防工业出版社.

中国人民解放军总装备部,2010. 航空涡轮喷气和涡轮风扇发动机通用规范：GJB 241A—2010[S].

周莉,是介,王占学,2019. 开式转子发动机研究进展[J]. 推进技术,40(9)：1921-1932.

朱之丽,陈敏,唐海龙,等,2014. 航空燃气涡轮发动机工作原理及性能[M]. 上海：上海交通大学出版社.

Mattingly J, Boyer K, 2018. Elements of propulsion: Gas turbines and rockets[M]. 2nd edition. Reston: American Institute of Aeronautics and Astronautics, Inc.